U0089533

# 古代歷史文化研究輯刊

## 四編

王明蓀 主編

## 第 27 冊

### 明代的江海聯防
#### ——長江江海交會水域防衛的建構與備禦

林為楷 著

國家圖書館出版品預行編目資料

明代的江海聯防——長江江海交會水域防衛的建構與備禦
／林為楷 著—初版—台北縣永和市：花木蘭文化出版社，
2010〔民99〕
目 4+302 面；19×26 公分
（古代歷史文化研究輯刊 四編：第 27 冊）
ISBN：978-986-254-247-7（精裝）
1. 江防　2. 海防　3. 明代
599.09206　　　　　　　　　　　　　　　　　　99013555

ISBN - 978-986-2542-47-7

9 789862 542477

古代歷史文化研究輯刊
四　編　第二七冊　　　　　　　ISBN：978-986-254-247-7

# 明代的江海聯防
## ——長江江海交會水域防衛的建構與備禦

作　　者　林為楷

主　　編　王明蓀

總 編 輯　杜潔祥

印　　刷　普羅文化出版廣告事業

出　　版　花木蘭文化出版社

發 行 所　花木蘭文化出版社

發 行 人　高小娟

聯絡地址　台北縣永和市中正路五九五號七樓之三

　　　　　電話：02-2923-1455／傳真：02-2923-1452

電子信箱　sut81518@ms59.hinet.net

初　　版　2010 年 9 月

定　　價　四編 35 冊（精裝）新台幣 55,000 元

版權所有·請勿翻印

# 明代的江海聯防
## ——長江江海交會水域防衛的建構與備禦

林為楷　著

## 作者簡介

林為楷，臺灣苗栗人，1972 年出生。中國文化大學史學研究所碩士、博士。曾任教於經國管理暨健康學院、景文科技大學、新生醫護管理專科學校、佛光大學，目前任教於宜蘭大學。

## 提　　要

　　明代南直隸地區的江海聯防，是一個相當特殊的國家防禦體系，不但與長江的江防體制有著緊密的關係，也與明代七大海防區之中的南直隸海防區有關。江海聯防即是結合江防與海防兩大國家防衛體系，以達到長江江海交會水域軍事防衛的目的。然而明代對於如此一個防衛體系，國家檔案卻並未有一明確的正式紀錄。

　　本書由江防、海防與江海聯防的關係入手，藉由對南直隸長江江海交會地區軍事險要據點、江海聯防職官的設置與其職掌、江海聯防的佈防，以及江海聯防的運作幾方面的認知與瞭解，希望能夠對於明代此一特殊而複雜的國家防衛體制，有更為清晰且深入的認識。

# 目

# 次

第一章 緒 論 ……………………………………………… 1

第二章 南直隸的江防、海防與江海聯防 ………… 15

　第一節 明初以來的海防形勢 ……………………… 16

　第二節 南直隸江防轄區的演變 …………………… 28

　第三節 南直隸海防制度的形成與演變 …………… 39

　第四節 南直隸江海聯防的演變與爭議 …………… 48

第三章 南直隸江海聯防的據點 …………………… 61

　第一節 松江府的險要據點 ………………………… 61

　第二節 蘇州府的險要據點 ………………………… 71

　第三節 常州府的險要據點 ………………………… 88

　第四節 鎮江府的險要據點 ………………………… 96

　第五節 揚州府的險要據點 ………………………… 101

第四章 南直隸江海聯防的職官 …………………… 117

　第一節 江海聯防的中央職官設置及其執掌 ……… 118

　第二節 江海聯防的地方文職官員及其執掌 ……… 128

　第三節 江海聯防的地方武職官員及其執掌 ……… 144

第五章 南直隸江海聯防的佈防 …………………… 169

　第一節 江海聯防的對象 …………………………… 170

　第二節 江海聯防的信地 …………………………… 181

　第三節 江海聯防的水寨與會哨 …………………… 198

　第四節 江海聯防的船隻 …………………………… 211

第六章　南直隸江海聯防的運作 ……………………… 223
　　第一節　江海聯防的理論 ……………………… 223
　　第二節　江海聯防的執行 ……………………… 237
　　第三節　江海聯防的困境 ……………………… 247
　　第四節　江海聯防的弊端 ……………………… 256
第七章　結　論 ……………………………………… 263
附　錄
　　附錄一：明代南直隸江海交會地區盜寇侵擾表 …… 273
　　附錄二：明代南直隸江海交會地區盜寇分類統計表
　　　　　　 ………………………………………… 277
　　附錄三：明代南直隸江海交會地區盜寇各朝統計表
　　　　　　 ………………………………………… 278
　　附錄四：明代南直隸江海交會地區盜寇各府統計表
　　　　　　 ………………………………………… 278
　　附錄五：明代南直隸江海交會地區盜寇侵擾統計表
　　　　　　 ………………………………………… 278
　　附錄六：明代南直隸江海交會地區盜寇侵擾統計表
　　　　　　 ………………………………………… 279

參考書目 …………………………………………… 281
圖表目次
　　圖 1-1：明代南直隸江海防簡圖 ………………… 13
　　圖 2-1：南直隸江海防衛所分佈圖 ……………… 40
　　圖 3-1：南直隸江海防巡檢司分佈圖 …………… 62
　　圖 3-2：松江府險要據點示意圖 ………………… 65
　　圖 3-3：蘇州府險要據點示意圖 ………………… 75
　　圖 3-4：常州府險要據點示意圖 ………………… 91
　　圖 3-5：鎮江府險要據點示意圖 ………………… 97
　　圖 3-6：揚州府險要據點示意圖 ……………… 107
　　圖 4-1：狼山副總兵駐箚地圖 ………………… 128
　　圖 4-2：太倉州城位置圖 ……………………… 132
　　圖 4-3：松江府海防同知駐地圖 ……………… 136
　　圖 4-4：蘇州府海防同知駐地圖 ……………… 138
　　圖 4-5：鎮江府海防同知駐地圖 ……………… 142
　　圖 4-6：揚州府江防同知駐地圖 ……………… 144
　　圖 4-7：金山參將駐地圖 ……………………… 146
　　圖 4-8：儀眞縣城池守備衙門位置圖 ………… 151

圖 4-9：福山港把總駐地圖 ·················· 154

圖 4-10：圖山把總駐地圖 ·················· 155

圖 4-11：周家橋把總駐地圖 ·················· 157

圖 4-12：吳淞水營把總衙門圖 ·················· 160

圖 4-13：川沙堡把總駐地圖 ·················· 161

圖 4-14：柘林把總駐地圖 ·················· 162

圖 4-15：狼山水兵把總駐地圖 ·················· 164

圖 5-1：江海聯防信地圖之一 ·················· 183

圖 5-2：江海聯防信地圖之二 ·················· 184

圖 5-3：江海聯防信地圖之三 ·················· 186

圖 5-4：江海聯防信地圖之四 ·················· 188

圖 5-5：江海聯防信地圖之五 ·················· 192

圖 5-6：江海聯防信地圖之六 ·················· 192

圖 5-7：江海聯防信地圖之七 ·················· 193

圖 5-8：江海聯防信地圖之八 ·················· 193

圖 5-9：江海聯防信地圖之九 ·················· 194

圖 5-10：江海聯防信地圖之十 ·················· 194

圖 5-11：江海聯防信地圖之十一 ·················· 195

圖 5-12：江海聯防信地圖之十二 ·················· 195

圖 5-13：江海聯防信地圖之十三 ·················· 196

圖 5-14：福船圖 ·················· 213

圖 5-15：草撇船圖 ·················· 213

圖 5-16：蒼山船圖 ·················· 215

圖 5-17：沙船圖 ·················· 215

圖 5-18：叭喇唬船圖 ·················· 216

圖 5-19：蜈蚣船圖 ·················· 216

表 2-1：南直隸江海防巡檢司 ·················· 23

表 3-1：明代南直隸江海聯防各府險要據點表 ·················· 115

表 3-2：南直隸江海防衛所建制表 ·················· 116

表 4-1：明代南直隸江海聯防職官表 ·················· 165

表 4-2：明代南直隸江海聯防職官品級表 ·················· 167

表 5-1：明代南直隸江海聯防信地範圍表 ·················· 196

表 5-2：明代南直隸江海聯防水寨建置表 ·················· 210

表 5-3：明代南直隸江海聯防船隻一覽表 ·················· 221

表 6-1：明代南直隸江海聯防文職運作統轄表 ·················· 261

表 6-2：明代南直隸江海聯防武職運作統轄表 ·················· 261

# 第一章　緒　論

## 一、題旨緣起與目的

　　明初，太祖朱元璋（1328～1398）崛起於江、淮一帶，因此對長江下游地區之戰略形勢有深刻的瞭解。再加上明初建都南京，為確保京師的安全，對於長江的守禦問題，較之於前代尤為注重。基於對長江守禦的重視，而有江防體制的初步確立。明代所建構的江防體制，可說是一項渡越前代的國防建設。歷代以來，即使是畫江而守，以長江為國界的朝代，也未見有如此一套組織完整的江防體制。

　　自太祖洪武時期開始，就在南京設置水軍以作為長江守禦之用，成祖遷都北京之後，政治軍事重心轉移至北方，南京成為留都，為確保「祖宗根本所在」〔註1〕的南京安全，以及經濟命脈所繫的江南地區的無虞，〔註2〕於是在南京設置新江營操江水軍並統以操江武臣以補強水師的防禦力量，其後因為江防體制的組織日益龐大，各江防單位之間的關係也亦趨複雜，於是設置操江都御史以協同操江武臣執行江防的守禦任務。然而隨著明代武官地位的

〔註1〕　明・何良俊，《四友齋叢說》（北京：中華書局，1959年4月第一版），卷一一，頁9上。
〔註2〕　吳緝華，《明代社會經濟史論叢》（台北：作者自印，1970年9月初版），〈論明代稅糧重心之地域及其重稅之由來──明代前期稅糧研究──〉，頁33～73，其中提及：「明代江南地區，包括長江以南的直隸府州，是應天府、蘇州府、松江府、常州府、鎮江府、徽州府、寧國府、池州府、太平府、廣德州，以及浙江、江西二布政司。」；「蘇松地區，是全國稅糧重心：這一地區每年付出大量的稅糧，確實支持了明代經濟上的需要。」

逐漸低落，操江武臣在江防體制中的地位也漸次下降，逐演變爲以操江都御史爲江防主要負責官員的體制。

江防體制之中除主管官員操江都御史之外，其下還設有上、下兩巡江御史分別負責巡歷上江地區以及下江地區。在江防轄區之內，除設置於南京城外的新江口操江水軍之外，在各個險要的據點則設置有基層的江防軍事單位。這些基層的江防軍事單位通常以武職官員統領，負責巡邏守禦某一段信地，除軍事體系中的各單位之外，屬於治安體系的巡檢司弓兵，〔註3〕在江防體制中也扮演著相當重要的角色。在武職官員之外，江防體制之中也設置有文職官員，例如江防同知以及整飭兵備道，〔註4〕這些官員雖然身份爲文官，但其最主要的任務卻是平時稽查武官所統領的江防單位，戰時則可以指揮調度各江防軍事單位以及徵調各地方政府所編練之民兵部隊以執行防禦工作。〔註5〕

在探究明代江防體制的過程中，發現操江都御史的管轄信地有數次的變動，而這些信地範圍的變動與南直隸地區的海防有所關聯，且其間關係相當複雜。在同一個區域之中，不但有江防與海防官員合作執行防禦任務，也有彼此互相爭功諉過的情形發生。除此之外，在江防官員的奏疏或是文獻記載之中，也時有發現應天巡撫、鳳陽巡撫、金山副總兵、狼山副總兵、金山備倭官與揚州備倭官等海防相關官員出現其中，究竟這些原本應該是負責海防的官員與江防官員之間有何關聯？江防與海防之間是否存在著一種聯防的機制？江海聯防如何佈防？江海之間的聯防工作又是如何執行？這些都是頗值得深入瞭解的研究議題。

本文希望藉由對明代南直隸江海聯防的據點、職官、佈防以及其實際運作的探討，以瞭解明代如何在這個地形水域皆屬複雜的區域進行防禦？原本各有職司的江防與海防體系又如何彼此協同合作以進行聯防？而明代南直隸江海交會地區，出現這樣一個結合江防與海防的聯防體系，又代表著什麼樣的時代意義？

---

〔註3〕 參見：呂進貴，《明代的巡檢制度——地方治安基層組織及其運作》（宜蘭：明史研究小組，200 年 8 月初版）。

〔註4〕 參見：謝忠志，《明代兵備道制度——以文馭武的國策與文人知兵的實練》（宜蘭：明史研究小組，200 年 8 月初版）。

〔註5〕 參見：林爲楷，《明代的江防體制——長江水域防衛的建構與備禦》（宜蘭：明史研究小組，2003 年 8 月初版）。

## 二、研究範圍與界定

　　要瞭解明代南直隸地區的江防與海防關係，（見圖 1-1）就必須先瞭解明代的海防體制。明代的海防起於明初，由於開國之際即遭受來自海上的倭寇侵擾，因此對於海防問題特別重視。正如明人茅元儀（1594～1630）所說的：「防海豈易言哉！海之有防，自本朝始也。海之嚴于防，自肅廟（世宗）時始也。」〔註6〕

　　明代海防自洪武初年，派遣信國公湯和（1326～1395）經營開始，歷經德慶侯廖永忠（1323～1375）以及方鳴謙等人的規劃建置，終於形成一套完整的制度。明初海防的建設是在海岸險要地區設置衛所，並於各衛所中配置水軍舟師，其後更擴大於沿海島嶼設置水寨，以及在各島嶼水寨之間設置游兵以巡弋於島嶼之間的水域。這種以水寨、游兵作爲海上第一道防線，而以沿海陸地各衛所舟師與陸軍作爲第二道防線的海防體制，施行於廣東、福建、浙江、南直、淮海、山東、遼東等七大海防地區。〔註7〕但是南直隸地區長江出海口一帶的海防體制究竟爲何？卻甚少有相關的研究成果。

　　爲瞭解明代江海聯防的形成，因此必須先對明代南直隸江海交會地區的江防與海防關係加以釐清，究竟江防體制與海防體制之間存在著何種關係？江海聯防又是在何種背景之下產生的？江海聯防的體系又是如何形成與演變的？這些問題都是必須加以釐清說明的。

　　明瞭南直隸江海交會區域的地理形勢，對於探究明代的江海聯防，有著重要的幫助。然而關於此一區域地理形勢，尤其是軍事險要據點，卻沒有一個完整的研究整理成果。爲明瞭此一區域的軍事佈防，因此有必要將明人所視爲險要的軍事據點加以整理說明。唯有對於此一地區軍事據點的地理形勢有所瞭解，才能夠知道明代爲何如此設置江防或是海防軍事單位，以及各江海防單位之間有何相互的關聯。

　　而在瞭解此一區域的險要據點之後，接下來就必須知道在此一區域之中設置有哪些與江防或是海防相關的職官，透過對於這些職官設置及其職掌運作的瞭解，可以進一步對於江海聯防深入地認識。雖然明代各種職官職掌的

---

〔註6〕　明・茅元儀，《武備志》（《四庫禁燬書叢刊》子部二六冊，北京：北京出版社，2001 年 1 月一版一刷，據北京大學圖書館藏明天啓刻本影印），卷二〇九，〈海防一〉，頁 1 上～下。

〔註7〕　參見：黃中青，《明代海防的水寨與遊兵——浙閩粵沿海島嶼防衛的建置與解體》（宜蘭：明史研究小組，2001 年 8 月初版）。

研究成果相當豐碩，然而對於南直隸江海交會地區江、海防職官設置的整體
研究成果卻是付之闕如，因此有必要針對這方面加以探究，也是本文主要架
構之一不可割捨的的一個環節。

而探討江海聯防的對象，則有助於瞭解明代南直隸江海交會地區的防禦
佈置。透過對江海聯防信地的探究，則可明瞭各江海防單位的防區以及彼此
之間的關係。由於水寨是江海聯防水上備禦的重要據點，因此有必要對於南
直隸江海交會地區所設置的水寨加以探究，並藉由探討水寨之間會哨的執
行，進一步瞭解各水寨備禦任務的執行。而明瞭各水寨所配置船隻的特性，
則可明白江海聯防各水寨爲何配置不同類型的船隻。藉由以上的探討，將可
對南直隸江海聯防的佈防概況更爲瞭解。

在探究江海聯防的形成、演變以及江海防的據點、職官與江海聯防的佈
防之後，再由明人關於江海聯防的理論中瞭解當時採行此種聯防方式對此地
區的守禦有何重要性。之後以江海聯防的實際執行來觀察聯防體系的運作，
以及江海聯防所遭遇的困境與產生的弊端爲何？透過對這些問題的一一探究
瞭解，應該可以逐步釐清明代南直隸地區江防與海防之關係，並對此一複雜
防衛體系之運作情形有所認識。

在此必須說明的是，明代南直隸與江防有關的海防區域是位處長江下游
地帶，也就是南京以下至長江出海口的這一段區域，主要包括長江南岸的蘇
州府、松江府、常州府、鎮江府以及長江北岸的揚州府，這五個府在明人的
認知當中都是同時濱臨長江與大海，正是所謂的「江海交會」地帶。〔註8〕

這個所謂「江海交會」的區域，不但是南直隸的富庶之區，也是明朝廷
最爲倚重的糧食物資供應地區，而此一區域同時也是明代南直隸地區主要的

---

〔註8〕 明・顧鼎臣，《顧文康公集》（台北：國家圖書館善本書室藏明崇禎十三年至
弘光元年崑山顧氏刊本）（共二七卷），卷二，〈處撫臣振鹽法靖畿輔疏〉，頁
37 上〜40 下：「蘇、松、常、鎮南接浙之嘉、湖、杭，其地皆瀕江負海，襟
帶湖澤，形勢險阻，便於嘯聚。」；又明・王瓊，《晉溪本兵敷奏》（《四庫全
書存目叢書》史部五九冊，台南：莊嚴文化事業有限公司，1997 年 10 月初版
一刷，據甘肅省圖書館藏明嘉靖二十三年廖希顏等刻本影印），卷九，頁 9 下
〜11 上：「蘇、松、常、鎮四府濱連江海。」又明・梅守箕，《梅季豹居諸二
集》（《四庫未收書輯刊》，陸輯二四冊，北京：北京出版社，2000 年 1 月一版
一刷，據明崇禎十五年楊昌祚等刻本影印），卷九，〈揚州府志序〉，頁 1 上〜
3 上：「闔天下要害，南北咽喉，四通八達之莊，貢賦轉餉之道，江海交會之
地，鹽法漕渠之重，東陪京而西祖陵，承制繡錯之處。」

海防區域。明代由南而北形成七個海防區，依次爲：廣東、福建、浙江、南直隸、淮海、山東、遼東；而本文探討主題，即第四海防區的南直隸地域。由於江防與海防的轄區在此江海交會之處曾經有過轄區重疊的情況，因此欲瞭解明代江防與海防的關係，就必須從南直隸的江海交會地區著手研究。而本文所欲探討的明代江海聯防，也就是以明代南直隸江海交會的蘇州、松江、常州、鎮江、揚州五府地區作爲地理上的範圍。

至於在時間的範圍上，由於明初定都南京，南直隸江海交會區域正在京師下游，因此這個區域的防禦問題很早就受到重視，早在太祖朱元璋正式稱帝之前的吳元年（1367），此一區域就已經設置蘇州衛、〔註9〕太倉衛兩個衛所作爲守禦之用。〔註10〕其後在洪武年間（1368~1398），此一區域又陸續設置有其他衛所。然而，由於這個區域在嘉靖（1522~1566）以前，僅有弘治十八年（1505）蘇州府崇明縣鹽徒施天泰之亂，〔註11〕以及正德七年（1512）發生的劉六、劉七之亂；〔註12〕這幾個規模較大的動亂，不易凸顯江防與海防之間的問題。直至嘉靖年間，倭寇侵擾漸趨嚴重，江防與海防的問題才逐漸浮現。兩個防禦體系之間的轄區重疊，責任歸屬不明，因而衍生出許多相關的問題。本文所欲解決的即是此一階段所發生的問題，試圖釐清江海防之間的關係；因此本文在時間範圍上，著重於嘉靖前後時期，兼及嘉靖以後至明末時期。

就本文研究主題的「問題意識」或「關聯性問題群」（problematique or problematic，即構成一門學科的問題與概念的體系）而言，約有以下幾個問題的提出與思考：

1、南直隸地區爲何有江海聯防問題的形成？明代由南而北形成七大海防

〔註9〕 明‧李賢等撰，《大明一統志》（西安：三秦出版社，1990年3月一版一刷），卷八，頁8下。

〔註10〕《明太祖實錄》（台北：中央研究院歷史語言研究所校勘，據北京圖書館紅格鈔本微卷影印，中央研究院歷史語言研究所出版，1968年二版），卷二三，吳元年四月壬戌條，頁6上。

〔註11〕《明孝宗實錄》，卷二二一，弘治十八年二月丙寅條，頁5下～6上：「初，直隸蘇州府崇明縣人施天泰與其兄天佩齎販賊鹽，往來江海乘机劫掠。」

〔註12〕 明‧王縝，《梧山王先生集》（台北：國家圖書館善本書室藏明刊本），卷五，〈爲江洋緊急賊情事〉，頁2上～4上：「臣於正德七年閏五月二十二日據直隸鎮江府申：本月十八日據民快郝鑑等報稱：有流賊一夥在於地名孩兒橋等處放火殺人……，今審據賊人王觀子等各供俱稱的係賊首劉七等先從山東後奔河南。」

區，爲何僅有南直隸海防區有江海聯防問題的出現？

2、南直隸長江下游是明代經濟重心所在的江南地區，也是國家經濟命脈大運河行經的地域，基於守護國脈的要區，江防、海防在外敵倭寇、內賊海盜江盜侵擾嚴重之時，江海聯防的策略、備禦如何運作？

3、南直隸海防、江防在何種情況下各自防衛？在何種情況下必須進行聯合防衛？江防防線與海防防線如何結成有機的聯防形勢？這是本文主題研究必須釐清的「問題意識」之所在。

4、江海聯防的核心問題，原本只有「防」的問題而無「不防」的前提。一般而言，在外敵、內賊熾盛的時期，聯防的問題意識自然呈顯，以其涉及到國家安全的層級問題，勢必「有防」；在江海平靖時期，設防上本有「備而不防」的意義在，這僅涉及到社會治安的維護問題，兩者都有「防」的意涵在，僅有積極備禦與消極佈防的區別而已。

5、就「問題意識」而言，本文研究主題「江海聯防」問題的提出，實際備禦上的「防」成爲「問題意識」的焦點所在，也就是本文取爲「史例」說明的契機，而「史例」大致上以「嘉靖倭亂」時期最爲集中而典範，其他時期的大股海盜、江盜雖也有「史例」可舉，只是後者史例不如前者多而具體，取捨上自然傾向於前者的分析爲主。

## 三、相關研究的回顧

關於明代的江海聯防問題，歷年來與此相關的研究論著成果相當有限，多是於探討明代海防問題或是倭寇問題時，兼有論及長江下游出海口一帶的防禦。例如謝忠志的《明代兵備道制度──以文馭武的國策與文人知兵的實練》，〔註13〕其中對於兵備道的職權有所介紹，對於江海聯防體系中兵備道官員的職掌有其重要參考價值；呂進貴的《明代的巡檢制度──地方治安基層組織及其運作》，〔註14〕對於明代江、海防巡檢司也有所探討；鄭樑生的〈張經與王江涇之役──明嘉靖間之剿倭戰事研究〉、〔註15〕〈胡宗憲靖倭始末

---

〔註13〕謝忠志，《明代兵備道制度──以文馭武的國策與文人知兵的實練》。
〔註14〕呂進貴，《明代的巡檢制度──地方治安基層組織及其運作》。
〔註15〕鄭樑生，〈張經與王江涇之役──明嘉靖間之剿倭戰事研究〉，《漢學研究》，第一○卷第二期，1992年12月，頁333～354。

（1555～1559）〉、〔註16〕〈明嘉靖間靖倭督撫之更迭與趙文華之督察軍情（1547～1556）〉，〔註17〕對於明嘉靖年間抗倭戰事的始末有深入的探討；另外，日人太田弘毅的〈倭寇防禦のための江防論について〉，〔註18〕則是以揚子江沿岸的倭寇防衛爲重心，介紹鄭若曾、唐順之的江防論，並及會哨制與江防之船舶。而與長江下游至出海口地區的倭寇有關的則有後藤肅堂的〈姑蘇城外に於ける倭寇〉，〔註19〕其餘與明代倭寇相關的論著則有陳學文的〈明代的海禁與倭寇〉〔註20〕、〈論嘉靖時的倭寇問題〉；〔註21〕陳抗生的〈嘉靖"倭患"探實〉；〔註22〕李金明的〈試論嘉靖倭患的起因及性質〉；〔註23〕鄭樑生的〈方志之倭寇史料〉〔註24〕等。

　　與明代海禁及走私貿易相關的論著，則有曹永和的〈試論明太祖的海洋交通政策〉；〔註25〕鄭樑生的〈明朝海禁與日本的關係〉；〔註26〕陳文石的《明洪武嘉靖間的海禁政策》、〔註27〕〈明嘉靖年間浙福沿海寇亂與私販貿易的關係〉；〔註28〕張彬村的〈十六世紀舟山群島的走私貿易〉、〔註29〕〈十六～十

〔註16〕鄭樑生，〈胡宗憲靖倭始末（1555～1559）〉，《漢學研究》，一二卷一期，1994年6月，頁179～202。

〔註17〕鄭樑生，〈明嘉靖間靖倭督撫之更迭與趙文華之督察軍情（1547～1556）〉，《漢學研究》，一二卷二期，1994年12月，頁195～220。

〔註18〕太田弘毅，〈倭寇防禦のための江防論について〉，《海事史研究》，一九號，1972年。詳見于志嘉，〈明代軍制史研究的回顧與展望〉（台北：民國以來國史研究的回顧與展望研討會論文集，1992年6月），頁528。

〔註19〕後藤肅堂，〈姑蘇城外に於ける倭寇〉，《史學雜誌》，二七編二號，1916年2月，頁218～230。

〔註20〕陳學文，〈明代的海禁與倭寇〉，《中國社會經濟史研究》，1983年一期，頁30～38。

〔註21〕陳學文，〈論嘉靖時的倭寇問題〉，《文史哲》，1983年五期，頁78～83。

〔註22〕陳抗生，〈嘉靖"倭患"探實〉，《江漢論壇》，1980年二期，頁51～56。

〔註23〕李金明，〈試論嘉靖倭患的起因及性質〉，《廈門大學學報》，1989年第一期，頁79～85。

〔註24〕鄭樑生，〈方志之倭寇史料〉，《漢學研究》，第三卷，第二期，1985年12月，頁895～914。

〔註25〕曹永和，〈試論明太祖的海洋交通政策〉（《中國海洋發展史論文集》第一輯，台北：中研院中山人文社會科學所，1984年12月出版），頁41～70。

〔註26〕鄭樑生，〈明朝海禁與日本的關係〉，《漢學研究》，第一卷，第一期，1983年6月，頁133～160。

〔註27〕陳文石，《明洪武嘉靖間的海禁政策》（台北：國立臺灣大學文史叢刊，1966年8月初版）。

〔註28〕陳文石，〈明嘉靖年間浙福沿海寇亂與私販貿易的關係〉（《明清政治社會史

八世紀中國海貿思想的演進〉、﹝註30﹞〈十六至十八世紀華人在東亞水域的貿易優勢〉、﹝註31﹞〈明清兩朝的海外貿易政策：閉關自守？〉；﹝註32﹞張增信的〈明季東南海寇與巢外風氣（1567～1664）〉﹝註33﹞等。關於明代海防的論著，則有尹章義的〈湯和與明初東南海防〉；﹝註34﹞盧建一的〈明代海禁政策與福建海防〉；﹝註35﹞盧葦的〈明代海南的「海盜」、兵備和海防〉﹝註36﹞等。而黃中青的《明代海防的水寨與遊兵——浙閩粵沿海島嶼防衛的建置與解體》，﹝註37﹞對於明代浙江、福建、廣東三省沿海防衛體制，尤其是水寨備禦的建構與解體有深入的探究。川越泰博的〈明代海防体制の運營構造——創成期を中心に——〉。﹝註38﹞至於與明代江防相關的論著則有王波的〈明朝江防制度試探〉，﹝註39﹞本文對於明代江防問題有一個概略性的介紹；林爲楷的《明代的江防體制——長江水域防衛的建構與備禦》，﹝註40﹞則對於明代江防體制的形成演變與解體等問題都有所探討；至於葉宗翰的《明代的造船事業

論》，台北：台灣學生書局，1991 年 11 月初版），頁 117～175。

﹝註29﹞ 張彬村，〈十六世紀舟山群島的走私貿易〉（《中國海洋發展史論文集》第一輯，台北：中研院中山人文社會科學所，1984 年 12 月出版），頁 72～95。

﹝註30﹞ 張彬村，〈十六～十八世紀中國海貿思想的演進〉（《中國海洋發展史論文集》第二輯，台北：中研院中山人文社會科學所，1986 年 12 月出版，1990 年 6 月再版），頁 39～57。

﹝註31﹞ 張彬村，〈十六至十八世紀華人在東亞水域的貿易優勢〉（《中國海洋發展史論文集》第三輯，台北：中研院中山人文社會科學所，1988 年 12 月出版，1990 年 6 月再版），頁 345～368。

﹝註32﹞ 張彬村，〈明清兩朝的海外貿易政策：閉關自守？〉（《中國海洋發展史論文集》第四輯，台北：中研院中山人文社會科學所，1991 年 3 月初版，1993 年 4 月再版），頁 45～59。

﹝註33﹞ 張增信，〈明季東南海寇與巢外風氣（1567～1664）〉（《中國海洋發展史論文集》第三輯，台北：中研院中山人文社會科學所，1988 年 12 月出版，1990 年 6 月再版），頁 343～344。

﹝註34﹞ 尹章義，〈湯和與明初東南海防〉，《國立編譯館館刊》，六卷一期，1977 年 6 月，頁 79～85。

﹝註35﹞ 盧葦，〈明代海南的「海盜」、兵備和海防〉，《明清史月刊》，1990 年一一期，頁 19～28。

﹝註36﹞ 盧建一，〈明代海禁政策與福建海防〉，《福建師範大學學報》（哲學社會科學版），1992 年二期，頁 118～121、138。

﹝註37﹞ 黃中青，《明代海防的水寨與遊兵——浙閩粵沿海島嶼防衛的建置與解體》。

﹝註38﹞ 川越泰博，〈明代海防体制の運營構造——創成期を中心に——〉，《史學雜誌》，八一編六號，1972 年 6 月，頁 28～53。

﹝註39﹞ 王波，〈明朝江防制度試探〉（第五屆中國明史國際學術討論會論文）。

﹝註40﹞ 林爲楷，《明代的江防體制——長江水域防衛的建構與備禦》。

——造船發展背景的歷史考察》，﹝註41﹞則對於明代各類型以及不同用途的船隻建造背景有深入的研究。王冠倬編著的《中國古船圖譜》，﹝註42﹞則對明代江海聯防中使用的船隻有重要的參考價值。

　　雖然明代的海防、倭寇、海禁、走私貿易等相關問題的研究不在少數，然而直接論及明代的江海聯防相關者卻極為少見，因此僅能以這些相關研究論著作為探究明代江海聯防的背景知識。

## 四、史料徵集與運用

　　由於與明代江海聯防的相關研究論著極為有限，所幸明人對於江防與海防的問題頗為關注，因此在許多的記載之中留下相當寶貴的文獻史料。這些資料對於探究明代的江海聯防有相當的助益。關於江防方面，重要的史料主要有吳時來的《江防考》，﹝註43﹞其中主要記載萬曆以前的江防制度及其沿革；由於吳時來曾經擔任操江都御史，因此《江防考》具有相當的可信度與史料價值。在其〈江防考敘〉中概略性地描述明代的江防體制的建立及其演變過程；卷一的〈營規〉詳細記載當時江防各營的管理以及運作規定；卷二的〈官兵沿革〉與〈見存各營官兵名數〉則記載了當時江防各營官兵數額，及各營兵額演變的情形；卷三的〈信地〉則是紀錄各江防營以及相關江防單位的巡邏守禦範圍；卷四、卷五的〈題稿〉則輯錄與江防相關各官員的奏疏，有相當高的參考價值。

　　《南京都察院志》之中，也有相當多關於江防的制度與執行運作方面的記載；﹝註44﹞由於操江都御史是由南京都察院的副、僉都御史擔任，因此在《南京都察院志》之中關於江防的單位設置、員額編制、職官職掌等資料記載相當詳細。卷九的〈巡約〉、〈營規〉、〈營務〉、〈營訓〉，記載各江防單

﹝註41﹞葉宗翰，《明代的造船事業——造船發展背景的歷史考察》，台北：中國文化大學史學研究所碩士論文，2006年6月。

﹝註42﹞王冠倬編著，《中國古船圖譜》（北京：生活・讀書・新知三聯書店，2001年5月一版二刷）。有關此方面的研究論著最新目錄，可參見：木岡さやか編，《元明海禁關係論著目錄（稿）》（檀上寬，《元明時代の海禁と沿海地域社會に関する總合的研究》，日本：京都女子大學文學部，2006年5月），頁111～158。

﹝註43﹞明・吳時來，《江防考》（台北：中央研究院傅斯年圖書館藏明萬曆五年刊本）。

﹝註44﹞明・祁伯裕等撰，《南京都察院志》（台北：國家圖書館，漢學研究中心影印明天啓三年序刊本）。

位運作的各項規則；卷十的〈軍實〉，則明載江防各營的見在官兵及配置船隻數額；卷十一的〈江營信地〉、〈沿江道府巡司信地〉，則記載各江防營以及沿江道府相關江防單位的巡守範圍；卷十三的〈巡視上江職掌〉、卷十四的〈巡視下江職掌〉，則是上、下江巡江御史所應負責的事務內容。由於記載內容豐富詳盡，故而此書也成為研究明代江防相當重要的史料。

而在海防或江海聯防方面，則有鄭若曾的《籌海圖編》，〔註45〕由於鄭若曾擔任過浙直總督胡宗憲的幕僚，對於江海防問題有深入的瞭解。其中卷六〈直隸沿海郡縣圖〉，繪有明代南直隸松江、蘇州、常州、鎮江、揚州、淮安各府地圖；〈直隸兵防官考〉，記載明代南直隸沿江、沿海的設防狀況；〈直隸倭變記〉，敘述倭寇侵擾江南、江北各地的情況；〈直隸事宜〉則不僅論述沿海以及長江的備禦措施，也兼論及太湖周邊的備禦；卷十二的〈禦海洋〉、〈固海岸〉、〈勤會哨〉諸篇，則是鄭若曾對於江海防備的各種理論。由於此書多是作者親身經驗總結，因此本書對於江海聯防的研究也具有很高的史料價值。

鄭若曾的另一著作《江南經略》中，則有〈江防論〉、〈海防論〉、〈湖防論〉、〈蘇松常鎮總論〉、〈江防議〉諸篇，論述南直隸長江南岸地區的守禦理論以及險要之處，同樣是很有價值的史料。〔註46〕此外明末陳仁錫的《全吳籌患預防錄》，則集結記載明代南直隸江南地區各種守禦理論；〔註47〕其中卷一為總論，概說江南蘇州、松江、常州、鎮江四府的防禦理論、海防、江防與太湖的防禦理論；其後的二、三、四卷則分別詳述蘇州府、太倉州、松江府、常州府以及鎮江府的備禦，此書所論之兵防險要相當精細，往往為其他資料所缺載。

茅元儀的《武備志》，〔註48〕是明代整體武備的總結，其中卷一百九十記

〔註45〕 明・鄭若曾，《籌海圖編》（台北：國家圖書館善本書室藏明天啓四年新安胡氏重刊本）。

〔註46〕 明・鄭若曾，《江南經略》（台北：國家圖書館善本書室藏明萬曆三十三年崑山鄭玉清等重校刊本）又明・呂柟，《涇野先生文集》（《四庫全書存目叢書》集部六一冊，台南：莊嚴文化事業有限公司，1997年10月初版一刷，據湖南圖書館藏明嘉靖三十四年于德昌刻本影印），卷一一，〈崑山鄭氏族譜序〉，頁21上～22上。

〔註47〕 明・陳仁錫，《全吳籌患預防錄》（台北：國家圖書館善本書室藏清道光間抄本）。

〔註48〕 明・茅元儀，《武備志》（《四庫禁燬書叢刊》子部二六冊，北京：北京出版社，

載南直隸地區所設之總督、巡撫、兵備道以及各地的鎮守將領與衛所設置；卷二百九至二百二十二則是集結收錄明人海防、江防、湖防理論。張燧的《經世挈要》，〔註49〕在江、海、湖防理論的輯錄上與《武備志》類似，但有關於各式戰船的使用與會哨的執行有其不同看法。而清人施永圖的《武備地利》，〔註50〕同樣是前人地區防禦理論的集結，在與江、海防相關的記載上與《武備志》諸多雷同，惟多出明末的相關防禦理論。

　　王鳴鶴的《登壇必究》、〔註51〕吳惟順等人的《兵鏡》〔註52〕等書，則偏向於兵書性質，內容多是關於行軍布陣與練兵，但是對於江、海防以及水戰所用之戰船亦有所涉及，故也可提供研究之參考。

　　至於，曾經擔任過江海聯防相關官職的明人文集，也留下許多可貴的資料。例如曾任操江都御史的史褒善所著《沱村先生集》，〔註53〕其中許多的奏疏如〈報江南倭寇疏〉、〈議處戰船義勇疏〉、〈請設江北兵備把總官疏〉、〈築瓜洲城疏〉、〈條陳江防疏〉等，都有關於江防戰事以及江防設備的詳盡敘述與建議。蔡克廉由於擔任過操江都御史以及鳳陽巡撫，因此在他的《可泉先生文集》，〔註54〕中收錄的奏疏多與江防、海防有關，例如〈飛報海洋倭寇疏〉、〈倭寇猖獗懇乞天威大兵攻剿疏〉、〈剿除倭寇第一疏〉、〈乞添設將官疏〉、〈造樓船以固海防疏〉、〈借戰馬以便防禦倭寇疏〉等，在這些奏疏之中可以清楚瞭解當時參與江、海防備禦工作的有哪些官員與單位，同時也可以

---

　　　　2001 年 1 月一版一刷，據北京大學圖書館藏明天啓刻本影印）。

〔註49〕 明・張燧，《經世挈要》（《四庫禁燬書叢刊》史部七五冊，北京：北京出版社，2001 年 1 月一版一刷，據山東大學圖書館藏明崇禎六年傅昌辰刻本影印）。

〔註50〕 明・施永圖，《武備地利》（《四庫未收書輯刊》伍輯一〇冊，北京：北京出版社，2000 年 1 月一版一刷，據清雍正刻本影印）。

〔註51〕 明・王鳴鶴編輯，《登壇必究》（《中國兵書集成》第二〇～二四冊，北京：解放軍出版社；瀋陽：遼瀋書社聯合出版，1990 年 2 月一版一刷，據明萬曆刻本影印）。

〔註52〕 明・吳惟順、吳鳴球、吳若禮編輯，《兵鏡》（《中國兵書集成》第三八、三九冊，北京：解放軍出版社；瀋陽：遼瀋書社聯合出版，1994 年 9 月一版一刷，據北京大學圖書館藏明末問奇齋刻本影印）。

〔註53〕 明・史褒善，《沱村先生集》（台北：國家圖書館藏，明萬曆乙巳（三十三年）澶州史氏家刊本）。

〔註54〕 明・蔡克廉，《可泉先生文集》（台北：國家圖書館善本書室藏明萬曆七年晉江蔡氏家刊本）。

知道江海聯防的運作情形及遭遇的困難爲何。丁賓的《丁清惠公遺集》〔註55〕之中的〈查參江防溺職疏〉，對於江防體制中武職官員設置的目的與其職掌有所說明。

而曾任應天巡撫或是鳳陽巡撫者，其文集或奏議中，更有許多海防以及江海聯防之資料。例如應天巡撫王縝《梧山王先生集》，〔註56〕所收錄的〈爲江洋緊急賊情事〉、〈爲飛報緊急賊情事〉、〈爲傳報賊情事〉等奏疏中，皆有正德七年（1512）劉六、劉七之亂的相關記載。鄭曉（1499～1566）的《端簡鄭公文集》，〔註57〕中關於南直隸江北地區的奏疏就有〈添設揚州同知一員駐箚瓜洲疏〉、〈修築城寨疏〉、〈瓜洲築城疏〉、〈斬獲江北倭寇疏〉等，由這些奏疏中可以得知江北江海防備禦的概況。鳳陽巡撫李遂（1504～1566）的《李襄敏公奏議》，〔註58〕也有關於南直隸江北地區備禦狀況的記載，例如〈預處兵糧以防倭患疏〉、〈議處運道以裕國計疏〉、〈亟缺邊海守備乞就近推補以便防守疏〉、〈亟處把總官員以備防禦疏〉、〈官軍奮勇斬獲倭首賊勢挫敗疏〉。應天巡撫周孔教的《周中丞疏稿》，〔註59〕有〈議留邊海極要將官書〉、〈倭警屢聞申飭防禦事宜疏〉等奏疏，由其中可以瞭解江南沿海備禦之情形。

除此之外，明代蘇州、松江、常州、鎮江、揚州五府及其所屬州縣的方志之中，也有許多可供採用的資料，如〈兵志〉、〈職官志〉，尤其在於地略形勢以及各軍事單位的設置方面，其資料有時可能比奏議、文集之中所記載的更爲詳盡，也是相當值得留意的重要史料來源。

〔註55〕 明·丁賓，《丁清惠公遺集》（台北：國家圖書館漢學研究中心影印明刊本）。

〔註56〕 明·王縝，《梧山王先生集》（台北：國家圖書館善本書室藏明刊本）。

〔註57〕 明·鄭曉，《端簡鄭公文集》（《北京圖書館古籍珍本叢刊》一〇九冊，北京：書目文獻出版社，不著出版年月，據明萬曆二十八年鄭心材刻本影印）。

〔註58〕 明·李遂，《李襄敏公奏議》（《四庫全書存目叢書》集部六一一冊，台南：莊嚴文化事業有限公司，1997年10月初版一刷，據山西大學圖書館藏明萬曆二年陳瑞刻本影印）。

〔註59〕 明·周孔教，《周中丞疏稿》（《續修四庫全書》史部·詔令奏議類四八一冊，上海：上海古籍出版社，1997年版，據吉林大學圖書館藏明萬曆刻本影印）。

## 圖 1-1：明代南直隸江海防簡圖

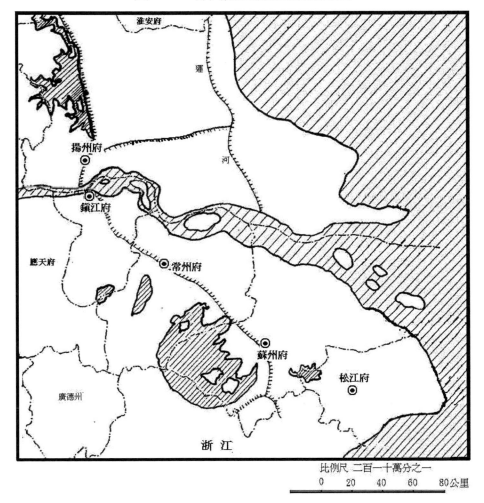

參照：譚其驤主編，《中國歷史地圖集》，第七冊，〈元、明時期〉（上海：
地圖出版社，1982 年 10 月第一版）繪製。

# 第二章　南直隸的江防、海防與江海聯防

　　明代開國之初建都南京，而南京緊鄰長江，因此長江的安全就成爲明初國防重要的考量之一。〔註1〕洪武初年，太祖朱元璋即於南京城外之新江口設置水軍營，除拱衛南京之外也是守禦長江中下游的主要水上軍力。據《皇明兵制考》載：

> 留都爲國家豐芑地，地濱大江，南北分塹處也。國初於城南新江口置營，用練習水兵，凡八千人。已，稍增至萬二千人，額造舟四百艘。而江之北則設陸兵營于浦子口，以爲水兵犄角，且默相彈壓云。其沿江之所，至上則安慶、九江……，而池、泰以次列屬之，金陵其下迄抵蘇、松郡中匯大湖，稍折而入，則常熟、鎮江又各一都會也。〔註2〕

新江口水寨的水軍所負擔的任務主要爲巡捕從江西九江到南直隸蘇州、松江、通州、泰州的沿江盜賊及鹽徒，同時兼有防禦倭寇之任務，而此一水軍部隊也成爲江防體制之中最重要的一支水上軍事力量，然而後來由於沿海倭寇、海賊的入侵，加上江南、江北所設置的應天與鳳陽兩巡撫因時勢所需而

---

〔註1〕明・洪朝選，《洪芳洲公文集》（台北：洪福增重印，1989 年出版），下卷，〈洪芳洲先生續稿〉，卷二，〈題長江一覽圖〉，頁 47 下～48 上：「自昔建國江表而能以混一天下者，惟我太祖高皇帝爲然。非特有天命，蓋亦神聖文武之明驗也……，自是以來，國家所守，恆在四夷，長江隔隔寢以無用。雖然，無事先爲有事之防，意内當圖意外之變，江防之設胡可緩也。於是列聖相承，黃頭水卒，舳艫戰艦，伏波橫江，往往不廢。二百年來，南北都相望，屹然對峙。於乎！此豈六朝三國之長江比哉。」

〔註2〕明・史繼偕，《皇明兵制考》（台北：國家圖書館漢學研究中心影印明刊本），天部，〈江防〉，頁 31 上～下。

加增提督軍務的職銜，使得江防的轄區範圍有所變動，也使得操江都御史所負責的江防與江南、江北兩巡撫所負責的海防之間，出現職權以及轄區劃分上的問題。本章所欲探討者，即爲江海防之間的問題以及江海聯防之形成與演變。

## 第一節　明初以來的海防形勢

　　太祖朱元璋在其建國之初，雖然割據群雄已經漸次降服，故元的勢力也已經被驅退至北方大漠，然而東南各地群雄殘餘勢力卻並未完全剿滅，屢有勾結倭寇、海盜入犯之意圖，而北方的蒙古人更是仍然保有相當的軍事力量，且南下入犯的企圖始終未減，因此明朝開國之初其國防態勢並不穩固。

　　爲確保國家社稷之穩固，朱元璋在建國之後便積極籌畫國防建設，於全國沿邊、沿海甚至腹裏各地險要軍事據點，廣設衛所以作爲國防之基礎，於是邊有邊防、海有海防、江有江防、湖有湖防，明代已然形成爲一個全面設防的時代。

　　在海防方面，由於明初首都設於南京，順長江而下即是濱江沿海的蘇州、松江、常州、鎮江以及江北的揚州五府。由於距海較近，因此對於倭寇侵擾的威脅感受特別明顯。洪武二年（1369），就「有倭人入寇山東海濱郡縣，掠民男女而去。」〔註3〕的事件發生，同年又有倭寇出沒於蘇州、崇明等地，殺傷居民掠奪財貨。〔註4〕這些事件使得明朝廷不得不更加重視海防的問題。

　　爲防範來自於海上的倭寇與海盜等侵擾，太祖朱元璋乃加強沿海的防禦措施。首先是在沿海的陸上險要之處設置衛所，以作爲海防的防禦基礎。〔註5〕正

〔註3〕　《明太祖實錄》（台北：中央研究院歷史語言研究所校勘，據北京圖書館紅格鈔本微卷影印，中央研究院歷史語言研究所出版，1968年二版），卷三八，洪武二年春正月乙丑條，頁14上。

〔註4〕　《明太祖實錄》，卷四一，洪武二年四月戊子條，頁5下～6上：「陞太倉衛指揮僉事翁德爲指揮副使。先是倭寇出沒海島中，數侵略蘇州、崇明，殺傷居民，奪財貨，沿海之地皆患之。德時守太倉，率官軍出海捕之，遂敗其眾，獲倭寇九十二人。」

〔註5〕　明‧李賢等撰，《大明一統志》（西安：三秦出版社，1990年3月一版一刷），卷八，頁8下；又同書，卷九，頁4下；又《明太祖實錄》，卷二三，〈吳元年四月壬戌條，頁6上；又同書，卷四一，洪武二年四月戊子條，頁5下～6上；又同書，卷六三，洪武四年閏三月壬午條，頁3下；又同書，卷七○，洪武四年十二月壬午條，頁1上；又同書，卷七六，洪武五年九月甲子條，頁2

如方鳴謙的禦倭策略：「但於沿海六十里設一軍衛，三十里設一守禦千戶所，又錯間巡檢司，以民兵策應，復於海洋三大山設水寨、戰船，兵可無虞。」〔註6〕除此之外，更於洪武十七年（1384），派遣信國公湯和巡視浙江、福建沿海各處城池的防倭事務，並禁止沿海居民入海捕魚，以防止倭寇的侵擾。〔註7〕洪武二十年（1387），又命江夏侯周德興至福建加強防倭工作。《明太祖實錄》記載：

> 命江夏侯周德興往福建，以福、興、漳、泉四府民戶，三丁取一，爲緣海衛所戍兵，以防倭寇。其原置軍衛非要害之所，即移置之。德興至福建，按籍抽兵，相視要害可爲城守之處，具圖以進，凡選丁壯萬五千餘人，築城一十六，增置巡檢司四十有五，分隸諸衛以爲防禦。〔註8〕

湯和至浙江之後，也在寧海、臨山等衛濱海之地築城置兵戍守，《明太祖實錄》記載：

> 信國公湯和奏言：寧海、臨山諸衛濱海之地，見築五十九城，籍紹興等府民四丁以上者，以一丁爲戍兵，凡得兵五萬八千七百五十餘人。〔註9〕

經過湯和、周德興等人的建設，明代沿海衛所的建置大致成形，作爲海防基礎的陸上備禦也基本完成。然而作爲海防的另一重要設施，水軍舟師的設置也值得加以注意。

為加強海防的力量，除在沿海各險要軍事據點設置衛所之外，朱元璋更於洪武三年（1370），建立一支水軍部隊：「置水軍等二十四衛，每衛船五十艘，軍士三百五十人繕理，遇征調則益兵操之。」〔註10〕這一支水軍部隊從數量上來看，每衛五十艘，二十四衛合計一千二百艘，爲數相當可觀，然而

---

下：又同書，卷一三三，洪武十三年八月辛酉條，頁1上；又同書，卷一八○，洪武二十年春正月甲辰條，頁4下；又同書，卷一八○，洪武二十年春正月丁未條，頁5上；又同書，卷一八五，洪武二十年九月辛巳條，頁1下。以上皆有沿海衛所設置的相關記載。

〔註6〕明・瞿汝說，《皇明臣略纂聞》（《北京圖書館古籍珍本叢刊》之一○，北京：書目文獻出版社，不著出版年月，據明崇禎八年瞿式耜刻本影印），卷二，〈兵事類〉，頁2上～下。

〔註7〕《明太祖實錄》，卷一五九，洪武十七年春正月壬戌條，頁4下。

〔註8〕《明太祖實錄》，卷一八一，洪武二十年四月戊子條，頁3上。

〔註9〕《明太祖實錄》卷一八七，洪武二十年十一月己丑條，頁2上。

〔註10〕《明太祖實錄》，卷五四，洪武三年七月壬辰條，頁2上。

每艘船僅以七人繕理，則可以想見船體並不大，若以此類船隻巡行於江、湖之中則可，以之遠出外洋巡弋作戰則恐難勝任。洪武五年（1372），又以「瀕海州、縣屢被倭害，官軍逐捕往往乏舟，不能追擊。」下令「浙江、福建瀕海九衛造海舟六百六十艘，以禦倭寇。」〔註11〕洪武六年（1373），德慶侯廖永忠上言：「臣請令廣洋、江陰、橫海、水軍四衛添造多櫓快舟工，命將領之，無事則沿海巡徼，以備不虞。若倭夷之來，則大船薄之，快船逐之。」〔註12〕由此可見廣洋等四衛水軍的任務即為「沿海巡徼」，而當時此四衛水軍顯然已經配置有大型戰船，可以對倭寇船隻「薄之」，此時要求增造多櫓快舟工乃是為追逐倭船。

洪武十六年（1383）以後，由於與日本交涉倭寇問題無法達成解決方案，使得明朝廷對於海防問題更加重視，開始全力經營海防，太祖朱元璋派湯和巡視沿海籌畫海防。〔註13〕洪武二十三年（1390），更下令「濱海衛所，每百戶置船二艘，巡邏海上盜賊，巡檢司亦如之。」〔註14〕沿海衛所、巡檢司配置水軍舟師已成為一個統一的規定。

在建立沿海衛所水師艦隊的基本規模之後，明朝的海防開始出現另外一種模式，也就是以水師艦隊巡弋海上以逐捕來犯之敵人。洪武七年（1374），太祖朱元璋詔：

> 以靖海侯吳禎為總兵官、都督僉事於顯為副總兵官，領江陰、廣洋、
> 橫海、水軍四衛舟師出海巡捕海寇，所統在京各衛及太倉、杭州、
> 溫、台、明、福、漳、泉、潮州沿海諸衛官軍悉聽節制。〔註15〕

以在京諸衛所配置的京師水軍舟師為骨幹，以大將擔任總兵官，巡弋海面，並與南直、浙江、閩粵沿海衛所舟師配合，共同執行海上備禦任務。這種在倭寇較常入犯的春季，派遣舟師主動出海巡弋的方式，也成為明代海防的另一種模式。〔註16〕洪武二十年（1387），太祖朱元璋甚至命福建都指揮使司備

---

〔註11〕 《明太祖實錄》，卷七五，洪武五年八月甲申條，頁4下～5上。

〔註12〕 《明太祖實錄》，卷七八，洪武六年春正月庚戌條，頁2上～下。

〔註13〕 黃中青，《明代海防的水寨與遊兵——浙閩粵沿海島嶼防衛的建置與解體》，第二章第二節，〈明初海防體系的建構〉，頁20～26；尹章義，〈湯和與明初東南海防〉，頁79～85。

〔註14〕 《明太祖實錄》，卷二○○，洪武二十三年二月丁酉條，頁1上。

〔註15〕 《明太祖實錄》，卷八七，洪武七年春正月甲戌條，頁2下。

〔註16〕 明・鄭若曾，《鄭開陽雜著》（台北：成文出版社，據清康熙三十一年版本影印，1971年4月台一版），卷四，〈日本紀略〉，頁10下～11上：「故防春者

海舟百艘，廣東備海舟二百艘，並配備器械、糧餉，準備於九月會師於浙江，等候出海至占城擒捕倭夷。〔註17〕其舟師總數達三百艘以上，巡海的範圍擴及於占城海域，規模不可謂不大。

永樂年間也有許多出海巡弋捕倭的記載，永樂六年（1409），「（甲申）命都指揮李龍、指揮王雄總率山東官軍六千，往沙門島等處巡捕倭寇。」〔註18〕同年「（辛卯）命安遠伯柳升充總兵官，平江伯陳瑄充副總兵，率舟師緣海巡捕倭寇。」〔註19〕隨後又派遣多支舟師出海巡捕倭寇，《明太宗實錄》記載：

> （戊戌）命豐城侯李彬充總兵官，都督費瓛充副總兵，統率官軍自淮安沙門島緣海地方勦捕倭寇，命都指揮羅文充總兵官，指揮李敬充副總兵，統率官軍自蘇州抵浙江等處緣海地方勦捕倭寇，如與豐城侯會合聽豐城侯調遣。〔註20〕

以及：

> （庚子）命都指揮姜清、張真充（總）兵官，指揮李珪、楊衍充副總兵，往廣東、福建各統海舟五十艘、壯士五千人緣海堤備倭寇，如與豐城侯，仍聽豐城侯調遣。勅廣東都指揮使司，令緣海衛所嚴兵隄備，仍選海舟五十艘，旗軍五千人，備軍器、火器，以能戰將校領之，聽總兵官姜清等節制，在海成艘往來巡視，遇寇則勦捕，務在協力成功，以副委任。〔註21〕

永樂十四年（1416），又命都督同知蔡福充總兵官，指揮莊敬為副總兵，率水軍萬人於山東沿海巡捕倭寇。〔註22〕永樂十九年（1421），又命都督僉事胡原等人，率廣東都司所屬官軍五千人巡捕倭寇。〔註23〕出海巡捕倭寇北至山東、南及廣東，在此時儼然已經成為明代海防的常態現象，這種以沿海衛所戍軍

---

以三、四、五月為大汛，九、十月為小汛。」

〔註17〕《明太祖實錄》，卷一八二，洪武二十年閏六月庚申條，頁7下。

〔註18〕《明太宗實錄》，卷八六，永樂六年十二月甲申條，頁3下。

〔註19〕《明太宗實錄》，卷八六，永樂六年十二月辛卯條，頁5上～下。

〔註20〕《明太宗實錄》，卷八六，永樂六年十二月戊戌條，頁7下。

〔註21〕《明太宗實錄》，卷八六，永樂六年十二月庚子條，頁8上。

〔註22〕《明太宗實錄》，卷一七七，永樂十四年六月丁卯條，頁1下：「命都督同知蔡福充總兵官，指揮莊敬為副，率兵萬人于緣海山東巡捕倭寇，上面戒之曰：『瀕海之民數罹寇害，故命爾除寇安民，爾宜嚴約束，身先士卒，以殄寇為務，無縱下人重為民害，違者併其將皆不貸。』」

〔註23〕《明太宗實錄》，卷二三四，永樂十九年二月辛丑條，頁1上。

與巡檢司弓兵負責陸上防禦，配合沿海島嶼水寨的遊兵巡行海上所建構而成的海防體系，正是明代海防的基本架構。〔註24〕

正因爲洪武年間建立的海防基礎，累積足夠的海洋航行知識與經驗，並擁有適合海上航行的大型海船建造技術，促使鄭和下西洋的壯舉有可能實現。洪武初年設置，隸屬於工部的龍江船廠，是以建造公家所用船隻爲主要功能，〔註25〕其中建造戰船正是龍江船廠的主要功能之一。〔註26〕由於龍江船廠所在的位置適中，因此不論是江防船隻或是海防船隻皆有建造。正因爲在洪武年間已經有過許多建造戰船的經驗，因此當永樂初年準備遣使下西洋之時，龍江船廠已經有足夠的能力擔負出使船隻的建造任務。〔註27〕下洋寶船在龍江船廠建造，並以長江下游蘇州轄境的太倉瀏河作爲出使船隊的出發基地。太倉地近長江出海口，具有枕長江、傍東海銜接江海的地理優勢。〔註28〕可以直通大海的瀏河港（劉家港）正是位於太倉的重要港口，〔註29〕自元代以來就以此爲海運基地，有「六國碼頭」之稱，〔註30〕鄭和的出使船隊出發前在此集結編隊、休整集訓，瀏河遂成爲鄭和出使船隊的重要基地。〔註31〕

鄭和出使船隊以太倉瀏河作爲基地進行遠航前的預備、訓練，同時也使得南直隸的海防力量大爲提昇。龐大艦隊在此海域進行操演訓練，也使得倭寇、海盜等侵擾份子有所畏懼。然而以此龐大的船隊出使遠航，是否會削弱本國的海防力量？倘若倭寇趁著此一時機對中國沿海進行全面性的侵擾也是值得憂心的。爲解決此一問題，明成祖於是一方面派遣使者至日本頒賜國王

---

〔註24〕 參見：黃中青，《明代海防的水寨與遊兵——浙閩粵沿海島嶼防衛的建置與解體》。

〔註25〕 明·李昭祥，《龍江船廠志》（台北：正中書局，1985年12月台初版，據國家圖書館藏明嘉靖癸丑〔三十二年〕刊本），〈龍江船廠志序〉，頁1上～下：「洪武初年，即於龍江關設廠造船，以備公用，統於工部。」

〔註26〕 《龍江船廠志》，卷三，〈官司志〉，頁2上。

〔註27〕 參見：羅宗真，〈鄭和寶船廠和龍江船廠遺址考〉（《鄭和下西洋論文集》第二集，南京：南京大學出版社，1985年6月一版一刷），頁28～36。

〔註28〕 參見：沈魯民、郭松林、吳紅豔，〈鄭和下西洋與太倉〉（《鄭和下西洋論文集》第二集，南京：南京大學出版社，1985年6月一版一刷），頁15～27。

〔註29〕 明·丘濬，《瓊臺會稿》（台北：國家圖書館善本書室藏明嘉靖三十二年瓊山鄭廷鵠編刊本），卷九，〈夏忠靖公傳〉，頁1上～9上。

〔註30〕 清·顧祖禹，《讀史方輿紀要》（台北：樂天出版社，1973年10月初版），卷二四，〈江南六〉，頁32下：「劉河……，元人海運縣此入海。」

〔註31〕 參見：沈魯民、郭松林、吳紅豔，〈鄭和下西洋與太倉〉。

冠服以及龜紐金印等物品，以籠絡日本；〔註32〕另一方面派遣在瀏河整訓出
使船隊的鄭和，率領部分船艦前往日本宣諭，要求日本國王剿捕倭寇，以免
倭寇侵擾中國沿海；於此同時，又令清遠伯王友充總兵官，巡哨海道剿捕賊
寇。〔註33〕如此三管齊下，其目的就在於避免倭寇趁著鄭和船隊出使，海防
相對較爲空虛之時對明朝進行侵擾。而顯然此種恩威并施的策略相當奏效，
日本方面不但將在其國沿海擒捕的倭寇送至明朝處置，同時也接受明朝頒賜
的勘合文冊，成爲明代朝貢貿易的成員之一。〔註34〕此一措置使得明朝無需
過度擔心海防問題，鄭和出使船隊遂得以順利出航，寫下全世界、中國航海
史上輝煌的一頁。

　　而鄭和的下西洋，除宣揚國威、耀兵域外、招來朝貢使節以及護送各國
使臣回國之外，〔註35〕當然也兼有巡弋於海上以爲主動備禦的任務，出使
西洋的艦隊在巡航期間若遭遇倭寇，同樣也有將其剿除的任務。《明太宗實
錄》載：

> 己亥，遣人齎勅往金鄉，勞使西洋諸番內官張謙及指揮、千、百戶、
> 旗軍人等。初謙等奉命使西洋諸番，還至浙江金鄉衛海上，猝遇倭
> 寇，時官軍在船者纔百六十餘人，賊可四千，鏖戰二十餘合，大敗
> 賊徒，殺死無筭，餘眾遁去。上聞而嘉之。〔註36〕

一百六十餘人的出使船隊，竟然可以把近四千名的倭寇擊潰，除明軍的士氣
可嘉之外，足見此時出使西洋船隊戰力之強大。

---

〔註32〕《明太宗實錄》，卷二四，永樂元年冬十月甲寅條，頁4下。

〔註33〕參見：鄭永常，〈鄭和東航日本初探〉（《鄭和下西洋國際學術研討會論文集》，
　　　　台北：稻香出版社，2003年3月初版），頁61～89。

〔註34〕參見：鄭永常，《來自海洋的挑戰──明代海貿政策演變研究》（台北：稻香
　　　　出版社，2004年7月初版），第三章，〈重建朝貢貿易體制及南海國際秩序〉，
　　　　頁57～92。

〔註35〕參見：張彬村，〈明清兩朝的海外貿易政策：閉關自守？〉，頁45～59。有關
　　　　鄭和研究論著，可參見：陳信雄、陳玉女主編，《鄭和下西洋國際學術研討會
　　　　論文集》（台北：稻香出版社，2003年3月初版）；紀念偉大航海家鄭和下西
　　　　洋五百八十周年籌備委員會，《鄭和下西洋論文集》（南京：南京大學出版社，
　　　　1985年6月一版一刷）；鄭永常，《來自海洋的挑戰──明代海貿政策的演變
　　　　研究》；鈕先鍾，〈從明朝初期戰略思想的演變論鄭和出使西洋〉，《中華戰略
　　　　學刊》，九〇期，2001年12月，頁61～69；陳尚勝，〈明初海防與鄭和下西洋〉，
　　　　《南開學報》，五期，1985年9月，頁1～8。

〔註36〕《明太宗實錄》，卷一九〇，永樂十五年六月己亥條，頁2上～下。

像鄭和出使船隊這樣大規模的海上巡弋，正是明代自洪武以來所逐步建構之強勢海防的體現。然而宣德以後，不但不再派遣大規模使節船隊出使西洋，甚至也不常以舟師出海巡捕倭寇，沿海衛所的防禦逐漸退縮至沿岸陸地，宣德元年（1426）遼東金州衛就已經出現缺官守禦的窘境。〔註37〕正統二年（1437），巡撫浙江戶部右侍郎王淪等奏：

> 浙江沿海等處，洪武間量其險易建立衛所，備禦倭寇，陸置烽堠，水設哨船，無事則各守地方，有警則互相策應，是以海道寧息，人民奠安，永樂間，因調官軍於沈家門等處設立水寨，既而松門等處累被倭寇登岸劫掠，衛所官軍不敷，水寨策應不及，致彼得以乘虛，而我軍莫能制勝，乞照洪武事例，悉免轉輸，俾專捍禦，仍令都司每歲令都指揮一員嚴加提督。從之。〔註38〕

松門衛因為官軍被調至沈家門水寨而導致守禦軍力不足，然而沈家門水寨之官軍在倭寇入侵之時卻又無力救援。由此記載便可得知，當時不但舟師巡海無法有效執行，連陸上的衛所防禦力量都已經不足以抵禦登岸的倭寇。正統七年（1442），更發生倭寇攻陷浙江大嵩城殺死官軍百人，擄掠三百人的事件。〔註39〕這種海防退縮的情形，可以由同年錦衣衛指揮僉事王瑛的上奏中看出大概。據《明英宗實錄》載：

> 錦衣衛指揮僉事王瑛言八事……。備倭戰船：官軍近年以哨瞭為名，停泊海港，竊還其家者有之，販鬻私塩捕魚採薪者亦有之，及倭寇突入，孤立無援，反為殺掠，乞令監察御史時加巡視，遇有損壞，即令修理，如此則船無朽壞，而邊境有備矣。〔註40〕

從這一則記載即可得知，在正統年間，沿海衛所出海巡弋捕倭的情形幾乎已經不復存在。至此明代海防已不再是洪武、永樂時代的強勢海防，而是退縮為以沿岸守禦為主要任務。

---

〔註37〕 《明宣宗實錄》，卷一五，宣德元年三月丙午條，頁 8 上：「命都指揮僉事周敬掌遼東金州衛事，時總兵官都督僉事巫凱奏：『金州地臨大海，倭寇不時出沒而缺官守禦。』上命行在兵部尚書張本會英國公張輔，選指揮老成可任邊寄者，輔等言敬可用，遂命馳驛往掌衛事。」

〔註38〕 《明英宗實錄》，卷二七，正統二年二月癸未條，頁 8 下。

〔註39〕 《明英宗實錄》，卷九二，正統七年五月丁亥條，頁 15 下：「巡按浙江監察御史李璽等奏：『倭寇二千餘徒犯大嵩城，殺官軍百人，虜三百人，糧四千四百餘石，軍器無算。』」

〔註40〕 《明英宗實錄》，卷九八，正統七年十一月壬午條，頁 9 下～10 上。

表 2-1：南直隸江海防巡檢司

| 府 | 巡檢司 | 所　在　位　置 | 弓　兵　員　額 |
|---|---|---|---|
| 蘇州府 | 吳塔 | 長洲縣 | 24 名 |
| | 陳墓 | 長洲縣 | 24 名 |
| | 角頭 | 吳縣 | 24 名 |
| | 木瀆 | 吳縣 | 24 名 |
| | 東山 | 吳縣 | 24 名 |
| | 顧逕 | 嘉定縣 | 24 名 |
| | 江灣 | 嘉定縣 | 24 名 |
| | 甘草 | 太倉州 | 24 名 |
| | 許浦港 | 常熟縣 | 24 名 |
| | 白茅港 | 常熟縣 | 24 名 |
| | 黃泗浦 | 常熟縣 | 24 名 |
| | 石浦 | 崑山縣 | 24 名 |
| | 巴城 | 崑山縣 | 24 名 |
| | 震澤 | 吳江縣 | 24 名 |
| | 汾湖 | 吳江縣 | 24 名 |
| | 平望 | 吳江縣 | 24 名 |
| | 同里 | 吳江縣 | 24 名 |
| | 簡村 | 吳江縣 | 24 名 |
| | 三沙 | 崇明縣 | 24 名 |
| | 西沙 | 崇明縣 | 24 名 |
| 松江府 | 小貞 | 華亭縣 | 40 名 |
| | 南橋 | 華亭縣 | 40 名 |
| | 金山 | 華亭縣 | 40 名 |
| | 泖橋 | 華亭縣 | 45 名 |
| | 三林 | 上海縣 | 40 名 |
| | 吳淞 | 上海縣 | 40 名 |
| | 新涇 | 青浦縣 | 35 名 |
| | 澱山 | 青浦縣 | 45 名 |
| | 黃浦 | 上海縣 | 40 名 |

| 常州府 | 奔牛 | 武進縣 | 30 名 |
|---|---|---|---|
| | 小河 | 武進縣 | 25 名 |
| | 澡港 | 武進縣 | 40 名 |
| | 張渚 | 宜興縣 | 30 名 |
| | 下邾 | 宜興縣 | 30 名 |
| | 湖沒 | 宜興縣 | 30 名 |
| | 鍾溪 | 宜興縣 | 30 名 |
| | 望亭 | 無錫縣 | 35 名 |
| | 高橋 | 無錫縣 | 35 名 |
| | 馬馱沙 | 靖江縣 | 44 名 |
| 鎮江府 | 丹徒 | 丹徒縣 | 28 名 |
| | 安港 | 丹徒縣 | 37 名 |
| | 高資 | 丹徒縣 | 28 名 |
| | 姜家 | 丹徒縣 | 37 名 |
| | 呂城 | 丹陽縣 | 22 名 |
| | 包港 | 丹陽縣 | 38 名 |
| | 湖溪 | 金壇縣 | 28 名 |
| 揚州府 | 歸仁 | 江都縣 | 18 名 |
| | 瓜州 | 江都縣 | 24 名 |
| | 邵伯 | 江都縣 | 18 名 |
| | 萬壽 | 江都縣 | 18 名 |
| | 上官橋 | 江都縣 | 16 名 |
| | 口岸 | 泰興縣 | 20 名 |
| | 黃橋 | 泰興縣 | 20 名 |
| | 印莊 | 泰興縣 | 20 名 |
| | 舊江口 | 儀眞縣 | 20 名 |
| | 時堡 | 高郵州 | 20 名 |
| | 張家溝 | 高郵州 | 18 名 |
| | 槐樓 | 寶應縣 | 20 名 |
| | 衡陽 | 寶應縣 | 10 名 |
| | 安豐 | 興化縣 | 16 名 |
| | 石港 | 通州 | 20 名 |
| | 狼山 | 通州 | 20 名 |

| | 吳陵 | 海門縣 | 22 名 |
|---|---|---|---|
| | 寧鄉 | 泰州 | 18 名 |
| | 西溪 | 泰州 | 18 名 |
| | 海安 | 泰州 | 18 名 |
| | 掘港 | 如皋縣 | 20 名 |
| | 西場 | 如皋縣 | 16 名 |
| | 石莊 | 如皋縣 | 30 名 |

資料出處：明・祁伯裕等撰，《南京都察院志》（台北：國家圖書館，漢學研究中心，
　　影印明天啓三年序刊本），卷一二，〈操江執掌四〉，頁 25 下～58 下。

除設置衛所、舟師以爲海防之外，明朝也採取政治措施以配合海防的運作。海禁即是配合海防的一種消極政策。爲避免沿海居民與倭寇、海盜等勢力相勾結騷擾沿海，明朝在開國之初就已經有禁止人民私自出海的規定。《明太祖實錄》載：

> 洪武四年（1372）詔吳王左相靖海侯吳禎，籍方國珍所部溫、台、
> 慶元三府軍士及蘭秀山無田糧之民，嘗充船戶者，凡十一萬二千七
> 百三十人，隸各衛爲軍。仍禁瀕海民不得私出海。〔註41〕

雖然初期的規定只是禁止沿海居民私自出海，並非完全嚴屬禁止出海，然而由於沿海居民與倭寇的的勾結時有所見，因此對於海禁的規定與執行便越來越加嚴格，其後甚至連沿海居民的捕魚都在禁止之列。〔註42〕

海禁政策的實施與明初的海防有著密切的關係，由於海禁的規定益形嚴格，明朝廷所要防範的不止是倭寇等外來的侵入勢力，還要防止本國居民的違禁下海，在這種情況之下，沿海防衛的設置就不得不更加嚴密。否則，沿海多有可以下海出航之地，海濱居民熟知地形，如何可以禁止下海，因此明代的海防除沿海衛所的設置，更有錯落設置於各衛所之間的巡檢司。〔註43〕（見：表2-1）如此星羅密佈的的海防單位設置，正是明代海禁政策之下所衍生出來的相應國防建構。

在洪武、永樂兩朝採行強勢海防的時代，海禁的實施不但可以確保官方所許可的朝貢貿易的順利進行，同時也可以杜絕沿海莠民與海外的倭寇、海盜等

〔註41〕《明太祖實錄》，卷七〇，洪武四年十二月丙戌條，頁 3 下。
〔註42〕參見：曹永和，〈試論明太祖的海洋交通政策〉（《中國海洋發展史論文集》第一輯，台北：中研院中山人文社會科學所，1984 年 12 月出版），頁 41～70。
〔註43〕參見：呂進貴，《明代的巡檢制度——地方治安基層組織及其運作》。

勢力相互勾結，侵略沿海地區。其原因在於海面上有強大的水師艦隊巡弋，走私船隻或是倭寇、海盜等武裝船隻不易活動於中國沿海水域。而陸上沿岸星羅密佈的衛所與巡檢司，則使本國人民難以違禁私自下海，如此則走私與侵擾者皆不得其門而入，海防建制與朝貢貿易，兩者皆可得以兼顧與保障。

然而，宣德以後，明朝廷不再積極派遣出使船隊至西洋諸國，朝貢貿易的規模也漸次縮小。〔註 44〕伴隨這些情形而來的是沿海島嶼水寨遊兵的逐漸解體，水寨不斷內遷，沿海衛所的逐漸破蔽。〔註 45〕海防政策也由強勢的以舟師巡弋海上，轉而為退守沿岸衛所，而此時沒有改變的是海禁政策的實施。然而海禁政策缺乏強而有力的海防作為後盾，也就逐漸無法有效執行，再加上沿海人民迫於生計或是為龐大的海上貿易利益所吸引，沿海走私貿易日益盛行，朝廷雖然屢次重申禁海之令，卻也無法有效禁絕。〔註 46〕海禁政策的實施，加上海防的廢弛，導致海上走私貿易的盛行，而海上走私貿易又逐漸發展成為海上武裝力量，海上武裝走私力量一旦與倭寇等海外勢力結合，終至在嘉靖年間發生嚴重的倭亂。〔註 47〕

在耗費長久的時間與難以計數的財力、軍力平定嘉靖倭亂之後，明朝的海防備禦雖然有所加強，然而卻無法遏止動亂的根源，也就是走私貿易的發展。倭寇動亂發生的基本根源在於本國沿海人民的走私貿易，因此可以說嘉靖倭亂是一場「平定內亂的戰爭」。〔註 48〕為徹底解決海防與走私貿易的問題，明朝廷終於在隆慶初年正式解除海禁。〔註 49〕

---

〔註 44〕 參見：張彬村，〈明清兩朝的海外貿易政策：閉關自守？〉，頁 45～59。

〔註 45〕 參見：黃中青，《明代海防的水寨與遊兵——浙閩粵沿海島嶼防衛的建置與解體》。

〔註 46〕 參見：陳文石，〈明嘉靖年間浙福沿海寇亂與私販貿易的關係〉，頁 117～175；胡晏，〈明代「禁海」與「寬海」淺析〉（《明史研究專刊》，十一期，宜蘭：明史研究小組，1994 年 12 月出版），頁 41～53。

〔註 47〕 參見：張彬村，〈十六世紀舟山群島的走私貿易〉，頁 72～95。有關倭寇研究論著，可參見：鄭樑生，《明代中日關係研究——以明史日本傳所見幾個問題為中心》（台北：文史哲出版社，1985 年 3 月初版）；鄭樑生，〈張經與王江涇之役——明嘉靖間之剿倭戰事研究〉，頁 333～354；鄭樑生，〈胡宗憲靖倭始末（1555～1559）〉，頁 179～202；鄭樑生，〈明嘉靖間靖倭督撫之更迭與趙文華之督察軍情（1547～1556）〉，頁 195～220 等。

〔註 48〕 樊樹志，〈「倭寇」新論——以「嘉靖大倭寇」為中心〉，頁 37～46。

〔註 49〕 明·張燮，《東西洋考》（台北：台灣商務印書館，1971 年 10 月台一版），卷七，〈餉稅考〉，頁 89。

　　明代的海防在經歷嘉靖倭亂之後，其重要性受到一定程度的重視，浙江、福建、廣東沿海衛所與水寨、遊兵的防禦功能再度受到重視，一定程度地恢復沿海衛所與寨、遊的作用與防衛力量。〔註50〕而在南直隸沿海地區，則是增設沿海堡寨，或是擴充原有堡寨的規模。以江北揚州府所設掘港為例，此地明初即設有土堡以為備禦，〔註51〕嘉靖三十三年（1554），倭寇大舉入侵江北，以備盜之故，添設掘港把總官一員；〔註52〕嘉靖三十八年（1559），又改掘港把總為守備；〔註53〕萬曆十九年（1591），倭犯朝鮮，為加強備禦，乃增兵千餘名、戰船六十艘。〔註54〕又如位於松江府的川沙堡，明初此處未設軍事單位，嘉靖三十六年（1557），設置川沙堡，於此屯駐官兵以備倭寇；〔註55〕嘉靖三十九年（1560），增設把總一員。〔註56〕堡寨的增設，使得沿海衛所守禦力量不足的情況，獲得一定的補充。

　　有明一代的海防，自初期的全面設防，建構沿海陸上衛所與海上水寨遊兵，形成海上與陸地多層的防禦，形成一個多層次、大縱深的防禦戰略。〔註57〕到明中葉的海防廢弛，導致嘉靖倭亂發生，此一動亂雖然重創明代的海防，卻也使其得到再一次重建的契機。

---

〔註50〕 參見：黃中青，《明代海防的水寨與遊兵——浙閩粵沿海島嶼防衛的建置與解體》，第五章，第四節，〈從史例看寨遊的的作用〉，頁148～154。

〔註51〕 明・李自滋、劉萬春纂修，《崇禎・泰州志》（《四庫全書存目叢書》史部二一〇冊，台南：莊嚴文化事業有限公司，1997年10月初版一刷，據泰州市圖書館藏明崇禎刻本影印），卷二，〈兵戎〉，頁12下～15上：「如皋掘港營……，舊設土堡，每歲汛期，委揚州衛指揮一員，領軍一千三百名守堡防禦。」

〔註52〕 《明世宗實錄》，卷四一三，嘉靖三十三年八月己巳朔條，頁1上：「命總督漕運侍郎鄭曉督修如皋、海門、泰興、海州、鹽城等處城池、寨堡，添設掘港把總官一員備盜。」

〔註53〕 《崇禎・泰州志》，卷二，〈兵戎〉，頁12下～15上：「如皋掘港營……。（嘉靖）三十八年，巡撫李燧奏改守備。」

〔註54〕 《崇禎・泰州志》，卷二，〈兵戎〉，頁12下～15上。

〔註55〕 清・顧祖禹，《讀史方輿紀要》（台北：樂天出版社，1973年10月初版），卷二四，〈江南六〉，頁39上：「撫臣趙忻等奏置川沙堡，城周四里，屯設官兵，以備倭寇。」

〔註56〕 《明世宗實錄》，卷四八四，嘉靖三十九年五月丁亥條，頁4下：「添設柘林、川沙各把總一員，改吳淞江遊兵把總為南洋遊兵都司，駐竹箔沙；圖山（圓山）遊兵把總為北洋遊兵都司，駐營前沙，俱於浙江都司列銜支俸，從巡撫應天都御史翁大立請也。」

〔註57〕 范中義，《籌海圖編淺說》（北京：解放軍出版社，1987年12月一版一刷），第四章，〈海防方略〉，頁223。

## 第二節　南直隸江防轄區的演變

江防體制是明代相當特別的一項國防制度，是一個以長江為主要防禦區域的防禦體制，其設置之初以南京城外之新江口水軍營作為主要之軍事力量，而其轄區則為從九江至蘇州、松江、通州、泰州一帶，其中蘇州、松江二府位於長江南岸，通、泰二州則位於長江北岸，而此二府二州皆為長江下游接臨海口之處，因此可說江防設置之初其所轄區域即為由九江至海這一區域的長江流域。但是這樣一個轄區範圍隨著江防體制的逐漸成形，以及海防形勢的變化也有著不同的演變。

在江防設立之初，其所著重之處乃在於拱衛南京之安全，因此對於其他部分的江道並未多加注意。例如在正統十三年（1448），頒給南京右副都御史張純的勅諭之中，便未提及操江的轄區為何？僅是強調：「南京國家根本重地，武備尤為緊要。」並要求操江都御史張純操練軍伍以備調用。〔註58〕江防的轄區基本上其上游是從江西的九江開始，而其下游轄區則隨著不同的時期而有所變動。在江防體制尚未完備之時，雖然新江口營水軍的管轄範圍至蘇州、松江、通州、泰州一帶，但實際長江下游接近出海口一帶，卻並非由新江口營水操軍負責巡捕任務，而是由揚州備倭都督僉事所負責。如《明憲宗實錄》所載：

> （成化三年三月）庚寅，命南京操江遂安伯陳韶、揚州備倭都督僉
> 事董良，各督所屬巡視緣江一帶，擒捕鹽徒、盜賊，韶自鎮江、儀
> 真至九江；良自常州孟瀆河至通、泰州。〔註59〕

由此記載可知，操江武臣遂安伯陳韶所負責的轄區為鎮江、儀真以上至於九江，而常州孟河以下至於通州、泰州一帶則為揚州備倭都督僉事董良所負責巡捕的區域，可見此時江防體系所管轄的區域僅止於鎮江、儀真一帶，再往下游則為揚州備倭官所管轄，此時雖未將鎮江、儀真以下至海口一帶稱之為「海防」的轄區，但卻可以看出明人確實認為這一個區域與「江防」有所不同。而同年（成化三年、1467）十一月，命令南京把總操江成山伯王琮巡捕鹽徒盜賊的區域也是自儀真至九江，並未言及儀真以下的區域。〔註60〕

---

〔註58〕明・祁伯裕等撰，《南京都察院志》，卷九，〈正統十三年五月〉，頁2上～下。
〔註59〕《明憲宗實錄》，卷四〇，成化三年三月庚寅條，頁13上。
〔註60〕《明憲宗實錄》，卷四八，成化三年十一月癸亥朔條，頁1上：「（成化三年十一月癸亥朔）命南京把總操江成山伯王琮，自儀真至九江巡捕鹽徒、盜賊。」

　　成化四年（1468）五月，錦衣衛指揮僉事馮瑤的奏疏之中也指出雖然有操江官軍坐鎮南京，但因爲長江流域廣大港汊眾多，鹽徒又出沒無常，官軍疲於奔走不能追捕，因此希望能夠讓操江官軍守禦南京附近地區，而另外於鎮江、儀眞、太平、九江等要害之處各選老成指揮鎮守，兼同巡江御史提督沿江軍衛有司以緝捕鹽徒、盜賊。〔註61〕在這份奏疏之中所提到的守禦區域同樣只在於鎮江、儀眞以上，並未提及常州以下到海口這個區域。可見當時的江防範圍主要仍以鎮江、儀眞以上至九江爲止。

　　成化八年（1472）時，這種情形已有改變，江防的範圍有所變動，成化八年二月頒給南京右副都御史羅篪（1417～1474）的勅諭中，將其所管轄的區域劃定爲「起九江迄鎮江、蘇、松等處」，在此區域之中凡鹽徒之爲患者，俱令操江都御史會同操江勳臣擒捕。〔註62〕此時江防的轄區已經擴大至鎮江以下之蘇州、松江二府，而位於鎮江府與蘇、松二府之間的常州府當然也在江防的轄區之中。只是此時操江都御史的勅諭之中，仍未具體提及江北的轄區至於何處。

　　自成化八年，江防正式將蘇州、松江等府納入轄區之後，有一段時間江防轄區似乎並未有所變更，而操江都御史也就兼管一部份「海防」的區域。而由實際的例子之中可以發現當蘇、松一帶鹽徒、海賊作亂時，操江都御史確實是必須負起責任的。例如成化十七年（1481），操江都御史白昂（1435～1503）就曾經調兵追捕鹽徒劉通等人至太倉。〔註63〕弘治十五年（1502），常

---

〔註61〕《明憲宗實錄》，卷五四，成化四年五月己卯條，頁7下：「錦衣衛指揮僉事馮瑤奏：鹽徒出沒不常，官軍疲於奔走，不能追捕，蓋由長江萬里，港汊非一故也。且南京根本之地，大江乃南北之衝，太宗皇帝特設操江官軍以保障重地，鎮壓萬方，慮深遠矣。今宜令操江官軍照舊操守附近巡捕，而於鎮江、儀眞、太平、九江等要害之處，各選老成指揮鎮守，兼同巡江御史，提督沿江軍衛有司，多方緝捕，所捕鹽徒及強盜，務須追問賣鹽場分，并經歷地方一體治罪，如此則操江官軍庶免跋涉而不離重地，沿江官軍得以坐鎮而兼守地方矣。奏下，兵部覆奏：從之。」

〔註62〕《明憲宗實錄》，卷一○一，成化八年二月丙戌條，頁8上～下：「勅南京右副都御史羅篪督操江官軍巡視江道，起九江迄鎮江蘇松等處，凡鹽徒之爲患者，令會操江成山伯王琮等捕之。所司有誤事者，俱聽隨宜處治。」

〔註63〕明・吳寬，《匏翁家藏集》（台北：國家圖書館善本書室藏明正德三年長洲吳氏家刊本），卷五九，〈白康敏公家傳〉，頁10上～13上：「公諱昂廷儀……，景泰丙子中鄉試，明年，天順丁丑遂登進士第……，憲宗初即位，值北虜犯邊……，辛丑（成化十七年），進南京都察院左僉都御史，奉敕兼管操江仍巡捕沿江盜賊，時有劉通者與其黨操舟販鹽并行劫奪，出沒江海間，勢熾甚，

州府宜興一帶鹽徒生發，朝廷即命操江都御史與南畿巡撫、巡按御史等會同勦捕。〔註64〕弘治十八年（1505），蘇州府崇明縣人施天泰等販賣私鹽行劫於江海之間，〔註65〕當時為勦捕這一夥鹽徒，應天巡撫魏紳調派太倉、鎮海二衛指揮使率領兵船進行勦捕，而巡江都御史陳璚（1440～1506），也調集操江精銳於海口以備堵截。〔註66〕而在朱恩（1452～1536）擔任操江都御史之時，也因為海寇出沒吳楚間，而首建江防體制中的「更邏之法」，並於沿江要害據點建立水寨、設置烽堠，以收堠堠相望、互相應援之效。〔註67〕

正德七年（1512），劉六、劉七作亂時，曾經順江而下流劫至鎮江府，並繼續往下游流竄，而當時擔任南畿巡撫的王縝為應付這一股流竄的盜賊，除在自己的轄區之內嚴加備禦之外，並會同操江都御史陳世良以及巡按南直隸監察御史等官員共同協助備禦。此時巡撫王縝特別提及要求操江都御史陳世良，比照先年勦殺施天泰事例，調遣南京新江口操江官軍至鎮江府協同守禦。〔註68〕

公調士卒追捕至太倉，分兵截其要路。」

〔註64〕 明・孫仁、朱昱纂修，《成化・重修毗陵志》（《天一閣藏明代方志選刊續編》之二一，上海：上海書店，1990年12月一版一刷，據成化十九年刻本影印），卷六，〈東湖新建警樓碑〉，頁20上～23上：「宜興之為縣，西南據萬山，東北距五湖……，最盜賊淵藪，自宋元以來濱湖各立水寨以固備禦……，弘治十五年歲饑，浙西鹽徒竊發，聚眾十百成群，駕舟入各府縣鄉村科擾……，而宜興被害尤甚，時知縣王侯鏌深以為患，既集眾悉力備禦，自以賊眾我寡，勢不能敵，乃具申本府，轉達巡撫南畿左副都御史彭公禮、提督操江右副都御史林公俊、巡按浙江御史饒公橒、巡按直隸御史王公憲、陳公熙各下郡縣委官督屬會捕，而吾常推官伍侯文定先率舟師四路追襲，未幾，獲賊首數十人，按問皆伏法。」

〔註65〕 《明孝宗實錄》，卷二二一，弘治十八年二月丙寅條，頁5下～6上：「初，直隸蘇州府崇明縣人施天泰與其兄天佩鬻販賊鹽，往來江海乘机劫掠。」

〔註66〕 明・楊循吉，《蘇州府纂修識略》（《四庫全書存目叢書》史部四六冊，台南：莊嚴文化事業有限公司，1997年10月初版一刷，據北京圖書館藏明萬曆三十七年徐景鳳刻合刻楊南峰先生全集十種本影印），卷一，〈收撫海賊施天泰〉，頁18上～24上：「巡撫魏紳調委附近府衛指揮通判等官分兵守把各處港口，嚴督太倉、鎮海二衛指揮等官操練人船揚威聲討，而巡江都御史陳璚亦調操江精銳集海口。」

〔註67〕 明・徐獻忠，《長谷集》（《四庫全書存目叢書》集部八六冊，台南：莊嚴文化事業有限公司，1997年10月初版一刷，據北京圖書館藏明嘉靖刻本影印），卷一三，〈禮部尚書朱公行狀〉，頁15上～20上：「公諱恩字汝承……，自是擢南京都察院副都御史巡視江道……，大江東連漲海，不設關阨，海寇出沒吳楚間，聞警而備則揚帆飛度，瞬息數百里無可踪跡。備禦一懈則舳艫相啣又復在境內，人甚苦之。公知其故，首建更邏之令，沿江要害置立水寨，遠者相去不過五十里，堠堠相望分地而守，一寨有警聲接□集。」

〔註68〕 《梧山王先生集》，卷五，〈為江洋緊急賊情事〉，頁2上～4上：「臣於正德七

　　至嘉靖三年（1524），操江都御史伍文定（1470～1530）討獲海賊董效等二百餘人。〔註69〕當時伍文定「循江而下，趨京口、涉江陰、跨常熟直抵太倉，內運機籌外廣耳目，不踰月而勦獲殆盡凱還。」〔註70〕可見當時鎮江以下的江陰、常熟、太倉等處仍屬於江防的轄區。而嘉靖年間，擔任南京兵部尚書的王廷相（1474～1544）在其〈請處置江洋捕盜事宜疏〉之中也曾提及：

合無行令操江大臣著落兵備官，督令沿海各州、縣、衛所，但係沙船體制，不論單桅、雙桅，通行曉諭拆毀，改作中等單桅別樣民船。

〔註71〕

年閏五月二十二日據直隸鎮江府申：本月十八日據民快郝鑑等報稱：有流賊一彩在於地名孩兒橋等處放火殺人……，今審據賊人王觀子等各供俱稱的係賊首劉七等先從山東後奔河南，前到襄陽搶船下江，順流而來直抵鎮江府，見移往圖山之下孟瀆河之外，雖賊計難以測度，而事勢似向南奔，必欲趨往靖江、崇明等縣下海一帶搶虜人財，又恐聲東擊西或有窺伺南京之意尤可深慮，各處沿江陸路口岸俱各嚴謹隄防，臣除會同提督巡江兼管操江南京都察院右僉都御史陳世良、巡按直隸監察御史原軒、巡按直隸監察御史楊鳳議行召募義勇、挑選軍快、鋒利器械、預備船隻，同心竭力督責各該府衛州縣晝夜用心隄備，嚴加護守城池、把截口岸……，或無行移浙江鎮巡并管海等官，將浙江寧波、溫、台等處沿海官軍及慣經海洋民人，各帶利器并堅固海船給與行糧，量調精壯者五千員名、海船一百四、五十隻，選委慣經海島謀勇官員統領前來金山、崇明一帶約會截殺，以截流賊南奔之路。再行撫按淮揚等官，將淮揚等府見召鹽徒并沿海官軍三千員名、慣經海船七、八十隻，亦各帶利器給與糧餉，選委慣經海島謀勇官員統領前來泰興、靖江一帶約會截殺，以過流賊北奔之路。其蘇松常鎮四府地方仍調備倭都指揮陳璠挑選官軍一千員名，及調守備儀眞署都指揮張彪亦選官軍一千員名，各具沙船往來截殺……，仍照先年勦殺施天泰事例，於南京新江口操江官軍內調五百員名連船駕來，專在鎮江府地方操練防守以振軍威。」

〔註69〕　明‧張師繹，《月鹿堂文集》（《四庫未收書輯刊》陸輯三〇冊，北京：北京出版社，2000年1月一版一刷，據清道光六年蝶花樓刻本影印），卷五，〈伍司馬文定公傳〉，頁16下～19上：「世廟登極，論功擢副都御史提督操江，平海寇。」

〔註70〕　明‧毛憲，《古菴毛先生文集》（台北：國家圖書館善本書室藏明嘉靖四十一年武進毛氏家刊清代修補本附毘陵正學編一卷），卷三，〈春江凱歌序〉，頁27上～29上：「嘉靖改元春，詔進江西按察使伍公爲南臺御史中丞督操江事，公至軍政一新，隱然江海之重。再閱歲江南北大侵，海寇乘間陸梁，遠近戒嚴，公得報即毅然循江而下，趨京口、涉江陰、跨常熟直抵太倉，內運機籌外廣耳目，不踰月而勦獲殆盡凱還。」

〔註71〕　明‧王廷相，《浚川奏議集》（《四庫全書存目叢書》集部五三冊，台南：莊嚴文化事業有限公司，1997年10月初版一刷，據中山大學圖書館藏明嘉靖至隆慶刻本影印），卷三，〈請處置江洋捕盜事宜疏〉，頁24下～33下：「合無行令操江大臣著落兵備官督令沿海各州縣衛所，但係沙船體制，不論單桅、雙桅，

操江都御史所管轄之地，仍至於長江出海口的沿海一帶地區。嘉靖十九年（1540）十一月，崇明盜秦璠、黃艮等出沒海沙劫掠爲害，操江都御史王學夔先是以不能擒捕受到住俸的處分，隨後又因爲大破賊寇，追斬秦璠等賊首而受到賞賜。〔註72〕而在嘉靖二十年（1541），操江都御史柴經所領的敕書之中，其所記載的江防轄區仍爲「上自九江，下至鎮江，直抵蘇、松等處地方。」〔註73〕嘉靖二十四年（1545），操江都御史傅烔上奏言：「直隸太倉州強賊劫獄入海爲寇，勢甚猖獗，頃雖勦獲過半，未盡其黨，宜督官軍及時撲滅，毋貽地方憂。」〔註74〕太倉州強賊出沒水域，仍爲江防所轄之範圍。嘉靖二十九年（1551）十二月，楊宜（裁菴先生）任操江都御史，周思兼在〈贈楊方伯裁菴擢操江御史中丞序〉之中也提到：「天子使使錫裁菴楊公御史中丞之命，俾往視江防，曰：盜賊奸宄汝實司之，賜之履，東至於海，西至於九江，南至於震澤，北至於大儀。」〔註75〕此時操江管轄區域，猶是「東至於海」。

然而這種江防轄區兼及於沿海區域的情形，在嘉靖三十二年（1553）時已有變化。由於倭寇侵擾情形日趨嚴重，江南地區屢遭寇掠，長江下游出海口一

---

通行曉諭拆毀改作中等單桅別樣民船。」

〔註72〕《明世宗實錄》，卷二四三，嘉靖十九年十一月丙辰條，頁6上～下：「先是崇明盜秦璠、黃艮等出沒海沙，劫掠爲害，副使王儀大舉舟師與戰，敗績，副都御史王學夔遂稱疾還南京。盜夜榜文於南京城中，自稱靖江王，語多不遜，南京科道官連章劾奏儀等。上曰：海寇歷年稱亂，官軍不能擒，輒行招撫，以滋其禍，王儀輕率寡謀，自取敗侮，夏邦謨、王學夔、周倫皆巡撫重臣，玩寇殃民。儀、學夔皆住俸，與邦謨俱戴罪，會同總兵官湯慶，協心調度，劾期勦平，失事官俱令錦衣衛逮繫付獄……。逾月，慶因督率官軍出海口與賊戰，賊擁二十八艘來迎敵，輒敗去，追斬璠等二百餘人，奪獲二十艘，餘黨遠遁。上嘉之，陞慶署都督同知，操江都御史王學夔、巡撫都御史夏邦謨各俸一級，餘賚銀幣有差。」又明・許國，《許文穆公集》（台北：國家圖書館善本書室藏明萬曆三十九年家刊本），卷五，〈吏部尚書夏松泉公墓誌銘〉，頁27上～30上：「任督賦蘇松，親磨勘賦額，悉如周文襄故所參定法。太倉鹽徒秦璠、王艮等嘯聚海上，詔操江都御史王學夔、總兵湯慶□兵勦之，而公足餽餉以佐兵，公則戮力援桴而先將士，遂梟璠、艮，斬獲賊黨釋其脅從。」

〔註73〕明・吳時來，《江防考》（台北：中央研究院傅斯年圖書館藏明萬曆五年刊本），卷一，〈敕書〉，頁1上～2下。

〔註74〕《明世宗實錄》，卷三〇二，嘉靖二十四年八月丙辰條，頁5上。

〔註75〕明・周思兼，《周叔夜先生集》（《四庫全書存目叢書》集部一一四冊，台南：莊嚴文化事業有限公司，1997年10月初版一刷，據華東師範大學圖書館藏明萬曆十年刻本影印），卷六，〈贈楊方伯裁菴擢操江御史中丞序〉，頁16下～18下：「嘉靖二十九年冬十二月，天子使使錫裁菴楊公御史中丞之命，俾往視江防，曰：盜賊奸宄汝實司之，賜之履東至於海，西至於九江，南至於震澤，北至於大儀。」

帶也是倭寇入侵的重點地區之一，操江都御史此時的工作重心幾乎全集中於長江出海口一帶的禦倭之上，〔註76〕而由於操江都御史對於倭寇的侵擾無法全力應付，因此乃有南京兵科給事中賀涇上奏請求添設總兵官一員以便「整飭上下江洋，摠制淮海并轄蘇、松諸郡。」〔註77〕同時對於操江都御史的敕書之內未載明「海防」的情形，要求將操江都御史之敕書予以增易。而朝廷的答覆是暫設副總兵官一員以提督海防，操江都御史敕書不必更換。〔註78〕可見此時雖已有官員對於操江都御史兼轄「海防」的情形提出意見，操江都御史的敕書內容仍然未有更動，也就是說，操江都御史雖然兼轄一部份「海防」，但是「海防」卻不是其所領有的敕書中所明載的業務。

　　嘉靖三十二年（1553）五月，南京兵科給事中賀涇上奏請求更換操江都御史敕書之後；同年七月，兵科都給事中王國禎也上奏請求區別江防與海防之責任。他認為：

　　　　機不並摻，權無兩在，海防要害以一重臣任之足矣。乃命摻江與巡撫協同行事，平居既苦於牽制，臨事又易於推諉，非計之得也，宜稽往牒，相時宜，酌定歸一，以專任而責成之便。〔註79〕

〔註76〕《可泉先生文集》，卷七，〈題剿除倭寇第一疏〉，頁17下～30上：「案照嘉靖三十二年閏三月二十八等日，節據太倉、嘉定、上海等州縣并吳淞江、南匯觜等守禦千戶所各申報：大夥倭寇結灣泊登岸流劫等情。」又明・鍾薇，《耕餘集》（台北：國家圖書館善本書室藏明萬曆間刊本），〈倭奴遺事〉，頁9上：「賊舟復約海口、周浦兩道入寇，操江蔡公克廉調至鎮海衛指揮武尚文、建平縣丞宋鰲各統所部巷戰，俱陷賊伏，民兵遇害者過半。」

〔註77〕《明世宗實錄》，卷三九八，嘉靖三十二年五月庚午條，頁4下～5上。

〔註78〕《明世宗實錄》，卷三九八，嘉靖三十二年五月庚午條，頁4下～5上：「其操江都御史勅內未載海防并當增易，上命暫設副摠兵一員提督海防，應用兵糧巡撫并摻江官協議以聞，操江都御史勅書不必更換，餘如所議。已，乃命分守福興漳泉條將湯克寬充海防副總兵，提督金山等處。」又明・王士騏，《皇明馭倭錄》（《四庫全書存目叢書》史部五三冊，台南：莊嚴文化事業有限公司，1997年10月初版一刷，據清華大學圖書館藏明萬曆刻本影印），卷五，嘉靖三十二年〉，頁16下～17下：「臣考嘉靖八年、十九等年皆因海寇竊發，添設總兵官駐箚鎮江，事平而罷。今宜查遵其例，仍設此官，俾整飭上下江洋，總制淮海，并轄蘇松諸郡，庶事權歸一，軍威嚴重而緩急有攸賴矣。南京廣西道御史亦以為言。部覆總兵官如議添設，令駐箚金山衛，節制將領鎮守沿海地方，調募江南北徐邳等處官民兵以充戰守，其操江都御史勅內未載海防，并當增易。上命暫設副總兵一員提督海防，應用兵糧巡撫并操江官協議以聞，操江都御史勅書不必更換，餘如所議。」

〔註79〕《明世宗實錄》，卷四〇〇，嘉靖三十二年七月甲子條，頁4下～5下。

兵科都給事中王國禎認爲，海防之責應該屬之於巡撫，而不應要求操江與巡撫協同行事，以免互相牽制、卸責。此一奏章最後得到的聖旨批示：

> 得旨：王忬令提督軍務兼巡撫浙江并福、興、泉、漳地方；應天、
> 鳳陽、山東、遼東巡撫都御史以本職兼理海防，各別給勅書行事；
> 羅拱辰、董邦政添註浙江按察司僉事；餘如擬行。〔註80〕

應天、鳳陽等巡撫以本職兼理海防，並將此一新的任務載明於巡撫的敕書之中。然而，聖旨中卻並未提及操江都御史之敕書是否應該予以改換，也未言明操江都御史不再兼管海防事務。是以操江都御史仍舊兼領一部份海防事務，江防與海防之間仍存在著模糊不清之處。

嘉靖三十二年以來，由於倭寇的入侵加劇，使得海防的工作日趨繁重與緊要，原本「循例」兼管海防的操江都御史漸感無力應付，於是乃有明確劃分江海防區的意見出現。操江都御史史褒善即上奏：

> 臣於嘉靖三十二年十月初三日欽奉勅諭：朕惟南京係國家根本重
> 地，江淮乃東南財賦所出，而通泰鹽利尤爲奸民所趨，鹽徒興販不
> 時出沒劫掠爲患。今特命爾不妨院事兼管操江官軍，整理戰船器
> 械、振揚威武及嚴督巡江御史并巡捕官軍、舍餘、火甲人等，時常
> 往來巡視，上至九江下至鎮江，直抵蘇、松等處地方，遇有鹽徒出
> 沒，盜賊劫掠，公同專管操江武臣計議調兵擒捕……。近該兵部題
> 議，操江都御史勅內未開提督海防，有礙行事，欲乞換給等因，節
> 奉聖旨：「操江都御史勅書不必更換，欽此。」臣等查淂操江之設
> 係是提督江防專官保障根本重地至意，特因先年循襲之故遂兼理海
> 防，其實未奉勅旨，不便行事，今旣奉有前項明旨，臣等不敢爲操
> 江辯職守，而不得不爲地方論事體。夫机不並操，權無兩在，海防
> 雖稱要害，然以一重臣任此已足集事矣，乃令不奉勅書之操江會同
> 巡撫並驅行事，雖其目前黽勉效勞，竊計事體終有不甚帖然者。異
> 日地方少寧，人情漸弛，一應處置事宜，巡撫曰：「吾不理軍務，
> 自來操江任之，此操江事也。」操江曰：「吾不奉勅書，但協同巡
> 撫行事，此巡撫事也。」甲可乙否，此是彼非，坐失機宜，貽患重
> 大……。伏乞勅下吏部備查，初設巡撫、操江舊制，前項海防儻係
> 巡撫專責，并乞查照邊方巡撫事例，將蘇松、淮揚等處各巡撫都御

---

〔註80〕《明世宗實錄》，卷四○○，嘉靖三十二年七月甲子條，頁4下～5下。

史兼理軍務，帶管各處海防，與新設金山副總兵協同行事。而沿江防禦事宜專屬操江衙門管理，如操江舊規所管不止上下江防，亦乞酌定應管地方、應行事務，不致誤相推諉，庶人有專志功可責成……。臣等查得提督操江兼管巡江都御史勅內開載：「南京係根本重地，江淮乃國家財賦所出，令其時常巡視提督官軍，上至九江鄱陽湖，下至鎮江、儀真等處，其關係甚重，所轄地里亦廣，則是操江皆專爲長江而設，今若改海防，非但名實混淆，乖祖宗初設專官之意，尤恐寇盜並作，有顧此失彼之慮。」〔註81〕

史褒善以操江都御史所領勅書內並未載明有「海防」職權，但卻必須與巡撫會同執行海防任務，由於操江都御史所轄區域爲「上至九江下至鎮江，直抵蘇、松等處地方」大部分與應天、鳳陽二巡撫轄區重疊，而此時應天鳳陽二巡撫又沒有「提督軍務」的職銜，爲避免權責劃分不明所造成的爭功諉過情形，史褒善乃請求將原本循襲兼理的海防職責歸於二巡撫，而操江都御史則專責管理江防事務。此處突顯出一個問題，由於操江都御史勅書未明載海防之責，而當時應天、鳳陽二巡撫又沒有提督軍務之職銜，但卻要操江與巡撫共同執行海防任務，因此彼此卸責的情形可想而知，故而史褒善要求將操江與巡撫之權責劃分清楚，以利江海防務之執行。

然而，江防的轄區至此時仍然及於蘇、松，也就是濱臨海洋一帶。嘉靖三十四年（1555），倭寇犯黃浦等處，殺遊擊周藩，御史周如斗報以總督張經、提督周琉、操江史褒善皆有兵戎之任，卻不能禦寇於門庭，皆屬有罪。〔註82〕蘇松禦倭失事，罪責仍及於操江都御史，可見此時操江之轄區仍至於蘇松濱海一帶。嘉靖三十五年（1556），倭寇大舉入犯，由狼山直抵瓜洲、揚州寶應大肆掠奪，操江史褒善因爲避賊至徽寧有失職守而遭到撤職的處分。而此次論劾史褒善的理由即爲倭寇所過皆「江防地」，而官軍不能禦，此乃操江失職所致。〔註83〕由此事件之中可以發現，揚州、瓜洲皆屬於江北地區，此時已

〔註81〕《沱村先生集》，卷三，〈議處戰船義勇疏〉，頁1上～8上。

〔註82〕《明世宗實錄》，卷四二三，嘉靖三十四年六月乙亥條，頁2下：「巡按直隸御史周如斗疏報：蘇松舊倭去者未盡絕，新倭來者益眾，節犯黃浦等處，殺遊擊周藩，請治諸臣失事罪。因言僉事董邦政寡謀輕進，遂致僨師，罪宜百論。把總婁宇望風奔潰，同知郁文奎、洪以業防守踈虞，總督張經、提督周琉、操江史褒善均有兵戎之任，不能禦寇門庭，皆屬有罪。」

〔註83〕《明世宗實錄》，卷四三六，嘉靖三十五年六月戊子朔條，頁1上：「勒提督

稱其為「江防地」，而狼山尤在江北通州海口，〔註84〕可見不但江北為操江轄區，海口之通州狼山亦為其責任區域。同年，繼史褒善之後擔任操江都御史的高捷以狼山、福山為倭寇出沒之處所，奏請增募水兵萬人、福、蒼、沙船三百艘分發參將等官操練以防禦倭寇。〔註85〕據此更可確定此時江防轄區仍及於海口之狼山與福山一帶。

至此，江防與海防之職權，雖然分別屬於操江都御史與應天、鳳陽兩巡撫，但彼此之間的防區與權責劃分卻仍然不明確。以此之故，嘉靖三十六年（1557），擔任鳳陽巡撫的李遂乃上疏：

> 查得操江都御史原奉勅書專管沿江一帶，上自九江下至鎮江及通、常、狼、福等處，先年承平無事，專一操練水兵，禁戢塩盜，用重留都之衛，以為江海之防，一應兵事盡屬操江。近緣倭變，大江南北撫臣俱兼提督軍務之任，所有錢糧兵馬各歸撫屬，體勢恆專，調度自便，而操江大臣仍照舊勅參錯行事，臨警蒼皇未免掣肘。所以該科長慮有此建白：「看得長江南北自瓜、儀、鎮江之下有山破江而生，名曰圌山，此誠留都之門户而江海之襟咽也。春汛之際，南北撫院俱各設有兵船會哨防守。自此以下連接海洋，江面闊遠，北有周家橋、大河口、掘港等把總而以狼山副總兵統之。南有靖江、福山、乍浦等把總而以金山副總兵統之。各為軍門專屬，若復參以操江，權任並大，調度殊方，使承行者無所歸心，而前卻者有以藉口。或乖進止之宜，恐非備禦之策。況操院之設，不妨院事專管操江帶管巡江，乃今令急遠憂而忘內顧，略專任而重帶職，似亦非命官之初意也。合無自今以後以上自九江下至江南圌山、江北三江會口為操江信地，如遇汛警但在圌

---

操江都御史史褒善閑住，初褒善駐蕪湖，聞有倭自浙西突至，即以是日馳往徽寧避之，賊度江陰，過狼山，直抵瓜州，至揚州寶應城大掠，皆江防地，官軍無能禦者，於是南科給事中張師載論劾褒善選懦失職，遂坐免。」

〔註84〕《可泉先生文集》，卷一〇，〈題乞添設將官分守要害疏〉，頁10上～14上：「及狼山海口添設總兵，控制重兵，固守金陵，但通州設有參將在彼駐箚，提兵防守，似不必重設。」又明・李遂，《李襄敏公奏議》（《四庫全書存目叢書》史部六一冊，台南：莊嚴文化事業有限公司，1997年10月初版一刷，據山西大學圖書館藏明萬曆二年陳瑞刻本影印），卷四，〈議處運道以裕國計疏〉，頁25上～32下：「竊惟倭奴匪茹連年，必由海而江，如通州狼山實江海交會，緊關隘口。」

〔註85〕《明世宗實錄》，卷四四二，嘉靖三十五年十二月癸丑條，頁5上：「提督操江都御史高捷奏：狼、福二山乃倭寇出沒之處，請增募水兵萬人，福、蒼、沙船三百艘，分發參將等官操練，兵部覆議，從之。」

山、三江會口以下專責南北督撫嚴督將領畢力堵截，圖山以上逼近留

都，南北督撫仍與操江互爲應援，不許自分彼此致失事機。」〔註86〕

李遂以操江之重任在於拱衛留都，不宜使其專事於海防，且江海防禦劃分不
清，易使江南、北二巡撫與操江都御史互相推諉卸責，故建議將江、海防之
轄區以圖山、三江口爲分界，以下屬之二巡撫之海防範疇，操江無須過問；
圖山、三江口以上至九江爲江防專責區域，然而由於留都南京與陵寢皆在此
一區域之中，因此南北二巡撫仍應與操江互相應援，以拱衛留都與陵寢之安
全。然而，這個建議並未獲得採納，直到嘉靖四十二年（1563），南京兵科
給事中范宗吳奏請劃分江海防區之後，江防與海防的轄區才有明確的劃分。
自此，以圖山、三江口爲界，以上屬操江都御史所轄；以下海防區域屬之應
天、鳳陽二巡撫，且不係操江所轄之地的一切事務，操江都御史皆不得參與。
操江都御史與應天、鳳陽兩巡撫，也才不至於職權不明、行事掣肘。〔註87〕

　　嘉靖四十二年以後，江防轄區確定爲上自九江下至圖山、三江口，自此
以下的區域屬於海防，不再是操江所兼轄之處，而這種情形直至明末基本上
沒有太大的變動。以萬曆元年（1573），操江都御史董堯封的〈條陳江防四事〉

〔註86〕《李襄敏公奏議》，卷一三，〈議覆操江兵費事宜疏〉，頁22下～27下。
〔註87〕《明世宗實錄》，卷五二四，嘉靖四十二年八月丙辰條，頁2上：「初南京
　　　　兵科給事中范宗吳言：故事，操江都御史職在江防，應天、鳳陽二巡撫軍
　　　　門職在海防，各有信地，後因倭患，遂以鎮江而下，通、常、狼、福等處
　　　　原屬二巡撫者，亦隸之操江。以故二巡撫得以諉其責於他人，而操江都御
　　　　史又以原非本屬，兵難遙制，亦泛然以緩圖視之，非委重責成之初意矣。
　　　　自今宜定信地，以圖山、三江會口爲界，其上屬之操江，其下屬之南、北
　　　　二巡撫。萬一留都有急，則二巡撫與操江仍併力應援，不得自分彼此，庶
　　　　責任有歸而事體亦易於聯絡。章上。上命南京兵部會官雜議以聞，至是議
　　　　定。兵部覆請行之。詔可。今後不係操江所轄地方一切事務，都御史不得
　　　　復有所與。」又《南京都察院志》，卷三一，〈申明江海信地以便防守以專
　　　　責成疏〉，頁3上～13上：「南京兵科給事中范宗吳題爲前事……，臣待罪
　　　　該科，深懼瘝曠，然于江海事宜，得於耳目者頗眞，往見當事之臣，無事
　　　　則攬權自尊，而有事則互相推諉，蓋由操江都御史與江南、江北兩巡撫信
　　　　地不明，事權不一之故也……，合候命下，本部移咨操江都御史閻東照依
　　　　今議，信地上自九江下至江南圖山、江北三江會口，督同上下巡江御史往
　　　　來緝捕盜賊，操習水戰以嚴江關以衛留都，圖山、三江會口以下聽南、北
　　　　兩巡撫嚴督將領徑自防守，其圖山以上逼近留都，萬一有警，南北巡撫仍
　　　　要與操江都御史交相應援，不許自分彼此致悞機宜。圖山把總專聽操江節
　　　　制調遣，三江會口把總不必添設……，奉聖旨，這信地既經議定，今後不
　　　　係操江所屬地方一應事務，都御史不必干預。」

中所言為例，其中即稱圖山、三江口為「江防第一門戶」。〔註88〕萬曆三年（1575），操江都御史王篆所領敕書之內即已將江防轄區明確改為「上自九江，下至江南圖山；江北三江會口。」〔註89〕而萬曆四年（1576），操江都御史所巡歷的區域則為鎮江、圖山、儀眞、瓜洲，並未見提及圖山以下各地名。〔註90〕天啟元年（1621），南京操江右僉都御史孟養浩上疏云：「至所專轄水兵，上自南湖、安慶、荻港下至圖山、巡江八營，止兵四千七百有奇，大小船一百三十五隻。」〔註91〕操江所專轄之水兵起自南湖營迄於圖山營，共計八營，未見圖山以下之水兵營屬操江統轄者。天啟三年（1623），操江都御史熊明遇的奏疏之中即稱其所督屬的區域為「上結九江之浦，下守丹陽之滸，西接楚鄉，東連吳會，延袤千五百里。」〔註92〕丹陽縣屬鎮江府所轄，而圖山則在鎮江府丹徒縣境內，是以江防轄區仍未有較大變動。天啟年間刊行的《南京都察院志》，中所收錄的〈江防考序〉也記載：

> 嘉靖壬子、癸丑間，適倭夷犯海上，凡蘇、松、淮、揚皆為寇穴，
> 操江臣南北奔命為疲，勢難周遍。於是朝議加兩撫臣提督軍務，與
> 操江臣畫地而守，圖山以下屬江南撫臣，三江會口以下屬江北撫臣，
> 操江臣專督瓜鎮以上江防。〔註93〕

由此可知，圖山、三江口，在嘉靖四十二年之後乃正式成為江防與海防的分界點。

---

〔註88〕《明神宗實錄》，卷一四，萬曆元年六月庚午條，頁6下～7上：「兵部覆操江都御史董堯封條陳江防四事。一重要害：謂圖山及三江會口為江防第一門戶，宜查補水兵各滿舊額八百名巡哨擒過，與京軍更番防禦，瓜洲驍勇脚兵止精選四百名，量處工食一併操備。」

〔註89〕《江防考》，卷一，〈敕書〉，頁2下～4上。

〔註90〕明‧顧爾行，《皇明兩朝疏抄》（《四庫全書存目叢書》史部七四冊，台南：莊嚴文化事業有限公司，1997年10月初版一刷，據故宮博物院圖書館藏明萬曆六年大名府刻本影印），卷一〇，〈議處兵餉以肅江防以圖永安事〉，頁兵一上～兵五下：「該臣欽奉勅諭每歲巡江二次，臣于萬曆四年六月內巡歷鎮江、圖山、儀眞、瓜州等處沿江信地，凡兵勇戰船器具糧餉之類逐一查驗，俱各整飭頗稱防禦，惟是瓜州一鎮南接蘇常、北抵淮揚以拱衛南都倚為水口，其長江環繞則下通圖山、三江、崇明海洋諸險。」

〔註91〕《明熹宗實錄》，卷一三，天啟元年八月庚午朔條，頁6下～7上。

〔註92〕明‧熊明遇，《綠雪樓集》（《四庫禁燬書叢刊》集部一八五冊，北京：北京出版社，2001年1月一版一刷，據中國社會科學院文學研究所圖書館；中國科學院圖書館；南京圖書館藏明天啟刻本影印），臺草，〈題為留都地切江海刺姦宜密申嚴盜賊之課以明職守事〉，頁12上～15上。

〔註93〕《南京都察院志》，卷三六，〈江防考序〉，頁66下～68上。

## 第三節 南直隸海防制度的形成與演變

由上一節的論述可知江防與海防的防區與權責劃分，是在嘉靖四十二年（1563）才得以明確分界，然而明代南直隸江海交會地區的海防制度又是如何形成與演變？本節將就此一問題加以探討。

南直隸江海交會地區，主要是指南京下游的蘇州、松江、常州、鎮江以及江北的揚州等五府地區。此一地區的海防設置首見於吳元年（1367）所立之蘇州衛，〔註94〕以及同年所設立之太倉衛。〔註95〕洪武二年（1369），由於倭寇出沒於蘇州、崇明等地，殺傷居民掠奪財貨，太倉衛指揮僉事翁德於是率領官軍出海捕倭，〔註96〕可知此時太倉衛已經配置有可供出海追擊的船隻。洪武四年（1371），於江北設置泰州守禦千戶所，〔註97〕同年又設置揚州衛。〔註98〕洪武五年（1372），置通州守禦千戶所，〔註99〕洪武十二年（1379），於太倉州設置鎮海衛，〔註100〕由此一軍衛的名稱即可得知其設置之目的。洪武十三年（1380），置儀真衛，〔註101〕其目的應較偏重於江防，但仍與海防有所關聯。洪武十九年（1386），於吳淞江口設置吳淞江守禦千戶所，〔註102〕設置守禦千戶所於此一出海口，其目的可想而知。洪武二十年（1387），設置金山衛於松江之小官場，並築青村守禦千戶所、南匯嘴守禦千戶所，〔註103〕又設置崇明守禦千戶所。〔註104〕這些濱海地區所設置的衛所其設置之目的當是防海無疑。洪武三十年（1397），又於松江府設置松江守禦千戶所，〔註105〕以加強濱海的松江府之海防力量。至此南直隸江海交會地區的防禦衛所設置

---

〔註94〕《大明一統志》，卷八，頁8下。

〔註95〕《明太祖實錄》，卷二三，吳元年四月壬戌條，頁6上。

〔註96〕《明太祖實錄》，卷四一，洪武二年四月戊子條，頁5下～6上：「陞太倉衛指揮僉事翁德爲指揮副使。先是倭寇出沒海島中，數侵略蘇州、崇明，殺傷居民，奪財貨，沿海之地皆患之。德時守太倉，率官軍出海捕之，遂敗其眾，獲倭寇九十二人。」

〔註97〕《明太祖實錄》，卷六三，洪武四年閏三月壬午條，頁3下。

〔註98〕《明太祖實錄》，卷七○，洪武四年十二月壬午條，頁1上。

〔註99〕《明太祖實錄》，卷七六，洪武五年九月甲子條，頁2下。

〔註100〕《大明一統志》，卷八，頁8下。

〔註101〕《明太祖實錄》，卷一三三，洪武十三年八月辛酉條，頁1上。

〔註102〕《大明一統志》，卷八，頁8下。

〔註103〕《明太祖實錄》，卷一八○，洪武二十年春正月丁未條，頁5上。

〔註104〕《大明一統志》，卷八，頁8下。

〔註105〕《大明一統志》，卷九，頁4下。

大致確定。這些濱江沿海衛所的設置，（見：圖 2-1）對於確保此一區域的安全有著相當的重要性。永樂十七年（1419），倭寇侵犯遼東，被總兵官劉江殲之於望海堝。〔註106〕自此以後，百餘年間倭寇不敢輕易入犯。海上長年無事，故海防逐漸不受重視，沿海衛所防衛體制逐漸解體敗壞。一直到嘉靖年間，倭寇侵犯日趨嚴重，海防問題才再度受到重視。

### 圖 2-1：南直隸江海防衛所分佈圖

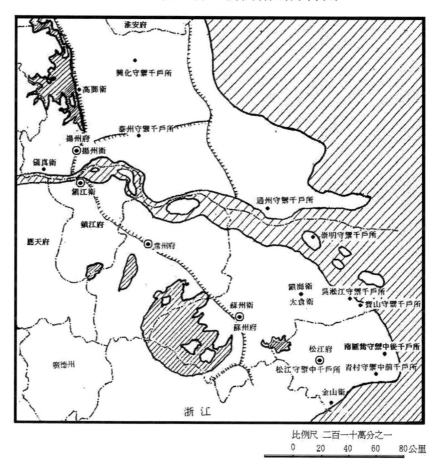

參照：譚其驤主編，《中國歷史地圖集》，第七冊，〈元、明時期〉（上海：
　　　地圖出版社，1982 年 10 月第一版）繪製。

〔註106〕《明太宗實錄》，卷二一三，永樂十七年六月戊子條，頁 2 上：「遼東總兵官
　　　中軍左都督劉江以捕倭捷聞……，賊眾大敗，奔入櫻桃園空堡，中軍圍殺之，
　　　自辰至酉，擒戮盡絕，生獲百十三人，斬首千餘級。」

在永樂至嘉靖（1403～1566）這百餘年之間，南直隸地區的海防究竟是何情況？由於資料並不充足，因此僅能就現有史料加以推論。由英宗天順三年（1459），備倭揚州等處都督僉事翁紹宗奏請禁止浙江、直隸緣海軍民私造大船、糾集人眾下海為盜的例子可以推測，當時南直隸一帶的海防任務是由備倭揚州的都督僉事所負責。〔註 107〕再由成化三年（1467），對南京操江遂安伯陳韶以及揚州備倭都督僉事董良所下達的命令來看，揚州備倭都督僉事董良所應巡視的區域為自常州孟河以下至通州、泰州，可見此時負責長江下游至出海口一帶的是揚州備倭都督僉事。〔註 108〕

正德三年（1508），總督揚州備倭都指揮袁傑奏請兼管蘇、松、常、鎮、淮、揚等府地方捕盜事，兵部以所統治地方太過廣闊，難以防範，遂將其所兼管地方定為「常州孟瀆河至蘇、松、通、泰沿海地方。」〔註 109〕可見此時管轄長江下游至出海口一帶區域者實為揚州備倭官。揚州備倭官首見於實錄中是在英宗天順三年（1459），前此是否已經設有此一官職不得而知，然而觀察天順以後揚州備倭官的設置及其所管轄區，可知在天順至正德（1457～1521）這一段時期，乃是以都督僉事（正二品）或都指揮使（正三品）擔任揚州備倭官一職，而其所擔負之任務主要即是長江下游出海口一帶之海防任務。

這種情形至嘉靖之後有一些改變，首先是金山備倭官的設置，此一職官設置之後分割原先由揚州備倭官管轄的江南海防職權，南直隸地區長江以南的長江下游區域不再由揚州備倭官兼管，而是改由金山備倭官管轄。雖然金山備倭官設置始於何時無法確定，然而在嘉靖十九年（1540），添設鎮守江淮總兵官時，即以江南糧船遭海寇掠奪而處分金山備倭官。〔註 110〕次年（1541），

---

〔註 107〕《明英宗實錄》，卷三〇五，天順三年秋七月辛巳條，頁 1 下：「禁浙江并直隸緣海衛軍民不許私造大船，糾集人眾，攜□器下海為盜，敢有違者，正犯處以極刑，家屬發戍邊衛。從備倭揚州等處都督僉事翁紹宗奏請也。」

〔註 108〕《明憲宗實錄》，卷四〇，成化三年三月庚寅條，頁 13 上：「命南京操江遂安伯陳韶、揚州備倭都督僉事董良，各督所屬巡視緣江一帶，擒捕鹽徒、盜賊，韶自鎮江、儀真至九江；良自常州孟瀆河至通、泰州。」

〔註 109〕《明武宗實錄》，卷四四，正德三年十一月己未條，頁 7 下：「總督揚州備倭都指揮袁傑奏請兼管淮、揚、常、鎮、蘇、松等府地方捕盜事。兵部覆奏，謂事屬紛更，且統治太廣亦難防範，宜令傑兼管常州孟瀆河至蘇、松、通、泰沿海地方捕盜事，如卒不足用，聽量調民快，事畢勿得拘留。從之。」

〔註 110〕《明世宗實錄》，卷二三八，嘉靖十九年六月庚午條，頁 2 下～3 下：「添設鎮守江淮總兵官……凡江、浙糧運自蘇、常裏河取道者，從來由鎮江京口閘抵儀真，其閘河土疎易淤，府縣必歲時濬治然後糧運無阻，是年京口閘淤

操江都御史王學夔請將金山備倭官去其總戎職銜，使其專責於備倭及巡捕鹽徒、盜賊，並劃定金山備倭官之轄區為「自應山龍潭巡檢司直抵鎮江、蘇州、太倉、鎮海、金山等衛；嘉興、松江、吳淞江、崇明、南匯、青村等所皆屬之。」〔註111〕由此可見金山備倭官設置之後，南直隸長江以南地區的海防已經不再由揚州備倭官兼管。〔註112〕而嘉靖年間任總督江南、浙江諸軍事的趙文華，就曾指出：

> 今本部考祖宗舊制，儀眞以下至松江金山設備倭總督一員，控長江而橫大海，督率衛所官軍輪番出哨，與松江兵會哨于海島楊山、許山之間，但有賊船行駛，則哨船各報沿邊水寨盡力夾攻，故海口嚴而江防自密，江防密則楊鎮內地恬然安堵矣。〔註113〕

由此觀之，金山備倭官負責南直隸長江南岸海防事務在嘉靖以前已經是一個既成的體制。

至此似乎南直隸的海防是由揚州備倭官與金山備倭官分轄長江南、北兩岸。然而事實並非如此，南直隸的海防問題必須再將應天與鳳陽兩巡撫考量進來。根據張哲郎教授的看法，應天巡撫之正式設置始於宣德五年（1430），

---

阻，漕糧咸撥民船出孟子河，多為海寇所掠，甚至執戮官吏，南京兵科給事中楊雷以其事聞，請治鎮江知府張琺、丹陽知縣周寧失時不濬河道之罪，詔下其疏都察院令並枲守土、巡江諸臣，於是院枲琺、寧及守備儀眞指揮解明道、總督金山備倭指揮童揚、蘇松兵備副使王儀及水利巡司等官宜行巡按御史提究，操江都御史王學夔、巡江御史胡寶宜罰治。得旨：琺、明道等俱如擬提問，奪實俸兩月，學夔一月。」

〔註111〕《明世宗實錄》，卷二四九，嘉靖二十年五月庚寅條，頁 3 下～4 上：「初兵科給事中馮亮等奏：金山原設總督備倭及儀眞守備官，請各加將領之號，俾其分轄江南、江北。其各衛所掌印、巡捕等官悉聽節制，詔所司勘議。至是摻江都御史王學夔勘覆：謂既有總兵居中調度，宜將江南金山備倭都指揮去總戎職銜，專備倭兼捕鹽徒、盜賊，自應山龍潭巡檢司直抵鎮江、蘇州、太倉、鎮海、金山等衛；嘉興、松江、吳淞江、崇明、南匯、青村等所皆屬之。」

〔註112〕張煒、方堃主編，《中國海疆通史》（鄭州：中州古籍出版社，2003 年 6 月第一版），第六編，〈明與清前期的中國海疆〉，頁 287：「南直隸海防分為江南、江北兩個防守區。江南設鎮守浙直地方總兵官（駐浙江）、協守浙直地方副總兵官（駐金山）……。江北設總督漕運總兵官和提督狼山等處副總兵官。」事實上南直隸江南、江北二總兵官分轄兩個區域的守禦事宜，是在嘉靖朝倭寇大舉入侵之後才成為常態。

〔註113〕明·趙文華，《趙氏家藏集》（台北：國家圖書館善本書室藏清江都秦氏石研齋抄本），卷五，〈咨南京兵部江海事宜〉，頁 1 上～2 下。

〔註 114〕然而設置之初應天巡撫並沒有管理海防事務之責，在成化十五年
（1479），頒給南直隸巡撫（即後來所稱的應天巡撫）王恕（1416～1508）的
勅諭之中寫道：

> 皇帝勅諭兵部尚書兼都察院左副都御史王恕，今特改爾前職，兼副
> 都御史，巡撫南直隸應天及蘇、松、常、鎮等十一府州并各該衛所，
> 撫安軍民、總理糧儲兼督屯種并預備倉糧……，官軍閒暇諭令操習，
> 盜賊生發，調兵勦殺……。成化十五年正月二十五日。〔註 115〕

在此勅諭之中明白開載南直隸巡撫之職責，其中雖有「撫安軍民」、「盜賊生發，
調兵勦殺」字樣，但卻沒有提及海防事務。然而巡撫官既有征剿盜賊之責，勢
必不能與海防毫無牽涉。因此當其轄區之內有盜寇、海賊劫掠事件發生時，應
天巡撫仍有殄滅盜賊的責任。弘治十八年（1505），應天巡撫魏紳奏稱：

> 沿海衛分本為偵倭捕盜而設，貼守之處歲以二月往十月還。今倭寇
> 不復敢侵，而沿海盜賊多發于冬春之月，正以乘其不備故也。況附
> 近衛所官子弟、家人多賊黨與，假名公差，陰實為盜，其崇明一縣，
> 海勢渺茫，雖有備禦官軍，然每遇賊盜，輒相推避，請行備倭都指
> 揮王憲會捕盜僉事胡瀛，將沿海衛所官軍、舍餘通行揀選，定立陸
> 戰、水戰機宜，以時操練，及將貼守官軍照依京操事例，每年分作
> 春、秋兩班，行糧照例支給，務使倭寇、海寇兩不失備，仍各限以
> 地界，脫有疎失，查照量治。〔註 116〕

弘治十八年時應天巡撫所關注的防衛事宜，乃是以倭寇以及海寇為對象，而
文中提及要求備倭都指揮王憲等官員，將沿海衛所官軍揀選操練，而從聖旨
的批答：「命嚴督備倭、捕盜等官，宜各悉心整理，毋或虛應故事。」〔註 117〕
可以看出此時負責海防的備倭官，已屬於應天巡撫節制；而隨後發生的海賊
施天泰等人作亂事件，也是以應天巡撫為主發兵平定。〔註 118〕

〔註 114〕張哲郎，《明代巡撫研究》（台北：文史哲出版社，1995 年 9 月初版），〈第三
　　　　章：明代各地巡撫之設置〉，頁 70～72。
〔註 115〕明・孫仁、朱昱纂修，《成化・重修毗陵志》（《天一閣藏明代方志選刊續編》
　　　　之二一，上海：上海書店，1990 年 12 月一版一刷，據成化十九年刻本影印），
　　　　卷五，〈巡撫勅〉，頁 10 下～11 下。
〔註 116〕《明孝宗實錄》，卷二二一，弘治十八年二月丙寅條，頁 5 上～下。
〔註 117〕《明孝宗實錄》，卷二二一，弘治十八年二月丙寅條，頁 5 上～下。
〔註 118〕《蘇州府纂修識略》，卷一，〈收撫海賊施天泰〉，頁 18 上～24 上：「巡撫魏
　　　　紳調委附近府衛指揮通判等官分兵守把各處港口，嚴督太倉、鎮海二衛指揮

　　然而，應天巡撫雖然不能與剿捕倭寇、海賊等海防事務脫離關係，但是在其所領有的敕書之中，卻一直沒有明確記載有海防的任務。以正德七年（1512），應天巡撫王縝所領敕書爲例，敕書中寫道：

> 今特命爾往南直隸巡撫應天及蘇、松、常、鎮等十一府、州并各該衛所，撫安軍民、總理糧儲仍兼理浙江杭、嘉、湖三府稅糧。欽此、欽遵。〔註119〕

應天巡撫有撫安軍民、總理糧儲等責任，但卻沒有提及與海防事務有關者。嘉靖八年（1529），應天巡撫陳祥報稱：海賊百餘人泊舟常熟，登岸剽掠，敵殺官軍，勢甚猖獗。世宗皇帝的批示則是要求撫按官督屬，悉計勤捕防守。〔註120〕由此可見剿捕海賊等海防事務，儼然是應天巡撫之責。嘉靖三十二年（1553），應天巡撫彭黯以倭患日熾，而江南官軍、將領脆弱不堪作戰，請得以便宜調動山東、福建等處勁兵以爲防倭之用，並要求巡視浙江都御史王忬（1507～1560）發兵船協助剿倭。〔註121〕以此觀之，雖然此時應天巡撫敕書之內仍未明載海防

---

等官，操練人船揚威聲討，而巡江都御史陳璋亦調操江精銳集海口。」又《明孝宗實錄》，卷二二一，弘治十八年二月丙寅條，頁5下～6上：「初，直隸蘇州府崇明縣人施天泰與其兄天佩鬻販賊塩，徃來江海，乘机劫掠……後太倉州執企繫獄，而天泰竟不可制，巡撫都御史魏紳、巡江都御史陳璋等發兵徃捕，天泰復潛至太倉城下，焚所募船，勢甚猖獗，紳等不得已，遣官持檄招之，天泰乃降。」由此可見剿捕施天泰者應該是以應天巡撫爲主，而巡江都御史僅是協助之角色。

〔註119〕《梧山王先生集》，卷五，〈總督糧儲兼巡撫應天等府地方都察院右副都御史臣王縝謹題爲謝恩事〉，頁1上～2上。

〔註120〕《明世宗實錄》，卷九九，嘉靖八年三月乙丑條，頁14上～下：「巡撫應天都御史陳祥等報，海賊百餘人泊舟常熟，登岸剽掠，敵殺官軍，勢甚猖獗，時以官鹽久滯，私販者眾故也。上曰：東南財賦取給，蘇常乃容盜賊肆掠，其先奪巡捕等官俸，行撫按督屬，悉計勤捕防守，巡按即覈諸臣誤事情罪以聞。奏內稱鹽徒私販釀成禍本尤爲確論，其令淮浙巡鹽疏通禁治，如致滋蔓責有所歸。」

〔註121〕《明世宗實錄》，卷三九九，嘉靖三十二年六月壬辰條，頁5上～下：「巡撫應天都御史彭黯、巡按御史陶承學等言：倭勢日熾，非江南脆弱之兵、承平紈袴之將所可辦者。請得以便宜調山東、福建等處勁兵，及勑巡視浙江都御史王忬，督發兵船，犄角攻勤。疏下兵部覆：山東陸兵不嫻水鬥，福建海滄、月港亦在威（應作〝戒〞）嚴，豈能分兵外援，宜令黯等就近調處州坑兵一、二千名，仍隨宜募所屬濱海郡縣義勇鄉夫，分布防禦，并請命王忬互相應援，其應用兵船、糧餉、器械、火藥許徵發在所支用。南京署兵部事尚書孫應奎亦言：倭夷劫掠漸近留都，沿江津隘已議調官軍防守，應用甲仗、糧芻乞命南京戶、工二部給發。上俱允之。」

之責，但是江南海防備倭事務已是其首要任務之一。

　　此一權責不明的情形直到嘉靖三十二年七月，兵科都給事中王國禎上奏，要求明確劃分江防與海防之責任之後才有所改變。王國禎認爲海防事務以一重臣任之已經足夠，若由操江與巡撫協同行事，則將有互相牽制、推諉塞責的情形產生，因此要求歸一事權以便責成。〔註122〕而此一建議最後得到的聖旨批答，則是：「應天、鳳陽、山東、遼東巡撫都御史以本職兼理海防，各別給勅書行事。」〔註123〕操江都御史與巡撫的權責雖然仍未明確劃分，但卻使得巡撫所領有的敕書內載明：「以本職兼理海防」，海防之責正式劃歸巡撫，但操江都御史仍然兼管海防，江防與海防尚未完全劃分開來，直到嘉靖四十二年（1563）南京兵科給事中范宗吳奏請劃分江海防區，皇帝下詔：「今後不係操江所轄地方一切事務，都御史不得復有所與。」〔註124〕之後，操江都御史不復干預海防事務，海防權責也才完全歸屬於應天巡撫所有。

　　鳳陽巡撫的正式設置，根據張哲郎教授的研究是始於景泰元年（1450），以刑部右侍郎耿九疇（1396～1460）巡撫鳳陽，遂成定制。〔註125〕鳳陽巡撫初設之時與應天巡撫一樣並無海防職權，景泰元年耿九疇出任鳳陽巡撫時所領的敕書中雖有「築濬城池，操練官軍，修備器械，但有賊盜生發，即調官軍、民兵勦捕。」〔註126〕字樣，卻沒有提及海防相關職務。天順七年（1463），都察院左副都御史王竑（1413～1488）出任鳳陽巡撫，其所領勅諭中有：「撫安軍民，禁防盜賊……，守城官軍以時操練，或有盜賊生發、塩徒強橫，即便相機設法撫捕。」〔註127〕比之景泰元年勅諭增加一項「撫捕鹽徒」的任務，但仍無海防職權。成化十九年（1483），鳳陽巡撫徐英所奏事宜之中，也僅止於處置販賣私鹽的鹽徒，仍未見海防相關事務。〔註128〕成化二十二年（1486），

〔註122〕《明世宗實錄》，卷四〇〇，嘉靖三十二年七月甲子條，頁4上～5下：「機不並摻，權無兩在，海防要害以一重臣任之足矣。乃命摻江與巡撫協同行事，平居既苦於牽制，臨事又易於推諉，非計之得也，宜稽徃牒，相時宜，酌定歸一，以專任而責成之便。」

〔註123〕《明世宗實錄》，卷四〇〇，嘉靖三十二年七月甲子條，頁4上～5下。

〔註124〕《明世宗實錄》，卷五二四，嘉靖四十二年八月丙辰條，頁2上。

〔註125〕《明代巡撫研究》，〈第三章：明代各地巡撫之設置〉，頁64～68。

〔註126〕《明英宗實錄》，卷一九七，景泰元年冬十月庚辰條，頁3下。

〔註127〕《明英宗實錄》，卷三五〇，天順七年三月甲辰條，頁4上。

〔註128〕《明憲宗實錄》，卷二四六，成化十九年十一月辛亥條，頁4上～下：「巡撫鳳陽等處右副都御史徐英奏申明塩法事宜……，一舊例有引官塩不許轉於別境貨賣，近馬船、快船回公差回，多於長蘆收買私塩，至於儀眞發賣，奸民效尤，

兵部尚書馬文升（1426～1510）以南直隸通州、泰州濱海之處鹽徒、巨盜出沒，要求加強安輯以防不虞，而其處置方式則是要求總督備倭署都指揮同知（從三品）郭鈜暫居通州、泰州、鹽城以為海道之防禦，而鳳陽巡撫與守備太監則負責「整飭兵餉、賑恤軍民」〔註129〕可見此時實際負責海防事務者仍為總督備倭官，鳳陽巡撫僅是協助處理兵餉的角色，並不直接負責海防事務。

正德六年（1511），陶琰（1449～1532）擔任鳳陽巡撫時，曾以徐州、淮安一帶盜賊縱橫，請求各府、衛巡捕官盡力勒捕，並要求北直隸、山東鎮巡官員協助擒捕。〔註130〕由此來看，鳳陽巡撫在軍事權力上，似乎較之前有擴張的跡象。嘉靖三年（1524），河南強賊聚眾劫掠，鳳陽巡撫胡錠甚至被責以「督捕欠嚴」的罪名，督捕盜賊儼然已經成為鳳陽巡撫的重要職權之一，然而直至此時仍未有鳳陽巡撫掌握海防事務之例證。

鳳陽巡撫正式掌管海防事務與應天巡撫同樣，是在嘉靖三十二年兵科都給事中王國禎上奏，要求明確劃分江防與海防責任之後，才在鳳陽巡撫所領的敕書之中載明兼理海防職權。〔註131〕鳳陽巡撫自此而後加有提督軍務職銜，又明確管領海防事務，再加上此時倭寇大肆侵略南直隸地區，海防事務儼然成為鳳陽巡撫的首要任務。以嘉靖三十二年十二月起擔任鳳陽巡撫的鄭曉為例，〔註132〕他在〈修築城寨疏〉之中即寫道：「伏念臣待罪海防，奉職不效……。切照撫屬地方沿江沿海去處，南北動經千餘里。」〔註133〕在〈剿逐

---

亦以民船混作官船，隨後夾帶，請依律究問，章下戶部，覆奏如議，從之。」

〔註129〕《明憲宗實錄》，卷二七五，成化二十二年二月甲申條，頁2下～3上：「兵部尚書馬文升等言：南直隸鳳陽、廬州、淮安、揚州四府，徐、滁、和三州俱腹心重地，比年荒旱，人民缺食，流離轉徙，村落成墟，近聞所在饑民聚眾行劫，況通、泰瀕海之處，鹽徒、巨盜出沒不常，須倍加安輯以備不虞，乞降勑三道：一令總督備倭署指揮同知郭鈜暫居通、泰、鹽城以為海道防禦。一與總督漕運兼巡撫鳳陽等處左副都御史李敏，一與守備太監李棠，嚴督所屬，整飭兵餉，賑恤軍民，凡弭盜備荒之策，許得便宜舉行。從之。」

〔註130〕《明武宗實錄》，卷七二，正德六年二月丁亥條，頁3上：「巡撫鳳陽都御史陶琰奏：淮安至徐盜賊縱橫，各府、衛掌印巡捕官不能擒捕，俱有罪又賊起自山東、北直隸，請令諸鎮巡官協謀，乃可削平。兵部議覆，得旨：諸失事者令白衣領職，停俸督捕，限外不獲奏聞。山東、直隸鎮巡官即選兵併力會勤，且責諸鎮巡隱匿賊情不以實報，自今有隱匿者重罪之。」

〔註131〕《明世宗實錄》，卷四○○，嘉靖三十二年七月甲子條，頁4上～5下。

〔註132〕吳廷燮，《明督撫年表》（北京：中華書局，1982年6月一版一刷），卷四，〈鳳陽〉，頁334。

〔註133〕《端簡鄭公文集》，卷一○，〈修築城寨疏〉，頁47上～49下：「伏念臣待罪

倭寇查勘功罪疏〉也說：「臣叨任漕撫，兼領海防，既不能先事預圖，又不能臨機應變，以致地方失事，罪復何辭。」〔註134〕兩處奏疏皆將海防列爲自己的重要任務，可見嘉靖三十二年之後，海防確爲鳳陽巡撫之重要職務。而嘉靖三十六年至嘉靖三十八年（1557～1559）之間，數度擔任鳳陽巡撫的李遂，〔註135〕更是平定江北倭寇的主要功臣。〔註136〕而在其〈論列武職官員疏〉中，更可以得知當時沿海參將以下軍官是受其節制的，〔註137〕鳳陽巡撫的海防職權至此更爲強化。繼李遂之後擔任鳳陽巡撫的唐順之，則是親自督率舟師執行海防任務，並且得到豐碩的戰果。〔註138〕

海防，奉職不效……。切照撫屬地方沿江沿海去處，南北動經千餘里。」

〔註134〕《端簡鄭公文集》，卷一一，〈剿逐倭寇查勘功罪疏〉，頁43上～67上：「臣叨任漕撫，兼領海防，既不能先事預圖，又不能臨機應變，以致地方失事，罪復何辭。」

〔註135〕《明督撫年表》，卷四，〈鳳陽〉，頁335。

〔註136〕明·黃姬水，《白下集》（《四庫全書存目叢書》集部一八六冊，台南：莊嚴文化事業有限公司，1997年10月初版一刷，據原北平圖書館藏明萬曆刻本影印），卷九，〈淮揚平倭頌〉，頁7上～8下：「皇明嘉靖三十八載淮揚倭平，迺督撫克齋李公之功也……，淮揚扼南北之衝，泗州陵寢在焉，實重地也。天子特簡廷臣之能者俾寄節鉞，爰命我公督撫茲土、董我戎旅。公將命夙夜憂，悄徵兵募士，分布要害曲蘗周防海激綏謐。」又明·沈良才，《大司馬鳳岡沈先生文集》（《四庫全書存目叢書》集部一〇三冊，台南：莊嚴文化事業有限公司，1997年10月初版一刷，據中國社會科學院文學研究所藏清鈔本影印），序，〈送大中丞克齋李老先生擢南京少司馬序〉，頁470～472：「淮揚東控江海，南接留都，西通滁潁，北拱京師……，嘉靖丙辰，島人犯順，皇上採廷議，開督府置都御史春夏駐箚淮揚，秋冬駐箚廬鳳，保護運道、防守陵寢、總理兵儲、振肅風紀，重任也。」

〔註137〕《李襄敏公奏議》，卷一一，〈論列武職官員疏〉，頁15上～17下：「臣節該欽奉勅諭：其撫屬文武職官并沿海參將、守備、把總等官悉聽節制，敢有貪殘不職，文官五品以下，武官四品以下徑自拿問，各該官員如有廉能公正悉心幹濟者，據實旌獎。欽此，欽遵。」

〔註138〕明·趙時春，《趙浚谷文集》（《四庫全書存目叢書》集部八七冊，台南：莊嚴文化事業有限公司，1997年10月初版一刷，據首都圖書館藏明萬曆八年周鑑刻本影印），卷一〇，〈明督撫鳳陽等處都察院右僉都御史荊川唐先生墓志銘〉，頁21下～27上：「己未三月，遷太僕寺少卿，胡總督奏進右通政參軍事。先生謀欲破賊海中使弗擾居民，躬泛舟海波，自江陰至於劉河渡，自嘉興放洋至於鮫門，風迅日行幾及千里……。三月海多東南風，寇乘風利掩掠岸上，號曰春汛。時環岸要害列兵將坐食於民，然皆遊墮不習戰弗禦，諸海寇得登岸散掠，去乃攘取死掠之民貲以自利，先生病之，登舟泊崇明沙，督舟師列岸下，出私貨激餉諸將，約曰：能戰則吾有賞，不能戰則吾有刀。寇至，見岸下舟師驚怖，先生急督諸將捕斬之，沈舟凡十三，斬首百二十，俘

　　然而至此海防事務卻仍然是江南、江北二巡撫與操江都御史共管的局面。直到嘉靖四十二年之後，才明確劃分江南、江北兩巡撫與操江都御史的轄區，操江都御史不再過問海防區域的防禦事務。江防與海防正式明確劃分轄區，江防信地從此不再是上起九江直抵蘇、松、通、泰這樣籠統的範圍，而是以圖山、三江口爲界，以上屬之操江都御史，以下屬之江南、江北兩巡撫管轄。〔註 139〕而這樣的分界，此後基本上沒有改變，遂成爲江防與海防劃分的定制。〔註 140〕

## 第四節　南直隸江海聯防的演變與爭議

　　由前面兩節可知明代南直隸的江防與海防的形成與演變概況，而江防與海防的關係，可以分爲幾個階段來加以說明。

　　第一個階段是明初至永樂年間（1368～1424），此一時期的江防屬於肇建時期。新江口操江水軍營由勳戚大臣掌理，雖然已經是一個專責防衛上自九江下至蘇州、松江、通州、泰州一帶長江水域的專責機構，但是江防體制卻並未建制完備，其所著重的防衛重點仍在於南京。〔註 141〕而此時的南直隸海

---

獲無筭。」

〔註 139〕《明世宗實錄》，卷五二四，嘉靖四十二年八月丙辰條，頁 2 上：「初南京兵科給事中范宗吳言：故事，操江都御史職在江防，應天、鳳陽二巡撫軍門職在海防，各有信地，後因倭患，遂以鎮江而下通、常、狼、福等處，原屬二巡撫者亦隸之操江，以故二巡撫得以諉其責於他人，而操江都御史又以原非本屬，兵難遙制，亦泛然以緩圖視之，非委重責成之初意矣。自今宜定信地，以圖山、三江會口爲界，其上屬之操江，其下屬之南、北二巡撫，萬一留都有急，則二巡撫與操江仍併力應援，不得自分彼此，庶責任有歸，而事體亦易於聯絡。章上。上命南京兵部會官雜議以聞，至是議定，兵部覆請行之。詔可。今後不係操江所轄地方一切事務，都御史不得復有所與。」

〔註 140〕《南京都察院志》，卷三六，〈江防考序〉，頁 66 下～68 上：「新江營設水操軍以萬計而都御史督之，蓋自永樂遷都后迄今未之有改矣。先是事有專制，所轄畿輔諸郡，上自九江下抵蘇、松、通、泰地方，緩急寇盜、鹽徒隸之，蓋以南京係國家根本重地，江淮東南財賦所出，誠重之，乃專設巡江都御史，后復以督操臣兼領之，事載勅書可考云。嘉靖壬子、癸丑間，適倭夷犯海上，凡蘇、松、淮、揚皆爲寇穴，操江臣南北奔命爲疲，勢難周遍，於是朝議加兩撫臣提督軍務，與操江臣畫地而守，圖山以下屬江南撫臣，三江會口以下屬江北撫臣，操江臣專督瓜鎮以上江防。」

〔註 141〕《南京都察院志》，卷九，〈正統十三年五月〉，頁 2 上～下：「南京國家根本重地，武備尤爲緊要。」勅諭中並未提及長江其他區域的備禦問題。

防雖經廖永忠、湯和等人的籌畫建設，但是卻沒有一個專責管轄的機構，僅是於沿海各衛所設置相關海防的船艦設備。〔註142〕海防轄區與江防轄區並未嚴格區分，江、海防彼此之間也沒有明確的任務分配。因此，此一階段南直隸地區的江防與海防，可以說是關係未明的狀況。

　　第二個階段是宣德年間至嘉靖三十二年以前（1426～1553），此一時期南直隸的海防體制逐漸形成。主要由原本揚州備倭官掌管南直隸江北海防，金山備倭官掌理長江以南區域海防的體制；〔註143〕轉變為以江北的鳳陽巡撫以及江南的應天巡撫，分掌南北兩岸海防事務的情形。然而由於此時的應天巡撫與鳳陽巡撫，均尚未加有提督軍務職銜，因此在名義上應天、鳳陽巡撫不理軍務，也不對該轄區之內的海防事務負責。而在這一個時期，江防體制在永樂年間確立之後，〔註144〕操江都御史所管轄的江防區域是上自九江下至蘇州、松江、通州、泰州等處，也就是自九江至於長江出海口一帶。〔註145〕由此來看此一時期江防

〔註142〕見本章第二節。
〔註143〕《明世宗實錄》，卷二四九，嘉靖二十年五月庚寅條，頁3下～4上：「初兵科給事中馮亮等奏：金山原設總督備倭及儀真守備官，請各加將領之號，俾其分轄江南、江北。其各衛所掌印、巡捕等官悉聽節制，詔所司勘議。至是操江都御史王學夔勘覆：謂既有總兵居中調度，宜將江南金山備倭都指揮去總戎職銜，專備倭兼捕鹽徒、盜賊，自應山（〝山〞應作〝天〞）龍潭巡檢司直抵鎮江、蘇州、太倉、鎮海、金山等衛；嘉興、松江、吳淞江、崇明、南匯、青村等所皆屬之。」
〔註144〕明・史繼偕，《皇明兵制考》（台北：國家圖書館漢學研究中心影印明刊本），天部，頁31上：「國初於城南新江口置營，用練習水兵凡八千人，已，稍增至萬二千人，額造舟四百艘，而江之北則設陸兵營於浦子口，以為水兵犄角，且默相彈壓云。」又《江防考》，〈江防考敘〉，頁5上～8下：「新江營設水操軍以萬計而都御史督之蓋自永樂遷都后迨今未之有改矣。」
〔註145〕明・周思兼，《周叔夜先生集》（《四庫全書存目叢書》集部一一四冊，台南：莊嚴文化事業有限公司，1997年10月初版一刷，據華東師範大學圖書館藏明萬曆十年刻本影印），卷六，〈贈楊方伯裁菴擢操江御史中丞序〉，頁16下～18下：「嘉靖二十九年冬十二月，天子使使錫裁菴楊公御史中丞之命，俾往視江防，曰：盜賊奸宄汝實司之，賜之履東至於海，西至於九江，南至於震澤，北至於大儀。」此時江防轄區仍是「東至於海」，而在《皇明馭倭錄》，卷五，〈嘉靖三十二年〉，頁16下～17下，記載：「臣考嘉靖八年、十九等年皆因海寇竊發，添設總兵官駐箚鎮江，事平而罷。今宜查遵其例，仍設此官，俾整飭上下江洋，總制淮海，并轄蘇松諸郡，庶事權歸一，軍威嚴重而緩急有攸賴矣。南京廣西道御史亦以為言。部覆總兵官如議添設，令駐箚金山衛，節制將領鎮守沿海地方，調募江南北徐邳等處官民兵以充戰守，其操江都御史勑內未載海防，并當增易。上命暫設副總兵一員提督海防，應用兵糧巡撫

與海防兩者轄區有重疊的部分，兩者職權不易明確區分，彼此之間存在著爭功
諉過、相互塞責的空間。而此一情形隨著倭寇侵擾南直隸地區的日益嚴重而更
形顯著，江防與海防的關係在此一階段理論上應該是彼此協同合作，江海聯防
的名稱雖然於此時並未出現，但此一階段後期在海防工作的執行上卻是操江都
御史與應天、鳳陽兩巡撫共同商議運作。〔註146〕然而由於江、海防的權責未明
確劃分，因而使得實際上江防與海防往往是平時彼此牽制掣肘，遇有重大賊情
之時卻彼此推卸責任，〔註147〕此一情況也使得南直隸在面臨倭寇侵犯時往往防
禦不力，人民財產飽受侵害掠奪。

　　第三個階段是嘉靖三十二年至嘉靖四十二年（1553～1563），此一時期是
江海聯防正式形成的階段。此時正是倭寇侵犯南直隸地區最為嚴重的時期，
長江南北兩岸的應天、鳳陽兩巡撫已經加有兼理海防職銜，而江防的轄區仍
然是上自九江下至蘇州、松江、通州、泰州以至於長江出海口一帶，江、海
防轄區仍然有重疊部分。由於應天、鳳陽二巡撫加有兼理海防之職銜，使得
江防與海防之間的關係更形複雜，再加上倭寇侵擾嚴重，不時有重大軍事行

---

并操江官協議以聞，操江都御史敕書不必更換，於如所議。」可知此時操江
都御史之敕書內容仍未改變。
〔註146〕《明世宗實錄》，卷二四三，嘉靖十九年十一月丙辰條，頁6上～下：「先是
崇明盜秦璠、黃艮等出沒海沙，劫掠為害，副使王儀大舉舟師與戰，敗績，
副都御史王學夔遂稱疾還南京。盜夜榜文於南京城中，自稱靖江王，語多不
遜，南京科道官連章劾奏儀等。上曰：海寇歷年稱亂，官軍不能擒，輒行招
撫，以滋其禍，王儀輕率寡謀，自取敗侮，夏邦謨、王學夔、周倫皆巡撫重
臣，玩寇殃民。儀、學夔皆住俸，與邦謨俱戴罪，會同總兵官湯慶，協心調
度，劾期勦平，失事官俱令錦衣衛逮繫付獄……。逾月，慶因督率官軍出海
口與賊戰，賊擁二十八艘來迎敵，輒敗去，追斬璠等二百餘人，奪獲二十艘，
餘黨遠遁。上嘉之，陞慶署都督同知，操江都御史王學夔、巡撫都御史夏邦
謨各陞一級，餘賚銀幣有差。」又明・龔用卿，《雲岡公文集》（台北：國家
圖書館善本書室藏藍格舊鈔本），卷九，〈平寇懋庸序〉，頁18上～19下：「往
歲崇明之逋寇恃海道險阻，肆其憑陵嘯聚草野，久乃招納亡命流劫鄉社，出
入江洋公行剽掠……，朝廷憂之，輔臣建議特設撫兵之官，開府于鎮江以為
進勦之計，維時兩洲王公為都御史，定任操江之責，慮其猖獗或至侵軼旁州
郡轉生他變，乃與巡撫都御史松泉夏公矢心協力相機合謀，而巡撫御史胡君
賓、周君倫先後經理其事……，分督諸君守劉家河口以備江南，扼通州、海
門以備江北。」
〔註147〕《明世宗實錄》，卷四〇〇，嘉靖三十二年七月甲子條，頁4下～5下：「機不
並摻，權無兩在，海防要害以一重臣任之足矣。乃命摻江與巡撫協同行事，
平居既苦於牽制，臨事又易於推諉，非計之得也，宜稽往牒，相時宜，酌定
歸一，以專任而責成之便。」

動，操江都御史與兩巡撫之關係更加複雜。因此，當時的相關官員一再要求釐清江防與海防之間的權責，不但操江都御史要求明確劃分江防、海防之權責；〔註148〕鳳陽巡撫李遂也曾要求把江防與海防的轄區與權責劃分清楚，以利海防任務的執行。〔註149〕然而雖經各相關官員的屢次上疏請求，直至嘉靖四十二年，江防與海防的轄區仍然有重疊部分，操江與兩巡撫仍未能明確劃分權責。此一時期江防與海防是明確的由操江都御史、應天巡撫、鳳陽巡撫三個官員掌管，但卻沒有劃分彼此的職權與責任為何，也可以說這一個階段是江海聯防正式形成的階段，但卻是一個江、海防權責不明的時期。以實際的例子來看，嘉靖三十二年，操江都御史蔡克廉因為南直隸海洋有倭寇出沒，乃會同應天巡撫彭黯以及巡視下江御史陶承學共同調集兵船，籌畫水陸夾攻事宜。〔註150〕由此可知雖然此一階段的江、海防關係是處於一種權責不明的

〔註148〕《沱村先生集》，卷三，〈議處戰船義勇疏〉，頁1上～8上：「臣於嘉靖三十二年十月初三日欽奉勅諭：朕惟南京係國家根本重地，江淮乃東南財賦所出，而通泰鹽利尤為奸民所趨，鹽徒興販不時出沒劫掠為患，今特命爾不妨院事兼管操江官軍，整理戰船器械、振揚威武及嚴督巡江御史并巡捕官軍、舍餘、火甲人等，時常往來巡視，上至九江下至鎮江，直抵蘇、松等處地方，遇有鹽徒出沒，盜賊劫掠，公同專管操江武臣計議調兵擒捕……近該兵部題議，操江都御史勅內未開提督海防，有礙行事，欲乞換給等因，節奉聖旨：操江都御史勅書不必更換，欽此……伏乞勅下吏部備查，初設巡撫、操江舊制，前項海防儻係巡撫專責，并乞查照邊方巡撫事例，將蘇松、淮揚等處各巡撫都御史兼管軍務，帶管各處海防，與新設金山副總兵協同行事，而沿江防禦事宜專屬操江衙門管理，如操江舊規所管不止上下江防，亦乞酌定應管地方、應行事務，不致誤相推諉，庶人有專志功可責成。」

〔註149〕《李襄敏公奏議》，卷一三，〈議覆操江兵費事宜疏〉，頁22下～27下：「查得操江都御史原奉勅書專管沿江一帶上自九江下至鎮江及通、常、狼、福等處，先年承平無事，專一操練水兵，禁戢鹽盜，用重留都之衛，以為江海之防，一應兵事盡屬操江，近緣倭變，大江南北撫臣俱兼提督軍務之任，所有錢糧兵馬各歸撫屬，體勢恆專，調度自便，而操江大臣仍照舊勅參錯行事，臨警蒼皇未免掣肘……。合無自今以後上自九江下至江南圖山、江北三江會口為操江信地，如遇汛警但在圖山、三江會口以下專責南北督撫嚴督將領畢力堵截，圖山以上逼近留都，南北督撫仍與操江互為應援，不許自分彼此致失事機。」

〔註150〕《可泉先生文集》，卷七，〈題飛報海洋倭寇疏〉，頁6上～9下：「嘉靖三十二年閏三月二十八等日，據直隸太倉衛吳淞江守禦千戶所并松江府上海縣、蘇州府嘉定縣各飛報海洋內有異樣大船一隻，約有二百餘人……，隨該總理糧儲巡撫應天等府地方兵部左侍郎兼都察院右僉都御史彭黯、巡視下江監察御史陶承學俱到地方，與臣會同調集精兵船隻，處置糧餉，分撥各處水陸夾攻。」

狀態之下，但是江海聯防的機制也於此時形成，操江都御史與應天、鳳陽兩巡撫共同負責海防任務，而由於江防的其他轄區事實上也與應天、鳳陽兩巡撫的轄區有所重疊，因此江防事務也並非純粹由操江都御史一人負責。

第四個階段是嘉靖四十二年迄於明亡（1563～1644），此一時期是江海聯防轄區明確的階段。嘉靖四十二年南京兵科給事中范宗吳奏請劃分江防與海防轄區，自此之後江防、海防才有明確的轄區界線，江防轄區明確定為圖山、三江口以上至九江，圖山、三江口以下屬於南、北二巡撫管轄，並且規定「今後不係操江所轄地方一切事務，都御史不得復有所與。」〔註 151〕至此操江都御史專責管理圖山、三江口以上之江防事務，應天、鳳陽兩巡撫專責管理圖山、三江口以下之海防事務。〔註 152〕

從實際的例子來看，嘉靖四十二年以後，操江都御史所管轄的區域確實僅止於圖山、三江口。天啓三年序刊的《南京都察院志》中所記載的操江職掌，其中操江所轄諸營，有南湖嘴營、安慶營、荻港營、儀眞水陸營、瓜洲水陸營、太平營、遊兵營、新江營、三江營、圖山營，皆在圖山、三江口以上，未有一營位處圖山、三江口以下者。〔註 153〕而萬曆五年（1577）刊行的《江防考》中所見的操江現存各營官兵數所統計的各個兵營分別為：遊兵營、儀眞守備下、圖山把總下、三江口把總下、安慶守備下、荻港把總下、儀眞

〔註151〕《明世宗實錄》，卷五二四，嘉靖四十二年八月丙辰條，頁 2 上：「初南京兵科給事中范宗吳言：故事，操江都御史職在江防，應天、鳳陽二巡撫軍門職在海防，各有信地，後因倭患，遂以鎮江而下，通、常、狼、福等處原屬二巡撫者，亦隸之操江。以故二巡撫得以諉其責於他人，而操江都御史又以原非本屬，兵難遙制，亦泛然以緩圖視之，非委重責成之初意矣。自今宜定信地，以圖山、三江會口為界，其上屬之操江，其下屬之南、北二巡撫。萬一留都有急，則二巡撫與操江仍併力應援，不得自分彼此，庶責任有歸而事體亦易於聯絡。章上。上命南京兵部會官雜議以聞，至是議定。兵部覆請行之。詔可。今後不係操江所轄地方一切事務，都御史不得復有所與。」

〔註152〕明‧徐石麒，《可經堂集》（《四庫禁燬書叢刊》集部七二冊，北京：北京出版社，2001 年 1 月一版一刷，據北京大學圖書館藏清順治可經堂刻本影印），卷八，〈與選部侯廣成〉，頁 26 上～28 下：「以弟計之，潯陽而下，孟湖而上，此操臺任事，江上有失自應操臺重而撫臺輕，若腹內與海上有失，自應專問撫臺矣。」

〔註153〕《南京都察院志》，卷一〇，〈操江職掌二〉，頁 2 上～32 下；又《南京都察院志》，卷三二，〈遵制酌時分別軍兵清支糧餉以便操巡疏〉，頁 32 上～35 下：「臣惟國家宣威振武奉勅提督操江……，臣奉勅兼管巡江，長江千五百里，上自南湖、安慶、荻港、遊兵，下至儀眞、瓜洲、圖山、三江會口，列為八營，畫地分哨，緝捕盜賊、鹽徒。」

瓜洲鄉捕兵、腳斛驍勇兵。〔註154〕同樣皆是在圌山、三江口上游。而嘉靖四十二年之後，應天巡撫所管轄的則爲沿海一帶防務。萬曆元年至四年（1573～1576），擔任應天巡撫的宋儀望，〔註155〕即曾以便於經略海防事務爲由，請求巡撫仍舊坐鎮於蘇州，而不要遷回南京。〔註156〕而其在巡撫任內所做的工作主要則是「立保甲、理兵儲、修海船、除戎器，凡所當爲無不孜孜汲汲竭心力而爲。」〔註157〕可見海防確爲應天巡撫之主要工作之一。崇禎十三年至十五年（1640～1642），擔任應天巡撫的黃希憲，〔註158〕則是親自到鎮江鎮壓聚眾滋擾的海賊。〔註159〕

　　嘉靖四十二年以後，鳳陽巡撫同樣以防海汛爲其防務工作之重心。隆慶五年至萬曆元年（1571～1573），擔任鳳陽巡撫的王宗沐（1523～1591），〔註160〕則在其〈換置文武職官以裨漕運疏〉中寫道：

> 其春初海汛，自應臣親於正月間出駐揚州，料理海防軍務，兼催瓜、儀之運，俟有次第，二月中還淮安以待船齊，而〔漕運〕總兵乃出駐邳、徐以北地方，永爲定規。〔註161〕

---

〔註154〕《江防考》，卷二，〈見在各營官兵數〉，頁 21 上～28 下。
〔註155〕《明督撫年表》，卷四，〈應天〉，頁 363～364。
〔註156〕明・宋儀望，《華陽館文集》（《四庫全書存目叢書》集部一一六冊，台南：莊嚴文化事業有限公司，1997 年 10 月初版一刷，據北京大學圖書館藏清道光二十二年宋氏中和堂刻本影印），卷六，〈奉勅移鎮句容脩建都察院碑〉，頁 16 上～19 上：「臣儀望奉旨擢都察院右僉都御史，給之璽書往撫南畿，臣謹拜手受命以三月十有三日陛辭……往在江南承平日久，內外和豫，巡撫重臣要在拊循懷服，毋煩馳驅。嘉靖中倭奴俶擾，歲勤兵革，始議兼領提督，移節蘇州以控馭海甸，比歲倭警稍寧，復議還駐留京。臣頃以職事沿歷海上，備見兵力單罷，置制疎闊，有識者咸以爲憂，乞命撫臣仍鎮蘇城以便經略。從之。」
〔註157〕明・姜寶，《姜鳳阿文集》（《四庫全書存目叢書》集部一二七冊，台南：莊嚴文化事業有限公司，1997 年 10 月初版一刷，據北京大學圖書館藏明萬曆刻本影印），卷三四，〈明故嘉議大夫大理卿華陽宋公神道碑〉，頁 1 上～6 下。
〔註158〕《明督撫年表》，卷四，〈應天〉，頁 373。
〔註159〕明・熊明遇，《文直行書文》（《四庫禁燬書叢刊》集部一○六冊，北京：北京出版社，2001 年 1 月一版一刷，據北京圖書館藏清順治十七年熊人霖刻本影印），卷九，〈題爲恭陳江南省直情形仰慰聖懷事〉，頁 82 上～84 下：「（江南）撫臣黃希憲云：近時海賊一朝聯百餘舟至金焦間，渠親至鎮江彈壓，稍稍得其要領，多吳之姦民與饑民嘯聚沙上也。」
〔註160〕《明督撫年表》，卷四，〈鳳陽〉，頁 337。
〔註161〕明・王宗沐，《敬所王先生文集》（台北：國家圖書館善本書室藏明萬曆二年福建巡按劉良弼刊本），卷二一，〈換置文武職官以裨漕運疏〉，頁 31 上～33 下。

每年正月春初海汛時節，鳳陽巡撫即出駐揚州以便料理海防軍務，並將此一作爲當作「定規」，可見海防軍務在鳳陽巡撫的工作中所佔的重要性。

　　嘉靖四十二年之後，江防與海防雖然已有明確的轄區劃分，然而江、海之間原本沒有明確的自然界線劃分，正所謂「江海原無限隔，雖經分屯把守逐節會哨，若使拘泥信地不應援亦難防賊。」〔註162〕海盜、倭寇不可能僅僅侵犯海防轄區，而江盜、鹽徒也不可能僅在江防轄區之內行劫作亂，〔註163〕因此在范宗吳的奏疏之中亦有「萬一留都有急，則二巡撫與操江仍併力應援，不得自分彼此」〔註164〕的字樣。也就是雖然轄區有所劃分，但若遇有出沒行劫於江、海防區域之間的盜寇，操江都御史與應天、鳳陽兩巡撫仍然應該彼此協同合作，以達到守護留都安全的目標。這種雖劃分轄區界線卻仍要求江、海防彼此應援、協同守禦的情形可說是此一階段江海聯防的新模式，江防與海防雖然劃分轄區信地，但卻同樣是南直隸地區拱衛留都的重要守禦單位，正所謂：「總之江防、防汛（海防）事同一體。」〔註165〕江海聯防雖然進入一個新的階段，但卻並未改變其終極的目標，即是協力守衛留都的安全，也就是所謂：「故聯江海之兵協力拒守，重根本之上務也。」〔註166〕

〔註162〕明・王士騏，《皇明馭倭錄》（《四庫全書存目叢書》史部五三冊，台南：莊嚴文化事業有限公司，1997年10月初版一刷，據清華大學圖書館藏明萬曆刻本影印），卷七，嘉靖三十五年〉，頁31下～32上。

〔註163〕明・柴奇，《黼菴遺稿》（《四庫全書存目叢書》集部六七冊，台南：莊嚴文化事業有限公司，1997年10月初版一刷，據原北平圖書館藏明嘉靖刻崇禎八年柴胤璧修補本影印），卷八，〈江盜平詩序〉，頁22上～24下：「習於水善浮沒，往往以劫掠爲利，截糧運、掠商賈，敢拒官軍格鬥，我小失利其勢遂鴟張不可制，攻之則駕巨舟破洪濤駭浪，出沒如搏鳥驚虺然飄忽不可近，稍迫之則入大海洋愈不可近，兵既罷則復入江劫掠如故，故自古伐叛未有大得志於江海者。」

〔註164〕《明世宗實錄》，卷五二四，嘉靖四十二年八月丙辰條，頁2上。

〔註165〕明・周世選，《衛陽先生集》（台北：國家圖書館善本書室藏明崇禎五年故城周氏家刊本），卷六，〈條陳新舊諸營兵食八目以圖戰守疏〉，頁8上～17上：「今據各營揭稱：新江口營選鋒除月糧外，每月給鹽菜銀二錢，要得照例請給，顧人多費廣，司徒告匱勢難准從。查得京營戰車二營例有防秋行糧，合無比照量給，每遇春秋開操之期，每選鋒一名月加行糧三斗，戶部支給，歇操住支，俟海防寧日盡數停止……總之江防、防汛事同一體，內帑外庫皆屬公家正項支用。」

〔註166〕《江南經略》，卷一，〈蘇松常鎮總論〉，頁24上～25上又《江南經略》，卷一，〈海防論三〉，頁37下～39上：「若論今時至計，則爲今日之大憂者似不在於海而尤在于留都，留都、海防相爲表裏……，留都安，則海濱鹽盜之徒

　　對於江海聯防，明人也有許多不同的看法與意見，也因此產生不少的爭議，其中與江海聯防關係最大的即是江洋與海洋的區分問題。明人對於長江下游何處屬於江洋，何處屬於海洋，有著許多不同的看法。有人認爲鎮江以下即爲海洋，操江都御史應於鎮江久駐，以備沿海的鹽徒乘機作亂。張永明（1499～1566）在其〈重操江疏〉中即寫道：

> 蓋鎮江以下即爲海洋，常州之靖江、江陰，蘇州之崇明、太倉，松江之上海，揚州之通、泰咸濱焉，窮沙僻島，鹽徒負險窺伺，竊發無歲無之，使不備之有素，鮮不倡亂。〔註167〕

南京兵科給事中范宗吳，在嘉靖四十二年請求劃分江、海轄區的奏疏之中也曾提到：

> 蓋以留都言之，則江洋在內者也，海洋在外者也，圖山以內諸地，水軍戰具原係操江節制……，若鎮江以下，圖山之外即爲海洋，通、常、狼、福地方與留都相去遼遠，操江巡歷素所未及，其把總、備禦、參將、都司等官悉聽兩軍門節制，操江雖有管轄之名，自不得與軍門相並，其勢未順，其事未便故也。〔註168〕

圖山位於鎮江府丹徒縣東北，濱臨長江；〔註169〕由於認爲圖山以下即爲海洋，

---

不敢嘯聚，而海防之政益易于修舉矣。京師、海防一舉兼得……。故江海聯絡，將卒一心，匪直杜內憂實禦外患。」此處亦以爲江海聯絡乃是守護留都的重要關鍵所在。

〔註167〕明・張永明，《張莊僖公文集》（台北：國家圖書館善本書室藏明萬曆三十七年張氏家刊後代修補本清四庫館臣塗改），樂集，〈重操江疏〉，頁 28 上～35下又明・萬虞愷，《楓潭集鈔》（台北：國家圖書館善本書室藏明嘉靖辛酉（四十年）刊本顧起綸等評選），卷二，〈江防疏〉，頁 4 下～13 下：「蓋鎮江以下即爲海洋，常州之靖江、江陰，蘇州之崇明、太倉，松江之上海，揚州之通、泰咸濱焉，窮沙僻島，鹽徒負險窺伺，竊發無歲無之，使不備之有素，鮮不倡亂。」與《張莊僖公文集》記載相同。

〔註168〕《南京都察院志》，卷三一，〈申明江海信地以便防守以專責成疏〉，頁 3 上～13 上。

〔註169〕《讀史方輿紀要》，卷二五，〈江南七〉，頁 47 上～52 下：「丹徒縣，附郭……。圖山，府東北六十里，濱大江。」又《全吳籌患預防錄》，卷四，〈丹徒縣險要論〉，頁 19 上～21 下：「長江，長江浩渺，賊舟無不可之，極難防守，惟圖山則江內沙塗，動亙數里，若爲外護，中間僅通一路，矢石皆可及，況當江流自東而西而北轉屈之間，層峰峭壁，俯瞰湍波，賊舟之所必經，平時鹽盜出沒靡常，官民商艘多罹其毒，若屯設重兵水陸協守，賊必不敢越此而西也。」又《讀史方輿紀要》，卷二五，〈江南七〉，頁 47 上～52 下：「江防攷：圖山屹立江濱，江中有順江、區檔諸沙，動亙數里，爲之外護，舟行其間僅

因此將圖山作爲江、海防轄區的分界點。王叔杲（1517～1600）在其〈詳擬江南海防事宜〉之中也寫道：

> 海防事理不過水陸二端，每歲禦倭之策固當截之於海，尤當備之於陸，自金山迤北以西至圖山，連亘八百餘里，凡要隘處俱各設有陸兵。〔註170〕

討論海防事宜僅止於金山至圖山，圖山以西不在討論之列，顯見是以圖山爲海洋之界線。此外《南京都察院志》之中也有：「至於圖山、三江會口爲江防第一門戶……，爲照圖山、三江二總，控禦海口委爲要地」〔註171〕的說法，亦是以圖山、三江口爲江、海交界者。

除以鎮江圖山爲江、海分界的說法之外，也有如趙文華以通州海門縣的呂四場與蘇州的瀏河、吳淞江爲海口的說法。趙文華在〈咨南京兵部江海事宜〉一文中提到：

> 揚州對過常鎮共置江防船若干隻，屯至狼山、福山而止，哨至海口而止，此爲二節。海門、通州守禦所及呂四等場對過蘇州、劉家河、吳淞江共置海防船若干隻，擇海口要害屯列水寨，共會哨于楊山、許山而止，此爲三節。〔註172〕

趙文華將江北揚州與江南常、鎮所配置之船隻稱爲「江防船」，呂四場、劉家河、吳淞江所配置的船隻則稱爲「海防船」；可見他所認知的「海洋」是在於呂四場、瀏河、吳淞江一帶，而揚州府、常州府、鎮江府一帶地區仍在「江洋」的範圍之內。

此外自萬曆三十二年（1604）起擔任數年應天巡撫的周孔教，〔註173〕則稱「金山坐枕海口」，〔註174〕將金山視爲內地諸郡的門戶之防。而在《江防考》

---

通一路，矢石可及，況當江流自東而西而北轉屈之間，層峰峭壁，俯瞰湍波，若屯設重兵，水陸協守，賊必不敢越此而西也。」

〔註170〕明・王叔杲，《玉介園存稿》（台北：國家圖書館漢學中心藏明萬曆二十九年跋刊本），卷一八，〈詳擬江南海防事宜〉，頁25上～44下。

〔註171〕《南京都察院志》，卷三一，〈議處江防緊要事宜以飭武備以安重地疏〉（萬曆元年六月），頁21上～26下。

〔註172〕明・趙文華，《趙氏家藏集》（台北：國家圖書館善本書室藏清江都秦氏石研齋抄本），卷五，〈咨南京兵部江海事宜〉，頁1上～2下。

〔註173〕《明督撫年表》，卷四，〈應天〉，頁369。

〔註174〕明・周孔教，《周中丞疏稿》（《續修四庫全書》史部・詔令奏議類四八一冊，上海：上海古籍出版社，1997年版，據吉林大學圖書館藏明萬曆刻本影印），卷四，〈議留邊海極要將官疏〉，頁29上～32上：「將該參將仍舊留任，俟再

的〈江營新圖〉之中，則是於呂四場、廖角嘴圖上標識「水分鹹淡」以及「洋子大江海口」，〔註175〕顯見是以此處作爲分別江海的界線。

以上種種對於江海劃分的不同看法，也往往引起對於江防與海防轄區劃分的不同意見，而這些不同意見的爭議，也常使得江防與海防的相關官員對於自身的轄區與職守不甚清楚，導致江、海防務無法有效執行運作。更有一些官員藉此推卸責任，掠取功勞，甚至趁機貪污舞弊、挪用經費，無所不爲。〔註176〕

另外值得一提的是，雖然在嘉靖四十二年以後操江都御史所管轄的江防信地止於圌山、三江會口，此處以下成爲應天、鳳陽兩巡撫所負責的海防區域。然而江防體制之中，巡視下江御史的巡歷地區卻並未跟隨變動，仍然是由鎮江而下直至揚州、常州、狼山、吳淞、孟河、泰興等處，〔註177〕而這些

---

有成績酌量陞遷，其原調黎平即以新推金山參將改補，庶將領不煩更置而邊疆永有干城矣。等因到臣，該臣會同操江都御史耿定力、巡按御史楊廷筠、巡江御史李雲鵠看得江南爲根本重地，襟江帶海處處衝險，而金山坐枕海口，與倭奴僅隔一水，尤稱門庭之守，將領最難得人，故金山安則內地諸郡皆安，所關匪細。」

〔註175〕《江防考》，卷一，〈江營新圖〉，頁44下。

〔註176〕明・李世達，《少保李公奏議》（台北：國家圖書館善本書室藏明萬曆丁酉（二十五年）涇陽李氏原刊本），卷三，〈議處撫臣括取庫藏疏〉，頁35上～37下：「況近該蘇松巡按御史甘士价參論應天巡撫周繼票取海防兵餉銀三千餘兩交際犒賞，部院覆：奉明旨將周繼革職爲民，原動軍餉照數追陪。」又《明世宗實錄》，卷四八五，嘉靖三十九年六月壬寅條，頁1下～2上：「准南京、浙江等道試監察御史劉行素、趙時濟、林潤、王宗徐，實授查盤給事中羅嘉賓、御史龐尚鵬等言，浙直軍興以來，督撫諸臣侵盜軍需，無慮數十萬。臣等奉詔通查出入之數，其間侵欺有術，文飾多端，冊籍沈埋、條貫清亂者姑無論。已即其文牘具存，出入可考，事蹟章灼可得而陳其數者，則如督察尚書趙文華所侵盜以十萬四千計，總督都御史周珫以二萬七千計，總督侍郎胡宗憲以三萬三千計，原任浙江巡撫都御史阮鶚以五萬八千計，操江都御史史褒善以萬一千計，巡撫應天都御史趙忻以四千七百計，此皆智慮有所偶遺，彌縫之所未盡，據其敗露十不及其二三，然亦夥矣。至於操江都御史高楫，則明以江防銀二千兩餽送趙文華，巡撫應天都御史陳定，則餽取軍餉銀四十兩，錙銖無所支費，此又皆公行賄攘，視爲當然者也。」

〔註177〕明・熊明遇，《綠雪樓集》（《四庫禁燬書叢刊》集部一八五冊，北京：北京出版社，2001年1月一版一刷，據中國社會科學院文學研究所圖書館：中國科學院圖書館；南京圖書館藏明天啓刻本影印），臺草，〈題爲申飭臺綱以重官守以安民生事〉，頁108上～114下：「因差兩御史，一駐安慶，一駐鎮江，逐捕盜賊講肄武備，必陸月而後息。萬曆末年以來，御史員缺……，領差者皆遵陸行……，於是駐都城之日居多，其於巡江之義何居，臣以爲兩御史宜

---

區域已經劃歸江南、北兩巡撫所轄，屬於海防轄區。因此巡視下江御史，也成為連貫江防與海防之間的一個重要角色。也正是因為這種情形，使得江防與海防之間名義上已經劃定信地，各自負責信地之內的防禦任務，而實際上透過巡視下江御史，卻仍然保持著一種相聯的關係。

雖然對於江、海分界的問題明人有許多不同的意見，然而對於江防與海防的最後目的，明人卻有著相當一致的看法。由於太祖朱元璋定都南京，加上太祖朱元璋死後所埋葬的孝陵也位於南京，因此對於朱明皇室而言，雖然日後的首都已經遷往北京，南京成為「留都」，但是南京仍是祖宗根本所在。

南京作為留都是一個非常特殊的情形，它保有與北京相同的包括六部與都察院等等的政治機構，也保有同樣職銜的官員，所以實際上南京可以說是第二個都城。而出於尊祖敬宗的緣故，把江南的政治地位加以提高與刻意地維護就成為明朝廷必要的作法。也正是因為這個特殊的原因，造成明代君臣共同的一個思想，即是所謂的「政本故在南」。〔註178〕

既然南京有如此的重要性，那麼守護南京的安全就成為一個重要的課題。永樂遷都北京之後，南京雖然仍舊保留一部份的衛所作為防護之用，然而這樣的軍力畢竟不如南京作為首都之時的規模，為有效防衛南京，除原有的勳臣守備南京之外，又將南京兵部尚書加以參贊機務之銜，以加強守禦之力量，更設置操江官軍以作為南京附近水域防備之用。正如明人余寅所云：

> 夫留都曷重哉？重備也。備有三：一、勳舊鎮守；二、本兵參贊機
> 務；三、都御史提督操江，俱稱重臣。顧鎮守、參贊之為備也博而
> 周；操江之為備也專而著。〔註179〕

江防設置的目的原本就是為拱衛留都，同時兼有保障江南財賦重地的功能。所謂：「江防舊都保障，宣威弭盜誠重寄也。」〔註180〕又有謂：「維是留都實維根

---

各遵制移駐安慶、鎮江……，在下江巡歷揚州、常州、狼山、吳淞、孟河而歸重於泰興，其非濱江郡縣日有暇給酌量巡歷，專查兵壯、樓櫓、器械，其營務有屬操院者，有屬江南、江北、江西巡撫者並得商量縱禦。」

〔註178〕錢杭、承載，《十七世紀江南社會生活》（杭州：浙江人民出版社，1996年3月一版一刷。），頁2～12。

〔註179〕明·余寅，《農丈人文集》（《四庫全書存目叢書》集部一六八冊，台南：莊嚴文化事業有限公司，1997年10月初版一刷，據首都圖書館藏明萬曆刻本影印），卷二，〈重修提督操江都察院記〉，頁18上～21上。

〔註180〕明·張瀚，《奚囊蠹餘》（台北：國家圖書館善本書室藏明萬曆元年廬州知府吳道明刊本），卷一一，〈贈大中丞我渡陳公提督操江序〉，頁16下～18

本，介以洪流國險是憑，而操而巡斯弊弗振矣……，乃巽命勑廣源公提督操江兼理巡江云。」〔註181〕因此在明初，南直隸爲朝廷所重者首在江防而非海防問題，明代江防之重要性往往與邊防相提並論，有所謂「祖宗肇建丕基，南、北並列，邊鄙在北，江防在南，二者兼重，勢若持衡。」〔註182〕也因爲明代對於南直隸地區的防禦重視江防甚於海防，使得清代初期對於此一區域的海防思想，同樣較爲重視長江的防禦。〔註183〕清人張鵬翮甚至認爲江南之險在於長江，如果僅知防海而不知防江，萬一海防有所疏虞，敵人將會侵入長江，並藉由此一管道侵入長江沿岸內地，如此則會導致防禦的困難。〔註184〕

　　南直隸地區的海防受到重視乃是因爲鹽徒、海盜、倭寇的動亂劫掠所引起的，尤其是嘉靖年間倭寇大舉入侵南直隸地區，原有的江防體制顯然並不足以抵禦這一股由海上而來的入侵力量，爲加強對倭寇的防禦，於是乃將原本沒有管理軍事職權的應天、鳳陽兩巡撫加以提督軍務之銜，並令其兼理海防軍務，海防問題始受到與江防同等的重視，而江海聯防的問題也於此時出現。

　　在此之前操江都御史一身兼轄江、海兩防，其轄區上自九江下至海口，延表一千五百餘里，平時尚可勉強應付，遇到倭寇的大舉入侵就顯得力有未逮。應天、鳳陽兩巡撫的加以提督軍務銜兼管海防，正是爲彌補南直隸地區長江下游出海口一帶防衛的不足。然而由於江海防轄區並未明確區分，導致此一設置未能發揮其應有之效能，於是乃有關於江海聯防的議論出現。而這些議論不外是要求江防與海防應該彼此協同、互相應援，其最終的目的仍是保障留都的安全。所謂：「故聯江海之兵協力拒守，重根本之上務也。」〔註185〕鄭若曾認爲：

　　若論今時至計，則爲今日之大憂者似不在於海而尤在于留都，留都、

---

上。
〔註181〕明・許宗魯，《少華山人文集》（台北：國家圖書館善本書室藏明嘉靖丁未（二十六年）關中刊本），卷四，〈奉送廣源先生孫公督江序〉，頁12下～13上。
〔註182〕明・劉節，《梅國前集》（《四庫全書存目叢書》集部五七冊，台南：莊嚴文化事業有限公司，1997年10月初版一刷，據北京圖書館藏明刻本影印），卷二五，〈贈中丞克齋李公拜命留臺序〉，頁27上～28下。
〔註183〕王宏斌，《清代前期海防：思想與制度》（北京：社會科學文獻出版社，200年6月一版一刷），第四章第二節，〈海岸海島軍事地理形勢〉，頁192～222。
〔註184〕《清代前期海防：思想與制度》，第四章第三節，〈海口海港與海道〉，頁222～241。
〔註185〕《江南經略》，卷一，〈蘇松常鎮總論〉，頁24上～25上。

> 海防相爲表裏……，留都安，則海濱鹽盜之徒不敢嘯聚，而海防之
> 政益易于修舉矣。京師、海防一舉兼得……。故江、海聯絡，將卒
> 一心，匪直杜內憂實禦外患。〔註186〕

明人王家屏（1536～1603）在其〈答李及泉年丈〉文中也提到：「海汛、江防
日嚴儆備，陪京根本之地，殆非無事之時，於此得入高廟神靈所倚重也。」〔註
187〕唯有江防與海防聯合防禦，方有可能使長江下游濱江臨海區域安全無虞，
而長江下游區域的安全正是留都南京安全的保障，而這正是明代江海聯防的
根本目的。〔註188〕

　　而嘉靖四十二年以後，倭患漸次平息，然而爲有效執行南直隸地區的江、
海防務，於是乃更定明確的江、海防轄區，江防與海防不再有轄區重疊、權
責不明的情形。然而江防與海防並非至此全無瓜葛，反而是強調彼此之間協
同合作的重要性，轄區雖已劃分，而江海聯防的性質仍在，而其目的始終未
變，即是共同保障留都的安全，兼以鞏固朝廷所賴之江南諸府財賦所出之地。
同時藉由江海聯防，也可以確保漕運路線的暢通無阻，而這更是北京甚至是
皇家所仰賴甚深的糧食、財富運輸管道。

---

〔註186〕《江南經略》，卷一，〈海防論三〉，頁37下～39上。
〔註187〕明・王家屏，《王文端公集》，（《四庫全書存目叢書》集部一四九冊，台南：
　　　　莊嚴文化事業有限公司，1997年10月初版一刷，據北京大學圖書館藏明四
　　　　十年至四十五年刻本影印），卷六，〈答李及泉年丈〉，頁28上～29上。
〔註188〕有關江海聯防的理論，將於第六章〈南直隸江海聯防的運作〉之中加以討論，
　　　　故在此僅略爲提及，不作深入探討。

# 第三章 南直隸江海聯防的據點

　　明代南直隸江海聯防的佈建，首先是擇定具有險要地理形勢的軍事據點。地理形勢對於軍事行動的成敗有著關鍵性的影響，若能夠對於據點之地略形勢有詳盡之瞭解，則可於作戰之中掌握優越地理形勢，進而取得勝利。正如《孫子兵法》所說：「夫地形者，兵之助也。料敵制勝，計險阨遠近，上將之道也。知此而用戰者必勝，不知此而用戰者必敗。」〔註1〕地形對於軍事行動之影響由此可見一斑。

　　長江下游江海交匯地區河湖密佈、港汊眾多，地形十分複雜，而這些眾多的河湖港汊也往往成為江、海盜賊犯罪的場所，同時也是外來的倭寇、夷人等入侵的管道。為深入瞭解江海聯防對於江海聯防區域之中的險要據點必須有一定程度的認識，藉由對於此一區域之中險要據點的認識，將可以對於此一區域軍事佈防有更進一步的瞭解。由於南直隸江海交會地區軍事據點的地理形勢目前並無專文探討，故而本章將對於明代南直隸長江出海口江海交會之處的險要地形略加介紹。

## 第一節　松江府的險要據點

　　長江下游南岸以及出海口一帶，也就是明代南直隸蘇州、松江、常州、鎮江四府地區，此地區不僅是明代的富庶之區，也是漕運所必經之處，是以

---

〔註1〕　周・孫武，《孫子兵法》（台北：里仁書局，1982 年 10 月出版，曹操等注，郭化若譯），〈地形篇〉，頁 175～176。

不論是倭寇、海盜、江盜、鹽徒，都將此一區域視為劫掠的首選地區。尤其蘇州、松江二府是國家財賦所出的重要區域，所謂：「吳亦大國之風也，區區兩郡之地，而財賦當天下之半，其於國儲如物之有腹腴也。」〔註2〕而且也是長江南岸，與明代江海聯防相關的區域。

### 圖 3-1：南直隸江海防巡檢司分佈圖

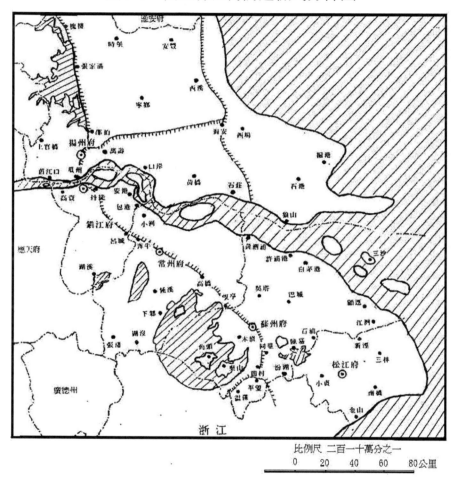

參照：譚其驤主編，《中國歷史地圖集》，第七冊，〈元、明時期〉（上海：地圖出版社，1982 年 10 月第一版）繪製。

---

〔註2〕 明・顧大韶，《炳燭齋稿》（《四庫禁燬書叢刊》集部一〇四冊，北京：北京出版社，2001 年 1 月一版一刷，據中國社會科學院文學研究所圖書館藏清道光二十年鈔本影印），卷一，〈賀留仙馮公莅任序〉，頁 210 上～212 下。

　　蘇州、松江、常州、鎮江四府地區，瀕臨長江與東海，所謂：「蘇、松、常、鎮南接浙之嘉、湖、杭，其地皆瀕江負海，襟帶湖澤，形勢險阻，便於嘯聚。」〔註3〕「蘇、松、常、鎮四府濱連江海」；〔註4〕「三吳之地，三面阻海，剝膚島夷，兼之海島寇縱橫，爲地方隱憂，不可旦夕忘備」；〔註5〕「蘇、松江海聯屬，帆檣利便」；〔註6〕「三吳江海湖蕩之鄉，盜最易於生發。」〔註7〕由於江南蘇州、松江、常州、鎮江四府介於江海之間的地理位置使然，此一區域成爲江盜、海寇、鹽徒等各類盜賊容易發生的所在，〔註8〕甚至是倭寇易於盤據侵擾之所，〔註9〕也因此使得此一區域成爲海防與江防的重要防備區域。

　　而其中松江與蘇州二府地理位置較爲偏東，兼臨江海，因此面對海寇與倭寇的衝擊較爲直接，也因而較爲重視海防與江防的備禦問題。以下就松江府的險要據點加以說明。

　　松江府古稱雲間，〔註10〕位於南直隸東南，錢塘江口東北，與浙江的嘉興府接壤，其地理位置「雄襟大海，險阨三江，引閩越之梯航，控江淮之關

〔註3〕　明・顧鼎臣，《顧文康公集》（台北：國家圖書館善本書室藏明崇禎十三年至弘光元年崑山顧氏刊本），卷二，〈處撫臣振鹽法靖畿輔疏〉，頁37上～40下。

〔註4〕　明・王瓊，《晉溪本兵敷奏》（《四庫全書存目叢書》史部五九冊，台南：莊嚴文化事業有限公司，1997年10月初版一刷，據甘肅省圖書館藏明嘉靖二十三年廖希顏等刻本影印），卷九，頁9下～11上。

〔註5〕　明・周孔教，《周中丞疏稿》（《續修四庫全書》史部・詔令奏議類四八一冊，上海：上海古籍出版社，1997年版，據吉林大學圖書館藏明萬曆刻本影印），卷五，〈倭警屢聞申飭防禦事宜疏〉，頁21上～26上。

〔註6〕　明・徐獻忠，《長谷集》（《四庫全書存目叢書》史部八六冊，台南：莊嚴文化事業有限公司，1997年10月初版一刷，據北京圖書館藏明嘉靖刻本影印），卷八，〈新建松江鹽運分司記〉，頁1上～2下。

〔註7〕　明・祁彪佳，《宜焚全稿》（《續修四庫全書》史部・詔令奏議類四九二冊，上海：上海古籍出版社，1997年版，據北京圖書館藏明末抄本影印），卷七，〈歲終遵例類報地方盜息民安事〉，頁462～465。

〔註8〕　明・張祥鳶，《華陽洞稿》（台北：國家圖書館善本書室藏明萬曆十七年金壇張氏家刊本），卷一，〈送觀察使澤山馮公榮膺簡命移鎮隴西序〉，頁16上～18上：「（江南）四郡橫亙江海間，稱江南重郡云……，島夷之窺伺，萑苻之嘯聚宜蕩除者，咸有事焉。」

〔註9〕　明・屠應埈，《太史屠漸山文集》（台北：國家圖書館善本書室藏明萬曆四十二年刊屠氏家藏二集本），卷二，〈吳浙水政圖志序〉，頁66上～68上：「江淮之南，吳越之間……，漁艘、海賈往來其間，小則剽竊，甚則交東夷爲中國患。」

〔註10〕　明・陳仁錫，《全吳籌患預防錄》（台北：國家圖書館善本書室藏清道光間抄本），卷四，〈松江府險要論〉，頁1上～2上：「雲間爲大兵不經之地……，蓋東南二面皆濱於海，賊易登犯，且居蘇常上游，爲浙外捍。」

鍵。」〔註 11〕「東際於海，西下諸湖。」〔註 12〕「負海枕江，平疇沃野，郡稱澤國。」〔註 13〕由於松江一府三縣襟江帶海，地勢低平，河、湖縱橫，東海環繞其外，〔註 14〕兼有漁鹽之利，東南境又瀕臨東海，因此被視爲東南屏障，乃南直隸沿海要地。〔註 15〕而松江府所屬之州縣則有上海、華亭、青浦三縣，其中青浦縣距海稍遠，華亭縣乃松江府附郭之縣，瀕臨東海，〔註 16〕上海縣位於華亭縣之東北，亦係邊海縣分，〔註17〕且北接長江出口，所謂：「上

---

〔註11〕 清・顧祖禹，《讀史方輿紀要》（台北：樂天出版社，1973 年 10 月初版），卷二四，〈江南六〉，頁 35 上。

〔註12〕 明・陸深，《儼山文集》（台北：國家圖書館善本書室藏明嘉靖雲間陸氏家刊本），卷四五，〈松江府志後序〉，頁 4 上～5 下。

〔註13〕 明・陸化熙，《目營小輯》（《四庫全書存目叢書》史部一六七冊，台南：莊嚴文化事業有限公司，1997 年 10 月初版一刷，據南京圖書館藏明刻本影印），卷一，〈南直隸〉，頁 55 下。

〔註14〕 明・湯賓尹，《睡庵稿》（《四庫禁燬書叢刊》集部六三冊，北京：北京出版社，2001 年 1 月一版一刷，據中國社會科學院文學研究所圖書館藏明萬曆刻本影印），卷八，〈劉司理奏滿序〉，頁 33 上～35 上：「松爲數百里水事之鍾，筋脈貫於江南，滬瀆之會，咽湖吻海。」又明・張鼐，《寶日堂初集》（《四庫禁燬書叢刊》集部七六冊，北京：北京出版社，2001 年 1 月一版一刷，據中國科學院圖書館藏明崇禎二年刻本影印），卷二四，〈紀周防〉，頁 26 上～29 下：「東南瀕海而郡，西襟湖沴，北枕大江者，吾松境也。」又明・王圻，《王侍御類稿》（《四庫全書存目叢書》集部一四〇冊，台南：莊嚴文化事業有限公司，1997 年 10 月初版一刷，據原北平圖書館藏明萬曆四十八年王思義刻本影印），卷一〇，〈與按院〉，頁 18 上～19 下：「且一府三縣在在襟江帶海。」

〔註15〕 明・楊守勤，《寧澹齋全集》（《四庫禁燬書叢刊》集部六五冊，北京：北京出版社，2001 年 1 月一版一刷，據南京圖書館中國科學院圖書館藏明末刻本影印），制語二，〈直隸松江府知府張光縉并妻誥命〉，頁 35 上～36 上：「雲間枕江負海而郡，東南一大屏也。」又明・唐文獻，《唐文恪公文集》（《四庫全書存目叢書》集部一七〇冊，台南：莊嚴文化事業有限公司，1997 年 10 月初版一刷，據北京大學圖書館藏明楊鶴、崔爾進刻本影印），卷五，〈贈□侯□源詹公入覲序〉，頁 35 上～37 下：「國家並建兩都，吾雲間實維畿南重地。」又明・錢福，《錢太史鶴灘稿》（《四庫全書存目叢書》集部四六冊，台南：莊嚴文化事業有限公司，1997 年 10 月初版一刷，據北京圖書館藏明萬曆三十六年沈思梅居刻本），卷四，〈存耕記〉，頁 50 下～52 下：「吾松之東南境濱于海，多魚鹽利。」

〔註16〕 《王侍御類稿》，卷三，〈贈陽華朱公祖考績序〉，頁 15 上～17 下：「亡何，以雲間防海事鉅，擢公防雲間海……，雲間所轄三大縣，而華（亭）與上（海）俱邊海，青（浦）去海稍遠。」

〔註17〕 明・王鏊，《震澤先生集》（台北：國家圖書館善本書室藏明嘉靖間王永熙刊本），卷一二，〈上海志序〉，頁 8 下～10 上：「上海故華亭之東維耳……，上海僻在海隅。」又明・陳所蘊，《竹素堂藏稿》（《四庫全書存目叢書》集部一七二冊，台

海枕江負海，稱岩邑。」〔註18〕而以下就將松江府各險要據點加以介紹：

## 圖 3-2：松江府險要據點示意圖

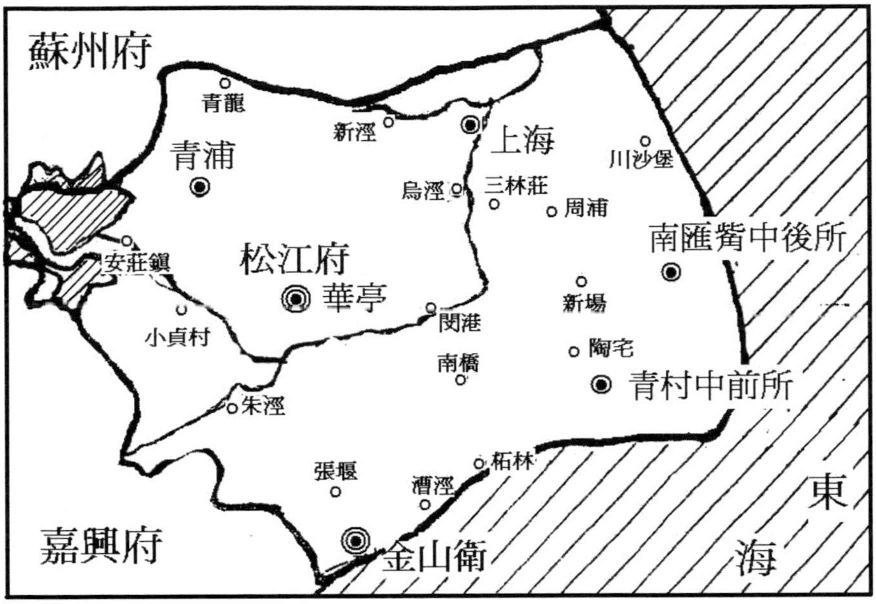

參照：譚其驤主編，《中國歷史地圖集》，第七冊，《元、明時期》（上海：
　　地圖出版社，1982 年 10 月第一版）繪製。

## 一、金山衛

　　金山衛位於松江府南方，錢塘江口北岸，地處南直隸的柘林與浙江乍浦之間，乃浙江與南直隸之間的要衝。〔註19〕「其地西抵浙之海寧，北抵吳淞

---

　　南：莊嚴文化事業有限公司，1997 年 10 月初版一刷，據上海圖書館藏明萬曆刻本影印），卷二，〈邑侯行吾敦先生膺獎序〉，頁 20 下～23 上：「行吾敦老先生令上海之五月……，邑濱東海之濆。」又明・陸樹聲，《陸文定公集》（台北：國家圖書館善本書室藏明萬曆四十四年華亭陸氏家刊本），卷一一，〈續修上海縣志序〉，頁 7 下～9 上：「上海邑於郡之東南，岸海帶江，僻在一隅。」

〔註18〕明・黃體仁，《四然齋藏稿》（《四庫全書存目叢書》集部一八二冊，台南：莊嚴文化事業有限公司，1997 年 10 月初版一刷，據湖北省圖書館藏明萬曆刻本影印），卷一，〈上海縣築浦塘記〉，頁 1 上～5 上。

〔註19〕《目營小輯》，卷一，〈南直隸〉，頁 56 上：「金山介於柘林乍浦之間，尤爲浙直要衝」又《王侍御類稿》，卷三，〈贈陽華朱公祖考績序〉，頁 15 上～17 下：「公所坐而鎮者曰雲間，而春秋耀吾軍士者曰金山，金山當浙直之衝，故高皇於此置衛宿重兵。」又明董應舉，《崇相集》（《四庫禁燬書叢刊》集部一〇

江，東南際大海而襟帶淮南諸郡。」〔註20〕「金山當松海，邇浙而甸南輔。」
〔註21〕正因爲有此地理位置，金山自明初即設「衛」以爲防禦之用。〔註22〕
也由於其特殊的地理位置，金山衛的防禦重點著重於海防的部分，「金山衛之
有城，防海寇也。」〔註23〕「松郡兵防，防海爲大，防海之處非一，而金山
實爲要地。」〔註24〕

　　明初爲防禦當時海寇的主要組成份子——倭寇，在洪武十九年（1386）
於金山設衛之後，曾要求揚州備倭總帥駐節於此，以防倭寇侵擾。〔註25〕嘉
靖年間又因倭寇侵擾之故，特於金山設置參將分守蘇州、松江海防，其後更
爲加重戍守將領之事權，而將金山參將升格爲副總兵，後來甚至有所謂：「金
山安，則內地諸郡皆安」〔註26〕的說法，由此可見金山衛地理位置之險要。

## 二、柘林堡

　　柘林位於松江府城東南七十二里，與柘山相連，此地與青村守禦千戶所
及金山衛相爲應援，爲沿海防禦要衝。〔註27〕柘林原本並未設有城池，〔註28〕

---

　　　　二冊，北京：北京出版社，2001年1月一版一刷，據北京大學圖書館藏明崇
　　　　禎刻本影印），卷二，〈贈淮揚兵備崑源楊公移鎮蘇松序〉，頁23上～24下：「金
　　　　山屹然當直浙紐會。」
〔註20〕《震澤先生集》，卷一四，〈金山衛志序〉，頁11下～12上。
〔註21〕明・駱問禮，《萬一樓集》（台北：國家圖書館善本書室藏明萬曆間原刊本），
　　　　卷三八，〈贈大參戎向葵馬公鎮守金山序〉，頁8上～9下。
〔註22〕明・顧清等修，《松江府志》（台北：國家圖書館善本書室藏明正德七年刊本），
　　　　卷一四，〈兵防〉，頁1上：「金山衛在府東南七十二里，南瀕海與金山對峙，西
　　　　連乍浦，東接青村、南匯觜，東北抵吳淞江，控引幾三百里，洪武十九年開設。」
〔註23〕明・聞人銓、陳沂修纂，《南畿志》（《四庫全書存目叢書》史部一九○冊，台
　　　　南：莊嚴文化事業有限公司，1997年10月初版一刷，據天津圖書館藏明嘉靖
　　　　刻本影印），卷一六，〈金山衛〉，頁10上。
〔註24〕清・常琬修、焦以敬纂，《金山縣志》（《中國方志叢書》華中地方第四○五號，
　　　　台北：成文出版社，1983年3月台一版，據清乾隆十六年刊本，民國十八年
　　　　重印本影印），卷八，〈兵防〉，頁5下～6上。
〔註25〕明・唐順之，《荊川武編》（台北：國家圖書館善本書室藏明萬曆間錢塘徐象橒
　　　　曼山館刊本），卷前六，〈舟〉，頁34上～44上：「金山地薄東溟，南瀕大洋，少
　　　　西爲浙江，北爲淮揚諸郡……，國朝既設衛屯戍，尋命淮揚等處備倭總帥復于
　　　　此駐節。據守得地而兵防嚴整。」又《震澤先生集》，卷一四，〈金山衛志序〉，
　　　　頁11下～12上：「其地西抵浙之海寧……，朝命揚州等處備倭總兵每駐節焉。」
〔註26〕《周中丞疏稿》，卷四，〈議留邊海極要將官疏〉，頁29上～32上。
〔註27〕《讀史方輿紀要》，卷二四，〈江南六〉，頁38上：「（柘林鎮）府東南七十二

也未設置軍事單位以爲防禦之用，〔註29〕然而由於柘林之地形不像松江府其他沿海地形，爲易於擱淺的灘塗之地，反而是易於登岸的地形，因此倭寇便據此以爲巢穴。〔註30〕而自從嘉靖三十四年（1555），倭寇佔據柘林以爲侵略江南的巢穴之後，明朝廷始重視柘林之防禦，因而建堡置戍。〔註31〕自此而後，柘林不但設有官兵守禦，同時也成爲江南海防重鎮之一。明人論及蘇、松海防者，多以柘林爲重點防禦之所在：〔註32〕

> 松郡自吳淞江口以南，黃浦以東，海壖數百里皆海寇登陸徑道，如
> 上海之川沙、南匯；華亭之青村、柘林，嘉靖中皆曾爲倭所據。而
> 金山介于柘林、乍浦之間尤爲浙直要衝。〔註33〕

又謂：

> 吳淞實總水陸而扼蘇、松之喉，吳淞而南爲川沙，川沙又南爲南匯，
> 自南匯而西爲青村，又西爲柘林，又西爲金山，相去各六十里耳，
> 聲援通而首尾應。〔註34〕

---

里，地連柘山，與青村所、金山衛相應援……，爲防禦要衝。」
〔註28〕 明·沈愷，《環溪集》（台北：國家圖書館善本書室藏明隆慶間刊本），卷三，〈觀風圖咏序〉，頁8下～10下：「柘林、川沙故無城，賊往往長驅據爲窟穴。」
〔註29〕 明·顧清等修，《松江府志》，卷一四，〈兵防〉，頁1上～7下：「（松江府）金山衛……，守禦青村中前千户所……，守禦南匯嘴中後千户所……；營堡五：金山營……，胡家港堡……，蔡廟港堡……，獨樹營堡……，江門營。」此一正德七年（1512）所修之松江府志之中並未見有柘林設衛所、堡寨之記載。
〔註30〕 明·方岳貢等撰，《松江府志》（北京：書目文獻出版社，1991年第一版，據日本所藏明崇禎三年刻本影印），卷二五，〈柘林堡〉，頁22下～25上：「是時倭寇據以爲巢者，其故有三，一是各處海壖多灘塗闊淺，而柘林獨否，其來易於登岸，其去易於開艘，一也。」
〔註31〕 《讀史方輿紀要》，卷二四，〈江南六〉，頁38上：「（柘林鎮）嘉靖三十四年倭賊盤據於此，四出焚掠，因建堡置戍。」又明·趙文華，《趙氏家藏集》（《四庫未收書輯刊》伍輯一〇冊，北京：北京出版社，2000年1月一版一刷，據清鈔本影印），卷三，〈論張總督疏〉，頁9上～11上：「賊知我師之怯，益完壘治兵，盤據松江柘林及川沙窟地方。」又明·馮時可，《馮文所嚴棲稿》（台北：國家圖書館善本書室藏明萬曆十三年刊本），卷上，〈日本志〉，頁41上～63上：「（嘉靖）三十三年……，四月，王直巢柘林，連絡二百里。」
〔註32〕 明·俞允文，《仲蔚先生集》（台北：國家圖書館善本書室藏明萬曆壬午（十年）休寧程普定刊本），卷七，〈武功頌〉，頁3下～5下：「乃以其聚並海壖與大江最近者宜並爲城以阨賊衝，而令役于有司，于是遂度其所宜城者，以華亭之柘林、上海之川沙、嘉定之吳淞、江陰之陽舍、鎮江之孟河爲五城而居之。」
〔註33〕 《目營小輯》，卷一，〈南直隸〉，頁56上。
〔註34〕 《寶日堂初集》，卷二四，〈紀周防〉，頁26上～29下。

正因爲柘林於嘉靖年間曾經被倭寇佔據爲巢穴，造成江南一帶慘重的傷亡；因此，柘林乃受到高度的重視，遂設置營堡以爲戍守之用；〔註 35〕甚至有設置水兵船隻，以作爲防守之建議。〔註 36〕同時由於柘林地近浙江，因此也往往在浙江受到倭寇、海賊侵襲之時，被要求聲援浙江的守禦據點。〔註 37〕

## 三、青 村

青村在松江府城東八十里，〔註 38〕金山城東一百里處，〔註 39〕位於金山與南匯之間的海岸，以松江府而言，金山位於南方海岸，南匯位於東方海岸，而青村正好位於南方海岸與東方海岸之中，因此成爲金山與南匯之間的要衝之地。〔註 40〕由於青村位處沿海衝要位置，因此洪武二十年（1387），即設有千戶所以作爲備禦之用，屬於金山衛之中前千戶所。〔註 41〕又因爲青村與柘林、南匯等地距離不到六十里，易於彼此聲援，因而成爲松江沿海守禦之重地之一。〔註 42〕

---

〔註 35〕 《鄭開陽雜著》，卷一，〈蘇松水陸守禦論〉，頁 12 上～13 上：「自上海之川沙、南匯；華亭之青村、柘林凡賊所據以爲巢窟者，各設陸兵把總以屯守之。」

〔註 36〕 《武備地利》，卷二，〈南直事宜〉，頁 29 下～33 下：「若沿海港口，金山以東有翁家港、蔡廟港、柘林、漴缺等處；南匯以北有四、五、六、七、八、九團洪口、川沙窪、清水窪等處，皆宜設船防守。」

〔註 37〕 明・支大綸，《支華平先生集》（《四庫全書存目叢書》集部一六二冊，台南：莊嚴文化事業有限公司，1997 年 10 月初版一刷，據北京大學圖書館藏明萬曆清旦閣刻本影印），卷一八，〈守城規略〉，頁 23 下～29 下：「本縣僻在一省東北隅，柘林等處原係松江地方，與我素不相屬……，宜先期申請水陸等兵往來策應，庶人心有恃，城守益堅。」

〔註 38〕 《讀史方輿紀要》，卷二四，〈江南六〉，頁 40 上～下。

〔註 39〕 《南畿志》，卷一六，〈城社〉，頁 10 下：「青村城在金山城東一百里。」

〔註 40〕 明・方岳貢等撰，《松江府志》，卷二五，〈青村堡〉，頁 25 上～27 下：「松江地形三面臨海，金山當其南，南匯當其東，青村其東、南二面轉屈之會乎。故金、南之間此爲要衝。」

〔註 41〕 明・顧清等修，《松江府志》，卷一四，〈兵防〉，頁 2 上：「守禦青村中前千戶所，在青村鎮，洪武二十年建。」

〔註 42〕 明・鄭大郁編，《經國雄略》（台北：國家圖書館漢學研究中心景照明刊本），卷一，〈海防〉，頁 17 上：「今自吳淞所而南爲川沙堡……，南匯而西爲青村所，則守之，青村而西爲柘林堡，則練兵一枝守之，此皆不遠六十里，聲援易及，首尾相應，宛然常山蛇勢。」又明・張鼐，《吳淞甲乙倭變志》（台南：莊嚴文化事業有限公司，1996 年初版，據北京大學圖書館藏民國 25 年上海通社排印上海掌故叢書第一集本影印），卷上，〈紀周防〉，頁 15 下～18 上：「吳淞實總水陸而扼蘇、松之喉，吳淞而南爲川沙，川沙又南爲南匯，自南匯而

　　正因爲青村瀕臨海岸，且地近柘林，因此在嘉靖年間倭寇侵擾之時，同樣也面臨抵禦倭寇之重任，然而原先設置的守禦千戶所，因爲官軍脆弱不堪作戰，加以千戶官卑權輕，使得青村的守禦功能大爲低落。嘉靖三十三年（1554）被倭寇所攻陷，〔註43〕朝廷爲增強青村的守禦力量，於是在青村增設把總官一員。〔註44〕萬曆年間因爲倭寇之侵擾已漸趨平息，乃將青村增設之把總官裁撤，仍舊以千戶所官操練守備，而青村之官軍則聽柘林把總節制。〔註45〕由此可見青村之險乃在於守禦由海上而來之倭寇與海盜。

## 四、南　匯

　　南匯在上海縣境內，距離上海縣城東南八十里，〔註46〕青村北方五十里處。〔註47〕位於松江府東面沿海，其地形如犁狀，向東南突出海中，三面皆瀕臨海洋，因此又稱之爲「南匯嘴（觜）」。〔註48〕洪武二十年築城九里有餘，建立守禦千戶所，以作爲防禦之用。〔註49〕

　　由於南匯位於松江沿海，與金山衛、柘林、青村等地方同屬於沿岸之防衛據點，與川沙、青村相去不到六十里，〔註50〕且此地之地形「溝壑縱橫，

　　　　西爲青村，又西爲柘林，又西爲金山，相去各六十里耳，聲援通而首尾應。」；

〔註43〕　明·鍾薇，《耕餘集》（台北：國家圖書館善本書室藏明萬曆間刊本），倭奴遺事卷，〈倭奴遺事〉，頁18下：「（嘉靖三十三年），九月十七，柘林、川沙賊皆移據青村，作攻城計。」

〔註44〕　明·方岳貢等撰，《松江府志》，卷二五，〈青村堡〉，頁25上～27下：「（青村）舊以千戶領之，勢殊單也，至嘉靖甲寅（三十三年）冬季，爲賊所陷，始設把總於此。」

〔註45〕　《全吳籌患預防錄》，卷一，〈海防條議〉，頁13上～28下：「柘林把總兼管青村……，青村所城……，本所官、旗、舍餘一千一百八十九名，俱聽掌印官調度守城……，仍聽柘林把總調度」又明·方岳貢等撰，《松江府志》，卷二五，〈青村堡〉，頁25上～27下。

〔註46〕　《讀史方輿紀要》，卷二四，〈江南六〉，頁40下：「南匯觜守禦中後千戶所，在上海縣東南八十里。」另有一說在上海縣東南六十里，見明·李賢等撰，《大明一統志》（西安：三秦出版社，1990年3月一版一刷），卷九，〈松江府〉，頁4下～5上：「南匯觜守禦中後千戶所，在上海縣東南六十里。」

〔註47〕　《南畿志》，卷一六，〈城社〉，頁10下：「南匯觜城，在青村北五十里。」

〔註48〕　明·方岳貢等撰，《松江府志》，卷二五，〈南匯堡〉，頁28上～29下：「本堡地形如犁狀，突出洋中，勢向東南，其三面皆海，故謂之南匯嘴。」

〔註49〕　《讀史方輿紀要》，卷二四，〈江南六〉，頁40下：「洪武二十年建所，築城九里有奇，屬金山衛。」

〔註50〕　明·茅元儀，《武備志》（《四庫禁燬書叢刊》子部二六冊，北京：北京出版社，

蘆葦蔽塞」，〔註51〕容易爲賊所據守，嘉靖倭亂時南匯同樣遭受倭寇之攻擊。嘉靖三十四年（1555），南匯守禦千戶所曾爲倭寇所攻陷，爲加強南匯的防禦，於是增設總練官一員駐守於此，〔註52〕其後更改爲把總官一員，統領民兵一千名，以增強守禦之力量。〔註53〕而此地之民兵熟習使用丈八竿鎗，適足以對抗倭寇之倭刀。〔註54〕

不過由於南匯的地理位置與川沙、青村相近，在倭寇侵擾平息之後，沿海所需之防禦力量大爲減少。因此，南匯把總以及其所統領之民兵遂被裁革，改而以原設之守禦千戶所官軍負責防禦任務。〔註55〕

## 五、川沙堡

川沙在上海縣城東南五十四里處，其地有鹽場，爲商賈輻輳之地，〔註56〕川沙原本並未設有軍事防禦單位，然而因爲其所瀕臨之川沙窪水深岸近，海賊、倭寇易於泊舟登岸。〔註57〕嘉靖年間曾經被倭寇佔據爲巢穴，甚至停泊船隻於川沙窪以作爲侵略基地，〔註58〕因而乃設置軍事單位以爲備禦。嘉靖三十六年

2001年1月一版一刷，據北京大學圖書館藏明天啓刻本影印），卷二一六，〈江南諸郡〉，頁17上～24下：「川沙而南爲南匯所，以把總練兵一枝守之，南匯而西爲青村所，以把總練兵一枝守之……，此皆不遠六十里，聲援易及，首尾相應，宛然常山之蛇之勢也。」又《寶日堂初集》，卷二四，〈紀周防〉，頁26上～29下：「川沙又南爲南匯，自南匯而西爲青村……，相去各六十里耳。」

〔註51〕《長谷集》，卷八，〈韓都閫平寇記〉，頁10上～12下。

〔註52〕明・方岳貢等撰，《松江府志》，卷二五，〈南匯堡〉，頁28上～29下：「嘉靖倭亂，乙卯（三十四年）爲賊戕破，遂設總練官一員，常川駐守於此。」

〔註53〕明・方岳貢等撰，《松江府志》，卷二五，〈南匯堡〉，頁28上～29下：「嘉靖中，倭入寇被陷，乃設欽依把總一員，統民兵一千名守禦。」

〔註54〕《長谷集》，卷一二，〈與總督梅林胡公〉，頁31下～33上：「計於柘林、九團二處加設兵鎭，就募土著居民，操習丈八竿鎗，五人爲伍，若南匯舊練之法……，蓋倭夷之戰，惟仗兩刀滾舞而來，人懷怯懼，以團陣之法禦之勢必潰散，故惟長鎗制之，別無進步。」

〔註55〕明・方岳貢等撰，《松江府志》，卷二五，〈南匯堡〉，頁28上～29下：「事寧，裁革把總，汰存民兵止百名，於該所內挑選軍兵二百名，即委所官操練，聽川沙把總節制，萬曆初亦盡革民兵，增軍兵爲五百。」

〔註56〕《讀史方輿紀要》，卷二四，〈江南六〉，頁39上：「川沙堡，縣（上海縣）東南五十四里，產鹽，商賈輻輳。」

〔註57〕明・方岳貢等撰，《松江府志》，卷二五，〈川沙堡〉，頁29下～32下：「該堡（川沙堡）孤懸海邊，而川沙窪水深岸近。」

〔註58〕《趙氏家藏集》，卷三，〈論張總督疏〉，頁9上～11上：「賊知我師之怯，益完壘治兵，盤據松江柘林及川沙窪地方……，四月二十日，松江府報稱，川

（1557），「撫臣趙忻等奏置川沙堡，城周四里，屯設官兵，以備倭寇。」〔註59〕

　　川沙在嘉靖三十六年設堡屯兵以後，其軍事防禦的地位更加受到重視，往往與金山、柘林、青村、南匯相提並論，〔註60〕將川沙視爲松江府海岸防衛之重鎮之一。〔註61〕更有所謂：「川沙地方係海防極衝」〔註62〕的說法，甚至將川沙列爲江南沿海瀕江，最應該築城以扼守賊衝的五處據點之一。〔註63〕而川沙窪水深岸近，可供兵船停泊，因此也有於此設船防守之議。〔註64〕到後來川沙甚至被認爲比洪武年間就已經設所防禦的南匯更具有重要性，而將南匯把總裁革，其所屯駐之官兵改由川沙把總兼管。〔註65〕

## 第二節　蘇州府的險要據點

　　蘇州府位於長江下游南岸出海口，東臨東海，北瀕長江，西面太湖。〔註66〕

沙窪賊舡先開二十隻，據此未見有邀擊者。」又《環溪集》，卷三，〈觀風圖詠序〉，頁8下～10下：「柘林、川沙故無城，賊往往長驅據爲窟穴。」

〔註59〕　《讀史方輿紀要》，卷二四，〈江南六〉，頁39上。

〔註60〕　《目營小輯》，卷一，〈南直隸〉，頁56上：「松郡自吳淞江口以南，黃浦以東，海壖數百里，皆海寇登陸徑道，如上海之川沙、南匯；華亭之青村、柘林，嘉靖中皆曾爲倭所據，而金山介于柘林、乍浦之間，尤爲浙直要衝。」

〔註61〕　《寶日堂初集》，卷二四，〈紀周防〉，頁26上～29下：「吳淞而南爲川沙，川沙又南爲南匯……，柘林又西爲金山，相去各六十里耳，聲援通而首尾應。」又《武備志》，卷二一六，〈江南諸郡〉，頁17上～24下：「川沙而南爲南匯所，以把總練兵一枝守之……，青村而西爲柘林堡，以都司練兵一枝守之，此皆不遠六十里，聲援易及，首尾相應，宛然常山之蛇之勢也。」

〔註62〕　《周中丞疏稿》，卷五，〈考選軍政官員疏〉，頁11上～16下。本疏稿作者周孔教，萬曆八年（一五八〇年）進士，故此時川沙已設堡屯兵多年，且其文中亦提及考選「川沙把總」，故可知川沙堡已設有把總官領兵。

〔註63〕　《仲蔚先生集》，卷一七，〈武功頌〉，頁3下～5下：「乃以其聚並海壖與大江最近者宜並爲城以阨賊衝，而令役于有司，于是遂度其所宜城者，以華亭之柘林、上海之川沙、嘉定之吳淞、江陰之陽舍、鎮江之孟河爲五城而居之。」

〔註64〕　明・施永圖，《武備地利》（《四庫未收書輯刊》伍輯一〇冊，北京：北京出版社，2000年1月一版一刷，據清雍正刻本影印），卷二，〈南直事宜〉，頁29下～33下：「南匯以北，有四、五、六、七、八、九圍洪口，川沙窪、清水窪等處皆宜設船防守。」

〔註65〕　《全吳籌患預防錄》，卷一，〈海防條議〉，頁13上～28下：「川沙把總兼管南匯。」又明・方岳貢等撰，《松江府志》，卷二五，〈南匯堡〉，頁28上～29下：「事寧，裁革把總，汰存民兵止百名，於該所內挑選軍兵二百名，即委所官操練，聽川沙把總節制。」

〔註66〕　《顧文康公集》，卷二，〈築造城垣保安地方疏〉，頁56上～57下：「看得直隸

其地理位置：「越江而北可以并有淮南，涉海而南可以兼取明越，泝江而上可以包舉昇潤，渡湖而前可以捷出茗浙。」〔註67〕且其地介於江海之間，境內又有三江五湖在焉，不但位居衝要，且物產豐富，乃東南一大都會，同時也是南直隸重要的財賦淵藪之一，所謂：「蘇、松諸郡，役繁而賦重。」〔註68〕

正因為蘇州府位於南北交通衝要之地，加之以瀕江臨海，河湖縱橫。〔註69〕因此，這個區域雖然自古以來並非所謂的用兵之地，〔註70〕卻往往是海盜、鹽徒等出沒嘯聚之區，〔註71〕「吳故稱澤國，其大盜倚海為巢。」〔註72〕而在嘉靖年間倭寇侵擾江南之後，明人對於東南地方的軍事守禦更加重視，「東南天下重地，昔日之所重在賦，今日之所重在兵」〔註73〕之說。

由於蘇州府與松江府的海岸地形有所不同，因此防禦的重點所在也不盡相同，松江府沿海地形多為灘塗之地，且築有海塘以防範海潮衝擊，除少數適於泊舟登岸之處外，多數海岸並不容易登岸，因此松江府的設防以岸上設置陸兵

　　蘇州府所屬一州七縣……，但地方東臨大海，西濱震澤，北並大江，南通湖泖。」又《目營小輯》，卷一，〈南直隸〉，頁52下：「蘇州府……，左薄大海，右控震澤，山川沃衍。」

〔註67〕《讀史方輿紀要》，卷二四，〈江南六〉，頁23下。

〔註68〕明・閔如霖，《午塘先生集》（《四庫全書存目叢書》集部九六冊，台南：莊嚴文化事業有限公司，1997年10月初版一刷，據中共中央黨校圖書館藏明萬曆二年閔道孚等刻本影印），卷九，〈送沃州呂君赴留都序〉，頁12下～15下。

〔註69〕明・徐縉，《徐文敏公集》（台北：國家圖書館善本書室藏明隆慶二年吳都徐氏家刊本），卷四，〈送侍御蒙泉趙君平寇還都序〉，頁23上～26上：「蘇雖畿輔近郡，而地瀕海，有三江五湖之險，魚鹽之盜出沒於崔苻濤波間。」又明・張采，《知畏堂文存》（《四庫禁燬書叢刊》集部八一冊，北京：北京出版社，2001年1月一版一刷，據北京圖書館藏清康熙刻本影印），卷四，〈宋道臺壽序〉，頁3上～4下：「吳地縱江橫海，為留畿襟帶。」

〔註70〕明・王鏊等修，《姑蘇志》（台北：國家圖書館善本書室藏明正德元年刊本），卷二五，〈兵防〉，頁1上：「吳非用武之地，而濱江帶海，亦東南要陲也。」

〔註71〕《顧文康公集》，卷二，〈築造城垣保安地方疏〉，頁56上～57下：「看得直隸蘇州府所屬一州七縣，實東南財賦淵藪……，但地方東臨大海，西濱震澤，北並大江，南通湖泖，鹽徒、海盜時常竊發，勢甚猖獗。」

〔註72〕明・王心一，《蘭雪堂集》（《四庫禁燬書叢刊》集部一〇五冊，北京：北京出版社，2001年1月一版一刷，據中國科學院圖書館藏清乾隆刻本影印），卷三，〈送大中丞又生黃公遷總督河道工部侍郎兼兵部侍郎提督四鎮都察院右僉都御史序〉，頁15上～18上。

〔註73〕明・徐顯卿，《天遠樓集》（台北：國家圖書館善本書室藏明萬曆間刊本），卷一〇，〈送曹憲使備兵蘇常四郡序〉，頁17上～19下。

爲主。而蘇州府的沿海地形則是多港口，沿岸可供停泊登岸之處相當多，因此其設防也以這些港汊爲重點，多設置水兵、船隻以爲備禦據點。〔註74〕

　　蘇州府所屬州縣有一州七縣，〔註75〕其中吳縣、長洲縣爲蘇州府附郭之縣。〔註76〕崑山縣在府城東六十里，東接太倉州北鄰常熟縣，並不直接瀕臨東海與長江。〔註77〕吳江縣位於府城東南四十五里，東北接松江府，南與浙江嘉興府接界，西面接臨太湖。〔註78〕常熟縣位於府城北九十里處，東南與太倉州接鄰，西與常州府接界，北方面臨長江，〔註79〕瀕臨大海。〔註80〕嘉定縣「瀕海而襟江」〔註81〕；「三面阻海」〔註82〕在府城東一百四十四里處，東瀕大海，其北

〔註74〕《全吳籌患預防錄》，卷一，〈蘇松海防論〉，頁6上～8上。

〔註75〕清・沈世奕，《蘇州府志》（國家圖書館漢學研究中心景照清康熙二二年序刊本），卷三，〈疆域〉，頁2上～下：「明，蘇州府領州一、縣七。」又《目營小輯》，卷一，〈南直隸〉，頁52下：「蘇州府……，領州一、縣七。」

〔註76〕明・牛若麟等修，《吳縣志》（台北：國家圖書館善本書室藏明崇禎壬午（十五年）刊本），卷一，〈城池〉，頁4上：「縣附府郭。」又《目營小輯》，卷一，〈南直隸〉，頁53上：「附郭，吳縣……，長洲縣。」又明・鄭若曾，《江南經略》（台北：國家圖書館善本書室藏明萬曆三十三年崑山鄭玉清等重校刊本），卷二，〈長洲縣備寇水陸路考〉，頁34下：「長洲縣與吳縣雖同附郭，而利害難易迥乎不□。」

〔註77〕《江南經略》，卷二，〈崑山縣總論〉，頁47上：「崑山在府城東六十里，東距大海，有太倉爲之藩屏，北至大江，有常熟爲之限隔，僾然中處。」

〔註78〕《讀史方輿紀要》，卷二四，〈江南六〉，頁26下：「吳江縣，府東南四十五里，東北至松江府青浦縣九十里，南至浙江嘉興府九十里，西至浙江湖州府百八十里……，太湖，縣西二里。湖浸淫數州間，縣最當其衝。」

〔註79〕《讀史方輿紀要》，卷二四，〈江南六〉，頁29上：「常熟縣，府北九十里，東南至太倉州九十里，西北至常州府江陰縣百二十里，西南至常州府無錫縣百十里……。大江，縣北四十里，西自范港與江陰縣接界，東至陷港與太倉州接界。」

〔註80〕明・陳逅，《省菴漫稿》（台北：國家圖書館善本書室藏明萬曆間海虞陳氏家刊本），卷三，〈全吳保障序〉，頁25下～26下：「常熟，蘇州之後藩，東臨巨海，北際長江。」又明・邵圭潔，《北虞先生遺文》（台北：國家圖書館善本書室藏明萬曆三十二年吳郡邵氏家刊本），卷四，〈常熟縣佐貳職員題名記〉，頁1上～3上：「常熟……，屹然爲海上巨防。」又明・袁袠，《袁永之集》（台北：國家圖書館善本書室藏明嘉靖丁未（二十六年）姑蘇袁氏家刊本）卷一三，〈詰盜議〉，頁7下～11下：「太倉、嘉定、常熟皆濱海。」

〔註81〕明・袁袠，《衡藩重刻胥臺先生集》（《四庫全書存目叢書》集部八六冊，台南：莊嚴文化事業有限公司，1997年10月初版一刷，據北京大學圖書館藏明萬曆十二年衡藩刻本），卷一五，〈嘉定縣令題名記〉，頁8上～9上。

〔註82〕明・韓浚、張應武等纂修，《嘉定縣志》（《四庫全書存目叢書》史部二〇八冊，台南：莊嚴文化事業有限公司，1997年10月初版一刷，據上海博物館藏明萬曆刻本影印），卷一，〈形勝〉，頁6上～下。

為太倉州，南與松江府交界。〔註83〕太倉州位當江海之衝，〔註84〕「控接滄海」〔註85〕在府城東一百零五里處，東臨大海，南至松江府，北面為長江出海口，〔註86〕太倉原為太倉衛，同一城中設有鎮海衛，皆為控制海口之用。弘治十年（1497）改設為州，〔註87〕故向來有太倉宿重兵以衛三吳之說。〔註88〕崇明縣本是海中沙洲，〔註89〕孤懸長江出海口中，〔註90〕正當海洋要衝，〔註91〕北與

〔註83〕《嘉定縣志》，卷一，〈里至〉，頁 6 上～下：「（嘉定縣），東抵海岸四十里，西抵崑山縣界三十六里……，至本府一百四十四里，南抵吳淞江南上海縣界三十六里……，北抵太倉州三十六里。」又明‧瞿景淳，《瞿文懿公集》（《四庫全書存目叢書》集部一〇九冊，台南：莊嚴文化事業有限公司，1997 年 10 月初版一刷，據北京圖書館藏明萬曆瞿汝稷刻本影印），卷六，〈重建常熟縣城記〉，頁 21 上～23 下：「上海、嘉定、常熟俱界海濱。」

〔註84〕明‧陸深撰、陸起龍編，《陸文裕公集》（《四庫全書存目叢書》集部五九冊，台南：莊嚴文化事業有限公司，1997 年 10 月初版一刷，據復旦大學圖書館藏明陸起龍刻清康熙六十一年陸瀛齡補修本影印），卷四，〈江南新建兵備道記〉，頁 24 下～26 下。又明‧周用，《周恭肅公集》（台北：國家圖書館善本書室藏明嘉靖二十八年吳江周氏川上草堂刊本），卷一五，〈鹽法疏〉，頁 14 下～18 上：「太倉又當江海之交。」

〔註85〕明‧柴奇，《黼菴遺稿》（《四庫全書存目叢書》集部六七冊，台南：莊嚴文化事業有限公司，1997 年 10 月初版一刷，據原北平圖書館藏明嘉靖刻崇禎八年柴胤璧修補本影印），卷七，〈太倉州新建城樓記〉，頁 5 下～7 下。

〔註86〕明‧文徵明，《甫田集》（台北：國家圖書館善本書室藏明嘉靖間刊本），卷三五，〈太倉州重浚七浦塘碑〉，頁 12 上～14 上：「太倉在郡東鄙，地瀕大海。」又《讀史方輿紀要》，卷二四，〈江南六〉，頁 32 上～下：「太倉州，府東一百五里，東至海七十里，南至松江府百三十五里，北至大江口一十六里。」

〔註87〕《蘇州府纂修識略》，卷一，〈立太倉州〉，頁 3 上～4 下：「我朝吳元年收克，立太倉衛，洪武十二年，又立鎮海衛，並在一城，以為二衛控制海口足矣……，弘治十年，巡撫都御史朱瑄既至，用州人言，決意創立，具疏陳六利上請，詔可。」

〔註88〕《震澤先生集》，卷一七，〈太倉州新建城樓記〉，頁 5 下～6 下：「往時盜劉通、施天泰寇海上，三吳騷然發動，至劇賊劉柒據狼山，睥睨全吳，賴重兵宿其地，扼其吭，掩其不備，而莫肆其螫。」

〔註89〕明‧王錫爵，《王文肅公文草》（台北：國家圖書館善本書室藏明萬曆四十三年太倉王氏家刊本），卷一，〈賀崇明令孫居素交獎序〉，頁 63 上～65 上：「我崇明故太倉隸也，孤懸介峙於洪渠巨浸間，諸沙連互以百十里。」

〔註90〕明‧王維楨，《王槐野先生存笥稿續集》（《四庫禁燬書叢刊》集部七五冊，北京：北京出版社，2001 年 1 月一版一刷，據北京大學圖書館藏明嘉靖徐學禮刻本影印），卷五，〈崇明熊明府魚翁覃恩襃封序〉，頁 8 上～11 下：「吳地濱海，崇明尤在海島中。」

〔註91〕明‧王叔杲，《玉介園存稿》（台北：國家圖書館善本書室藏明萬曆二年福建巡按劉良弼刊本），卷一八，〈詳擬江南海防事宜〉，頁 25 上～44 下：「惟崇明

江北海門相對，〔註92〕南至瀏河，東南近吳淞，〔註93〕乃所謂「金陵江海之東門」，〔註94〕同時也被視爲「聲教難及」〔註95〕之處。以下將蘇州府各險要據點加以介紹：

### 圖 3-3：蘇州府險要據點示意圖

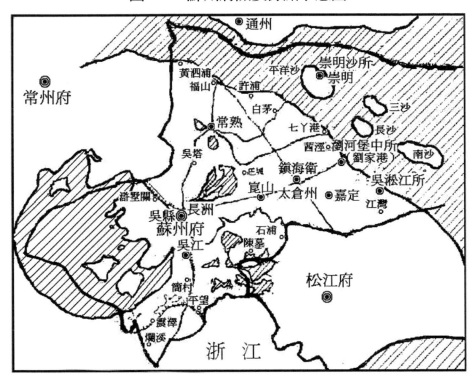

參照：譚其驤主編，《中國歷史地圖集》，第七冊，《元、明時期》（上海：
　　　地圖出版社，1982 年 10 月第一版）繪製。

---

當海洋要衝。」
〔註92〕明・陳文等修，《崇明縣重修志》（台北：國家圖書館善本書室藏明正德間刊本），卷一，〈疆域〉，頁 7 上：「北涉海至海門縣。」
〔註93〕明・張世臣等修，《新修崇明縣志》（台北：國家圖書館善本書室藏明萬曆甲辰（三十二年）刊本），卷一，〈疆域〉，頁 3 下～4 上：「南之斜洪則抵瀏河，東南有新開河則近吳淞。」
〔註94〕明・徐允祿，《思勉齋集》（《四庫禁燬書叢刊》集部一六三冊，北京：北京出版社，2001 年 1 月一版一刷，據上海圖書館藏清順治刻本影印），卷七，〈賀崇明令唐公毓承晉秩貤封序〉，頁 7 上～8 下。
〔註95〕明・桑悅，《思玄集》（台北：國家圖書館善本書室藏明弘治十八年原刊本），卷五，〈贈夏謝二侯平盜序〉，頁 18 下～20 下。

## 一、寶山守禦千戶所

寶山在嘉定縣城東南八十里，〔註96〕地處蘇松交會之區，〔註97〕原來的舊名爲清浦旱寨，洪武十九年（1386）始建，洪武三十年（1397）設立城堡。〔註98〕由於寶山的地勢突出於海中，〔註99〕永樂年間因爲海運的需要，乃於此處設置烽堠，以作爲海運船隻航行時的辨別標識，白天以煙霧作爲信號，夜晚則以火光做爲指引，〔註100〕其作用有如燈塔一般。

由於寶山位於嘉定縣與上海縣交界之處，加上其突出的地勢，又設有如燈塔般的烽堠，海運船隻固然可以將寶山作爲航行的指引，而海賊與倭寇的船隻同樣可以將寶山作爲泊舟登岸的標的，因此，寶山也往往成爲倭寇、海賊的寇掠之處。〔註101〕

嘉靖三十一年（1552），倭寇首度入犯寶山，殺死兩名守禦的百戶。〔註102〕嘉靖三十二年（1553），倭寇二百餘人再度入犯。〔註103〕寶山也因而受到重視，遂於嘉靖三十六年（1557）將寶山的清浦旱寨改爲協守吳淞中千戶所，以增強

〔註96〕清・顧炎武，《天下郡國利病書》（《四部叢刊續編》，台北：台灣商務印書館，1976年6月台二版，據上海涵芬樓景印崑山圖書館藏稿本），第四冊，〈嘉定縣〉，頁61下～62上：「寶山在縣東南八十里。」

〔註97〕《全吳籌患預防錄》，卷一，〈海防條議〉，頁13上～28下：「寶鎮堡往年賊踞爲巢，致難殄滅，況此蘇松交會之區，尤宜設兵防守，以聯聲勢。」

〔註98〕明・韓浚、張應武等纂修，《嘉定縣志》，卷一六，〈城池〉，頁5上：「寶山所城，在縣東南清浦鎮，舊名清浦旱寨，洪武十九年指揮朱永建，三十年太倉衛指揮劉源奏立城堡。」又《姑蘇志》，卷二五，〈青浦寨〉，頁5上：「青浦寨……，洪武十九年，鎮海衛指揮朱永建堡……，洪武三十年，太倉衛指揮劉源奏建，令太倉衛撥官軍守備。」

〔註99〕《玉介園存稿》，卷一八，〈詳擬江南海防事宜〉，頁25上～44下：「且寶山突然爲海上標識。」

〔註100〕《讀史方輿紀要》，卷二四，〈江南六〉，頁30下：「寶山……，永樂十年（一四一二年）命海運將士築此以建烽堠……，爲海運表識，晝則舉煙，夜則明火，海洋空闊，一望千里。」

〔註101〕《玉介園存稿》，卷一八，〈詳擬江南海防事宜〉，頁25上～44下：「且寶山突然爲海上標識，倭舶乘風而來，勢必趨此。」

〔註102〕清・蘇淵，《嘉定縣志》，（台北：國家圖書館漢學研究中心影印清康熙十二年序刊本），卷二，〈倭警〉，頁11下～15下：「嘉靖三十一年夏五月，倭始犯寶山，百戶馮舉、宗元爵相繼被殺。」

〔註103〕明・蔡克廉，《可泉先生文集》（台北：國家圖書館善本書室藏明萬曆七年晉江蔡氏家刊本），卷七，〈題飛報海洋倭寇疏〉，頁6上～9下：「嘉靖三十二年……，海洋內有異樣大船一隻，約有二百餘人，身穿紅綠色衣，直抵寶山邊，一半在船，一半登岸放火殺人，劫掠居民。」

寶山的防禦力量；萬曆五年（1577）在增築新城之後，正式更名爲寶山守禦千戶所。〔註104〕

　　嘉靖倭亂以後，寶山遂被視爲蘇州海防重鎮之一，「所以設兵者，爲防海不爲嘉邑。」〔註105〕也因而明人論及蘇松海防問題者，往往將寶山與其他海防重地相提並論。〔註106〕

## 二、吳淞江守禦千戶所

　　吳淞江守禦千戶所在嘉定縣城東南四十里，吳淞江北岸，〔註107〕洪武十九年（1386）鎮海衛指揮朱永奏建千戶所。〔註108〕由於吳淞江守禦千戶所瀕臨東海，爲蘇州府沿海重要港口之一，港闊水深，〔註109〕可容大型戰艦駐泊，〔註110〕也適宜泊舟登岸，而吳淞江守禦千戶所位於蘇州、松江二府海岸之適中位置，太湖出海之水道，〔註111〕所謂：「吳淞所乃水陸之要衝，

〔註104〕明・韓浚、張應武等纂修，《嘉定縣志》，卷一六，〈城池〉，頁 5 上：「嘉靖三十六年，更名協守吳淞中千戶所，萬曆五年，增築新城……，更名寶山千戶所。」
〔註105〕清・蘇淵，《嘉定縣志》，（台北：國家圖書館漢學研究中心影印清康熙十二年序刊本），卷二，〈戎鎮〉，頁 23 上〜下。
〔註106〕明・顏季亨，《九十九籌》（《四庫禁燬書叢刊》史部五一冊，北京：北京出版社，2001 年 1 月一版一刷，據北京大學圖書館藏民國三十年輯玄覽堂叢書影印明天啓刻本影印），卷五，〈預防海倭〉，頁 23 上〜25 上：「崇明、劉河、寶山、青村各設水寨相爲犄角。」又明・張燧，《經世挈要》（《四庫禁燬書叢刊》史部七五冊，北京：北京出版社，2001 年 1 月一版一刷，據山東大學圖書館藏明崇禎六年傅昌辰刻本影印），卷八，〈蘇州沿海防禦〉，頁 8 下〜9 下：「吳淞江以南有寶山、以東有老鸛嘴，均之所謂險要而少次焉者……，又如賊自東南而來，必繇寶山、吳淞江。」
〔註107〕《讀史方輿紀要》，卷二四，〈江南六〉，頁 32 上；《南畿志》，卷一二，〈吳淞江守禦千戶所〉，頁 24 下。
〔註108〕明・韓浚、張應武等纂修，《嘉定縣志》，卷一六，〈城池〉，頁 4 上〜下。
〔註109〕《全吳籌患預防錄》，卷一，〈海防條議〉，頁 13 上〜28 下：「吳淞江口水勢淵深無底，外控大海爲蘇松之要衝。」
〔註110〕明・俞大猷，《正氣堂集》（《四庫未收書輯刊》伍輯二〇冊，北京：北京出版社，2000 年 1 月一版一刷，據清道光孫雲鴻味古書室刻本影印），卷八，〈與方雙江書〉，頁 14 上：「自吳淞以至斜塘橋，港闊水深，大福船皆可用，自斜塘橋，水不甚深，而港路尚寬，中等兵船皆可用。」
〔註111〕《震澤編》，卷一，〈五湖〉，頁 1 上〜3 下：「吳郡之西南三十餘里有巨浸焉，東西二百里，南北一百二十里……，東南諸水皆歸焉……，而皆由吳淞江分流以入海。」

蘇、松之咽喉也。」〔註 112〕因此吳淞江守禦千戶所乃成爲蘇州、松江之間重要的守禦據點。

由於吳淞江守禦千戶所港口水深適於泊舟，也因此使其所成爲鹽徒興販私鹽的出入之地，〔註 113〕同時也成爲海賊、倭寇登陸的重要標的，嘉靖年間吳淞江守禦千戶所屢次爲倭寇所攻擊。爲加強守禦，遂增設把總一員，〔註 114〕其後又有建議增設參將駐箚於此者。〔註 115〕最後，甚至令鎮守江南副總兵官駐箚於此，以收居中調度之效。〔註 116〕所謂：「吳淞爲海口緊關去處，陳兵堵截，出奇應援，實該鎮是賴。」〔註 117〕

## 三、瀏河（劉家河）

瀏河港寨位處婁江出海口處，〔註 118〕在太倉州東，與嘉定縣接境。〔註 119〕「劉家港徑通大海」〔註 120〕乃是「海運通船之所」〔註 121〕元人以其爲海運入

〔註 112〕《武備地利》，卷二，〈南直事宜〉，頁 29 下～33 下。

〔註 113〕《明武宗實錄》，卷二一，正德二年春正月辛卯條，頁 2 下～3 下：「而浙西太倉州、吳淞江守禦千戶所爲最濱海，軍民任意興販，雖有軍衛、有司、巡司等官巡捕，或勢力不敵，或得賄縱弛。」

〔註 114〕明・李東陽等撰，申時行等重修，《大明會典》（台北：文海出版社景印明萬曆十五年司禮監刊本），卷一二七，〈鎮戍二・將領下〉，頁 11 下：「把總十三員……，吳淞江，嘉靖三十二年添設。」

〔註 115〕《可泉先生文集》，卷七，〈題乞添設將官疏〉，頁 55 上～59 上：「臣請乞比照添設參將一員，駐箚吳淞江所地方，則事權既重，江海兼防，一旦有警，不患無將。」

〔註 116〕《全吳籌患預防錄》，卷一，〈海防條議〉，頁 20 上～下：「吳淞乃海道總轄之要……，總兵官駐箚是地，居中調度，揮戈而南，可以援金山之急，揚帆而北，可以扼長江之險，水陸聯絡，首尾相應，端有常山之勢。」又《天遠樓集》，卷一〇，〈賀朱總戎晉秩留鎮吳淞序〉，頁 42 上～44 上：「吳淞爲江海第一關鑰，故特設所城而以副總戎鎮之。」

〔註 117〕明・黃希憲，《撫吳檄略》（國家圖書館漢學研究中心景照清明刊本），卷四，〈爲軍務事〉，頁 101 上～102 上。

〔註 118〕明・陳繼儒，《白石樵眞稿》（《四庫禁燬書叢刊》集部六六冊，北京：北京出版社，2001 年 1 月一版一刷，據北京大學圖書館藏明崇禎刻本影印），卷四，〈劉河游擊張公去思碑記〉，頁 35 上～36 下：「（劉）河當婁江之尾、大海之首。」又《徐文敏公集》，卷四，〈靖海全功詩序〉，頁 28 下～31 下：「仲冬辛卯，與寇遇於劉家河之海口，戰艦合圍，帆幟蔽日。」

〔註 119〕清・沈世奕，《蘇州府志》（國家圖書館漢學研究中心景照清康熙二二年序刊本），卷三五，〈營寨〉，頁 9 上～下。

〔註 120〕《瓊臺會稿》，卷九，〈夏忠靖公傳〉，頁 1 上～9 上。

海之港口，〔註122〕明成祖永樂三年（1405）鄭和（1371～約1435）奉命通使西洋，也是從瀏河泛海出航，可見瀏河乃是蘇州重要之海港。

　　瀏河是蘇州沿海重要港口，明軍於此設置水師、陸營，以作爲海防之用，而嘉靖倭亂期間，瀏河曾經成爲倭寇船隻駐泊之所，〔註123〕瀏河的重要性越發受到重視。俞大猷在江南剿倭之時，即相當重視瀏河的防禦地位，曾經建議於瀏河設置一哨水師艦隊，〔註124〕又曾建議於瀏河配置大型樓船艦隊，以作爲海戰之用。〔註125〕這也就無怪乎自嘉靖倭亂之後，瀏河所設置的軍事單位由把守官升格爲參將，再由參將升格爲游擊將軍。正由於嘉靖倭亂期間的經驗，使得明人在論及蘇州備禦時，往往將瀏河列爲蘇州海防要害之一，〔註126〕更有將瀏河視爲「蘇州門戶」〔註127〕者。

## 四、七鴉港（七丫港、七鴉浦）

　　七鴉港在太倉州城北三十六里處，〔註128〕爲太湖之水經由婁江入海處。〔註

〔註121〕《全吳籌患預防錄》，卷一，〈海防條議〉，頁22上。

〔註122〕《讀史方輿紀要》，卷二四，〈江南六〉，頁32下：「劉河……，元人海運縣此入海。」

〔註123〕《可泉先生文集》，卷七，〈題倭寇猖獗懇乞天威大兵攻剿疏〉，頁9下～17下：「據鎮海衛備禦劉家港千戶張瀚等急報，倭賊駕船一十五隻，乘風突至本港內地名薛家灘泊住……，又據太倉州飛報，賊船二十三隻復到劉家港住泊。」

〔註124〕《正氣堂集》，卷七，〈議水陸戰備事宜〉，頁20下～24下：「吳淞江口兵船一哨；劉家河一哨；崇明港一哨，每哨約用福船十三、四隻；蒼山船十隻；沙船二十隻。」

〔註125〕《正氣堂集》，卷一六，〈懇乞天恩亟賜大舉以靖大患以光中興大業疏〉，頁1上～8上：「江南之劉家河、吳淞江，江中之崇明親（應作新）舊縣二沙，共用樓船一百五十隻。」

〔註126〕明・李開先，《李中麓閒居集》（《四庫全書存目叢書》集部九三冊，台南：莊嚴文化事業有限公司，1997年10月初版一刷，據南京圖書館藏明嘉靖至隆慶刻本影印），卷九，〈鎮撫李繼孜行狀〉，頁9上～16下：「防吳淞關，備劉家河、七丫港……，則不得掩蘇、松。」又《九十九籌》，卷五，〈預防海倭〉，頁23上～25上：「崇明、劉河、寶山、青村各設水寨相爲犄角。」

〔註127〕《玉介園存稿》，卷一八，〈詳擬江南海防事宜〉，頁25上～44下：「惟崇明當海洋要衝，劉河爲蘇州門戶。」

〔註128〕明・陳如綸，《冰玉堂綴逸稿》（《四庫全書存目叢書》集部九六冊，台南：莊嚴文化事業有限公司，1997年10月初版一刷，據北京圖書館藏明萬曆刻本影印），卷二，〈太倉州重濬七鴉浦記〉，頁4上～7上：「蘇州府之屬有太倉州，州之北三十有六里有七丫浦，西承陽城、昆城諸湖之委，東受海潮汐之逆。」

129〕由於七鴉港乃是蘇州府幾個重要的濱海港口，又可經水路由海口進入蘇州府腹地，〔註130〕因此被明人認為是防守蘇州府門戶的重要險隘之一，〔註131〕其重要性與瀏河、孟河、福山港、白茅港、金山等險要並列。〔註132〕甚至有謂：「太倉東北港口，莫有險於此者，與劉河相伯仲也。」〔註133〕

明代於七鴉港口設有把守官軍營寨以為防禦之用，原先是由蘇州、太倉、鎮海三衛輪調指揮一員以及官軍百名戍守，後來改以太倉衛指揮一名領軍士二百名駐守。〔註134〕嘉靖時，因倭寇侵擾之故，巡撫、操江等官奏請設置指

〔註129〕《鯸菴遺稿》，卷八，〈上楊冢宰書〉，頁1上～5上：「太湖之水唯併於婁江而溢於白茅、七鴉二浦為入海之道。」

〔註130〕明·嚴訥，《嚴文靖公集》（台北：國家圖書館善本書室藏明萬曆十五年原刊本），卷四，〈白茆港新建石閘記〉，頁13下～16下：「太倉之有七浦，常熟之有白茆之二港者，其口皆濱於海，而吳諸水所從入，若可當二江然。」又明·鄭若曾，《江南經略》（台北：國家圖書館善本書室藏明萬曆三十三年崑山鄭玉清等重校刊本），卷二，〈蘇州府備寇水陸路論〉，頁18上～21上：「賊若自海口而入，則嘉定之吳淞江、黃窖港，太倉之劉家河、七丫口四者其險要也。」

〔註131〕《全吳籌患預防錄》，卷三，〈太倉州險要論〉，頁1上～5上：「七鴉浦在州西南七十里，太倉東北港口，莫有險於此者，與劉河相伯仲也。寇若自新竈沙、宋信嘴而來，不犯劉河必犯此港。」又明·鄭若曾，《鄭開陽雜著》（台北：成文出版社，據清康熙三十一年版本影印，1971年4月台一版），卷一，〈蘇松海防論〉，頁9下～11下：「蘇州之海起於嘉定之寶山洋而迄於常熟之白茆港，其間水口之大者曰吳淞江，曰劉家河，曰七鴉浦，曰白茆港。」又明·張采等修，《太倉州志》，卷一一，〈附險隘〉，頁21下～22上：「劉家河、七鴉港與嘗熟之福山、白茆，嘉定之吳淞江、黃窖港同為東吳門戶。」

〔註132〕明·方豪，《棠陵文集》（《四庫全書存目叢書》集部六四冊，台南：莊嚴文化事業有限公司，1997年10月初版一刷，據天津圖書館藏清康熙十二年方元啟刻本影印），卷五，〈上王中丞書〉，頁1上～11上：「入吳之路有七，曰孟子河、曰江陰、曰福山港、曰白茅港、曰七丫港、曰劉家河、曰金山，此其大者也。」又《江南經略》，卷二，〈蘇州府備寇水陸路論〉，頁18上～21上：「賊若自海口而入，則嘉定之吳淞江、黃窖港，太倉之劉家河、七丫口四者其險要也。」又《鄭開陽雜著》，卷一，〈蘇松海防論〉，頁9下～11下：「蘇州之海起於嘉定之寶山洋而迄於常熟之白茆港，其間水口之大者曰吳淞江，曰劉家河，曰七鴉浦，曰白茆港。」又《顧文康公集》，卷一〇，〈與胡太守可泉〉，頁1上～2下：「既東，則孟瀆河、下港、福山港諸河皆深闊可入，而腹心之慮尤在下港、福山。既入下港，則江陰、無錫不可支矣；既入福山，則常熟、崑山不可支矣。又其東則入海，七丫口、劉家河皆可議也。」又《李中麓閒居集》，卷九，〈鎮撫李繼爻行狀〉，頁9上～16下：「防吳淞關，備劉家河、七丫港，揚威馬跡、大七洋、大、小衢、上、下川，則不得掩蘇、松。」

〔註133〕《全吳籌患預防錄》，卷三，〈太倉州險要論〉，頁1上～5上。

〔註134〕《讀史方輿紀要》，卷二四，〈江南六〉，頁33上：「七鴉浦，（太倉）州北三

揮，增置官兵以作爲水陸之防禦據點。〔註135〕

## 五、白茆港

　　白茆港在常熟縣城東九十里處之海口，〔註136〕爲蘇州府向北流河川的出海要道之一，〔註137〕與七鴉港同爲太湖之水入海之道。〔註138〕由於白茆港位於長江出海口附近，因此有些明人認爲蘇州府之海洋僅至於白茆港，〔註139〕白茆港乃是所謂的「江海之交」。〔註140〕然而也有認爲白茆港乃是蘇州諸水進入長江要路，〔註141〕而另有人則直稱白茆港爲蘇州「沿海」險要之處。〔註142〕

十六里，又東三十餘里，曰七鴉口，注於海……，港口有把守官軍營寨，撥軍戍守。」又明・張采等修，《太倉州志》，卷一〇，〈武備〉，頁 55 下～56 上：「七鴉港把守官軍營，舊蘇州、太倉、鎮海三衛，輪委指揮一人、百戶一人，領軍百人，春秋分番守，後以太倉衛指揮一人、百戶一人，率軍二百人歲更代。」又明・劉彥心，《嘉靖・太倉州志》（《天一閣藏明代方志選刊續編》之二〇，上海：上海書店，1990 年 12 月一版一刷，據明崇禎二年重刻本影印），卷三，〈兵防〉，頁 10 下：「七鴉港把守官軍營，舊於蘇州、太倉、鎮海三衛，輪委指揮一人、百戶一人，統領軍餘百人，春秋分番成守，今惟以太倉衛指揮一人、百戶一人，率軍餘二百人歲爲更代。」

〔註135〕《全吳籌患預防錄》，卷三，〈太倉州險要論〉，頁 1 上～5 上：「七鴉浦……，國初舊制，原設旱寨，撥蘇、太、鎮三衛官各一員督兵守之，近因倭變，撫、操奏設指揮官兵水陸防禦。」

〔註136〕《姑蘇志》，卷二五，〈兵防〉，頁 4 上～下：「白茆寨，在常熟縣東北九十里海口。」

〔註137〕《讀史方輿紀要》，卷二四，〈江南六〉，頁 29 下：「白泖港在縣東七十里，泖亦作茆，吳中諸水北出者自縣南境而匯流東注，昔皆繇此入海。」又《嚴文靖公集》，卷四，〈白茆港新建石閘記〉，頁 13 下～16 下：「太倉之有七浦，常熟之有白茆之二港者，其口皆濱於海，而吳諸水所從入，若可當二江然。」

〔註138〕《鷴菴遺稿》，卷八，〈上楊冢宰書〉，頁 1 上～5 上：「太湖之水唯併於婁江而溢於白茅、七鴉二浦爲入海之道。」

〔註139〕《鄭開陽雜著》，卷一，〈蘇松海防論〉，頁 9 下～11 下：「蘇州之海起於嘉定之寶山洋而迄於常熟之白茆港。」

〔註140〕《讀史方輿紀要》，卷二四，〈江南六〉，頁 29 下：「往時水流深闊，故邑稱江海之交。」

〔註141〕《瓊臺會稿》，卷九，〈夏忠靖公傳〉，頁 1 上～9 上：「常熟之白茅港徑入大江。」

〔註142〕《經世挈要》，卷八，〈蘇州沿海防禦〉，頁 8 下～9 下：「蘇州沿海一帶，險隘甚多，舉其大者，則常熟有福山港、白茆塘，太倉有劉家河、七丫港，嘉定有吳淞江、黃窑港，皆賊之通衢，而東吳之門戶，此則所謂一府之險要。」又《北虞先生遺文》，卷四，〈常熟縣佐貳職員題名記〉，頁 1 上～3 上：「邑城廢且久，幾以延寇，刻期修築，甫三月告成，屹然爲海上巨防，白茆、福

由此也可以發現明人對於「江」與「海」的認知有著相當程度的歧異。

　　白茆港於洪武初年原設有巡檢司，〔註143〕天順五年（1461）因倭舶乘風而至逼臨城下，乃設立軍寨，以指揮一員領軍士四百餘名駐箚其地，並配置兵船四艘，以為巡哨之用。其後於成化十八年（1482）以及成化二十一年（1485）又屢次修建，增築官廳、軍房、鼓樓等設施；〔註144〕弘治十一年（1498），常熟知縣楊子器，築市屋、招商人以壯白茆之形勢。〔註145〕嘉靖初年，又因為倭寇侵擾，而撥置衛所官兵於白茆港，並且由遊兵把總率領廣船、福船、蒼山船、沙船等兵船，並於其地附近增建朱家堡，以為水陸之防守之用。〔註146〕而由於嘉靖年間白茆港口已因淤塞水淺，無法靠泊兵船，因此兵船乃移泊於登舟沙，以為水戰之資。〔註147〕嘉靖倭亂期間，白茆港所屯駐之水陸官兵，一度曾有四千名之眾，〔註148〕足見其地位之險要。萬曆以後白茆之淤塞更為

山、三丈諸塘浦寇用出往，校閱民兵戍之，屢報俘獲，寇數深入昳城下，蚤夜多方捍禦，邊警弗息，乃江邑保全而蘇之北鑰藉以增固。」

〔註143〕《全吳籌患預防錄》，卷二，〈白茆港〉，頁9下～11上：「白茆港口，西距縣治九十里，東臨大海，洪武初，本港原設巡司。」

〔註144〕《姑蘇志》，卷二五，〈兵防〉，頁4上～下：「白茆寨……，天順五年，鎮守都指揮使翁紹宗奏置，每春、夏蘇州衛分委指揮一員、千戶二員、百戶四員，領軍士四百餘人至此操練備倭，置船四艘巡哨，官軍俱至秋末還衛，又立教場、備官醫療疾，成化十八年，都指揮郭鋐復立營寨，二十一年，又造官廳、皷樓、軍房。」又明・卜大同，《備倭記》（《四庫全書存目叢書》子部三一冊，台南：莊嚴文化事業有限公司，1997年10月初版一刷，據中國科學院圖書館藏清道光十一年六安晁氏木活字學海類編本影印），卷下，〈備倭事略〉，頁13上～17上：「攷得白茆舊有白茆寨，劉家港舊有劉家港寨，青浦舊有青浦寨，此皆前朝撥置軍士備倭之所，蓋以春夏巡哨，秋冬還衛。」

〔註145〕明・楊子器、桑瑜纂修，《弘治・常熟縣志》（《四庫全書存目叢書》史部一八五冊，台南：莊嚴文化事業有限公司，1997年10月初版一刷，據上海圖書館藏清鈔本），卷三，〈武備〉，頁84下～89上：「白茆備倭……，弘治十一年，知縣楊子器即白茆巡司環築市屋百間，招集人烟客貨以壯形勢。」

〔註146〕《全吳籌患預防錄》，卷二，〈白茆港〉，頁9下～11上：「白茆港口……，邇因倭寇，復撥衛所官兵及遊兵把總、廣、福、蒼、沙等船水陸防守，且建朱家堡於此近地，較之先年聲勢十倍。」

〔註147〕《全吳籌患預防錄》，卷一，〈海防條議〉，頁13上～28下：「白茆港係福山汛地，本港之兵，指揮一員分守，仍聽該總調度，部下兵船今當汛期照舊招集，但本港淤淺，移泊登舟沙南面以拒寇於上游，哨至營前沙、山前沙、新灶沙與各部兵船互相策應。」

〔註148〕《全吳籌患預防錄》，卷二，〈白茆港〉，頁9下～11上：「白茆港口……，今水陸官兵四千餘人，坐食港口，宜倣古屯田之制，防春之暇，就用之以興工，

嚴重，幾乎已經成爲陸地，〔註149〕惟其險要之地位仍在，仍是蘇州府外防之重要據點。

　　由於白茆港之地位重要，因此許多蘇州海防之議論皆認爲應於其地設置水師艦隊，〔註150〕嘉靖間翁大立（1517～？）曾於白茆設置兵船統以把總、指揮等官。〔註151〕但也有將白茆以木椿釘塞港口以防海賊、倭寇深入內河腹地之建議，〔註152〕但此恐非積極防禦之良策。

## 六、福山港

　　福山港在常熟縣城北約四十里處，隔長江與江北通州狼山相對，〔註153〕爲鹽徒興販私鹽往來出沒處所。〔註154〕由於與江北狼山遙相對峙，因此福山港也往往被視爲長江之江防門戶。〔註155〕至於福山港究竟是否濱臨海洋？是

有警則爲兵，無警則爲工。」

〔註149〕《讀史方輿紀要》，卷二四，〈江南六〉，頁29下：「白泖港……，其後日益淤塞，萬曆以來，半爲平陸矣。」

〔註150〕《經世挈要》，卷八，〈蘇州沿海防禦〉，頁8下～9下：「蘇州沿海一帶，險隘甚多，舉其大者，則常熟有福山港、白茆塘……，皆賊之通衢，而東吳之門戶……。白泖口、七丫港、黃窰港俱當預設戰艦，庶與各港相爲犄角。」

〔註151〕《武備志》，卷二一六，〈南直隸事宜〉，頁17上～24下：「翁大立疏曰：『今海防之要惟有三策……，自吳淞而北爲劉家河，爲七丫港，又東爲崇明縣，七丫而西爲白茆港，爲福山……，此皆舟師可居，利於水戰。臣皆設有兵船，非統以把總，即以指揮。』」

〔註152〕明・薛應旂，《方山先生文錄》（《四庫全書存目叢書》集部一〇二冊，台南：莊嚴文化事業有限公司，1997年10月初版一刷，據蘇州市圖書館藏明嘉靖三十三年東吳書林刻本影印），卷一九，〈禦寇論〉，頁1上～10上：「誠於白茅、許浦、福山、古澱諸凡通江沿海處所，既非運河，又非驛道，苟不爲捕魚採薪，諸憸言邪說所惑，俱置椿藉草，壅過各數十里，則倭夷、海寇，雖號稱奸黠，乘彼雙桅巨舟，豈能飛渡。」

〔註153〕《天下郡國利病書》，第四冊，〈蘇州府・兵防〉，頁52上～下：「福山，在縣北三十六里，下臨大江，與通州狼山相對。」又《讀史方輿紀要》，卷二四，〈江南六〉，頁30上：「福山港，縣北四十里，自城北水門二十里，經斜橋又二十里，經福山入大江。亦曰福山塘，亦曰福山浦。」

〔註154〕《弘治・常熟縣志》，卷三，〈武備〉，頁84下～89上：「福山巡江，福山與通州南北相對，販賣私鹽往來之地，蘇州衛或太倉衛歲遣百戶一員領兵泛江巡捉。」

〔註155〕《江南經略》，卷一，〈唐荊川論附錄〉，頁58上：「海賊入江，由江南岸登陸之路，廖角嘴、營前沙南北相對，海岸約闊一百四、五十里，爲第一重門戶。狼山、福山相對，江面闊一百二十里，爲第二重門戶，周家橋與□山（圖山）相對，周家橋北岸至順江洲與江南分界，江面約闊六、七里，順江洲至新洲夾江面約闊七、八里，新洲夾至□山（圖山）南岸，江面約闊十四、五里，

否為海防險要據點？明人對此則有相當程度不同的看法。有認為福山港屬於江防險要，為防範賊寇經由大江侵入江南之要地。〔註156〕也有認為福山港已經深入內地，其任務僅止於巡緝鹽盜，水兵與船艦無須多設者，〔註157〕也有認為福山港雖已屬內地，但仍應築堡、〔註158〕設水師，以作為合剿入江海寇之用。〔註159〕也有認為福山港屬於江海交界處所，〔註160〕更多的看法是，福山港乃屬於沿海險要據點，為江南海防之重點處所。〔註161〕無論明人各家看法為何，總而言之，福山港確為長江南岸江防、海防之險要據點。

　　明代福山港的軍事單位設置，首先是明初以百戶一員，領軍士巡邏江中緝捕鹽盜。〔註162〕嘉靖中以倭寇入侵，設水兵把總以作為抵禦倭寇之用。〔註163〕

為第三重門戶。

〔註156〕《江南經略》，卷一，〈唐荊川論附錄〉，頁58上：「海賊入江，由江南岸登陸之路……。狼山、福山相對，江面闊一百二十里，為第二重門戶。」

〔註157〕《玉介園存稿》，卷一八，〈詳擬江南海防事宜〉，頁25上～44下：「福山、楊舍等處，居狼福之上，已入內地，海警既寧，惟以捕緝鹽盜為務，其防汛船兵俱已撤去，原設參將已更置守備，事體稍便。」

〔註158〕明‧張四維，《條麓堂集》（台北：國家圖書館善本書室藏明萬曆二十三年張泰徵懷慶刊本），卷二六，〈都察院右副都御史澤山馮公暨配恭人趙氏、賈氏合葬墓誌銘〉，頁23下～27上：「常熟在蘇為上邑，寇所特垂涎者，公至則多方調度，練武勇、儲軍實、築福山堡，中固長江之險，民賴以無恐。」

〔註159〕《撫吳檄略》，卷四，〈為飛報緊急盜情等事〉，頁97上～下：「據此，為炤海寇聯艘深入內地，披猖已極，若不亟行撲滅，將來滋蔓難圖，除飛檄福山、楊舍、永生、孟河、圌山、巡江、威遠各營合兵堵剿外，其進止機宜悉聽該道調度。」

〔註160〕明‧馮夢龍輯，《甲申紀事》（《四庫禁燬書叢刊》史部三三冊，北京：北京出版社，2001年1月一版一刷，據中國科學院圖書館藏明弘光元年刻本），卷一，〈上史大司馬東南權議四策〉，頁1上～8下：「自京口而下，為嘗州之孟河、江陰之黃田港，為蘇州嘗熟縣之福山港，係江海接界。」又明‧張國維，《撫吳疏草》（《四庫禁燬書叢刊》史部三九冊，北京：北京出版社，2001年1月一版一刷，據北京圖書館藏明崇禎刻本影印），〈甄別第二疏〉，頁109～113：「福山營武舉把總吳士達，威信兼行，兵民並洽，地當江海之交，任堪鎖鑰之寄。」

〔註161〕明‧祁彪佳，《按吳檄稿》（《北京圖書館古籍珍本叢刊》，北京：書目文獻出版非，不著出版年月，據明末抄本影印），〈為軍務事〉，頁594～595：「照得福山地臨海徼，最稱險阻，防禦全賴營官，為可一日容缺。」又《鄭開陽雜著》，卷一，〈蘇松水陸守禦論〉，頁11下～13上：「至於蘇州之沿海而多港口者，則嘉定之吳淞所、太倉之劉家河、常熟之福山港，凡賊舟可入者，各設水兵把總以堵截之，而崇明孤懸海中，尤為賊所必經之處，特設參將以為水兵之領袖，又於其中添置游兵把總二員，分駐竹箔、營前二沙往來會哨，所以巡視海洋而警報港口也，內外夾持、水陸兼備，上之可以禦賊於外洋，下之可以巡塘而拒守，亦既精且密矣。」

〔註162〕清‧沈世奕，《蘇州府志》（台北：國家圖書館漢學研究中心景照清康熙二二

## 七、崇明守禦千戶所

　　崇明雖然是蘇州府的一個縣，但是因爲其地理位置特殊，因而特別加以說明。明代的崇明縣並非如今日之崇明島，而是由許多大小沙洲組合而成。〔註164〕因此，就當時的情況而言，崇明是一個相當難以防守的區域，而崇明正當長江出海口，〔註165〕爲倭寇、海盜等進入長江侵略大江南北之要道，〔註166〕同時當地又爲鹽徒、〔註167〕江盜出沒盤據之處，〔註168〕因而明代對於崇明的防禦極爲重視，洪武年間即已設置千戶所。〔註169〕永樂十四年（1416），因倭寇入侵，乃

年序刊本），卷三五，〈明軍制〉，頁9上：「福山營，明初太倉、蘇州二衛分遣百戶一員，領軍巡邏江中盜賊。」又《弘治・常熟縣志》，卷三，〈武備〉，頁84下～89上：「福山巡江，福山與通州南北相對，販賣私鹽往來之地，蘇州衛或太倉衛歲遣百戶一員領兵泛江巡捉。」

〔註163〕《天下郡國利病書》，第四冊，〈蘇州府・兵防〉，頁52上～下：「福山，在縣北三十六里，下臨大江，與通州狼山相對，宋置水軍寨，今爲福山鎮。嘉靖中，爲倭寇出入之道，乃築堡設把總水兵于此。」

〔註164〕《王文肅公文草》，卷一，〈賀崇明令孫居素交獎序〉，頁63上～65上：「我崇明故太倉隸也，孤懸介峙於洪渠巨浸間，諸沙連互以百十里，民分聚其中。」又《全吳籌患預防錄》，卷一，〈海防條議〉，頁20下～22上：「海外崇明所屬各沙，大小三十餘處，皆隔絕潮港不相聯屬。」

〔註165〕《全吳籌患預防錄》，卷三，〈崇明縣險要論〉，頁5上～11上：「崇明新縣乃古平洋沙之地也，在府城東三百一十餘里，孤懸海外，凡江口大小諸沙咸隸焉。」

〔註166〕清・朱衣點等撰，《崇明縣志》（台北：國家圖書館漢學研究中心景照清康熙二十年序刊本），卷一，〈四圖彙攷〉，頁6下～8上：「古來議守江者必先金陵，守金陵者必先瓜鎮，守瓜鎮者必先狼福，守狼福者尤必先崇明，唐、宋、元、明以來兵家要衝，惟崇首亟，世稱爲長江萬里之門戶。」又《鄭開陽雜著》，卷一，〈蘇松水陸守禦論〉，頁11下～13上：「而崇明孤懸海中，尤爲賊所必經之處。」

〔註167〕《王氏家藏集》，奏議集卷三，〈請處置江洋捕盜事宜疏〉，頁24下～33下：「臣訪得崇明、太倉、通州、江陰、常熟一帶瀕海沙上居民，中間有等大家富室及軍衛指揮等官舍，常時打造或單桅或雙桅大船，少者數隻，多者數十餘隻，號曰沙船，其制底深面平，人易動作，逆風亂流獨能便捷，專一雇與無籍之徒或軍官自己家丁，遠處興販私鹽，歸來坐地分贓，州縣官司不能禁治，習久成風，爲賊淵藪，且船便可時，人多勢兇，出入江洋，縱橫莫制。」

〔註168〕《撫吳檄略》，卷四，〈爲督撫地方事〉，頁34上～35上：「炤得崇明孤隸海心，向多鹽盜出沒，然未有如今日之猖恣者，劇寇連艘數十，掠劫無忌，各沙居民多被慘毒。」又明・桂萼，《文襄公奏議》（《四庫全書存目叢書》史部六〇冊，台南：莊嚴文化事業有限公司，1997年10月初版一刷，據重慶圖書館藏明嘉靖二十三年桂載刻本影印），卷七，〈南直隸圖敍〉，頁4上～5上：「沿海兵戍本以備倭，而崇明常熟之民間作弗靖，與江洋一帶出沒波濤肆行劫掠者不可勝計，故今江防海備其重一也。」

〔註169〕《讀史方輿紀要》，卷二四，〈江南六〉，頁34下：「崇明沙守禦千戶所，在舊

調鎮江、鎮海二衛軍士千餘名至崇明協守，而發原崇明守禦千戶所軍士習舟師，改屬水寨以備倭寇，此爲崇明水師設置之始。〔註170〕正統二年（1437）以海患平寧，乃以船易馬，哨船之制遂廢。〔註171〕嘉靖三十三年（1554）倭寇侵略崇明，海防同知熊桴奏請增置戰船三十艘，駐泊三沙洪，以爲水戰之具。〔註172〕嘉靖三十八年（1559），參政唐順之（1507～1560）將崇明守禦千戶所的層級提升爲都司；三十九年（1560）巡撫翁大立改以金山參將鎮守崇明；四十五年（1566）崇明參將改鎮瀏河，而以瀏河把總駐守崇明；崇禎四年（1631），巡撫曹文衡改把總爲守備；崇禎十五年（1642），巡撫黃希憲將崇明守備提升爲副總兵，而以下江水師皆屬其統轄。〔註173〕崇明的軍事單位層級一再提升，由此也可以看出其所受到的重視程度。

崇明乃由許多大、小沙洲所組成，因而其中有許多地勢險要者，往往也成

---

縣治東，洪武二十年置，隸鎮海衛。」又《姑蘇志》，卷二五，〈兵防〉，頁 3 下：「崇明守禦千戶所，洪武二年立，隸中軍都督府，統軍士一千一百二十名。」又明·陳文等修，《崇明縣重修志》（台北：國家圖書館善本書室藏明正德間刊本），卷四，〈守禦〉，頁 7 下～10 上：「國朝洪武間以一千戶所守禦。」又明·劉彥心，《嘉靖·太倉州志》（《天一閣藏明代方志選刊續編》之二〇，上海：上海書店，1990 年 12 月一版一刷，據明崇禎二年重刻本影印），卷三，〈兵防〉，頁 9 下～10 上：「崇明守禦千戶所，洪武三年立。」又清·沈世奕，《蘇州府志》，卷三五，〈明軍制〉，頁 8 上～下：「崇明守禦千戶所，洪武三年立，隸中軍都督府，屬鎮海衛，統軍一千一百二十人。」

〔註170〕《讀史方輿紀要》，卷二四，〈江南六〉，頁 34 下：「崇明沙守禦千戶所……。永樂十四年，倭入寇，發鎮江、鎮海二衛百戶各十員率軍協守，遂隸焉。統百戶所二十，嘉靖中，亦移治新城內。」又《姑蘇志》，卷二五，〈兵防〉，頁 3 下：「崇明守禦千戶所……，永樂十四年，倭入寇，發鎮江、鎮海二衛軍士千餘，以百戶十員率之來禦，遂隸本所守城，其舊戍兵發屬水寨備倭。」又《康熙·崇明縣志》，卷五，〈水師〉，頁 4 下～6 上：「永樂十四年設水寨，撥舊戍百戶十員領舟習戰，水師始此。」又《崇明縣重修志》，卷四，〈守禦〉，頁 7 下～10 上：「永樂十四年，倭寇登岸，兵寨不敵，遣鎮江等衛官軍千名貼守。」

〔註171〕《康熙·崇明縣志》，卷五，〈水師〉，頁 4 下～6 上：「正統二年，海患平，以船爲虛費，題准以船易馬，而哨船之制廢。」

〔註172〕《康熙·崇明縣志》，卷五，〈水師〉，頁 4 下～6 上：「嘉靖三十三年，倭寇陷城，海防熊桴復請置戰船三十號，大練水師，仍名哨船，駐屯三沙洪，屬千戶包守正統轄。」

〔註173〕清·沈世奕，《蘇州府志》，卷三五，〈明軍制〉，頁 8 上～下：「三十八年，參政唐順之改守禦所爲都司，題設都司一員。三十九年，巡撫翁大立題改金山參將來鎮。四十五年，以崇明參將改鎮劉河，以劉河把總來鎮。崇禎四年，巡撫曹文衡題改把總爲守備。十五年，巡撫黃希憲題改守備爲副總兵，以下江水師俱屬之。」

爲駐守水師兵船或是水師巡哨會哨之所，甚至也成爲倭寇、海盜的巢穴。〔註174〕
其中三沙爲崇明舊縣治所在，也是守禦千戶所之所在，爲崇明諸沙之上游，地
理位置居中，所謂：「蓋此沙下腳北通狼山、福山，南通宋信嘴，江南、江北數
郡之關鍵也。」〔註175〕因而受到明人之重視，於此處駐泊水師兵船以防賊寇。
〔註176〕而三爿沙，位於縣城東北，爲東北大洋賊寇必經之地，是設兵防守之重
地，也是兵船會哨之所在。〔註177〕新灶沙，位處三沙東南而逼近三沙，亦爲外
洋賊寇入江之道。〔註178〕又有竹箔沙者，在縣城東南七十餘里，爲賊寇入犯之
南門，賊欲犯吳淞江，必轉此沙而過，故而設重兵於此以禦之。〔註179〕而營前
沙在縣治之北，爲大江入海之砥柱，北來之賊由此入江以犯淮安、揚州、常州、

〔註174〕明・萬表，《玩鹿亭稿》（《四庫全書存目叢書》集部七六冊，台南：莊嚴文化事
　　　　業有限公司，1997 年 10 月初版一刷，據浙江圖書館藏明萬曆萬邦孚刻本影印），
　　　　卷四，〈又答張半洲總制書〉頁 28 上～33 上：「其崇明南沙大船十三隻，聞是
　　　　新來，尚未登岸。」又明・董汾，《董學士泌園集》（台北：國家圖書館善本書
　　　　室藏明萬曆董氏家刊本），卷二八，〈淮揚紀功碑〉，頁 24 上～30 下：「而七星
　　　　港又報有三沙之賊，三沙者崇明海渚中。」又明・唐順之，《奉使集》（《四庫全
　　　　書存目叢書》集部九〇冊，台南：莊嚴文化事業有限公司，1997 年 10 月初版
　　　　一刷，據北京圖書館藏明唐鶴徵刻本影印），卷二，〈該兵部覆題〉，頁 23 上～
　　　　25 下：「崇明縣三爿沙新到倭船二十餘隻。」又明・瞿九思，《萬曆武功錄》（《四
　　　　庫禁燬書叢刊》史部三五冊，北京：北京出版社，2001 年 1 月一版一刷，據北
　　　　京大學圖書館藏明萬曆刻本影印），卷二，〈崇明江陰諸盜列傳〉，頁 19 上～23
　　　　上：「蔡廷，崇明鹽盜也……即以樓船十三艘鼓行而至三爿沙海洋。」
〔註175〕《全吳籌患預防錄》，卷三，〈崇明縣險要論〉，頁 5 上～11 上。
〔註176〕《玉介園存稿》，卷一八，〈詳擬江南海防事宜〉，頁 25 上～44 下：「惟崇明
　　　　當海洋要衝，劉河爲蘇州門戶，船兵照舊存留……，崇明兵船分泊三沙洪、
　　　　三沙下腳。劉河兵船專泊宋信嘴。吳淞兵船專泊竹箔沙。」
〔註177〕《全吳籌患預防錄》，卷三，〈崇明縣險要論〉，頁 5 上～11 上：「三爿沙，在
　　　　縣治東北……，倭寇從東北大洋而來必經此沙，蓋浙直之咽喉也……。故必
　　　　設重兵防守，而各沙兵船以之爲會哨之地，賊至則極力截殺，互相策應，過
　　　　賊上游，此其第一關鍵也。」
〔註178〕《全吳籌患預防錄》，卷三，〈崇明縣險要論〉，頁 5 上～11 上：「新竈沙，在
　　　　三沙東南，竹箔沙東北，其地東即無際大洋也。三沙下腳爲各沙門戶，新竈
　　　　實偪進之，自此而北則宋信嘴在焉。蓋不繇竹箔而徑可達劉河，亦一間道也。」
〔註179〕《全吳籌患預防錄》，卷三，〈崇明縣險要論〉，頁 5 上～11 上：「竹箔沙，在
　　　　縣治東南七十餘里，乃南沙之南盡處也，其外爲無際大洋，南與高家嘴相對，
　　　　爲内海之南門，賊自洋山而來，欲入吳淞江等處，此沙正當轉展之間……，
　　　　必設重兵於此，與三爿沙、宋信嘴兩處兵船會哨，互爲犄角。若賊至此，則
　　　　竹箔沙兵船爲主，而新竈沙兵船從北應之，吳淞江兵船從南應之，必使賊不
　　　　得過此，則内地可以高枕而臥矣。」

鎮江，故設兵船於此以與狼、福二山互爲聲援以遏賊之入。〔註180〕崇明諸沙由於散處長江出海口，因而成爲守禦長江下游各府之關鍵所在，也因此明代對於崇明水師之設置一向頗爲重視，各型大小戰船配置皆不在少數，水兵也成爲崇明重要之防禦兵種。〔註181〕而由於各沙之間聯絡不便，因此也相當重視烽堠墩臺的設置與運用，以便各沙之兵船合力圍剿入犯之寇。〔註182〕

## 第三節　常州府的險要據點

常州、鎮江二府相較於蘇州、松江二府而言其位置較爲偏西，雖然不似蘇、松密邇海洋，但卻是濱臨長江的重要處所，而由於此處正好位處長江出海口，乃所謂江海交匯地區，〔註183〕因此不只是海防要區，同時也是江防的防禦重點區域。正所謂：「常、鎮上臨天塹下帶海門，中包五湖，視蘇、松尤三面要害之地。」〔註184〕

〔註180〕《全吳籌患預防錄》，卷三，〈崇明縣險要論〉，頁 5 上～11 上：「營前沙，在縣治之北，爲大江入海之砥柱，賊舟過此而西，則江北淮、揚；江南常、鎮任其衝突，必於此處設兵船，與狼山、福山互爲聲援，賊始不能長驅而入江也。」

〔註181〕明・張世臣等修，《新修崇明縣志》（台北：國家圖書館善本書室藏明萬曆甲辰（卅二年）刊本），卷八，〈兵防志〉，頁 2 上～3 上：「協守地方把總壹員、守禦千戶五員、百戶二十員、煙墩□座、蒼船七隻、沙船三十隻、槳船五隻、唬船十六隻、划船五隻……。軍選鋒六百名，統領官一員，守城軍四百九十餘名，民兵四百零二名，屬縣捕廳訓練，浙兵四百名，統領官一員，水兵共一千零三名。」又《撫吳檄略》，卷四，〈爲豪惡虛兵冒餉蠹營致寇等事〉，頁 71 上～73 上：「據蘇州府海防同知王璽申稱：『卑職海寇披猖，蒙委赴崇明縣料理防剿……，據該營移稱：『揀堅大船二十隻出洋會剿，存營一十四隻，內緣事缺額共二隻。』察崇明除唬、槳船外，額有沙船三十四隻，共有船兵七百三十人。』」

〔註182〕《全吳籌患預防錄》，卷一，〈海防條議〉，頁 20 下～22 上：「海外崇明所屬各沙，大小三十餘處，皆隔絕潮港不相聯屬，況新灶沙、三爿沙等正當縣海入江門戶，萬一賊船乘風突犯一沙，則諸沙必不能知，縱知亦不能救，致成巢穴，雖鎮兵環繞，亦難爲力，必先圖傳報之法，預定策應之計……，近海擇海潮不浸漫處，每築土墩一座，約高一、二丈許，上置烟釭柴樓，式如烽堠，編列近墩居民，免其差役，令其晝夜輪流應直，如遇賊船進港歷沙，晝則燒烟，夜則舉火，俾各沙皆見，把總兵船隨即應援，而吳淞、劉河、福山一帶鎮兵亦可先後集擊，而寇賊不得肆行。」

〔註183〕《讀史方輿紀要》，卷二五，〈江南七〉，頁 40 下～41 上：「常州府……。府北控長江，東連海道。」又《讀史方輿紀要》，卷二五，〈江南七〉，頁 47 上～52 下：「鎮江府……。江防攷：京口西接石頭，東至大海，北距廣陵而金、焦障其中流，實天設之險。」

〔註184〕明・馬世奇，《澹寧居文集》（《四庫禁燬書叢刊》集部一一三冊，北京：北京

常州府位於長江南岸,在蘇州府之西,鎮江府以東,越長江而北為揚州府,常州為明代漕運所經之重地,同時也是留都南京下游的大郡,因此其守禦相當受到重視。〔註185〕其地理位置「外瀕江海,內抱湖山。」〔註186〕

常州府屬縣有五,其中武進縣為府城附郭之縣,位處常州府城西北隅,濱臨長江,為常州西面之守禦據點。〔註187〕無錫縣位於常州府東面,江陰縣以南,濱臨太湖而不與長江相連。〔註188〕宜興縣在常州府西南,亦不臨長江。〔註189〕江陰縣位於常州府東北,〔註190〕北面濱臨長江,〔註191〕為常州府諸水北流入江之處,〔註192〕而由於江陰縣為江海交會之所,〔註193〕為鹽徒、江

出版社,2001年1月一版一刷,據北京大學圖書館、北京圖書館藏清乾隆二十一年刻本影印),卷八,〈賀竹孫徐公加卿留任序〉,頁18上～21上。

〔註185〕《讀史方輿紀要》,卷二五,〈江南七〉,頁40下～41上:「常州府,東南至蘇州府百九十里,西南至廣德州二百八十里,西北至鎮江府百八十里,西北渡江至揚州府二百三十七里,東北至揚州府通州三百九十里……。明初為長春府,尋復為常州府,直隸京師,領縣五……。府北控長江,東連海道,川澤沃衍,物產阜繁……,且地居數郡之中,翼帶金陵,為轉輸重地,脫有不虞,則京口之肘腋疎而吳郡之咽喉絕。」

〔註186〕明·陸簡,《龍皋文稿》(《四庫全書存目叢書》集部三九冊,台南:莊嚴文化事業有限公司,1997年10月初版一刷,據南京圖書館藏明嘉靖元年楊鑨刻本影印),卷一三,〈送通判吳君序〉頁3下～5上。

〔註187〕《讀史方輿紀要》,卷二五,〈江南七〉,頁41上～下:「武進縣,附郭,本吳之延陵邑,季札所居,漢曰毗陵縣……。大江,府北五十里,西接丹陽包港,東抵常熟黃泗浦,西北與泰州中流分界,東北抵三沙,與通州分界,江岸達郡境百八十八里,控扼海口,形援金陵,而江陰靖江尤鎖鑰重地也。」

〔註188〕《讀史方輿紀要》,卷二五,〈江南七〉,頁43上～下:「無錫縣,府東九十里,東南至蘇州府九十里,北至江陰縣九十里,南至宜興縣百四十里,東北至蘇州府常熟縣百十里……。太湖,縣西南十八里,東指蘇州,南趨湖州,風帆便利,半日可達。」

〔註189〕《讀史方輿紀要》,卷二五,〈江南七〉,頁44上:「宜興縣,府南百二十里,南至浙江長興縣百四十里,西南至廣德州百八十里,西至江寧府溧陽縣九十里,西北至鎮江府金壇縣百二十里。」

〔註190〕《讀史方輿紀要》,卷二五,〈江南七〉,頁45下～46上:「江陰縣,府東北九十里,東至蘇州府常熟縣百二十里,東南至蘇州府百八十里,北至靖江縣三十里,西北至揚州府泰興縣百十里。」

〔註191〕明·張愷纂修,《正德·常州府志續集》(《四庫全書存目叢書》史部一八一冊,台南:莊嚴文化事業有限公司,1997年10月初版一刷,據上海圖書館藏明正德刻本影印),卷七,〈江陰縣重建察院記〉,頁13下～17上:「江陰之為縣,東接海壩,北橫大江,鎮以君阜。」

〔註192〕明·屠隆,《白榆集》(《四庫全書存目叢書》集部一八〇冊,台南:莊嚴文化事業有限公司,1997年10月初版一刷,據浙江圖書館藏明萬曆龔堯惠刻本

盜往來出沒之區，也是倭寇、海賊入江侵擾之門戶。〔註194〕「江陰當盜之衝」〔註195〕因此江陰縣的守禦相當受到重視。〔註196〕靖江縣位處於長江之江心，〔註197〕原爲江陰縣所屬之馬馱沙，〔註198〕亦爲江海交會處所，〔註199〕由於四面環江，因此成爲鹽徒、江盜出沒處所，〔註200〕也因爲四面皆水，而成爲

影印），一五卷，〈三吳水利總論〉，頁 2 上～7 上。

〔註193〕 明・林景暘，《玉恩堂集》（《四庫全書存目叢書》集部一四八冊，台南：莊嚴文化事業有限公司，1997 年 10 月初版一刷，據浙江圖書館藏明萬曆三十五年林有麟刻本影印），卷七，〈送觀察秀南彭公薊門備兵序〉，頁 26 下～28 下：「江陰當江海之衝。」又《鯯菴遺稿》，卷八，〈江盜平詩序〉，頁 22 上～24下：「京口、儀、鎮爲江之咽喉，通、泰、江陰、常熟爲江之門戶，江海交會之所，浩渺無際，中多沙洲，蒲葦生之。」

〔註194〕 明・張袞，《張水南文集》（《四庫全書存目叢書》集部七六冊，台南：莊嚴文化事業有限公司，1997 年 10 月初版一刷，據清華大學圖書館藏明隆慶刻本影印），卷五，〈贈邑侯金中石禦寇序〉，頁 26 上～28 上：「江陰百里爾，枕江通海，當賊路之衝，是蘇、松外藩也，常、鎮右臂也。」又明・薛甲，《畏齋薛先生藝文類稿》（《北京圖書館古籍珍本叢刊》之一一〇，北京：書目文獻出版社，不著出版年月，據明隆慶刻本影印），卷八，〈紀績錄序〉，頁 7下～9 下：「江陰當江南要衝，其瀕江之民習舟楫，喜剽掠。」

〔註195〕 《正德・常州府志續集》，卷六，〈常州府脩城碑〉，頁 1 上～4 上。

〔註196〕 《正德・常州府志續集》，卷三，〈江陰縣教場〉，頁 15 上～下：「江陰縣教場在縣治東，久廢，正德二年，海寇犯境，本府推官伍文定，知縣劉紘改建沿江靖海關之側……額設民兵一千四百六十名操習於此。」又明・費宏，《太保費文憲公摘稿》（台北：國家圖書館善本書室藏明嘉靖三十四年江西巡按吳遵之刊本），卷一一，〈送憲副謝君德溫序〉，頁 22 上～24 上：「江陰、通、泰爲江海之門戶。」

〔註197〕 明・殷雲霄，《石川集》（台北：國家圖書館善本書室藏明嘉靖二十八年關中張光孝編刊本），卷次不明，〈江舫記〉，頁 22 上～23 上：「環靖皆江，匪舟不可他往，他往必先涉大江……，漁者咲曰，子邑東即大海。」又《撫吳檄略》，卷四，〈爲軍務事〉，頁 140 上～下：「炤得靖邑孤峙江心。」

〔註198〕 《讀史方輿紀要》，卷二五，〈江南七〉，頁 47 上：「靖江縣，府東北百十里，東至海口六十里，北至揚州府泰興縣界二十五里，東北至泰州如皋縣界三十里。本江陰縣之馬馱沙。」又《全吳籌患預防錄》，卷四，〈靖江縣險要論〉，頁 14 下～15 上：「靖江乃長江之下流，即古之馬馱沙也，雖爲常郡之屬邑，而孤懸江中，四面受敵。」又《南畿志》，卷二〇，〈建牧〉，頁 20 上～25 上：「靖江縣治，在馬馱東沙。」

〔註199〕 《沱村先生集》，卷三，〈議處戰船義勇疏〉，頁 1 上～8 上：「但靖江以下，海江會同之所，風濤洶湧，又非此船之所能堪也。」

〔註200〕 明・姜寶，《姜鳳阿文集》（《四庫全書存目叢書》集部一二七冊，台南：莊嚴文化事業有限公司，1997 年 10 月初版一刷，據北京大學圖書館藏明萬曆刻本影印），留部稿卷五，〈靖江令黃君去思記〉，頁 23 下～25 下：「靖故患盜，以縣在江心中，四面阻水，防緝爲最難。」

防禦的重要據點之一。〔註201〕以下就將常州府各險要據點加以介紹：

## 圖 3-4：常州府險要據點示意圖

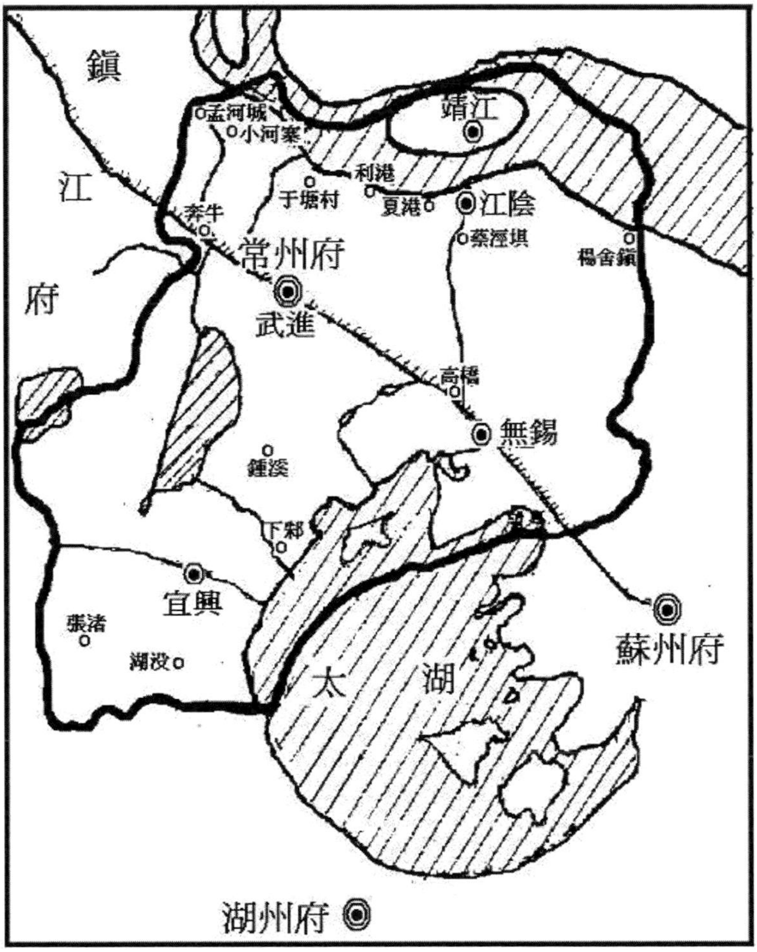

参照：譚其驤主編，《中國歷史地圖集》，第七冊，《元、明時期》（上海：
　　　地圖出版社，1982 年 10 月第一版）繪製。

## 一、楊舍鎮

楊舍鎮在江陰縣城東五十五里，〔註202〕位處蘇州府與常州府交界之處，

---

〔註201〕《玉介園存稿》，卷八，〈靖江新志序〉，頁 9 上～10 下：「靖則畿甸之上游，
　　　　江防之雄鎮也。」
〔註202〕《讀史方輿紀要》，卷二五，〈江南七〉，頁 46 下：「楊舍鎮，（江陰）縣東五

—91—

距離江陰縣與常熟縣各約三十五里，〔註203〕北面濱臨長江，東接福山港，南通無錫，爲常州府沿江險要據點。〔註204〕楊舍鎮本爲暨陽縣故地，後廢縣併入江陰縣，原未築有城池，嘉靖倭亂期間，成爲倭寇入侵江陰縣之所，於是楊舍鎮之重要性受到重視。〔註205〕御史尚維持議於沿江、沿海要害處所築城五座，以遏賊之衝，楊舍鎮即爲其中之一。〔註206〕其後並設常鎮參將一員於楊舍鎮，〔註207〕統領舟師以爲水戰之用。〔註208〕

---

十五里。」

〔註203〕《全吳籌患預防錄》，卷四，〈江陰縣險要論〉，頁13上～14下：「楊舍，楊舍在蘇、常之交，去常熟、江陰各三十五里，爲常、鎮二府沿江險要之最。」

〔註204〕《畏齋薛先生藝文類稿》，卷一二，〈代縣請添官設縣議〉，頁5上～7上：「直隸常州府江陰縣呈，爲陳末議以固海防以俾安壤事……，本縣地方惟有楊舍一帶，北負大江，南通無錫，東與常熟縣福山港相接，西去縣治九十里，地勢險遠，人性獷悍，往年官府節有築城設官之議，止因事體重大未敢輕爲奏請，因循至今，不意去年倭夷窺知此土無備，舶船福山港，逕趨此地及斜橋包巷地方，因而深入腹裏及無錫縣村鎮，大肆劫掠。」

〔註205〕《全吳籌患預防錄》，卷四，〈江陰縣險要論〉，頁13上～14下：「楊舍，楊舍在蘇、常之交，去常熟、江陰各三十五里，爲常、鎮二府沿江險要之最。近者也築堡於此，而以參將一員領之駐箚其處，分兵楮家沙以爲首尾之勢，分番哨守則聲勢聯絡，勞逸適均。然此地素稱賊藪，橫行江湖，窩藏富豪之家，未易卒滅。」

〔註206〕《畏齋薛先生藝文類稿》，卷五，〈江陰縣新築楊舍城記〉，頁13上～15下：「監察御史尚公某膺命而來按治茲土，既飭憲度，聿宣皇仁，相地所宜，築五城於江海之上……，而吾邑楊舍新城則所築之一也。」又國家圖書館善本金石組編，《歷代石刻史料彙編》（北京：北京圖書館出版社，2000年第一版），第五編，第一冊，〈江陰縣新築楊舍城碑〉，頁362～364：「監察御史尚公維持膺命而來按治茲土，既飭憲度，聿宣皇仁，相地所宜，築五城於江海之上……，而吾邑楊舍新城則所築之一也。」又《仲蔚先生集》，卷一七，〈武功頌〉，頁3下～5下：「乃以其聚並海壖，與大江最近者宜並爲城，以阨賊衝，而令役于有司，于是遂度其所宜城者，以華亭之柘林、上海之川沙、嘉定之吳淞、江陰之陽舍，鎮江之孟河爲五城而居之。」

〔註207〕《經國雄略》，卷二，〈吳松海防〉，頁15上～16上：「吳淞遊兵把總駐箚於行箔沙（竹箔沙），會哨於洋山；嘗鎮參將統水陸兵據江海之交，鎮守於楊舍，所以備水戰者亦既密矣。」又《畏齋薛先生藝文類稿》，續集卷二，〈楊舍參府題名記〉，頁1上～2上。

〔註208〕《武備地利》，卷二，〈南直事宜〉，頁29下～33下：「吳淞所乃水陸之要衝……，七丫而西爲白茆港，爲福山，又折而西北爲楊舍，爲江陰，爲靖江，又西爲孟河爲圌山，此皆舟師可居，利於水戰。」又《經國雄略》，卷二，〈吳松海防〉，頁15上～16上。

## 二、孟　河

　　孟河，又稱孟瀆河，在常州府武進縣西北，[註209] 其地近於鎮江、常州二府之交界，西至丹陽縣包港十里，[註210] 為江海交界之區，[註211] 乃常州府沿江地帶可供舟師駐泊的險要地點之一。[註212] 孟河附近江面較為狹窄，又多有陰沙淺灘，大型船隊通行不便，[註213] 對於大規模的倭寇、江盜而言是一處不易通行之地，然而此地為長江南出之咽喉，[註214] 又是鹽徒出沒之區，因此設兵營置水師於此以防範鹽徒為亂，[註215] 兼之以與楊舍鎮、靖江縣等處水師形成犄角之勢，[註216] 可收控扼江道之效。也正因為孟河位於常

〔註209〕《讀史方輿紀要》，卷二五，〈江南七〉，頁 41 上～下：「武進縣……。大江，府北五十里，西接丹陽包港，東抵常熟黃泗浦，西北與泰州中流分界，東北抵三沙，與通州分界，江岸達郡境百八十八里，控扼海口，形援金陵，而江陰、靖江尤鎖鑰重地也……。孟城山在府北八十里……，今孟瀆經其下入江。」

〔註210〕《讀史方輿紀要》，卷二五，〈江南七〉，頁 47 上～52 下：「丹陽縣，府東南六十里，東南至常州府百里，西至江寧府句容縣九十里……。大江，縣北五十里，自丹徒縣流入界，又東入武進縣界。志云：濱江諸港凡數處，而最名者曰包港，北通大江，南達嘉山，宋置包港寨于港口，今為包港巡司。又東十里即為孟瀆河口也。」

〔註211〕《甲申紀事》，卷一，〈上史大司馬東南權議四策〉，頁 1 上～8 下：「江海入口處，北自鎮江、京口，南盡杭州錢塘江之鱉子門。自京口而下為常州之孟河、江陰之黃田港，為蘇州常熟縣之福山港，係江海接界。」又《撫吳疏草》，不分卷，〈回奏蛇山事疏〉，頁 521～523。

〔註212〕《經國雄略》，卷二，〈吳松海防〉，頁 15 上～16 上：「自吳淞而北為劉家河……，又折西北為揚舍，為江陰，為靖江，又西為孟河，為圍山（圖山）。此皆舟師可居，臣皆設有兵船，非統以把總，即統以指揮。」又《武備地利》，卷二，〈南直事宜〉，頁 29 下～33 下。

〔註213〕《讀史方輿紀要》，卷二五，〈江南七〉，頁 46 下：「楊舍鎮，（江陰）縣東五十五里，舊有楊家港……，西上則至孟河一帶，江面頗狹又多陰沙，大　難於轉舒，故防衛以楊舍為切。」又《鄭開陽雜著》，卷三，〈常鎮參將分布防汛信地〉，頁 47 上～49 下。

〔註214〕《全吳籌患預防錄》，卷四，〈武進縣險要論〉，頁 10 上～11 下：「奔牛，奔牛在郡城西三十里，北通孟瀆、包港，西通丹陽，運河要道也……，不知孟瀆為長江南出之咽喉，與常、鎮二府頗相隔絕，非設兵於此，則堡孤立無援矣，故守奔牛實所以援孟瀆也。」

〔註215〕《玉介園存稿》，卷一八，〈詳擬江南海防事宜〉，頁 25 上～44 下：「及查孟河一帶鹽盜充斥，止有民壯七十名，不充緝捕，議該題請將本堡陸兵行令守備分撥二百名協守。」

〔註216〕《張水南文集》，卷六，〈楊舍城記〉，頁 25 上～27 上：「楊舍一隅在縣治東，東際大海，至狼山水勢漸分而為江，楊舍枕江之上，界連姑熟諸港，滔滔會江為險……，固楊舍所以固江陰也，由江陰而上，毘陵之有孟瀆河，河復城

州府之邊境，〔註217〕因而也有人認爲孟河爲常州府最稱險要之處。〔註218〕因此孟河曾設有指揮一員，統領兵船三十隻，官兵六百名，〔註219〕同時也是巡按御史按臨常州時所要視察校閱的的營區之一。〔註220〕

## 三、靖江縣

靖江縣原屬江陰縣地，本爲長江中的馬駄沙，〔註221〕「環靖皆大江」。〔註222〕正因爲其孤立江心，〔註223〕又爲江海交界之處，〔註224〕再加上其

之，賊來窘路，犄角之勢成，其所防者遠矣。」又《鄭開陽雜著》，卷三，〈常鎮參將分布防汛信地〉，頁47上～49下。

〔註217〕《全吳籌患預防錄》，卷四，〈武進縣險要論〉，頁10上～11下：「黃山門，黃山門在包港江心，水流湍悍，盜賊出沒之地，況當常、鎮二府之交，上下瞭望俱可及百里，實京口之門戶也。長江浩闊，守望俱難，黃山門上下多沙塗，惟此茫涯無際，江中戰場，此其第一也。」又《撫吳疏草》，不分卷，〈回奏海上備禦疏〉，頁424～428：「道屬信地上而京口下而楊舍，江海一望，渺無涯際……。又孟河結營於黃山門，圖山結營於大港，鎮江結營於屯船塢，而永生洲砥柱中流，再以本道標營并新設火角營相機堵截，上下應援，星棋布列，聲勢聯絡，此長江布置之大略也。」由以上二則資料可知，孟河營結營之處所爲靠近包港江心之黃山門地方。

〔註218〕清·王新命、張九徵等撰，《康熙·江南通志》（台北：國家圖書館漢學研究中心景照清康熙二三年序刊本），卷一三，〈江防·海防〉，頁9上～10上：「常州府：孟河營東去五十里至桃花港，西去五里至丹陽界港，南去四十里至□墅灣，北去三里至河，河港即大江……，其孟河港口最稱險要。」

〔註219〕《鄭開陽雜著》，卷三，〈常鎮參將分布防汛信地〉，頁47上～49下：「賊縣大江南突，孟瀆河尤爲險要，設有指揮，兵船三十隻，土兵六百名控扼，與圖山兵船互相應援。」

〔註220〕《按吳檄稿》，不分卷，〈爲出巡事〉，頁505～506：「照得本院按臨常州，定擬本月二十九日考察，次月初一日閱操，所據孟河營官兵例應吊行……，即便轉行該營督率應考大小將領，并與操官兵，先一日統部前來郡城，伺候考操，不得臨期有誤，亦勿拖辭預離信哨，及沿途騷擾，違者軍法從事。」

〔註221〕明·張琦，《白齋先生文略》（《四庫全書存目叢書》集部五二冊，台南：莊嚴文化事業有限公司，1997年10月初版一刷，據北京圖書館藏明正德八年自刻嘉靖二年續刻本影印），文略卷，〈送門人陳東之歸江陰序〉，頁29上～下：「靖江爲江陰分邑，越在楊子沙洲中，東西望之若島夷然，商浮大舶移時乃浮渡，微颶即波濤驚急，風稍驟，柁櫓不遵軌。」又《畏齋薛先生藝文類稿》，卷七，〈贈靖江應尹序〉，頁18上～19下。又《讀史方輿紀要》，卷二五，〈江南七〉，頁47上。又《全吳籌患預防錄》，卷四，〈靖江縣險要論〉，頁14下～15上。

〔註222〕明·殷雲霄，《石川文稿》（《四庫全書存目叢書》集部五八冊，台南：莊嚴文

地多鹽徒、江、海盜賊出沒，﹝註225﹞因此一向被視爲險要之地。靖江縣因爲位處海江交會之處，因此被視爲「江防雄鎮」，﹝註226﹞或是被稱爲「沿海之鎖鑰」，﹝註227﹞或認爲其是「留都之門戶」。﹝註228﹞而靖江縣也以其諸多港口而設置有水師兵船，以作爲留都南京下游的門戶之防。﹝註229﹞靖江縣水營原以把總或指揮統領，﹝註230﹞然而卻有明人認爲應該以參將住箚於靖江縣，﹝註231﹞方能收控扼江道，鞏固留都門戶之效。

化事業有限公司，1997 年 10 月初版一刷，據上海圖書館藏明嘉靖十年胡用信刻本影印），卷一，〈送陳教諭序〉，頁 13 上～下。

﹝註223﹞《撫吳疏草》，不分卷，〈十年留觀疏〉，頁 237～243：「江陰知縣馮仕仁，靖江知縣陳函輝，負江海險要之區，鹽盜出沒之藪，委難一口離任。」

﹝註224﹞《沱村先生集》，卷三，〈議處戰船義勇疏〉，頁 1 上～8 上：「但靖江以下，海江會同之所，風濤洶湧，又非此船之所能堪也。」又明・祁伯裕等撰，《南京都察院志》（台北：國家圖書館漢學研究中心影印明天啓三年序刊本），卷三二，〈時事多虞敬陳江防要務以固根本□地疏〉，頁 58 下～65 下。

﹝註225﹞《撫吳檄略》，卷四，〈爲飛報緊急盜情事〉，頁 98 上～下：「據江陰縣申報，海寇連　燒劫靖江各沙，請發援兵，緣縣到院。據此，爲炤江、靖兩邑，一濱大江，一隸江心，悉屬險要。」

﹝註226﹞《玉介園存稿》，卷八，〈靖江新志序〉，頁 9 上～10 下：「靖則畿甸之上游，江防之雄鎮也。」

﹝註227﹞《讀史方輿紀要》，卷二五，〈江南七〉，頁 40 下～41 上：「若其北守靖江，內可以固沿海之鎖鑰，外足以摧淮南之藩蔽。」

﹝註228﹞《全吳籌患預防錄》，卷四，〈常州府險要論〉，頁 8 下～9 下：「論險要者皆曰京口當長江下流，乃留都之門戶也。又曰當南北運道之衝，乃吳越之咽喉也。不知留都之門戶在於靖江，吳越之咽喉在於河莊，而凡言京口者皆非也。蓋靖江橫互大江之中，周圍百里，港汊浩繁，舟師可泊，結水寨屯重兵與泰興、江陰相爲犄角，則海寇不敢越此而窺留都，所謂靖江爲留都之門戶者此也。」

﹝註229﹞《武備志》，卷二二一，〈常鎮參將分布防汛信地〉，頁 6 下～9 上：「靖江孤懸江心，尤爲要害，今設蝤蝛港、孤山套、爛港一處兵船，可以控扼，與江陰兵船相爲犄角，孟河接界，該地兵船互相應援。」又《武備志》，卷二二一，〈常鎮參將分布防汛信地〉，頁 6 下～9 上。

﹝註230﹞《經國雄略》，卷二，〈吳松海防〉，頁 15 上～16 上：「自吳淞而北爲劉家河，爲七丫港……，又折西北爲揚舍，爲江陰，爲靖江，又西爲孟河，爲圍山（圌山）。此皆舟師可居，臣皆設有兵船，非統以把總，即統以指揮。」

﹝註231﹞《全吳籌患預防錄》，卷四，〈靖江縣險要論〉，頁 14 下～15 上：「靖江乃長江之下流，即古之馬馱沙也……，往年倭犯瓜、儀，圖絕運道，靖江僅能自守，使有重兵於此控扼邀擊，倭豈能渡。近設參將駐兵營前沙，遇寇於東洋洪濤中，曠野無援，迂闊難恃，莫若令遊兵船於營前沙不時巡哨，而參將改泊靖江，軍民相倚氣勢孔增，設有緩急，泰興、江陰水兵南北策應，賊氣益懾而不敢向西矣。」

## 第四節　鎮江府的險要據點

　　鎮江府位於常州府之西，應天府之東，越長江而北，與揚州府接界。〔註232〕
由於鎮江府與明代留都南京所在之應天府緊鄰，因而此處之守禦特別受到重
視，流經鎮江北境的這一段長江江道往往被視爲南京之門戶。〔註233〕而鎮江也
是明人所認爲的海洋最上游界線。〔註234〕雖然自崇明縣開始一路西至蘇州、常
州等府都有明人稱之爲「海洋」，但鎮江府則是長江沿岸各府被稱爲「海洋」的
最西界。也因爲如此，鎮江也被視爲「江海之交」。〔註235〕

　　鎮江府所屬之縣有三，丹徒縣爲附郭之縣，然而由於鎮江府城濱臨長江，
因此丹徒縣同樣也是濱江之縣份。〔註236〕所謂：「丹徒故江介劇邑」，〔註237〕
「丹徒固東南之鉅邑也，臨據大江，控帶畿輔。」〔註238〕丹陽縣位處鎮江府

---

〔註232〕《讀史方輿紀要》，卷二五，〈江南七〉，頁 47 上～52 下：「鎮江府，東南至
　　　　常州府百八十里，西南至寧國府四百五十里，西至江寧府二百里，北渡江至
　　　　揚州府五十里。」

〔註233〕《姜鳳阿文集》，卷二〇，〈鎮江府題名記〉，頁 9 下～10 下：「維我鎮江於江
　　　　以南爲首郡，古爲潤州，以嘗藩屏秣陵（南京古稱）稱京口，爲重地，今與
　　　　蘇、松、常四府並建，又並稱名邦。」又明・王樵，《方麓居士集》（台北：
　　　　國家圖書館善本書室藏明萬曆間刊崇禎八年補刊墓志銘本），卷四，〈賀高貳
　　　　守考滿序〉，頁 19 上～20 上：「且接壤留都，鎮江固則留都重。」

〔註234〕明・張永明，《張莊僖公文集》（台北：國家圖書館善本書室藏明萬曆三十七年
　　　　張氏家刊後代修補本清四庫館臣塗改），樂集，〈重操江疏〉，頁 28 上～35 下：
　　　　「。蓋鎮江以下即爲海洋，常州之靖江、江陰，蘇州之崇明、太倉，松江之上
　　　　海，揚州之通、泰咸濱焉。窮沙僻島，鹽徒負險窺伺竊發，無歲無之。」又明・
　　　　曹大章，《曹太史含齋先生文集》（台北：國家圖書館善本書室藏明萬曆庚子金
　　　　壇曹氏家刊本），卷一，〈贈左廸功臺獎序〉，頁 10 下～12 下。

〔註235〕《方麓居士集》，卷四，〈賀高貳守考滿序〉，頁 19 上～20 上：「鎮江古之京口……，
　　　　又其地當南北之衝，據江海之交，故典其戎事者，不曰江防而曰海防，以海爲
　　　　重也，防至於海，江可知也，備嚴於江，內地可知也。」又明・萬表輯，《皇明
　　　　經濟文錄》（《四庫禁燬書叢刊》集部一九冊，北京：北京出版社，2001 年 1 月
　　　　一版一刷，據蘇州市圖書館藏明嘉靖刻本影印），卷一七，〈爲議處重兵以安地
　　　　方事〉，頁 24 上～26 下：「鎮江、儀眞之間沿江阻海，號稱多盜。」

〔註236〕《讀史方輿紀要》，卷二五，〈江南七〉，頁 47 上～52 下：「丹徒縣，附郭……。
　　　　金山，府西北七里大江中，風濤環遶，勢欲飛動……。焦山，府東北九里
　　　　江中，與金山並峙，相去十五里……。圌山，府東北六十里，濱大江……。」

〔註237〕明・張祥鳶，《華陽洞稿》（台北：國家圖書館善本書室藏明萬曆十七年金壇
　　　　張氏家刊本），卷六，〈丹徒邑侯徐實梧去思碑〉，頁 18 下～20 下。

〔註238〕明・張四維，《條麓堂集》（台北：國家圖書館善本書室藏明萬曆二十三年張
　　　　泰徵懷慶刊本），卷二二，〈送郭小峯尹丹徒序〉，頁 43 下～45 上。

城東南方，亦濱臨長江，東南與常州府接界，沿江港汊眾多，〔註239〕又有運道經過，爲南北往來運道之衝，自古即爲用武之地。〔註240〕金壇縣在鎮江府城之南一百三十里處，〔註241〕並不濱臨長江，也無運道經過，因此在軍事守禦方面較不具有重要性。〔註242〕以下就將鎮江府各險要據點加以介紹：

## 圖3-5：鎮江府險要據點示意圖

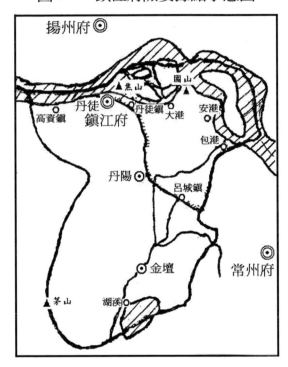

參照：譚其驤主編，《中國歷史地圖集》，第七冊，《元、明時期》（上海：
　　　地圖出版社，1982年10月第一版）繪製。

〔註239〕《讀史方輿紀要》，卷二五，〈江南七〉，頁47上～52下：「丹陽縣，府東南六十里，東南至常州府百里，西至江寧府句容縣九十里……。大江，縣北五十里，自丹徒縣流入界，又東入武進縣界。志云：濱江諸港凡數處，而最名者曰包港，北通大江，南達嘉山，宋置包港寨于港口，今爲包港巡司。又東十里即爲孟瀆河口也。」
〔註240〕《全吳籌患預防錄》，卷四，〈丹陽縣險要論〉，頁21下～23下：「丹陽爲用武之地，緜水可以通吳越，緜陸可以犯留都……。然當南北往來運道之衝。」
〔註241〕《讀史方輿紀要》，卷二五，〈江南七〉，頁47上～52下：「金壇縣，府南百三十里，東至常州府百里，東北至丹陽縣九十里，西北至江寧府句容縣百二十里。」
〔註242〕《全吳籌患預防錄》，卷四，〈金壇縣險要論〉，頁23下～25下：「金壇在茅山東七十里，南通溧陽，北距丹陽，雖爲鎮江屬邑，地僻而遠，非運道往來之衝，亦無江洋守禦之險。」

## 一、包　港

　　包港屬丹陽縣境，〔註243〕位於鎮江、常州二府交界之處，附近有黃山門，此處江水湍急，又爲盜賊出沒之地，再加上其上瞭望可及百里，實爲江中戰場之最。〔註244〕當然包港也就成爲江洋防守之重點處所，〔註245〕爲堵截長江賊寇登泊鎮江的險要據點之一。〔註246〕此處設置有包港巡檢司，由於東距孟河口僅十里之遙，〔註247〕因此形成與孟河營相爲犄角的形勢。〔註248〕

## 二、京　口

　　京口即鎮江府城，位於長江南岸，且濱臨長江，〔註249〕以其逼近留都，成爲長江沿岸重要之軍事據點。〔註250〕京口一帶江中有金山與焦山障於中流，乃所謂天設之險，其以西之長江江道兩岸高出江面許多，不適於登泊，

〔註243〕《目營小輯》，卷一，〈鎮江府〉，頁 57 上～下：「外爲丹陽縣，在府治東七十里……，設雲陽驛，包港、呂城鎮、二巡司。」

〔註244〕《全吳籌患預防錄》，卷四，〈武進縣險要論〉，頁 10 上～11 下：「黃山門，黃山門在包港江心，水流湍悍，盜賊出沒之地，況當常、鎮二府之交，上下瞭望俱可及百里，實京口之門戶也。長江浩闊，守望俱難，黃山門上下多沙塗，惟此茫涯無際，江中戰場，此其第一也。」

〔註245〕《讀史方輿紀要》，卷二五，〈江南七〉，頁 47 上～52 下：「江防攷：自安港而東北百里爲丹陽之包港，皆防守處也。」又《讀史方輿紀要》，卷二五，〈江南七〉，頁 47 上～52 下：「志云：濱江諸港凡數處，而最名者曰包港，北通大江，南達嘉山，宋置包港寨于港口。」

〔註246〕《全吳籌患預防錄》，卷四，〈鎮江府險要論〉，頁 17 下～19 上：「陳仁錫曰：防蘇、松當堵截大海，而吳淞、崇明、福山、劉河諸沙併爲之備，懼賊登泊也。防鎮江則當堵截大江，而河莊、包港、圖山併爲之備，懼賊登泊也。」

〔註247〕《讀史方輿紀要》，卷二五，〈江南七〉，頁 47 上～52 下：「今爲包港巡司，又東十里即爲孟瀆河口也。」

〔註248〕《全吳籌患預防錄》，卷四，〈丹陽縣險要論〉，頁 21 下～23 下：「奔牛，距縣五十里，乃常鎮之交也，孟瀆經其東，包港經其西，皆通大江，爲江防之要地，若江洋有事，當屯大兵守之，與孟瀆、包港相爲犄角，以遏賊入之路，且爲毘陵、雲陽聲援，賊必不敢長驅內侵，蓋與江防相爲表裡者也。」

〔註249〕《目營小輯》，卷一，〈鎮江府〉，頁 57 上～下：「東界宜興，西界句容，南界武進，北止江……，府治北固山下，臨長江，金、焦二山俱在江中。」

〔註250〕明・王樵，《方麓居士集》（台北：國家圖書館善本書室藏明萬曆間刊崇禎八年補刊墓誌銘本），卷四，〈賀高貳守考滿序〉，頁 19 上～20 上：「鎮江古之京口……又其地當南北之衝，據江海之交，故典其戎事者，不曰江防而曰海防，以海爲重也，防至於海，江可知也，備嚴於江，內地可知也。且接壤留都，鎮江固則留都重。」

因此京口成為南京下游、長江南岸重要之守禦重點。〔註251〕而其又為南北水陸往來要衝，〔註252〕加之以運道經過，「京口控扼江海，為金陵門戶，一餘皇內闕，則陵寢是虞，運餉愆期。」〔註253〕正由於其如此重要，明初即於鎮江府城內設有鎮江衛，以作為防禦之資。〔註254〕其後以江洋有警，曾設置江淮總兵官駐箚於此。〔註255〕甚至也曾有官員認為應該以操江都御史久駐於鎮江，方能收到守禦江洋之效。〔註256〕正因為京口形式如此，故而有：「東南之鎖鑰，江海之藩籬」，〔註257〕「南北咽喉」，〔註258〕「南郡北門」，〔註259〕

〔註251〕《讀史方輿紀要》，卷二五，〈江南七〉，頁47上～52下：「京口西接石頭，東至大海，北距廣陵而金、焦障其中流，實天設之險，繇京口抵石頭幾二百里，高岡逼岸，宛如長城，未易登犯，繇京口而東至孟瀆七十餘里，或高峰橫互，或江泥沙淖，或洲渚鎮列，所謂二十八港者，皆淺澀短狹，難以通行，故江岸之防惟在京口。」

〔註252〕《方麓居士集》，卷四，〈賀高貳守考滿序〉，頁19上～20上：「鎮江古之京口……，又其地當南北之衝，據江海之交。」

〔註253〕明·王士驌，《中弇山人稿》（《四庫禁燬書叢刊》集部三二冊，北京：北京出版社，2001年1月一版一刷，據北京大學圖書館藏明萬曆刻本），卷三，〈贈常鎮道彭公晉長憲山東備兵薊鎮序〉，頁31上～34下。

〔註254〕《讀史方輿紀要》，卷二五，〈江南七〉，頁52下：「鎮江衛，在府城內，洪武初建。」

〔註255〕《明世宗實錄》，卷一〇三，嘉靖八年七月戊午條，頁8下：「時浙江溫州有海賊之警，有逃軍之變，直隸有侯仲金之亂，兵科給事中夏言上疏曰：今三亂並起，漸不可長……，且浙直財賦之區，鎮江、常州江淮之咽喉、留都之肘服，儀真、瓜洲又漕運之門戶，朝貢之通衢也，賊熾則東南不得安枕矣……，專設鎮守江淮總兵官一員，駐瀕江要會之所，凡沿江守備、備倭等官俱聽節制，以弭意外之虞。」又《明世宗實錄》，卷一〇四，嘉靖八年八月癸酉條，頁3下：「陞都指揮使崔文署都督僉事，充總兵官，提督上下江防，巡捕盜賊。」又《大明會典》，卷一二七，〈鎮戍二·將領下〉，頁9下～10上：「江南副總兵，舊係總兵，駐箚福山港，復移駐鎮江，後復駐鎮江、儀真兩處，嘉靖八年裁革，十九年仍設，二十九年仍革，三十二年，又設為副總兵官，駐金山衛，四十三年，改駐吳淞，專管江南水陸兵務。」

〔註256〕《張莊僖公文集》，樂集，〈重操江疏〉，頁28上～35下：「如大江形勢，上則安慶，下則鎮江，尤為要害，貳處較之，則下江尤急。蓋鎮江以下即為海洋，常州之靖江、江陰，蘇州之崇明、太倉，松江之上海，揚州之通、泰咸濱焉。窮沙僻島，鹽徒負險窺伺竊發，無歲無之……，臣等以為操江都御史當於鎮江久住，安慶次之。再照鎮江見有總兵官湯慶住箚，慶以武臣居臨，軍衛有司之間事體已多不便。」

〔註257〕明·張國維，《張忠敏公遺集》（《四庫未收書輯刊》陸輯二九冊，北京：北京出版社，2000年1月一版一刷，據清咸豐刻本影印），卷一，〈陳形勢請增兵疏〉，頁14上～17上。

「三吳門戶」〔註260〕等等名號。

## 三、圖　山

　　圖山在丹徒縣境內，位於長江江濱，〔註261〕其地理形勢極為險要，由於此一段長江江道有許多沙洲橫亙江心，船隻航行其間僅有圖山前之通路可行，而圖山適在江邊，矢石皆可及於過往船隻，因此圖山成為防守長江的重險據點。〔註262〕同時由於圖山位於鎮江府城之東，又與江北周家橋相對，因此被視為鎮江之咽喉，〔註263〕也被認為是江防之重要門戶之一。〔註264〕而由於圖山一帶也是鹽徒、盜賊出沒之區，〔註265〕因此也被認為是江中設防要區。〔註266〕正由於圖山有此險要之地理形勢，嘉靖倭亂之時，此處之重要性尤其

〔註258〕《宜焚全稿》，卷一二，〈題為敬陳綢繆宜先宜急一得以備鑒採以稍慰宵旰於萬一事〉，頁616～620。

〔註259〕《曹太史含齋先生文集》，卷一，〈贈左廸功臺獎序〉，頁10下～12下。

〔註260〕《撫吳檄略》，卷四，〈為軍務事〉，頁52上～下。

〔註261〕《讀史方輿紀要》，卷二五，〈江南七〉，頁47上～52下：「丹徒縣，附郭……。圖山，府東北六十里，濱大江。」

〔註262〕《全吳籌患預防錄》，卷四，〈丹徒縣險要論〉，頁19上～21下：「長江，長江浩渺，賊舟無不可之，極難防守，惟圖山則江內沙塗，動亙數里，若為外護，中間僅通一路，矢石皆可及，況當江流自東而西而北轉屈之間，層峰峭壁，俯瞰湍波，賊舟之所必經，平時鹽盜出沒靡常，官民商艘多罹其毒，若屯設重兵水陸協守，賊必不敢越此而西也。」又《讀史方輿紀要》，卷二五，〈江南七〉，頁47上～52下：「江防攷：圖山屹立江濱，江中有順江、區檐諸沙，動亙數里，為之外護，舟行其間僅通一路，矢石可及，況當江流自東而西而北轉屈之間，層峰峭壁，俯瞰湍波，若屯設重兵，水陸協守，賊必不敢越此而西也。」

〔註263〕《武備志》，卷二二一，〈常鎮參將分布防汛信地〉，頁6下～9上：「圖山洪係干要地，乃鎮江之咽喉，留都之門戶，今設有把總兵船，可以控扼，與周家橋、三江會口兵船相為犄角，鎮江、京口并瓜、儀兵船互相策應。」

〔註264〕明・茅元儀，《石民四十集》（《庫禁燬書叢刊》集部一一〇冊，北京：北京出版社，2000年第一版，據明崇禎刻本影印），卷五一，〈留都兵制議〉，頁1上～7下：「則以采石、圖山為江上第二重門戶，而任之專，柱操江則樞部設兵。」

〔註265〕《撫吳檄略》，卷四，〈為軍務事〉，頁43上～下：「炤得圖山一營為江海要區，界連南北，最為鹽盜出沒之所，全賴兵皆精健，船須堅固以資巡防捍禦。」又《全吳籌患預防錄》，卷四，〈丹徒縣險要論〉，頁19上～21下：「惟圖山則江內沙塗，動亙數里，若為外護……，賊舟之所必經，平時鹽盜出沒靡常，官民商艘多罹其毒。」

〔註266〕《讀史方輿紀要》，卷二五，〈江南七〉，頁47上～52下：「繇京口而東至孟

凸顯，故於此處設置把總官一員。〔註267〕

# 第五節　揚州府的險要據點

　　揚州府位於長江北岸，東到海，南與鎮江府交界，西與滁州接壤，西北至鳳陽府泗州，北與淮安府接境，明初以其位於江北，爲京師外防，因此特別重視，遷都北京之後又因爲揚州府成爲轉輸重地而益形重視其地位。〔註268〕揚州府處於江、淮、河三者之間，又接臨東海，其軍事地理位置非常重要。〔註269〕故而在明代的文集、方志之中，對揚州府有著以下諸多的形容，如：「內阻江海之險，南引荊襄吳越，北控青徐，而西護陵寢，至要劇至繁重也……，四會五達之衢，天下必爭之地。」〔註270〕「東連淮海，西控長江，密邇陪京，接壤中都。」〔註271〕「關天下要害，南北脰臆，四通八達之莊，貢賦轉餉之道，江海交會之地，鹽法漕渠之重，東陪京而西祖陵，承制繡錯之處。」〔註272〕「北吞淮泗，西連滁濠，南浮金焦，東匯海壖。」〔註273〕「南接大江，東臨巨海，陵

　　　　瀆七十餘里，或高峰橫亙，或江泥沙淖，或洲渚鎖列，所謂二十八港者，皆淺澀短狹，難以通行，故江岸之防惟在京口，而江中置防則圖山爲最要。」

〔註267〕《讀史方輿紀要》，卷二五，〈江南七〉，頁47上～52下：「圖山屹立江濱，……，嘉靖三十二年以倭寇充斥，議設圖山營把總一員，上自府西高資鎮，下至安港百五十里皆其汛地。」

〔註268〕《讀史方輿紀要》，卷二二，〈江南五〉，頁11下～12下：「揚州府，東至海三百六十里，南渡江至鎮江府五十里，西至滁州二百六十里，西北至鳳陽府泗州二百十里，北至淮安府三百二十里……，明初既定金陵，即此收揚州，不特脣齒攸寄，亦即以包并淮南也。都燕之後，轉輸特重，揚州爲之咽喉，故防維常切。」

〔註269〕明‧李維楨，《大泌山房集》（《四庫全書存目叢書》集部一五一冊，台南：莊嚴文化事業有限公司，1997年10月初版一刷，據北京師範大學圖書館藏明萬曆三十九年刻本（卷八○卷八一卷九一至卷九三配鈔本）影印），卷五四下，〈泰州新修都察院記〉，頁13上～15下：「……，揚州爲江、淮、河之衝，而近可防海。」

〔註270〕明‧楊洵，《揚州府志》（台北：國家圖書館漢學研究中心景照明萬曆二十九年刊本），首卷，〈揚州府志原序〉，頁7上～9下。

〔註271〕明‧皇甫汸，《皇甫司勳集》，（台北：國家圖書館善本書室藏明萬曆三年吳郡皇甫氏原刊本），卷四五，〈送郡守劉公溱擢憲淮揚序〉，頁11下～14上。

〔註272〕明‧梅守箕，《梅季豹居諸二集》（《四庫未收書輯刊》，陸輯二四冊，北京：北京出版社，2000年1月一版一刷，據明崇禎十五年楊昌祚等刻本影印），卷九，〈揚州府志序〉，頁1上～3上。

〔註273〕明‧于若瀛，《弗告堂集》，（《四庫禁燬書叢刊》集部四六冊，北京：北京出

寢門戶，漕運咽喉。」〔註274〕「北枕齊魯，南襟閩粵，天下之奧區，神京之咽領。」〔註275〕以上種種的形容，都指出揚州府的地理形勢的重要性。且由於揚州府位處長江北岸，與南岸之蘇州、松江、常州、鎮江四府夾江而立，因此在海防與江防上也有著相當重要的地位。〔註276〕也因為揚州府是江北漕運轉輸重地，富商大賈聚居，因此在海賊、倭寇侵擾之時也成為掠奪的主要目標之一。〔註277〕

揚州府所轄州、縣共有三州、七縣，其中江都縣為附郭之縣，長江在其南方四十里處，〔註278〕為揚州府之中位居南北水陸運輸要衝之處，〔註279〕其所屬之瓜洲鎮更是商業運輸交通重地。〔註280〕儀真縣在揚州府城西七十五里，西南與應天府接境，〔註281〕南面濱臨長江，為商賈雲集的漕運所經之地，〔註282〕此處仍受大海潮汐影響。〔註283〕泰興縣位於揚州府城東南一

版社，2001年1月一版一刷，據天津圖書館藏明萬曆刻本影印），序，〈揚州府志序〉，頁8上～10上。

〔註274〕明・陳仁錫，《陳太史無夢園初集》（《四庫禁燬書叢刊》集部五九冊，北京：北京出版社，2001年1月一版一刷，據山東圖書館藏明崇禎六年張一鳴刻本影印），卷一，〈紀揚州屯〉，頁11上～13下。

〔註275〕明・卓發之，《漉籬集》（《四庫禁燬書叢刊》集部一〇七冊，北京：北京出版社，2001年1月一版一刷，據北京圖書館藏明崇禎傳經堂刻本影印），又序，〈賀遲明府考績序〉，頁64下～68上。

〔註276〕揚州府設有江防同知一員，同時於揚州境內尚有淮揚海防兵備道的設置，加之以江北鳳陽巡撫主管海防，而操江都御史主管江防皆與揚州有所關連，由此可知揚州府與江防、海防之關係密切。

〔註277〕明・馮時可，《馮文所巖棲稿》（台北：國家圖書館善本書室藏明萬曆十三年刊本），卷上，〈日本志〉，頁41上～63上：「賊初利江南富厚，獨王直知淮陽多大賈，始侵尋于江北，每至屬厭而去。」

〔註278〕《讀史方輿紀要》，卷二二，〈江南五〉，頁11下～12下：「江都縣，附郭。」

〔註279〕《張文僖公文集》，卷三，〈送江都令何君源清赴任序〉，頁20下～21上：「江都乃揚之屬邑，當南北之衝，據江淮之會，帆檣鱗次，車馬輻輳，閭閻櫛比……，防禦之急，倍徙他邑，蓋揚州天下重地也，江都又揚州劇邑也。」

〔註280〕明・楊洵，《揚州府志》，卷一，〈總論〉，頁1上～14上：「江都縣……，其境內如瓜洲擁大江引吳會，飛輓萬貨紛集，居民悉為牙儈，貧者倚負擔剝載索僱直以糊其口，不事農，城西民風淳朴，勤力畊作。」

〔註281〕《讀史方輿紀要》，卷二二，〈江南五〉，頁16上～17上：「儀真縣，府西七十五里，西南渡江至江寧府六十里，西北至泗州天長縣百二十里，東南渡江至江寧府句容縣九十里。」清代江寧府即明代應天府。

〔註282〕《武備志》，卷二二一，〈揚州參將分布防汛信地〉，頁9上～12上：「儀真城，查得東到瓜洲四十里，東北到揚州府城七十里，西到六合縣瓜埠鎮六十五里，

百四十里處，〔註284〕東爲如皐縣，西爲丹徒縣，南與靖江縣馬馱沙接壤，北抵泰州廟灣鎮，〔註285〕爲濱江縣分，〔註286〕亦爲大江南北船隻出入要地。〔註287〕高郵州在揚州府城東北一百二十里處，北接淮安府，西爲鳳陽府泗州，東南方爲揚州府泰州地方，領有寶應與興化二縣，〔註288〕其地多河川湖泊分布，乃所謂：「擁重湖之險，倚堤爲固，當南北孔道，衝劇署如江都，土沃水深，廣有魚稻之富。」〔註289〕寶應縣爲高郵州屬縣，位於高郵州城北方一百二十里，〔註290〕地近淮河下游，河湖交錯爲一水鄉澤國。〔註291〕

---

南濱大江，商賈雜集，漕運所關，誠爲要地。」

〔註283〕 明・黃瓚，《雪洲集》（《四庫全書存目叢書》集部四三冊，台南：莊嚴文化事業有限公司，1997年10月初版一刷，據北京大學圖書館藏明嘉靖黃長壽刻本），卷七，〈儀眞縣復通濟牐記〉，頁7上～9上：「夫通濟之所以不可廢者何也？潮之至也，不踰時而遽退，船之群次於牐也。」

〔註284〕 《讀史方輿紀要》，卷二二，〈江南五〉，頁17上～17下：「泰興縣，府東南百四十里，北至泰州九十里，東至通州百六十里。」

〔註285〕 明・楊洵等修，《萬曆・揚州府志》，（台北：國家圖書館善本書室藏明萬曆辛丑（二十九年）刊本），〈泰興縣輿地圖說〉，頁9上：「泰興縣治在府城東南一百四十里，其地東抵如皐縣界六十七里，西抵丹徒縣圌山九十里，南抵靖江縣馬馱沙四十里，北抵泰州廟灣六十里。」

〔註286〕 《萬曆・揚州府志》，卷一，〈總論〉，頁1上～14上：「泰興縣……，縣僻處江介，自口岸黃港斜連孟瀆河，實郡東南之要害也。」又清・錢見龍等撰，《泰興縣志》（台北：國家圖書館漢學研究中心景照清康熙二七年序刊本），卷一，〈疆域第四〉，頁12上～12下：「泰邑孤懸江沚，實淮海之門戶，天塹之襟喉。」

〔註287〕 清・錢見龍等撰，《泰興縣志》，卷一，〈疆域第四〉，頁12上～12下：「邑西南距江十八里，東瀕海三百餘里，驥渚（靖江舊名驥渚）障其東南，柴墟（今口岸鎮）扼其西北，以黃橋口岸爲巨鎮，以印庄、嘶馬爲東、西屛翼，自王家港、馬橋斜連江南孟瀆河，爲南北舸艇出入之會津，亦郡東南負險之要地也。」

〔註288〕 《讀史方輿紀要》，卷二二，〈江南五〉，頁17下～18下：「高郵州，府東北百二十里，北至淮安府二百十里，西至鳳陽府泗州二百里，東南至泰州百五十里……，領縣二。」

〔註289〕 《萬曆・揚州府志》，卷一，〈總論〉，頁1上～14上。

〔註290〕 《讀史方輿紀要》，卷二二，〈江南五〉，頁18下～19下：「寶應縣，（高郵）州北百二十里，北至淮安府八十里，西至泗州盱眙縣百八十里，西南至泗州天長縣百七十里。」

〔註291〕 《萬曆・揚州府志》，卷一，〈總論〉，頁1上～14上：「寶應縣……，縣與高郵俱水國，而寶應若氾光、白馬、射陽諸湖承淮河下流，汪洋萬頃，水衝激爲最險。」

興化縣在高郵州城東方一百二十里處，〔註292〕本縣雖然濱海，〔註293〕然而四週皆積水，有鹽場於其間，且爲澤國之地，並非用兵之地，〔註294〕泰州位於揚州府城東方一百二十里處，東至海，東南與通州接界，西與高郵州交境，南與常州府隔江相對，〔註295〕北接興化縣。〔註296〕由於泰州爲揚州府濱海二州之一，〔註297〕又爲倭寇、鹽徒出沒的險要之處，〔註298〕因此明初即設有泰州守禦千戶所以爲守禦之用，嘉靖倭亂後更添設海防兵備道駐箚本州。〔註299〕如皋縣爲泰州屬縣，位於泰州城東南一百四十里，東南至通州，西接泰興縣，〔註300〕如皋縣地處江海要衝，〔註301〕介於通州與泰州之間，

〔註292〕《讀史方輿紀要》，卷二二，〈江南五〉，頁20上：「興化縣，（高郵）州東百二十里，南至泰州百二十里，北至淮安府鹽城縣百十里。」
〔註293〕明‧林文俊，《方齋存稿》，（台北：國家圖書館善本書室藏明萬曆三年吳郡皇甫氏原刊本），卷四，〈送興化府葉君赴郡序〉，頁5上～5下：「吾興化爲郡，僻在海隅」
〔註294〕《萬曆‧揚州府志》，卷一，〈總論〉，頁1上～14上：「興化縣……，縣四週皆積水，三湖六溪之流畢輸委於此，地東南勢高，水所從出甚緩，獨廟灣爲尾閭耳，俗以農漁爲業……，然與鹽場接壤，細民間挾私販爲奸利，諸貧失業者往往憚徵繕而易去其鄉，然土爲澤國，非用兵之所，故旁邑避兵者恒爭赴焉。」
〔註295〕《讀史方輿紀要》，卷二二，〈江南五〉，頁20上～21上：「泰州，府東百二十里，東至海二百四十里，東南至通州二百七十五里，西至高郵州百五十里，南渡江至常州府二百五十里……，領縣一。」
〔註296〕《萬曆‧揚州府志》，〈泰州縣輿地圖說〉，頁21上：「泰州治在府城東一百二十里，其地東抵本州拼茶場二百一十里，西抵江都縣斗門三十里，南抵泰興縣廟灣四十里，北抵興化縣凌亭八十里。」
〔註297〕明‧崔桐，《東洲集》，（台北：國家圖書館善本書室藏明嘉靖庚戌（二十九年）大梁曹金刊本），卷一一，〈修築捍海堤記〉，頁20上～22上：「淮南之東爲維揚，維揚屬土濱海而爲州者，有泰、有通。爲縣者有如皋、有海門……，海門負海，切邇塩場。」
〔註298〕明‧凌儒，《舊業堂集》，（台北：國家圖書館善本書室藏明末葉刊本），卷七，〈憲使頤川胥公修泰州城垣記〉，頁61上～64上：「吳陵，隸維揚，爲劇郡。東距百二十里，帶海襟江，島夷、鹽徒飄忽出沒，至險也。」
〔註299〕明‧李自滋、劉萬春纂修，《崇禎‧泰州志》（《四庫全書存目叢書》史部二一〇冊，台南：莊嚴文化事業有限公司，1997年10月初版一刷，據泰州市圖書館藏明崇禎刻本影印），卷二，〈兵戎〉，頁12下～15上：「守禦千戶所駱駝嶺之上，洪武元年正千戶謝成開建，後千戶王軏重修……，嘉靖三十三年征倭，陞授指揮僉事一員，□千戶二員，試百戶二員，吏目一員，軍人一千三百四十一名……，官兵原額七百員名，舊屬徐州兵備道所轄，嘉靖三十三年倭寇犯順，添設海防兵備道駐箚本州，隨設中軍官一員，哨官一十八員，兵增至一千八百名。」
〔註300〕《讀史方輿紀要》，卷二二，〈江南五〉，頁21上～下：「如皋縣，（泰）州東南百四十里，東南至通州百四十里，西至泰興縣百里。」

南面江，東濱海，具有控扼之形勢。〔註302〕故而於此設置多處營寨，以作為守禦之用。〔註303〕通州在揚州府城東四百里，東至海，西南與常州府靖江縣交境，南與蘇州府常熟縣隔江相對，西北與泰州接壤。〔註304〕通州地處長江入海之地，素有「江海門戶」、〔註305〕「江海之衝」、〔註306〕「江海之匯」〔註307〕之稱。由於位處長江海口，因此被視為江北淮揚之外屏。〔註

〔註301〕明·謝紹祖，《嘉靖·重修如皋縣志》，（《天一閣藏明代方志選刊續編》之一○，上海：上海書店，1990年12月一版一刷，據明嘉靖刻本影印），卷五，〈武備〉，頁5下～6下：「皋當江海要衝，寇盜出沒，尤所當急，縣有民壯（額一百五十名），巡檢司有弓兵……，新設守城勇士七百名」又明·李騰芳，《李宮保湘洲先生集》（《四庫全書存目叢書》集部一七三冊，台南：莊嚴文化事業有限公司，1997年10月初版一刷，據南京圖書館藏清刻本影印），卷七，〈直隸揚州府泰州如皋縣知縣張星〉，頁93上～94上。又明·冒日乾，《存笥小草》（《四庫禁燬書叢刊》集部六○冊，北京：北京出版社，2000年1月一版一刷，據北京大學圖書館藏清康熙六十年冒春溶刻本影印），卷一，〈賀王邑侯三載考績奉直指薦序〉，頁11上～14下。

〔註302〕《萬曆·揚州府志》，卷一，〈總論〉，頁1上～14上：「如皋縣……，縣介通泰之間，南面江，東瀕巨海，雖去郡稍遠，實有控阨之勢焉。」

〔註303〕《讀史方輿紀要》，卷二二，〈江南五〉，頁21上～下：「如皋縣……。掘港，在縣東百三十里，西通運鹽河，東抵海，有掘港營堡，并置巡司於此。志云：掘港營距洋五十里，三面環海，其北接於美舍寨，寨在東臺場海口，又南至石港寨，寨在掘港西南六十里，接通州界。天生港在縣西南通江，東通白蒲汊，舊有鹽盜，設石莊巡司於縣南六十里以戍守之……，又縣東百里有馬塘場，又東三十里為角斜寨，北通泰州角斜河，因名。安民營在縣南江中沙洲上，嘉靖中置為防禦之所。白蒲鎮，縣東南七十里……，志云：通州有獨山巡司，今移置於白蒲鎮，又西場巡司在縣北二十里……。曹家堡在縣北，又東北有潘莊，皆嘉靖中官軍敗倭賊處。」

〔註304〕《讀史方輿紀要》，卷二二，〈江南五〉，頁21下～22下：「通州，府東四百里，東至海百三十里，西南至常州府靖江縣九十里，南渡江至蘇州府常熟縣百二十里，西北至泰州二百七十五里……，領縣一。」

〔註305〕明·林雲程、沈明臣，《萬曆·通州志》，（《天一閣藏明代方志選刊續編》之一○，上海：上海書店，1990年12月一版一刷，據明萬曆刻本影印），卷二，〈形勝〉，頁8下～10上：「蓋通揚望郡，而揚以東地勢漸下，惟通五山突起，大江西來直走其下，不百里入於海，……，故曰江海門戶……，又曰據江海之會……，又曰阻江背海，而狼山、料角之勝，自昔為東南奇特，又曰狼山當海之衝、江之委，此通之形勝。」

〔註306〕明·林雲程，《萬曆·通州志》（《四庫全書存目叢書》史部二○三冊，台南：莊嚴文化事業有限公司，1997年10月初版一刷，據天一閣藏明代方志選刊影印明萬曆刻本影印），卷三，〈通州守禦千戶所〉，頁22下～26上：「通為江海之衝賊盜出沒。」

〔註307〕明·陳完，《皆春園集》（台北：國家圖書館善本書室藏明隆萬間原刊本），卷三，

308〕又因爲通州沿海有許多鹽場，夙有殷富之名，因此往往成爲倭寇、海賊寇掠之目標，也因爲如此明代對於通州之設防總是特別注意，〔註309〕洪武年間即設有守禦千戶所於此。〔註310〕海門縣爲通州屬縣，位於通州城東四十里，〔註311〕較之通州更近於海，而縣治濱臨長江，「負海而襟江」，〔註312〕曾經因爲江潮侵蝕而遷建縣治。〔註313〕其形勢乃所謂：「東北瀕海，影帶諸夷，南控大江，氣吞吳會。」〔註314〕海門縣因爲濱臨江海，故有許多守禦據點，如廖角嘴、大河口、呂四場等地皆是設兵戍守之地。〔註315〕以下就

---

〈賀介石翟州守屠獎序〉，頁13上～14下：「夫通江海之匯，僻在東南。」

〔註308〕明‧程可中，《程仲權先生集》（《四庫全書存目叢書》集部一九○冊，台南：莊嚴文化事業有限公司，1997年10月初版一刷，據浙江圖書館藏明程胤萬程胤兆刻本影印），記，〈築通州南城記〉，頁8下～11上：「通，當江之委而浮於海滑。南直吳會，北匯淮泗，外屏島夷，內疏漕道。」又《皆春園集》，卷三，〈賀郡伯巽亭李公臺獎序〉，頁6上～8上。

〔註309〕明‧范鳳翼，《范勛卿集》（《四庫禁燬書叢刊》集部一一二冊，北京：北京出版社，2001年1月一版一刷，據北京大學圖書館藏明崇禎刻本影印），卷五，〈乞剿亂民以安海隅疏〉，頁21上～26上：「竊照通州襟江負海，環列鹽塲，民性獷悍不馴，久稱刁點，又夙負殷富處名，嘉靖年間，因倭寇跳梁，首當賊害，設立重兵，統以副將，隱然東南一要地也。」

〔註310〕《讀史方輿紀要》，卷二二，〈江南五〉，頁22下～23上下：「通州守禦千戶所，在州城內，洪武中置，屬揚州衛。」

〔註311〕《讀史方輿紀要》，卷二二，〈江南五〉，頁22下～23上下：「海門縣，（通）州東四十里。」

〔註312〕明‧崔桐，《東洲集》，（台北：國家圖書館善本書室藏明嘉靖庚戌（二十九年）大梁曹金刊本），卷一四，〈賀東明汪邑侯考勳序〉，頁9下～11上：「海門，古稱沃土，唯是負海而襟江也。」

〔註313〕《東洲集》，卷一一，〈重建城隍廟記〉，頁3下～4上：「海門城隍廟肇建國初，比年，江逼邑徙，百務草草。」又《東洲集》，卷一一，〈遷海門縣記〉，頁18上～20上：「正德中，江愈逼，西徙餘中境。」

〔註314〕明‧崔桐，《海門縣志集》，（台北：國家圖書館善本書室藏明嘉靖十六年刊本），卷一，〈形勝〉，頁7下～8上。

〔註315〕《讀史方輿紀要》，卷二二，〈江南五〉，頁22下～23上下：「海門縣，（通）州東四十里……。江防攷：江北岸東起蓼角嘴、大河口以及呂四、盧家等場，淞於楊樹港，海門縣裏河鎮以達於通州，此海門縣之南路也，嘉靖中官軍敗倭於此。餘東場，舊在州東九十三里，又餘西場在州東五十里，又東二十里爲餘中場……，海防攷，餘東餘西揚州之保障也，賊從狼山窺通州及海門之料角嘴、呂四場、新插港、掘港來犯者，扼之於此要害，既得，則揚州可以無患。呂四場，舊在州東百二十里……，其通海處曰新河亦名新港。海防攷：縣東呂四場，又東南料角嘴皆形勢控扼之處。徐步營舊在縣北，又北爲掘港，又北爲新插港皆賊登岸之處，海門北境之防也。」

將揚州府各險要據點加以介紹：

### 圖 3-6：揚州府險要據點示意圖

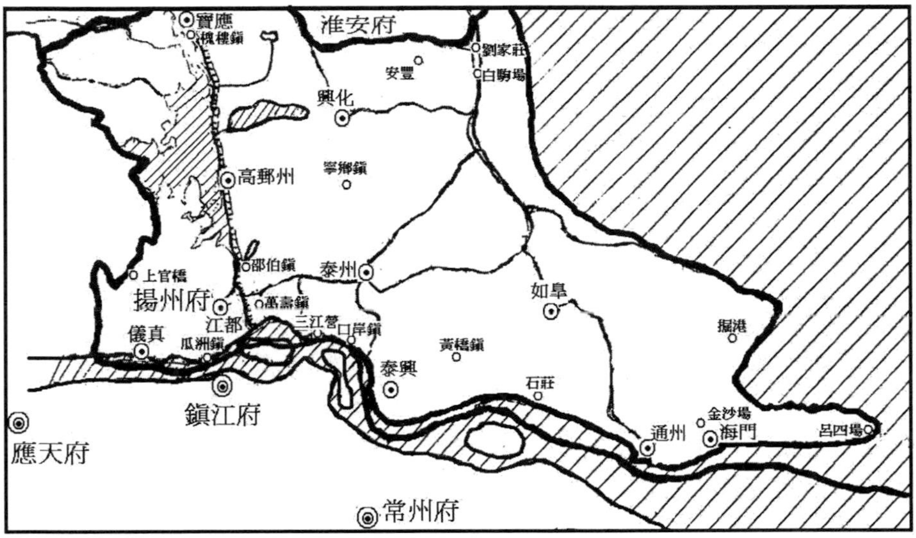

參照：譚其驤主編，《中國歷史地圖集》，第七冊，《元、明時期》（上海：
地圖出版社，1982 年 10 月第一版）繪製。

## 一、掘　港

　　掘港在如皋縣城東一百三十里處，〔註316〕距海約五十里，〔註317〕為揚州
府沿海險要據點之一，〔註318〕往往為倭寇、海賊登岸犯境之處。〔註319〕明代

---

〔註316〕《讀史方輿紀要》，卷二二，〈江南五〉，頁 21 上～下：「如皋縣，（泰）州東
　　　　南百四十里，東南至通州百四十里，西至泰興縣百里……。掘港，在縣東百
　　　　三十里，西通運鹽河，東抵海，有掘港營堡，并置巡司於此。志云：掘港營
　　　　距洋五十里，三面環海。」
〔註317〕《崇禎・泰州志》，卷二，〈兵戎〉，頁 12 下～15 上：「如皋掘港營，距海大
　　　　洋五十里。
〔註318〕《李襄敏公奏議》，卷五，〈亟缺邊海守備乞就近推補以便防守疏〉，頁 26 下
　　　　～28 下：「為照掘港係濱海要地，東連廖角，西接拼茶，越此而西，則鹽城、
　　　　淮安不妨深入，由此而南，則如皋、泰興便可長驅。」又《經國雄署》，卷一，
　　　　〈海防〉，頁 3 上～35 上。
〔註319〕《存笥小草》，卷二，〈掘港守備管公德政碑〉，頁 10 上～12 上：「掘港處廣
　　　　陵之東偏傳海，北引青萊，南控吳越，為嵎夷出沒之衝，稱巉鎮，世廟時，
　　　　數中寇，遂宿重兵其上，而以一將守之，得以軍興法從事。」又《讀史方輿
　　　　紀要》，卷二二，〈江南五〉，頁 22 下～23 上下。

先是於此築有土堡，設置軍寨，以揚州衛指揮一員領軍一千三百名守禦。嘉靖三十三年（1554），因倭寇大舉入犯，巡撫鄭曉（1499～1566）奏設把總，其後嘉靖三十八年（1559），巡撫李遂（1504～1566）奏請改設守備，〔註320〕統領東、西二營，最盛時曾設有民兵三千餘名，戰船一百餘艘。〔註321〕由於掘港係海防要害，〔註322〕因此巡緝倭寇、海賊於海上即為其首要任務。〔註323〕

## 二、呂四場

　　呂四場在海門縣東，距離通州城一百二十里，其入海處稱為新河或新港，〔註324〕與掘港、廖角嘴等處同為海防要害之處，〔註325〕此處為形勢控扼之

〔註320〕《崇禎·泰州志》，卷二，〈兵戎〉，頁 12 下～15 上：「如皋掘港營……，舊設土堡，每歲汛期，委揚州衛指揮一員，領軍一千三百名守堡防禦。天順間，挑選精壯入衛京師，止存軍五百五十名。嘉靖三十三年，倭大舉入寇，再被蹂躪，巡撫鄭曉奏設把總。三十八年，巡撫李燧奏改守備。」又《萬曆·揚州府志》，卷一三，〈兵防考〉，頁 1 上～11 下。

〔註321〕明·朱懷幹、盛儀纂修，《嘉靖·惟揚志》（《四庫全書存目叢書》史部一八四冊，台南：莊嚴文化事業有限公司，1997 年 10 月初版一刷，據天一閣藏明代方志選刊影印明嘉靖刻本影印），卷一〇，〈軍政志〉，頁 14 上～下：「掘港備倭東營、掘港備倭西營，二營俱在如皋縣沿海一都。壯捷營、壯武營、鎮遠營、旌忠營、濟武營、登庸營、平定營、忠節營、興義營、威武營，以上十營俱在通州治。李家堡寨，在如皋縣沿海一都。」又《崇禎·泰州志》，卷二，〈兵戎〉，頁 12 下～15 上。

〔註322〕《可泉先生文集》，卷九，〈題造樓船以固海防疏〉，頁 18 下～130 下：「入海地北則掘港、拼茶等五寨，俱為海防要害，似應置設海船。」

〔註323〕明·房可壯，《房海客侍御疏》（《四庫禁燬書叢刊》史部三八冊，北京：北京出版社，2001 年 1 月一版一刷，據北京圖書館藏明天啓二年刻本影印），〈題為舉劾武職官員事〉，頁 35 上～41 上：「又訪得掘港營守備丁繼曾……，本官衙門原設領兵防禦海洋地方。」又明·鄭鄤淳，《鄭端簡公年譜》（《四庫全書存目叢書》史部八三冊，台南：莊嚴文化事業有限公司，1997 年 10 月初版一刷，據上海圖書館藏明嘉靖萬曆間刻鄭端簡公全集本影印），卷四，嘉靖三十三年六月條，頁 8 上～15 下。

〔註324〕《讀史方輿紀要》，卷二二，〈江南五〉，頁 22 下～23 上下：「海門縣，（通）州東四十里……。江防攷：江北岸東起蓼角嘴、大河口以及呂四、盧家等場，淞於楊樹港，海門縣裏河鎮以達於通州，此海門縣之南路也，嘉靖中官軍敗倭於此……。呂四場，舊在州東百二十里……，其通海處曰新河亦名新港。」

〔註325〕《李襄敏公奏議》，卷四，〈預處兵糧以防倭患疏〉，頁 4 上～11 上：「呂四場、廖角嘴、餘東、石場、掘港五處俱係要害。」又《經國雄略》，卷一，〈海防〉，頁 3 上～35 上：「自東南蓼角嘴以抵姚家蕩，綿延三四百里餘，安豐等三十六場俱在腹內，不為要害，要害之地，乃通州也、狼山也、楊樹港也、裡河鎮也、餘

處，〔註326〕因此也爲水師巡緝的重點之一。〔註327〕明代以大河口把總一員，駐箚於呂四場以爲守禦之用。〔註328〕

## 三、廖角嘴

廖角嘴在海門縣東人和鄉，〔註329〕長江由此入海，〔註330〕是一處向海中伸出的岬角地形，與掘港同據揚州府之東南界，〔註331〕具有控扼之勢。〔註332〕由於地勢特殊，素來被視爲海防之重要據點，〔註333〕其地位與掘港、呂四場等處同等重要。〔註334〕同時由於地勢使然，廖角嘴也是海賊、鹽徒等出沒頻

---

東、餘西等場也、蓼角嘴、呂四場也、掘港、新閘港也、廟灣、劉港、金沙場也。」又《可泉先生文集》，卷九，〈題造樓船以固海防疏〉，頁18下～130下。

〔註326〕《讀史方輿紀要》，卷二二，〈江南五〉，頁22下～23上下：「海防攷：縣東呂四場，又東南料角嘴皆形勢控扼之處。」

〔註327〕《鄭端簡公年譜》，卷四，嘉靖三十三年六月條，頁8上～15下：「隨據叅將梅希孔呈稱：探得狼山、掘港、呂四等處江洋、海洋並無倭寇蹤跡，地方寧靖。」

〔註328〕《萬曆·通州志》，卷三，〈武備〉，頁21上～22下：「大河口把總一人，住箚海門縣之呂四場，掌凡操演水、陸軍馬，查理戰船，整備器械，防禦倭寇之事，平時嚴勒其屬，設防修備，有警則下令隨賊所向而剿之，凡備倭等官，咸得以軍法節制之。」

〔註329〕《海門縣志集》，卷三，〈兵防〉，頁6下～7下：「料角寨，在縣東人和鄉，備倭通州所千戶一人，軍五十人。」

〔註330〕《萬曆·揚州府志》，卷一，〈總論〉，頁1上～14上：「海門縣……，正德中，以潮患遷治餘中場，嘉靖乙巳又遷通州金沙場，即今縣治也，海門以海自縣境廖角嘴入楊子大江，此爲門戶，楊東南所屬縣抵海門而極矣，民與竈户雜處，資漁鹽爲利，所畊斥滷之地。」

〔註331〕《經國雄畧》，卷一，〈海防〉，頁3上～35上：「江北海備與浙、福殊不同，水戰少而陸戰多也。淮揚所在要害之處，宜莫如狼山，狼山當江海之吭，而廖角、掘港皆揚之東南界。」又《李襄敏公奏議》，卷五，〈亟缺邊海守備乞就近推補以便防守疏〉，頁26下～28下。

〔註332〕《讀史方輿紀要》，卷二二，〈江南五〉，頁22下～23上下：「海門縣，（通）州東四十里……。海防攷：縣東呂四場，又東南料角嘴皆形勢控扼之處。

〔註333〕《萬曆·通州志》，卷二，〈形勝〉，頁8下～10上：「蓋通揚望郡，而揚以東地勢漸下，惟通五山突起，大江西來直走其下，不百里入於海……，又曰阻江背海，而狼山、料角之勝，自昔爲東南奇特，又曰狼山當海之衝、江之委，此通之形勝。」

〔註334〕《可泉先生文集》，卷九，〈題造樓船以固海防疏〉，頁18下～130下：「自狼山而下，若海門則徐梢港、大河口及呂四場、廖角嘴，入海迤北則掘港、拼茶等五寨，俱爲海防要害，似應置設海船。」又《經國雄畧》，卷一，〈海防〉，頁3上～35上。

繁之處。〔註335〕有鑑於此，明代於此設置有軍寨一處，〔註336〕以通州守禦千戶所千戶一員，領軍五十名駐箚守禦。〔註337〕

## 四、狼　山

　　狼山在通州南方十五里處，〔註338〕為濱江一座山頭，由於適當長江出海口處，〔註339〕其地理形勢有謂：「江海之吭」，〔註340〕有謂：「江海巨鎮」，〔註341〕有謂：「當海之衝、江之委者」，〔註342〕因此一向被視為江防要地。〔註343〕而

〔註335〕明・周之夔，《棄草二集》（《四庫禁燬書叢刊》集部一一二冊，北京：北京出版社，2001 年 1 月一版一刷，據北京大學圖書館藏明崇禎木犀館刻本影印），卷二，〈蘇松常鎮武舉錄前序〉，頁 5 上～7 下：「先江北薦符之警，窟穴鶯遊山，出沒廖角嘴，薄我崇沙。」

〔註336〕明・李實，《禮科給事中李實題本》（台北：國家圖書館善本書室藏明抄本），〈題軍守備事〉，頁 19 上～20 下：「據直隸揚州衛通州守禦千戶所申：照得本所地方叁面枕臨江海，緊關衝要，洪武年間，額設拾百戶，旗軍壹千壹百貳拾名，內柒百戶全伍，於大河口、廖角嘴、徐稍港、石港，置立營寨，肆處烽墩叁拾陸座，海船七隻，專壹隄備倭寇。」又《嘉靖惟揚志》，卷一○，〈軍政志〉，頁 14 上～下。

〔註337〕《海門縣志集》，卷三，〈兵防〉，頁 6 下～7 下：「料角寨，在縣東人和鄉，備倭通州所千戶一人，軍五十人。」

〔註338〕《讀史方輿紀要》，卷二二，〈江南五〉，頁 21 下～22 下：「通州……，州據江海之會，繇此歷三吳，問兩越，或出東海動燕齊亦南北之喉吭矣……。狼山，州南十五里。」

〔註339〕《可泉先生文集》，卷一○，〈題乞添設將官分守要害疏〉，頁 10 上～14 上：「及狼山海口添設總兵，控制重兵，固守金陵，但通州設有裨將在彼駐箚，提兵防守，似不必重設。」又《李襄敏公奏議》，卷四，〈議處運道以裕國計疏〉，頁 25 上～32 下。

〔註340〕《經國雄畧》，卷一，〈海防〉，頁 3 上～35 上。

〔註341〕《范勛卿集》，卷五，〈故驃騎將軍大都督楊公元孺暨配胥夫人繼配王夫人行狀〉，頁 20 下～33 下。

〔註342〕明・王鏊，《震澤先生集》（台北：國家圖書館善本書室藏明嘉靖間王永熙刊本），卷一七，〈通州重建狼山廟門記〉，頁 2 上～3 下：「賊酋劉七，尤號桀黠。俄南犯鎮江、江陰，已迺樓狼山，狼山當海之衝、江之委。賊假息茲山，志窺吳會。於時，東南騷動，人莫自保……，維海有門，大江自入，江海之交有山屺立。」

〔註343〕明・王揚德，《狼山志》（台北：國家圖書館善本書室藏明天啟三年刊本），卷一，〈形勝〉，頁 4 上～下：「其山隸於通，而對為峙者，虞之福山，虞屬江以南，南北屹立，又由海入江第一重門戶，最為喫緊，故江以北形勝之雄富，以通為甲。」又明・黃鳳翔，《田亭草》，（台北：國家圖書館善本書室藏明萬曆壬子刊本），卷四，〈送林將軍之京營序〉，頁 6 上～7 下。又明・周世選，《衛陽先生集》，（台北：國家圖書館善本書室藏明崇禎五年故城周氏家刊

由於狼山的特殊地理形勢，也使得此處成為盜賊出沒頻繁之處，〔註344〕故為「盜賊淵藪」。〔註345〕也由於此處江海匯流，故將此地洋面視為「江洋」或是「海洋」者皆有之。〔註346〕狼山原先設置有巡檢司，〔註347〕後於此設置把總司統兵駐守，〔註348〕其後以倭寇侵擾，議設狼山參將一員於通州駐箚守禦，但以參將統制不專，遂有添設狼山總兵官之議。〔註349〕嘉靖三十七年（1558），乃添設提督狼山等處副總兵官一員，駐箚通州以為鎮守。〔註350〕

## 五、周家橋鎮

周家橋鎮在泰興縣，〔註351〕位於三江口東方四十里，〔註352〕此處為靖

---

本），卷八，〈倭警告急摘陳喫緊預防事宜疏〉，頁1上～16上。

〔註344〕《皆春園集》，卷三，〈贈都護李公序〉，頁11上～13上：「島夷航一葦而至，必先大河、狼山，固要害之地也。」又《范勛卿集》，卷二，〈送王大將軍宛委陞任大金吾序〉，頁31下～34上。

〔註345〕明・惲紹芳，《林居集》（《四庫未收書輯刊》，伍輯二〇冊，北京：北京出版社，2000年1月一版一刷，據清鈔本影印），不分卷，〈孟河議〉，頁757～758：「河庄出江口，北接通泰，為江海之門戶，而圌山、狼山等處，又盜賊之淵藪，先年倭患緊急，議塞其口，未果。故築為城堡，設為關柵，以戒不虞。」

〔註346〕《張忠敏公遺集》，卷三，〈報獲番船疏〉，頁13上～15上：「據此案查，先據江南副總兵官許自強呈，據福山營把總吳士遠呈，據耆民魏三省等呈稱：奉差海洋巡緝，行至狼山海面，瞭見雙桅船三隻。」此處稱狼山為「海面」又《衛陽先生集》，卷八，〈倭警告急摘陳喫緊預防事宜疏〉，頁1上～16上：「竊料倭奴之來，由江南則必自吳淞、劉河、楊舍、圌山以入。由江北，則必自海門、狼山及安東、淮揚以入江。此雷都緊關門戶，而京口閘、天寧州、瓜州、儀真等處，尤江防之要害也。」此處又稱狼山為「江防之要害」。

〔註347〕《讀史方輿紀要》，卷二二，〈江南五〉，頁21下～22下：「通州……。狼山，州南十五里……，明正德八年，賊劉七等大掠江淮，官軍敗之，賊走狼山，官軍扼而殲之江，今有官兵戍守，舊設狼山巡司在州南十八里狼山鄉。」

〔註348〕《狼山志》，卷一，〈信地圖說〉，頁2上～3上：「狼山把總司，駐箚狼山之陰，山之東、西上下所轄信地約三百里。」

〔註349〕《李襄敏公奏議》，卷四，〈議處運道以裕國計疏〉，頁25上～32下：「竊惟倭奴匪茹連年，必由海而江，如通州狼山實江海交會，緊關臨口，徃歲議設叅將一員，駐箚通州，控制通、泰要害，但叅將統制不專，各分信地，徃徃擁兵觀望，坐失機宜，是以今之議者，欲於狼山添設總兵一員，駐箚通州，控制江北一帶，誠為得策。」

〔註350〕《明世宗實錄》，卷四六〇，嘉靖三十七年六月乙酉條，頁4下：「乙酉，命通泰參將署都指揮僉事鄧城充添設提督狼山等處副總兵官。」又《大明會典》，卷一二七，〈鎮戍二・將領下〉，頁9下。

〔註351〕《可泉先生文集》，卷九，〈題造樓船以固海防疏〉，頁18下～130下：「泰興

江上游，夷寇出沒之所在，再加上船隻往來頻繁，因而成爲一守禦要害之處。
〔註353〕嘉靖三十三年（1554），於周家橋鎮添設把總一員以爲守禦，〔註354〕
本處官兵西與三江口營，〔註355〕東與狼山把總官兵會哨巡邏。〔註356〕

## 六、三江口

　　三江口爲江都縣地方，東至周家橋鎮四十里，西至瓜洲鎮一百二十里，
〔註357〕亦稱爲新港，與江南圖山相對，且江中有順江洲，水流至急爲扼守
要害，故亦稱三江口爲金陵門戶。〔註358〕又有謂三江口與圖山控扼海口，
爲要害之地。〔註359〕此處設有把總官一員，統領水兵六百名，戰船二十艘

　　　　則周家橋、李家港、過船港、黃家港、新河口、曹莊埠，如皋則天生港，通
　　　　州則豎河港、狼山等處，俱爲江防要害，似應置設江船。」又《經國雄畧》，
　　　　卷一，〈海防〉，頁 3 上～35 上。
〔註352〕《武備志》，卷二二一，〈淮揚海防兵備道分布防汛信地〉，頁 2 下～6 下：「三
　　　　江會口係江都縣地方，西到瓜洲鎮一百二十里，東到周家橋四十里。」
〔註353〕明・吳鵬，《飛鴻亭集》（《四庫全書存目叢書》集部八三冊，台南：莊嚴文化
　　　　事業有限公司，1997 年 10 月初版一刷，據北京圖書館藏明萬曆吳惟貞刻本
　　　　影印），卷七，〈蔡侍川守備周橋序〉，頁 21 上～23 上。
〔註354〕《大明會典》，卷一二七，〈鎮戍二・將領下〉，頁 11 下：「把總十三員⋯⋯。
　　　　福山港、周家橋、東海三員，俱嘉靖三十三年添設，駐箚本處。」又《萬曆・
　　　　揚州府志》，卷一三，〈兵防考〉，頁 1 上～11 下。又《李襄敏公奏議》，卷四，
　　　　〈預處兵糧以防倭患疏〉，頁 4 上～11 上。
〔註355〕《武備志》，卷二二一，〈淮揚海防兵備道分布防汛信地〉，頁 2 下～6 下：「三
　　　　江會口係江都縣地方，西到瓜洲鎮一百二十里，東到周家橋四十里，與江南
　　　　圖山相對，中有順江洲，江面頗窄，水流湍急，最爲險要，此處能守，瓜儀
　　　　可保無虞，留者無復軫慮，近該操院題設把總官一員，統領水兵六百名，哨
　　　　官二員，哨長一名，大小戰船二十隻，常川防守。」
〔註356〕《狼山志》，卷一，〈信地圖說〉，頁 2 上～3 上：「狼山把總司⋯⋯，又江中
　　　　一帶劉家沙，西接周橋營與福山、揚舍、永生等營往來會哨，此新增之信地
　　　　也，均屬險要。」
〔註357〕《武備志》，卷二二一，〈揚州參將分布防汛信地〉，頁 9 上～12 上：「新港即
　　　　三江口，係江都縣地方，西到瓜洲鎮一百二十里，東到周家橋四十里。」
〔註358〕《讀史方輿紀要》，卷二二，〈江南五〉，頁 11 下～12 下：「江都縣，附郭⋯⋯。
　　　　揚子江，府南四十里，縣六合縣經儀眞縣至瓜洲鎮，又東過泰興、如皋歷通
　　　　州故海門縣而入海，江心有南泠水與鎮江府分界⋯⋯。又東五十里曰寶塔
　　　　灣⋯⋯，又東南四十五里曰三江口，亦曰新港，又東至周家橋四十里，正與
　　　　江南圖山相對，中有順江洲，江面稍狹，水流至急，此處扼守，則瓜、儀可
　　　　保，此爲金陵門户。」
〔註359〕《南京都察院志》，卷三一，〈議處江防緊要事宜以飭武備以安重地疏〉，頁

以爲把守，〔註360〕隸屬操江都御史管轄。〔註361〕

## 七、瓜洲鎮

　　瓜洲鎮在揚州府城南方四十五里，〔註362〕南面濱臨長江，爲江都縣所屬地方，〔註363〕爲南北交通往來要津，〔註364〕且位置接近南京，〔註365〕控扼江海，〔註366〕有「留都東北鎖鑰」〔註367〕之稱，素來被視爲江防要害之一。〔註368〕瓜洲鎮原設有巡檢司，〔註369〕以及總巡指揮一員統領巡江軍舍、民壯

21 上～26 下：「爲照圌山、三江二總控禦海口，委爲要地。」又《李襄敏公奏議》，卷四，〈預處兵糧以防倭患疏〉，頁 4 上～11 上。

〔註360〕《武備志》，卷二二一，〈淮揚海防兵備道分布防汛信地〉，頁 2 下～6 下：「三江會口係江都縣地方……。近該操院題設把總官一員，統領水兵六百名，哨官二員，哨長一名，大小戰船二十隻，常川防守。」

〔註361〕《萬曆・揚州府志》，卷一三，〈兵防考〉，頁 1 上～11 下：「自是沿海益增置營戍，設將領，通州有副總兵及水營把總，掘港有守備，太河、周橋有把總，揚州有參將，而儀眞守備及三江口把總、瓜洲營衛總隸操江如故。」

〔註362〕明・張寧、陸君弼纂修，《萬曆・江都縣志》（《四庫全書存目叢書》史部二〇二冊，台南：莊嚴文化事業有限公司，1997 年 10 月初版一刷，據北京圖書館藏明萬曆刻本影印），建置志第二，〈瓜洲鎮城〉頁 2 下～3 下：「在府城南四十五里……，嘉靖丙辰，以倭變復築，首事者爲操江都御史褒公某，巡撫都御史鄭公曉，巡按御史劉公世魁，巡鹽御史莫公如士，知府吳公桂芳，江防同知唐公鉷。」

〔註363〕《武備志》，卷二二一，〈揚州參將分布防汛信地〉，頁 9 上～12 上：「瓜洲鎮係江都縣地方，南濱大江。」

〔註364〕明・王恕，《王端毅公文集》（《四庫全書存目叢書》集部二六冊，台南：莊嚴文化事業有限公司，1997 年 10 月初版一刷，據北京大學圖書館藏明嘉靖三十一年喬世寧刻本影印），卷一，〈重修江海潮神祠記〉，頁 6 下～9 上。

〔註365〕《沱村先生集》，卷三，〈築城瓜洲疏〉，頁 15 上～20 上：「照得揚州府瓜洲地方，切近長江，又密邇海口，人煙湊集，舟車萃止，運道經由，南北要地……，案查臣先巡歷揚州地方，看得瓜洲一鎮切近留都，下接海口，人煙數多，中有五壩寔南北要害之地。」

〔註366〕《沱村先生集》，卷三，〈築城瓜洲疏〉，頁 15 上～20 上：「議得瓜洲地方扼海江而走徐揚。」

〔註367〕明・胡松，《胡莊肅公文集》（台北：國家圖書館善本書室藏明萬曆十三年胡氏重刊本），卷四，〈揚州府同知唐君去思碑記〉，頁 53 下～56 上。

〔註368〕《衛陽先生集》，卷八，〈倭警告急摘陳喫緊預防事宜疏〉，頁 1 上～16 上：「竊料倭奴之來，由江南則必自吳淞、劉河、楊舍、圌山以入。由江北，則必自海門、狼山及安東、淮揚以入江。此留都緊關門戶，而京口閘、天寧州、瓜州、儀眞等處，尤江防之要害也。」

〔註369〕《萬曆・江都縣志》，建置志第二，〈巡檢司五〉，頁 4 下～5 下：「邵伯鎮、

守備江洋。〔註370〕嘉靖三十三年（1554），因倭寇侵擾，添設江防同知一員駐箚瓜洲鎮以爲守禦之用，〔註371〕原設水營官兵、巡江軍舍、民壯以及戰、巡船隻皆歸其指揮調度；〔註372〕嘉靖三十五年（1556），更增築瓜洲鎮城池，以加強守禦力量。〔註373〕

## 八、儀眞縣

儀眞縣城在揚州府城西南七十五里處，距離長江江濱僅有五里之遙，〔註374〕由於其地爲水路要衝，有漕運糧船過閘通行，因此成爲交通運輸的樞紐。〔註375〕正因爲如此，儀眞縣的地位備受重視，往往被視爲與瓜洲等地同等重要之江防要害。〔註376〕儀眞縣設有守備一員駐箚江口，專管江北備倭捕盜事宜，〔註377〕統領儀眞衛、縣城操軍舍以及民壯守禦地方，〔註378〕並以捕盜水兵耆民巡緝江洋倭寇、盜賊。〔註379〕儀眞守備，與瓜洲營衛總，

瓜洲鎮、萬壽鎮、歸仁鎮、上官橋鎮。」
〔註370〕《武備志》，卷二二一，〈淮揚海防兵備道分布防汛信地〉，頁2下～6下。
〔註371〕《胡莊肅公文集》，卷四，〈揚州府同知唐君去思碑記〉，頁53下～56上：「甲寅秋，天子可巡察諸公之奏。制詔吏部增置揚州府同知一員，令治瓜洲，控賊衝。」按甲寅年即嘉靖三十三年。又《端簡鄭公文集》，卷一〇，〈添設揚州同知一員駐箚瓜洲〉，頁1上～3上。
〔註372〕《武備志》，卷二二一，〈揚州參將分布防汛信地〉，頁9上～12上。又《武備志》，卷二二一，〈淮揚海防兵備道分布防汛信地〉，頁2下～6下。
〔註373〕《萬曆·江都縣志》，建置志第二，〈瓜洲鎮城〉頁2下～3下：「嘉靖丙辰，以倭變復築。」又《沱村先生集》，卷三，〈築城瓜洲疏〉，頁15上～20上。
〔註374〕《萬曆·揚州府志》，〈儀眞縣輿地圖說〉，頁6上：「儀眞縣治在府城西南七十五里，其地東抵江都縣烏塔溝四十里，西抵六合縣諸家堡四十里，南抵揚子江濱五里，北抵天長縣獎公店六十里。」
〔註375〕《萬曆·揚州府志》，卷一，〈總論〉，頁1上～14上：「儀眞縣……，縣治濱江，通上江，南路控連滁、濠，兼水路要衝。」又《武備志》，卷二二一，〈揚州參將分布防汛信地〉，頁9上～12上。
〔註376〕《衛陽先生集》，卷八，〈倭警告急摘陳喫緊預防事宜疏〉，頁1上～16上：「而京口閘、天寧州、瓜州、儀眞等處，尤江防之要害也。」
〔註377〕《大明會典》，卷一二七，〈鎮戍二·將領下〉，頁10下：「守備六員，儀眞，駐箚儀眞江口，專管江北備倭捕盜事宜。」
〔註378〕《武備志》，卷二二一，〈揚州參將分布防汛信地〉，頁9上～12上：「儀眞城，查得東到瓜洲四十里，東北到揚州府城七十里，西到六合縣瓜埠鎮六十五里，南濱大江，商賈雜集，漕運所關，誠爲要地，原設守備都指揮一員，駐箚在彼，統領儀眞衛縣城操軍舍，并民壯鄉兵防守。」
〔註379〕《李襄敏公奏議》，卷四，〈預處兵糧以防倭患疏〉，頁4上～11上：「分守通

以及三江口把總，同爲操江都御史所轄重要江防單位之一。〔註380〕

表 3-1：明代南直隸江海聯防各府險要據點表

| 編號 | 府屬 | 險要據點 | 險　要　據　點　說　明 |
|---|---|---|---|
| 1 | 松江 | 金山衛 | 乃浙江與南直隸之間要衝。 |
| 2 | 松江 | 柘林堡 | 與青村守禦千戶所及金山衛相爲應援，海防要衝。 |
| 3 | 松江 | 青村 | 位於金山衛與南匯之間要衝之地。 |
| 4 | 松江 | 南匯 | 三面瀕海，又稱爲南匯嘴，沿海防衛據點。 |
| 5 | 松江 | 川沙堡 | 與金山、柘林、青村、南匯同爲松江海防重鎮。 |
| 1 | 蘇州 | 寶山守禦千戶所 | 地勢突出於海中，設置烽堠，蘇州海防重鎮之一。 |
| 2 | 蘇州 | 吳淞江守禦千戶所 | 爲蘇州府沿海重要港口之一，蘇、松之咽喉。 |
| 3 | 蘇州 | 瀏河 | 港徑通大海，「蘇州門戶」，海防要害之一。 |
| 4 | 蘇州 | 七鴉港 | 蘇州濱海港口之一，與瀏河、孟河、福山港、白茆港、金山等險要並列。 |
| 5 | 蘇州 | 白茆港 | 位在江海之交，與七鴉港同爲太湖之水入海之道。 |
| 6 | 蘇州 | 福山港 | 隔江與江北通州狼山相對，長江江防門戶之一。 |
| 7 | 蘇州 | 崇明守禦千戶所 | 爲駐守水師兵船或水師巡哨會哨之所。 |
| 1 | 常州 | 楊舍鎮 | 北濱長江，東接福山港，南通無錫，爲常州沿江險要據點。 |
| 2 | 常州 | 孟河 | 地近常、鎮二府交界，爲江海交界之區，可供舟師駐泊。 |
| 3 | 常州 | 靖江縣 | 位處海江交會之處，被視爲「江防雄鎮」、「沿海鎖鑰」。 |
| 1 | 鎮江 | 包港 | 位處常、鎮二府交界，爲江洋防守之據點。 |
| 2 | 鎮江 | 京口 | 控扼江海，爲金陵門戶，南北咽喉，南郡北門。 |
| 3 | 鎮江 | 圖山 | 位於長江江濱，被視爲鎮江咽喉，江防重要門戶之一。 |
| 1 | 揚州 | 掘港 | 爲揚州府險要據點，海防要害之一。 |
| 2 | 揚州 | 呂四場 | 入海處稱新河，與掘港、廖角嘴同爲海防要害。 |
| 3 | 揚州 | 廖角嘴 | 向海中伸出之岬角地形，與掘港具有控扼之勢。 |

泰參將……，分守揚州參將……，儀眞捕盜水兵耆民。」

〔註380〕《萬曆・揚州府志》，卷一三，〈兵防考〉，頁1上～11下：「自是沿海益增置營戍，設將領，通州有副總兵及水營把總，掘港有守備，太河、周橋有把總，揚州有參將，而儀眞守備及三江口把總、瓜洲營衛總隸操江如故。」

| 4 | 揚州 | 狼山 | 適當長江出海口處，爲「江海之吭」，「江海巨鎮」。 |
|---|------|------|----------------------------------------------|
| 5 | 揚州 | 周家橋鎮 | 位於三江口東方，靖江上游，爲一守禦要害之處。 |
| 6 | 揚州 | 三江口 | 亦稱新港，與江南圖山相對，爲金陵門戶，與圖山控扼海口。 |
| 7 | 揚州 | 瓜洲鎮 | 爲南北交通往來要津，接近南京，控扼江海，有「留都東北鎖鑰」之稱。 |
| 8 | 揚州 | 儀眞縣 | 水路要衝，交通運輸樞紐，與瓜洲同爲江防要害。 |

表 3-2：南直隸江海防衛所建制表

| 衛　　所 | 位　　置 | 設置時間 | 資料出處 |
|---------|---------|---------|---------|
| 蘇州衛 | 蘇州府 | 吳元年 | 《大明一統志》，卷 8，頁 8 下 |
| 太倉衛（後改州） | 太倉州 | 吳元年 | 《明太祖實錄》，卷 23，頁 6 上 |
| 揚州衛 | 揚州府 | 洪武 4 年 | 《明太祖實錄》，卷 70，頁 1 上 |
| 泰州守禦千戶所 | 泰州 | 洪武 4 年 | 《明太祖實錄》，卷 63，頁 3 下 |
| 通州守禦千戶所 | 通州 | 洪武 5 年 | 《明太祖實錄》，卷 76，頁 2 下 |
| 鎮海衛 | 太倉州 | 洪武 12 年 | 《大明一統志》，卷 8，頁 8 下 |
| 儀眞衛 | 儀眞縣 | 洪武 13 年改衛 | 《明太祖實錄》，卷 133，頁 1 上 |
| 鎮江衛 | 鎮江府 | 洪武 17 年以前 | 《明太祖實錄》，卷 167，頁 3 上：「洪武 17 年增置鎮江衛中左千戶所」 |
| 吳淞江守禦千戶所 | 嘉定縣 | 洪武 19 年 | 《大明一統志》，卷 8，頁 8 下 |
| 崇明守禦千戶所 | 崇明縣 | 洪武 20 年 | 《大明一統志》，卷 8，頁 8 下 |
| 金山衛 | 華亭縣 | 洪武 20 年 | 《明太祖實錄》，卷 180，頁 5 上 |
| 青村守禦千戶所 | 華亭縣 | 洪武 20 年 | 《明太祖實錄》，卷 180，頁 5 上 |
| 南匯觜守禦千戶所 | 上海縣 | 洪武 20 年 | 《明太祖實錄》卷 180，頁 5 上 |
| 松江守禦千戶所 | 松江府 | 洪武 30 年 | 《大明一統志》，卷 9，頁 4 下 |
| 寶山守禦千戶所 | 嘉定縣 | 嘉靖 36 年 | 《明史·地理志一》，卷 40，頁 919 |
| 興化守禦千戶所 | 興化縣 | 不詳 | 《大明一統志》，卷 12，頁 7 下 |

# 第四章　南直隸江海聯防的職官

　　明代南直隸江海聯防的佈建，在擇定據點之後，其次是建置江海聯防的
職官；有「地點」的擇定，必然也要有「人事」來運作，此即江海聯防各層
級職官的建制。非地無以據其點，非人無以成其事；有地、人之後，才有江
海聯防的佈防以及運作的後續課題。欲探討明代南直隸地區的江海聯防，應
對江海聯防之中所設置之相關職官及其所掌管之業務有一深入瞭解，否則無
法知悉在此一區域之中有哪些官員負責哪些事務，更無從瞭解該江海聯防的
運作情形。所謂「不在其位，不謀其政」，若不知其位，又如何能知其政。
為能夠對江海聯防有一個更為深入的認識，必須對於南直隸江海交匯地區所
設置的中央以及地方各級文武職官員加以介紹，否則一旦提及某一官員，則
無從知曉其設置處所及管轄事務，更遑論瞭解其在江海聯防體制所扮演的角
色為何？

　　雖然明代官職的設置及其職掌已有許多相關的論著成果，但是對於南直
隸江海交匯地區所設置的與江海聯防相關職官，卻未有相關研究或具體之成
果；因此，為瞭解明代的江海聯防，有必要對此一區域與江海聯防相關的職
官加以探究。本章所欲探討者即為明代南直隸江海交匯地區與江海聯防相關
的職官設置及其所負責的事務，以期對明代的江海聯防能有更為深入的瞭
解。本章將分別就江海聯防官員劃分為中央職官與地方文職以及武職官員加
以探討，分類說明各級文武職官之執掌，以作為進一步瞭解江海聯防體制之
基礎。

# 第一節　江海聯防的中央職官設置及其執掌

## 一、操江都御史

　　明代的江防體制設置之初，原先並非以操江都御史作爲主管江防事務，而是以公、侯、伯或都督等武職官員爲主管官員；然而隨著武職官員地位的逐漸低落，文職的操江都御史漸漸成爲江防體制的主事者。操江都御史所掌管的事務以長江防務爲主，然而由於在成化八年（1472）之後，將蘇州、松江等濱海府州納入江防範圍之內，〔註1〕操江都御史於是兼管部份海防事務。直至嘉靖四十二年（1563），江防轄區才正式確定爲上自九江，下至圌山、三江口，而與海防轄區有所區隔。〔註2〕

　　操江都御史的職掌主要即爲長江的防衛，他有權調動、節制沿江各個江防單位的兵力與各相關文、武官員，如果各江防單位官員有失職者，操江都御史也有拿問與奏請處分之權。且由於操江都御史爲都察院堂官，因此上江、下江兩巡江御史也受其監督管理；〔註3〕而某些江防軍事單位，甚至是

---

〔註1〕　《明憲宗實錄》（台北：中央研究院歷史語言研究所校勘，據北京圖書館紅格鈔本微卷影印，中央研究院歷史語言研究所出版，1968年二版），卷一〇一，成化八年二月丙戌條，頁8上～下：「勅南京右副都御史羅箎督操江官軍巡視江道，起九江迄鎮江蘇松等處，凡鹽徒之爲患者，令會操江成山伯王琮等捕之。所司有誤事者，俱聽隨宜處治。」

〔註2〕　《明世宗實錄》，卷五二四，嘉靖四十二年八月丙辰條，頁2上：「初南京兵科給事中范宗吳言：故事，操江都御史職在江防，應天、鳳陽二巡撫軍門職在海防，各有信地，後因倭患，遂以鎮江而下，通、常、狼、福等處原屬二巡撫者，亦隸之操江。以故二巡撫得以諉其責於他人，而操江都御史又以原非本屬，兵難遙制，亦泛然以緩圖視之，非委重責成之初意矣。自今宜定信地，以圌山、三江會口爲界，其上屬之操江，其下屬之南、北二巡撫。萬一留都有急，則二巡撫與操江仍併力應援，不得自分彼此，庶責任有歸而事體亦易於聯絡。章上。上命南京兵部會官雜議以聞，至是議定。兵部覆請行之。詔可。今後不係操江所轄地方一切事務，都御史不得復有所與。」

〔註3〕　明・祁伯裕等撰，《南京都察院志》（台北：國家圖書館漢學研究中心影印明天啓三年序刊本），卷九，〈操江職掌〉，頁3上～4上：「敕南京都察院右副都御史柴經……，今特命爾不妨院事兼管操江官軍，整理戰船器械，振揚威武及嚴督巡江御史并巡捕官軍、舍餘、火甲人等，時常往來巡視。上至九江下至鎮江，直抵蘇、松等處地方……，提督修理城池，整搠軍馬，操點民兵，查理驛遞等項，各該守備、備倭等官，悉聽節制。如有誤事人員，應拿問者就便拿問，應奏請者，具奏處治。」又《南京都察院志》，卷九，〈操江職掌〉，頁4上～5上：「皇帝敕諭南京都察院右僉都御史王

由操江都御史所直接管轄。﹝註4﹞除此之外，巡歷所轄信地亦是操江都御史的重要任務之一。成化八年，操江都御史羅篪（1417～1474）所領敕書中寫道：「敕南京右副都御史羅篪督操江官軍巡視江道，起九江迄鎮江蘇松等處，凡鹽徒之為患者，令會操江成山伯王琮等捕之。」﹝註5﹞此處言明操江都御史有巡視江道之職責，但未說明巡歷次數。嘉靖二十年（1514），操江都御史柴經所領敕書中則明白開載：「其九江地方係南京上流，尤為要害，必須每歲巡歷一次。」﹝註6﹞南京以上至九江每年必須巡歷一次，而南京以下地區則未說明是否也應巡歷一次。至萬曆三年（1575），操江都御史王篆的敕書中則有：「仍每歲巡歷二次，其信地之外一應政務不必干預」﹝註7﹞的字樣。而天啟元年（1621），徐必達所領敕書中亦是記載：「仍每歲巡歷二次，其信地之外一應政務不必干預。」﹝註8﹞則可知操江都御史巡歷信地的次數，已經明訂為每年二次。巡歷江防信地看似簡單，然而由於江防轄區上自九江下至圌山、三江口，或是下至蘇、松、通、泰沿海，全長達一千五百里以上。﹝註9﹞巡歷一次所費時日頗為不少，因此並非一件輕鬆的差事，而操江都御史巡歷信地的目的，顯然在於確保沿江各江防單位與職官確實執行其分內之任務，以避免因為轄區過於綿長而產生弊端。

篆……，嚴督江防備禦、把總等官，整理戰船、操練水兵……，合用兵船器械錢糧，將上、下巡江御史贓贖俱免解京，分貯鎮江、安慶府庫以聽支用。如有不敷，行各該巡撫措處協濟……，所分信地內兵備、參將、守備、把總等官悉聽節制，文武職官及兵船等項俱聽委用調取。敢有抗違阻撓，不肯用命，致誤軍機及貪殘不職者，文官五品以下，武官四品以下，徑自拿問，應參奏者指實參治，仍每歲巡歷二次。」

﹝註4﹞　明‧李邦華，《文水李忠肅先生集》（《四庫禁燬書叢刊》集部八一冊，北京：北京出版社，2001年1月一版一刷，據北京大學圖書館藏清乾隆七年徐大坤刻本影印），卷五，〈南兵有名無實疏〉，頁20上～22上：「其在都城備操不過四萬，所謂根本重地恃以捍禦者，蓋僅僅若此矣。乃就中新江一營，勳臣統之，則分去八千三百有奇，操江一營，僉院臣統之，則分去一千二百。」據此記載，操江營顯然是由操江僉都御史所統轄。

﹝註5﹞　《明憲宗實錄》，卷一〇一，成化八年二月丙戌條，頁8上～下。

﹝註6﹞　《南京都察院志》，卷九，〈操江職掌〉，頁3上～4上。

﹝註7﹞　《南京都察院志》，卷九，〈操江職掌〉，頁4上～5上。

﹝註8﹞　《南京都察院志》，卷九，〈操江職掌〉，頁5上～6上。

﹝註9﹞　明‧吳時來，《江防考》（台北：中央研究院傅斯年圖書館藏明萬曆五年刊本），卷五，〈題為議處江防緊要事宜以飭武備以安重地事〉，頁8下～22上：「查得臣分信地上自九江，下至江南圌山、江北三江會口，延袤一千五百餘里。」

## 二、應天巡撫

　　應天巡撫設置之初，原與江海防並無直接關係，其所負責的主要業務，原先是以處理南直隸應天等府的糧儲、稅糧為主。〔註10〕成化十五年（1479），頒給應天巡撫的勅諭之中，首重仍是「撫安軍民、總理糧儲兼督屯種并預備倉粮。」〔註11〕勅諭之中雖然有提及「官軍閑暇諭令操習，盜賊生發，調兵勦殺」〔註12〕的字樣，但卻並未有明確要求應天巡撫管轄江防或海防事務。然而，應天巡撫既然握有軍事之權，又有勦殺盜賊之責，其業務之執行勢必與江、海防發生關連，於是應天巡撫逐漸涉入江、海防事務之中。南直隸應天府等地區的江、海防事務逐漸成為應天巡撫的職責，而由於江防事務本有操江都御史負責，因而應天巡撫所負責者主要以海防事務為重，弘治年間發生的海賊施天泰之亂主要即由應天巡撫所平定。〔註13〕至嘉靖初年，海防事務已經成為應天巡撫的主要業務之一。〔註14〕

　　雖然海防事務在弘治以後逐漸成為應天巡撫的權責範圍，但是在勅諭之中卻一直並未將此一業務加諸於應天巡撫的身上。為正式將海防事務納入應天巡撫的管轄之中，遂有嘉靖三十二年（1553）兵科都給事中王國禎上奏要求劃分江海職權之事，至此，海防事務正式為應天巡撫所兼管。〔註15〕嘉靖

〔註10〕 張哲郎，《明代巡撫研究》（台北：文史哲出版社，1995年9月初版），〈第三章：明代各地巡撫之設置〉，頁70～72。

〔註11〕 明‧孫仁、朱昱纂修，《成化‧重修毗陵志》（《天一閣藏明代方志選刊續編》之二一，上海：上海書店，1990年12月一版一刷，據成化十九年刻本影印），卷五，〈巡撫勅〉，頁10下～11下。

〔註12〕 《成化‧重修毗陵志》，卷五，〈巡撫勅〉，頁10下～11下。

〔註13〕 《明孝宗實錄》，卷二二一，弘治十八年二月丙寅條，頁5下～6上：「初，直隸蘇州府崇明縣人施天泰與其兄天佩鬻販賊塩，往來江海，乘机劫掠……，後太倉州執企繫獄，而天泰竟不可制，巡撫都御史魏紳、巡江都御史陳璚等發兵徃捕，天泰復潛至太倉城下，焚所募船，勢甚猖獗，紳等不得已，遣官持檄招之，天泰乃降。」

〔註14〕 《明世宗實錄》，卷九九，嘉靖八年三月乙丑條，頁14上～下：「巡撫應天都御史陳祥等報，海賊百餘人泊舟常熟，登岸剽掠，敵殺官軍，勢甚猖獗，時以官鹽久滯，私販者眾故也。上曰：東南財賦取給，蘇常乃容盜賊肆掠，其先奪巡捕等官俸，行撫按督屬，悉計勦捕防守，巡按即糾諸臣誤事情罪以聞。奏內稱鹽徒私販釀成禍本尤為確論，其令淮浙巡鹽疏通禁治，如致滋蔓責有所歸。」海賊登岸劫掠，敵殺官軍，而要求撫按剿捕，可見此時朝廷已認為海防為應天巡撫之責。

〔註15〕 《明世宗實錄》，卷四〇〇，嘉靖三十二年七月甲子條，頁4上～5下：「應天、鳳陽、山東、遼東巡撫都御史以本職兼理海防，各別給勅書行事。」

三十三年（1554），又以倭警，令應天巡撫提督軍務，使其更能有效管理海防事務。〔註16〕

海防事務雖然已經確定爲應天巡撫所轄，但是其海防任務之執行卻與操江都御史一直有所關連。由於應天巡撫所轄府州有許多濱臨長江，而所謂「海防」的轄區範圍也並未明確規範，再加上在此之前操江都御史也兼管部分海防事務，因此江防、海防之間難以明確區劃彼此之間的責任。直至嘉靖四十二年（1563），南京兵科給事中范宗吳奏請劃分江、海防區之後，操江都御史不復干預海防事務，江南海防權責也才完全歸屬於應天巡撫所有。〔註17〕從此操江都御史負責江防，應天巡撫負責海防，至於由海入江或由江入海之盜寇，則由兩職官共同備禦之。然而若江防有重大事故發生，應天巡撫基於守土之責，勢必不能袖手旁觀，仍然要協助操江都御史平息變亂。

## 三、鳳陽巡撫

鳳陽巡撫全名爲「總理漕運，兼提督軍務，巡撫鳳陽等處，兼管河道」，〔註18〕其所轄區域位於長江以北，與應天巡撫轄區隔江相望，也同樣的與負責江防的操江都御史有著密不可分的關係。鳳陽巡撫設置之初與應天巡撫一樣並不負有海防之責，〔註19〕與應天巡撫相同的是，鳳陽巡撫所轄之地同樣濱臨江與海，由於巡撫職能的演變，使得鳳陽巡撫逐漸掌管督捕江盜、海寇的事務，也因而與江、海防產生關係。

鳳陽巡撫正式以本職兼管海防事務，與應天巡撫同是在於嘉靖三十二，年兵科都給事中王國禎上奏要求劃分江、海防職責之後。〔註20〕嘉靖四十二年，正式下令操江都御史不再兼管海防事務之後，鳳陽巡撫始正式與應天巡撫分管

〔註16〕 明・李東陽等撰，申時行等重修，《萬曆・大明會典》（台北：文海出版社景印明萬曆十五年司禮監刊本），卷二○九，頁8上～下。

〔註17〕 《明世宗實錄》，卷五二四，嘉靖四十二年八月丙辰條，頁2上：「今後不係操江所轄地方一切事務，都御史不得復有所與。」

〔註18〕 《明代巡撫研究》，〈第三章：明代各地巡撫之設置〉，頁64～70。

〔註19〕 《明英宗實錄》，卷一九七，景泰元年冬十月庚辰條，頁3下：「築濬城池，操練官軍，修備器械，但有賊盜生發，即調官軍、民兵勤捕。」鳳陽巡撫的勅諭之中並未明載海防之責。

〔註20〕 《明世宗實錄》，卷四○○，嘉靖三十二年七月甲子條，頁4上～5下：「應天、鳳陽、山東、遼東巡撫都御史以本職兼理海防，各別給勅書行事。」

江北與江南的海防事務。〔註21〕嘉靖三十六年（1557），鳳陽巡撫又以倭警加提
督軍務之銜，使其更有管理海防之實權。〔註22〕然而正如應天巡撫與操江都御
史之間的關係一般，鳳陽巡撫同樣與操江都御史有著緊密的關連，無論是由海
入江的海寇或是由江入海的江盜，鳳陽巡撫與操江都御史都有協同剿捕的職責。

## 四、巡視下江御史

　　明代的江防體制之中設有兩員巡江御史，以南京都察院之監察御史擔
任，分別為巡視上江御史以及巡視下江御史。〔註23〕其中巡視上江御史所
巡視區域為自南京龍江關上至九江，〔註24〕而巡視下江御史所巡視區域為
自南京龍江關下至蘇州、松江等處，〔註25〕其中與江海聯防有關者則為巡
視下江御史。

　　巡江御史之設置始於何時？目前並沒有明確的史料記載，據萬曆《大明
會典》記載：

> 凡巡上、下江，舊差御史二員，一員自龍江關上至九江；一員自龍
> 江關下至蘇、松等處。嘉靖七年題准，兼督安慶、儀真、揚州、淮
> 安軍衛有司，擒捕鹽徒。〔註26〕

嘉靖七年（1528），巡江御史始有督理沿江軍衛有司擒捕鹽徒的權責，然而在此
之前顯然已有巡江御史之設置。〔註27〕至嘉靖十一年（1532），上、下江巡江御

---

〔註21〕《明世宗實錄》，卷五二四，嘉靖四十二年八月丙辰條，頁 2 上：「今後不係
　　　　操江所轄地方一切事務，都御史不得復有所與。」
〔註22〕《萬曆・大明會典》，卷二〇九，頁 5 上～下。
〔註23〕林為楷，《明代的江防體制──長江水域防衛的建構與備禦》（宜蘭：明史研
　　　　究小組，2003 年 8 月初版），頁 36。
〔註24〕《南京都察院志》，卷一三，〈巡視上江職掌〉，頁 42 上：「凡巡上江，舊差御
　　　　史一員，自龍江關上至九江。」
〔註25〕《南京都察院志》，卷一四，〈巡視下江職掌〉，頁 3 上：「凡巡下江，舊差御
　　　　史一員，自龍江關下至蘇、松等處。」
〔註26〕《萬曆・大明會典》，卷二一一，頁 23 下。
〔註27〕清・張廷玉，《明史》（台北：鼎文書局，1978 年 10 月再版），卷九一，〈兵志
　　　　三〉，頁 2248：「給事中范宗吳言：『故事，操江都御史防江，應、鳳二巡撫防
　　　　海。後因倭警，遂以鎮江而下，通、常、狼、福諸處隸之操江……。宜以圖
　　　　山、三江會口為操、撫分界。』報可。其後增上下兩江巡視御史，得舉劾有
　　　　司將領，而以南京僉都御史兼理操江，不另設。」據此記載似乎巡江御史之
　　　　設是在嘉靖四十二年以後，然而根據《萬曆・大明會典》以及《南京都察院
　　　　志》的記載則可知此說並不正確。

史的駐地也確定爲：上江御史駐箚安慶縣城，下江御史駐箚鎮江府城。〔註 28〕
而根據嘉靖十一年十月頒給巡視下江御史的勅諭之中記載，巡視下江御史最主
要的任務就是緝捕龍江關以下直至蘇、松等處的鹽徒、江盜，以確保留都南京
的安全，而在其所管的沿江地方，無論是守備、備倭官還是軍衛有司的巡捕官
都是歸其管轄，下江御史甚至有權揀選委用巡捕官員。〔註 29〕正由於巡視下江
御史所轄者爲龍江關以下直至蘇、松的這一段江道，因此下江御史在江防方面
是協助操江都御史的重要職官，而在海防方面則是是聯繫江南、江北兩巡撫的
重要關鍵。〔註 30〕

　　值得注意的是，嘉靖四十二年以後，操江都御史與應天、鳳陽兩巡撫的
轄區劃分之後，圖山、三江口以下已屬南、北二巡撫所轄的海防區域。但是
巡視下江御史的所轄區域卻沒有隨著此次防區的劃分而有所更動，也就是說
巡視下江御史仍舊同時轄有江防與海防的區域，由此也可以看出江、海防之
間事實上並無法眞正地切割開來。〔註 31〕

---

〔註 28〕《萬曆・大明會典》，卷二一一，頁 23 下～24 上。

〔註 29〕《南京都察院志》，卷一四，〈巡視下江職掌・勅諭〉，頁 2 上～3 上：「（嘉
　　　　靖十一年十月初六日）勅巡視下江南京監察御史：直隸地方沿江濱海，近
　　　　來鹽徒盜賊不時竊發，而南京係根本重地，防守時當加謹，向因巡江御史
　　　　安處京城而遙度事機，巡捕官司則別項差占而徒取具數，聲息傳聞茫無策
　　　　畫，以致鹽徒出沒、盜賊縱橫、地方受害。今特命爾巡視下江，常川在於
　　　　鎮江住箚，專一往來巡歷分管沿江地方，嚴督守備、備倭并軍衛有司巡捕
　　　　等官，務要整搠官軍兵快人等，練習武藝、精利器械、晝夜巡邏，遇有鹽
　　　　徒盜賊生發，即便互相傳報，設法擒捕，期於盡絕。所屬官員如有貪殘廢
　　　　事、虓寇殃民，應提問者就便提問，應叅奏者叅奏處治。其巡捕官員聽爾
　　　　揀選委用，不許別項差占。一應江洋事情該與操江都察院計議者，計議停
　　　　當而行，一年滿日，差官接管。爾受茲委任，尤宜公勤詳愼，處事有方，
　　　　務俾法令嚴明、軍威振作、盜賊屛跡、江洋寧謐，斯爾之能。如或怠忽誤
　　　　事，責有所歸，爾其愼之。故勅。」

〔註 30〕《南京都察院志》，卷一四，〈巡視下江職掌・按屬地方〉，頁 3 下～5 上：「一
　　　　轄蘇松、常鎮、淮徐、揚州四道。一轄吳淞、狼山二處副總兵官。一轄應
　　　　天、蘇州、松江、常州、鎮江、淮安、揚州七府所屬州縣……。一轄江南
　　　　蘇、松、常、鎮四府各營并叅、遊、守、把等官：吳淞水營把總、陸營把
　　　　總、守港營把總……福山營把總、崇明營把總……。一轄江北淮安、揚州
　　　　二府各營并叅、遊、守、把等官：淮安軍門標下、淮營……三江營把總、
　　　　周橋營把總、永生營叅將、掘港營守備、大河營把總、丁美舍營領兵、廖
　　　　角營領兵、徐稍營領兵。」由此可知南京以下江南、江北各江防、海防軍
　　　　事單位皆爲巡視下江御史所轄。

〔註 31〕天啓三年序刊的《南京都察院志》之中並未提及巡視下江御史的轄區有所

## 五、江南（吳淞）副總兵

明代兵制以衛所制爲主，其後又設置總兵、副總兵、參將、遊擊等官職，其中總兵、副總兵多以公、侯、伯、都督充任，明初甚至連參將、遊擊、把總也以勳戚、都督充任。然而這種情形多出現於明初，明中葉以後則總兵、副總兵仍以公、侯、伯、都督充任，而參將多以都指揮使、同知、僉事充任。由於都督爲五軍都督府所設官職，而都指揮使則爲省級最高軍事單位都指揮使司所設之職官，以此之故，本文將副總兵列爲中央職官，而參將則列爲地方武職官員。

江南副總兵之前身爲江淮總兵官，〔註32〕始設於嘉靖八年（1529），以當時的兵科都給事中夏言（1482～1548）建議設置。〔註33〕江淮總兵官提督上下江防，責在巡捕盜賊，〔註34〕然而設置不久即因江南動亂平息而裁

更動，仍舊記載：「凡巡下江，舊差御史一員，自龍江關下至蘇、松等處。」又明・熊明遇，《綠雪樓集》（《四庫禁燬書叢刊》集部一八五冊，北京：北京出版社，2001 年 1 月一版一刷，據中國社會科學院文學研究所圖書館；中國科學院圖書館；南京圖書館藏明天啓刻本影印），臺草，〈題爲申飭臺綱以重官守以安民生事〉，頁 108 上～114 下：「在下江巡歷揚州、常州、狼山、吳淞、孟河而歸重於泰興，其非濱江郡縣日有暇給酌量巡歷，專查兵壯、樓櫓、器械，其營務有屬操院者，有屬江南、江北、江西巡撫者竝得商量縱覈。」此一記載中也提及巡江御史所巡諸處營務有與操江、江南、江北巡撫有相關者。

〔註32〕《萬曆・大明會典》，卷一二七，頁 9 下～10 上：「江南副總兵，舊係總兵官，駐箚福山港，復移駐鎮江，後復駐鎮江、儀眞兩處，嘉靖八年裁革，十九年仍設，二十九年仍革，三十二年，又設爲副總兵官，駐金山衛，四十三年，改駐吳淞，專管江南水陸兵務。」

〔註33〕明・夏言，《桂洲先生奏議》（《四庫全書存目叢書》史部六〇冊，台南：莊嚴文化事業有限公司，1997 年 10 月初版一刷，據重慶圖書館藏明忠禮書院刻本影印），卷一二，〈請添設浙江巡視都御史江淮鎮守總兵官〉，頁 4 上～10 上：「臣愚欲乞陛下裁察，專設鎮守江淮總兵官一員，於瀕江緊要處所駐箚，凡沿江守備、備倭等官俱聽節制。」又《明世宗實錄》，卷一〇三，嘉靖八年七月戊午條，頁 8 下：「時浙江溫州有海賊之警，有逃軍之變，直隸有侯仲金之亂，兵科都給事中夏言上疏曰：『今三亂並起，漸不可長……。請添設巡視浙江等處都御史一員，假以督軍重權，兼制鄰境，以遏狂亂。專設鎮守江淮總兵官一員，駐瀕江要會之所，凡沿江守備、備倭等官俱聽節制，以弭意外之虞。』上深納其言，即命吏、兵二部會推才望謀勇文武大臣二三人以請。」

〔註34〕《明世宗實錄》，卷一〇四，嘉靖八年八月癸酉條，頁 3 下～4 上：「陞都指揮使崔文署都督僉事充總兵官，提督上下江防，巡捕盜賊。初，兵科都給事中夏言等言：『鎮江等處盜賊縱橫，沿江兵力單弱，全無備禦，乞專設鎮守江淮

革；至嘉靖十九年（1540），因江洋盜賊作亂，再度設置江淮總兵官。〔註35〕此次復設江淮總兵官持續的時間較久，直至嘉靖二十九年（1550）才又再次裁革。〔註36〕嘉靖三十二年，由於江南倭寇之亂嚴重，於是再度設置，只是此次設置已將江淮總兵官改爲江南副總兵官，駐箚於金山衛以便剿倭；嘉靖四十三年（1564），又將駐地改至吳淞江口。〔註37〕此後江南副總兵官便成爲常設，不再設廢不時。

　　江南副總兵雖然由江淮總兵官演變而來，但是兩者所負之任務卻不盡相同。江淮總兵官主要的任務在於提督上下江防、巡捕江洋盜賊，且由其名稱可知，其管轄的區域包含長江南北兩岸。而江南副總兵顯然僅管轄長江以南的地區，且其所剿捕的主要對象也由江洋盜寇轉而爲海盜、倭寇。

　　江南副總兵再度設置的目的，即爲平定南直隸長江以南地區的倭患與海寇，因此初期工作較偏重於海防。〔註38〕嘉靖年間，吳淞江、瀏河、福山港、鎮江、圌山五把總，所添設的遊兵皆聽江南副總兵調度。由此可知，江南副總兵乃是協助應天巡撫轄區內最主要的海防軍事力量。〔註39〕然而，江南副

---

總兵官，於瀕江要會處所駐箚，付以捕討之責。』上是之，令推素有才望謀勇者二三人簡用。兵部覆言：『南京故有武職大臣專管操江兼理巡捕，事權原重，防禦江洋正其職守，止緣勅內開載不專，內有掣肘之嫌，外無節制之權，徒擁虛名，事難責成。今既欲添設總兵官，所理者皆操江、巡江之事，原設操江武職大臣若復仍存，恐互相牽制難以行事，宜將見任操江安遠侯柳文專在南京中軍都督府僉書管事，別推一員令其領勅專管操江巡。』上曰：『操江武臣仍舊防禦江洋盜賊，總兵官如前旨會推二三人以聞。』因會推右都督馬永、都督僉事楊銳、都指揮使崔文。特用文。」

〔註35〕《明世宗實錄》，卷二三八，嘉靖十九年六月庚午條，頁2上～3下：「添設鎮守江淮總兵官。初，嘉靖八年間，江洋大盜發，大學士夏言時爲兵科都給事中，奏請專設鎮守江淮總兵官，督兵剿捕。未幾賊平，兵部奏革，以其責任仍歸操江武臣如故……。今江洋群盜連艘比艦……，凶焰其熾，不異嘉靖八年時，宜設總兵官，給以旗牌、勅符，俾駐紮鎮江，提督沿江上下兵防。」

〔註36〕《萬曆・大明會典》，卷一二七，頁9下～10上。

〔註37〕《萬曆・大明會典》，卷一二七，頁9下～10上。

〔註38〕明・蔡克廉，《可泉先生文集》（台北：國家圖書館善本書室藏明萬曆七年晉江蔡氏家刊本），卷七，〈題優拔將官以安士心疏〉，頁45上～47上：「查得南直隸地方舊無參將，近該兵部題，奉欽依添設副總兵一員，提督海防。」

〔註39〕《江防考》，卷四，〈都察院爲申明江海信地以便防守以專責成事〉，頁64上～77下：「緣倭變，大江南北撫臣俱兼提督軍務之任，所有錢糧、兵馬各歸撫屬，體勢恆專，調度自便……。看得長江南北自瓜、儀、鎮江之下有山破江而生，名曰圌山……，自此以下連接海洋，江面闊遠，北有

總兵並不僅是負有南直隸長江南岸地區的海防任務，江防同樣是其職責所在，《南京都察院志》就將鎮守江南副總兵列於〈操江職掌〉之中。〔註40〕由於江南副總兵乃是南直隸長江以南地區各營的總管官員，因此江防也在其防守區域之內，這也是江防與海防無法真正獨立運作的原因之一。

## 六、狼山副總兵

狼山副總兵的設置較江南副總兵為晚，嘉靖三十七年（1558），才以鳳陽巡撫李遂（1504～1566）的建議添設此一官職。〔註41〕其駐箚地在通州，管轄南直隸長江北岸地區，區內水、陸各參將、守備、把總等官皆歸提督狼山副總兵節制。〔註42〕

狼山副總兵的設置，顯然也與倭寇有所關聯，嘉靖三十七年正是倭寇江北較為嚴重的時期。〔註43〕在狼山副總兵未設置之前，鳳陽巡撫只能倚靠淮

---

周家橋、大河口、掘港等把總，而以狼山副總兵統之；南有靖江、福山、乍浦等把總，而以金山副總兵統之。各為軍門專屬，若復系以操江，權任並大，調度殊方，使承行者無所歸心而前卻者有以藉口，或乖進止之宜，恐非備禦之策。」由以上記載可知狼山副總兵統轄江北各把總，而歸鳳陽巡撫軍門專屬；金山（江南）副總兵統轄江南各把總，而歸應天巡撫軍門專屬。

〔註40〕 《南京都察院志》，卷一二，〈操江職掌‧江南各營〉，頁 10 下～16 上。

〔註41〕 明‧李遂，《李襄敏公奏議》（《四庫全書存目叢書》史部六一冊，台南：莊嚴文化事業有限公司，1997 年 10 月初版一刷，據山西大學圖書館藏明萬曆二年陳瑞刻本影印），卷四，〈議處運道以裕國計疏〉，頁 25 上～32 下：「惟江北地方連年倭患，設置未周，以致倭寇深入，阻截運道，震驚陵寢……。乞勒該部再加詳議，如果相應，即於狼山添設副總兵一員，請給勒書、旗牌、符驗、關防前來通州駐箚，操練兵馬，有警移駐狼山，與金山副總兵彼此會哨出洋夾攻。」又《明世宗實錄》，卷四六〇，嘉靖三十七年六月乙酉條，頁 4 下：「命通泰參將署都指揮僉事鄧城充添設提督狼山等處副總兵官。」

〔註42〕 《萬曆‧大明會典》，卷一二七，頁 9 下：「提督一員。狼山副總兵：嘉靖三十七年添設，駐箚通州。水路，自瓜、儀、周家橋、掘港，直抵廟溪、雲梯關；陸路，自通、太、淮、揚、天長，直抵鳳、泗。各參將、守備、把總等官，悉聽節制。」

〔註43〕 明‧黃姬水，《白下集》（《四庫全書存目叢書》集部一八六冊，台南：莊嚴文化事業有限公司，1997 年 10 月初版一刷，據原北平圖書館藏明萬曆刻本影印），卷九，〈淮揚平倭頌〉，頁 7 上～8 下：「皇明嘉靖三十八載淮揚倭平，迺督撫克齋李公之功……。淮揚扼南北之衝，泗州陵寢在焉，實重地也。天子特簡廷臣之能者俾寄節鉞，爰命我公督撫茲土、董我戎旅。公將命夙夜憂，悄徵兵募士，分布要害曲禦周防海激綏謐。」李遂擔任鳳陽巡撫，首要的工

揚海防兵備道以及江北參將來剿倭。〔註44〕爲有效解決倭寇侵擾的問題,遂於江北設置狼山副總兵官,以統籌江北各營軍事的指揮調度。〔註45〕

狼山副總兵設置之後,鳳陽巡撫於江北軍事更能有效指揮調度,對於大規模的倭寇入侵更能迅速平定。以嘉靖年間的倭寇侵擾爲例,鳳陽巡撫李遂在狼山副總兵設置後的隔年(嘉靖三十八年,1559),便將入侵江北地區的倭寇大致平定,〔註46〕此一現象不能不說是狼山副總兵設置之效。倭寇平息之後,狼山副總兵並未因而裁革,仍舊繼續設置,而其任務除防範由海上而來的倭寇、海盜之外,鹽徒也是其剿除的對象。〔註47〕而與江南副總兵相同的是狼山副總兵也有江防之職,《南京都察院志》亦將其列於〈操江職掌〉之中,江防體制中的長江北岸各營皆爲狼山副總兵所轄,〔註48〕因此狼山副總兵也與江防有所關聯。(見:圖 4-1)

作即是平定淮揚倭患,而直至嘉靖三十八年始得以平息。

〔註44〕 明‧鄭曉,《端簡鄭公文集》(《北京圖書館古籍珍本叢刊》一〇九冊,北京:書目文獻出版堂,不著出版年月,據明萬曆二十八年鄭心材刻本影印),卷一〇,〈剿逐江北倭寇疏〉,頁 111 上〜115 下:「本年六月十八日據整飭淮揚海防兵備右參政兼副使張景賢呈,本月初八日午時,據狼山巡檢司報稱,有倭船二十六隻,賊一千四百餘名,自江南地方直指狼山等情到道。當即會同參將喬基,委鎮撫彭遙領兵三百名先據狼山。」鄭曉於嘉靖三十二年至三十四年之間擔任鳳陽巡撫,當時狼山副總兵尚未設置,因此其軍事調度僅能倚重淮揚海防兵備與參將。

〔註45〕 《李襄敏公奏議》,卷四,〈議處運道以裕國計疏〉,頁 25 上〜32 下:「乞勅該部再加詳議,如果相應,即於狼山添設副總兵一員……。前項水陸信地,遇有警急,一體相機調度勦殺。」

〔註46〕 《白下集》,卷九,〈淮揚平倭頌〉,頁 7 上〜8 下:「皇明嘉靖三十八載淮揚倭平,廼督撫克齋李公之功。」

〔註47〕 明‧方揚,《方初菴先生集》(《四庫全書存目叢書》集部一五六冊,台南:莊嚴文化事業有限公司,1997 年 10 月初版一刷,據山東省圖書館藏明萬曆四十年方時化刻本影印),卷九,〈李將軍行狀〉,頁 20 下〜29 上:「李將軍錫者,通州人也……。頃之,以叅將分守揚州,遷狼山副總兵,會某子甲私煮鹽,聚徒史家庄謀爲亂,總督馬公則屬將軍,將軍曰:『以錫之不肖,得藉中丞之威,乘其未發襲之,可無戰而降也。』」

〔註48〕 《南京都察院志》,卷一二,〈操江職掌‧江北各營〉,頁 34 上〜44 下。

圖 4-1：狼山副總兵駐劄地圖

圖意說明：狼山副總兵駐劄地在通州城，並不在江邊的狼山之上，其主
　　　　　要任務在於統籌指揮江北各營。

資料出處：明・吳時來，《江防考》（台北：中央研究院傅斯年圖書館藏
　　　　　明萬曆五年刊本），卷一，〈江營新圖〉，頁 44 上。

## 第二節　江海聯防的地方文職官員及其執掌

### 一、蘇松常鎭兵備道

　　兵備道的全名爲「整飭兵備道」其職責在於「整飭兵務」。〔註49〕而兵備
道官員多由按察司副使或僉事擔任，因此常被稱爲兵備副使、兵備僉事。〔註50〕
他們雖然是文職官員，但是其主要的工作卻是軍事任務，〔註51〕乃明代文武合

---

〔註49〕謝忠志，《明代兵備道制度——以文馭武的國策與文人知兵的實練》，頁 34。
〔註50〕《萬曆・大明會典》，卷一二八，〈督撫兵備〉，頁 1 上：「其按察司整飭兵備
　　　　者，或副使，或僉事，或以他官兼副使、僉事。」
〔註51〕明・唐錦，《龍江集》（台北：國家圖書館善本書室藏明隆慶三年唐氏聽雨山
　　　　房刊本），卷三，〈賀憲使復菴先生任公榮擢序〉，頁 1 上～2 下：「東南瀕海州

一的一個特殊官職。〔註52〕

蘇松常鎮地區原本並未設有兵備道，而蘇松常鎮兵備道的設置與震動江南的劉六、劉七之亂有關。〔註53〕正德七年（1512），（見：圖4-2）南京浙江道御史汪正等奏請於蘇松常鎮另設兵備副使一員，專在太倉州駐箚，督捕盜賊、巡捉鹽徒，並帶管水利、屯田等事，待亂事平息之後，再由江南巡撫具奏裁革。〔註54〕可見原先設立的兵備道員所轄區域，是包含蘇州、松江、常州、鎮江四府；〔註55〕其後或因倭寇侵擾加劇，蘇州、松江、常州、鎮江四府軍務繁忙，原設之兵備道無法兼顧四府軍務，因此添設常鎮兵備道以分擔其軍務。〔註56〕

邑……，正德間始益以飭兵憲臣，以太倉地當要衝，建牙駐節，所以彈壓控制、訓練振揚，異收保障之功，職甚專，任至重……，聖天子嘉異之，進陞按察僉事，錫之璽書，仍俾整飭防海之兵，以益展經濟之略。」

〔註52〕 明・王叔杲，《玉介園存稿》（台北：國家圖書館漢學中心藏明萬曆二十九年跋刊本），卷一〇，〈太倉兵備道題名記〉，頁10下～12下：「國家制文武判爲二途，而惟此官則其職合一。」

〔註53〕 明・陸深，《儼山文集》（台北：國家圖書館善本書室藏明嘉靖雲間陸氏家刊本），卷五二，〈江南新建兵備道記〉，頁5下～7上：「江南之兵備設也，自今天子正德始。兵備之有官也，自弋陽謝公始……。會有江上之師，用大臣議，設兵備於太倉州。」又明・董汾，《董學士泌園集》（台北：國家圖書館善本書室藏明萬曆董氏家刊本），卷三二，〈奉贈郡伯及泉李公轉按察備兵吳中序〉，頁8下～12下：「正德間，海多警，特設兵備道駐婁鎮之。」

〔註54〕 明・王縝，《梧山王先生集》（台北：國家圖書館善本書室藏明刊本），卷七，〈爲議處兵備官員事〉，頁14下～16下：「查議得蘇松常鎮四府係南畿根本重地，自洪武以來原無兵備副使，正德七年，因逆賊劉七等劫掠江陰等處，該南京浙江道監察御史汪正等奏爲急脩武備保固地方事，要設兵備副使一員，在太倉州住箚防禦。該兵部議得，合無依其所言，蘇松常鎮另設兵備副使一員，專在太倉州住箚，督捕盜賊、巡捉鹽徒，仍帶管水利、屯田，事寧之日，聽巡撫官具奏裁革。」

〔註55〕 明・費宏，《太保費文憲公摘稿》（台北：國家圖書館善本書室藏明嘉靖三十四年江西巡按吳遵之刊本），卷一一，〈送憲副謝君德溫序〉，頁22上～24上：「國家興自南服，定都建業，蘇、松、常、鎮實股肱郡也……。言官謂四郡飭兵之事在浙憲雖有水利官兼攝，而其任勿專，今當增置一使，即太倉置理所，庶武備脩舉，緩急可倚。」謝德溫即謝琛。

〔註56〕 《明世宗實錄》，卷四三〇，嘉靖三十四年十二月己亥條，頁2上～3上：「兵部覆巡按直隸御史張雲路、徐敦、應天巡撫曹邦輔、提督操江史褒善，勘明倭寇自浙江流劫徽、寧、太平直犯南京，轉掠至蘇州勦滅，經過地方諸臣功罪。失事如新安衛指揮焦桐等四十六人，各有統兵巡捕之責，不能防禦應究治。知府寧國朱大器、徽州來有孚、太平任有齡應罰治……。有功如常鎮兵備王崇古、蘇州知府林懋舉、同知李敏德、熊桴、通判余玄、吳

　　然而常鎮兵備道的設置卻並非從此成爲定制，當江南地區動亂稍息，常鎮兵備道也隨之裁革，常、鎮二府復由蘇松兵備道兼管，而一旦江南地區動亂加劇，常鎮兵備道又再次設置。例如嘉靖四十一年（1562），以海寇漸寧裁革常鎮兵備道，常鎮兵防令蘇松兵備兼領。〔註57〕萬曆十八年（1590），南京給事中徐常吉請復設常鎮兵備，此次請求雖然未被採納；〔註58〕但是到萬曆三十五年，常鎮兵備道又已經復設。〔註59〕此後直至天啓二年（1622），才又恢復設置蘇松常鎮兵備道；〔註60〕崇禎年間，天下動亂日益嚴重，常鎮兵備道又再度復設。〔註61〕

　　蘇松常鎮兵備道掌管蘇州、松江、常州、鎮江四府武備，不但可以調動轄區之內的正規衛所軍以及營兵。〔註62〕爲增強地方防禦力量，在獲得允許

縣知縣康世耀、江陰主簿曹廷慧、鄉官原任吏部主事史際宜論錄……。得旨，焦桐等巡按御史提問，朱大器等各奪俸五月……。王崇古、林懋舉、史際各賞銀二十兩；紵絲二表裏。」由此一資料可知嘉靖三十四年十二月時已經設有「常鎮兵備道」，而其設置始於何時，目前未見明確的史料記載。

〔註57〕《明世宗實錄》，卷五一四，嘉靖四十一年十月乙卯條，頁1下：「裁革常鎮兵備副使及松江府添註海防同知二員，以海寇漸寧故也。其常鎮兵防諸務，令蘇松兵備兼領之。」

〔註58〕《明神宗實錄》，卷二二六，萬曆十八年八月壬午條，頁3下：「南京給事中徐常吉請復設常鎮兵備。上以官多民擾，裁革已久，已之。」

〔註59〕《明神宗實錄》，卷四三九，萬曆三十五年十月甲戌條，頁6下：「陞常鎮兵備蔡獻臣爲湖廣按察使，照舊管事，以地方保留故也。」

〔註60〕《明熹宗實錄》，卷二三，天啓二年六月甲申條，頁12上：「陞禮部郎中楊弘備爲蘇松常鎮兵備副使。」

〔註61〕明·張國維，《撫吳疏草》（《四庫禁燬書叢刊》史部三九冊，北京：北京出版社，2001年1月一版一刷，據北京圖書館藏明崇禎刻本影印），〈回奏海禁疏〉，頁48～50：「續于崇禎七年七等月十三等日據蘇松兵備道右布政周汝弼、常鎮兵備道副使徐世蔭各將蘇、松、常、鎮四府海防副總兵、參、遊、守把等官查過。」又不著撰者，《崇禎長編》（《台灣文獻叢刊》第270種，台北：台灣銀行，1969年出版），卷五六，崇禎五年二月甲午條，頁32下：「直隸巡按吳善謙薦舉漕儲道右布政使錢士晉、蘇松常鎮糧儲道右參政王象晉、淮徐兵備道右參政劉弘、淮海兵備道副使周汝璣、蘇松兵備道副使蔣英、常鎮兵備道參議吳麟瑞、揚州江防兵備道僉事柴紹勳、淮津遼餉道僉事張志芳皆堪優擢以當大用，章下所司。」又《崇禎長編》，卷六四，崇禎五年十月庚午條，頁7下：「陞徐世應爲湖廣副使常鎮兵備道、陸鰲爲廣西副使分守嶺南道、曹應秋爲河南右參議驛傳道。降李一鰲爲山東右參議分巡東昌道。」可見此時常鎮兵備道已經再度復設。

〔註62〕《可泉先生文集》，卷七，〈題飛報海洋倭寇疏〉，頁6上～9下：「隨行兵備副使吳相前往吳淞江所并上海縣駐箚，督率蘇州府巡捕同知任環、松江府帶管巡捕通判劉本元各統所屬官兵前去協同備倭官王世科剿捕……。又據兵備副使吳相

的狀況下，甚至可以招募民兵以作爲防守之用，〔註63〕而民兵後來往往成爲兵備道所運用的重要軍事力量。〔註64〕倭寇騷擾嚴重的時代，蘇松兵備道甚至必須規劃轄區內的軍事守禦，修築城堡、調動官軍駐守；〔註65〕而在戰事緊急時，蘇松兵備道甚至可以調動駐防其轄區內的副總兵及參將。〔註66〕蘇松兵備道道後來顯然成爲南直隸江南江防與海防的重要官員，〔註67〕無論是海寇或是江盜，蘇松兵備道都有督責剿捕之責；〔註68〕也因此蘇松兵備道同

報稱，東北海內有倭船二隻行使，督據蘇州衛守把吳淞江所鎮撫陳習等兵船追敵，生擒賊六名，斬首二顆，獲船一隻，餘賊箭傷下海渰死。」由此可知蘇松兵備道可統轄者包含衛所軍以及官兵。又明・劉彥心，《嘉靖・太倉州志》（《天一閣藏明代方志選刊續編》之二〇，上海：上海書店，1990年12月一版一刷，據明崇禎二年重刻本影印），卷三，〈敕諭〉，頁2上～3上：「皇帝敕曰：『蘇松常鎮四府係南畿重地，國家財賦□給於此，往年因盜賊生發，貽患地方，特設專官整□兵備。今特命爾專在太倉州□□□□□沿海一帶地方，督同軍衛有司……。捕盜事情有應與總督備倭官員計議者，計議停當而行。』」

〔註63〕清・沈世奕，《蘇州府志》（台北：國家圖書館漢學研究中心景照清康熙二十二年刊本），卷三五，頁10下～11上：「正德七年，兵備副使謝琛，奉旨募民間壯勇，號爲民壯。」

〔註64〕明・鍾薇，《倭奴遺事》（台北：國家圖書館善本書室藏明萬曆間刊本），嘉靖三十三年〉，頁10上～22下：「時有蘇州海防同知任環號復庵，有戰功，新陞蘇松兵備僉事，統民兵出戰。」又明・何良俊，《何翰林集》（台北：國家圖書館善本書室藏明嘉靖四十四年華亭何氏香巖精舍刊本），卷二〇，〈與塗任齋驗封書〉，頁3上～5上：「柘林雖小，實爲七郡之門戶，南都之喉舌也……，仍令海防僉事督令附近各村訓練鄉兵，每月至本城校閱一次。」

〔註65〕明・徐中行，《天目先生集》（台北：國家圖書館善本書室藏明萬曆十二年張佳胤浙江刊本），卷一六，〈明通議大夫都察院右副都御史贈兵部左侍郎熊公墓志銘〉，頁1上～4下：「城柘林、川沙、吳淞三堡，請總兵軍吳淞、游擊軍金山，柘林、川沙各置部將，轄青村、南匯材官。」

〔註66〕明・董復亨，《繁露園集》（《四庫全書存目叢書》集部一七四冊，台南：莊嚴文化事業有限公司，1997年10月初版一刷，據北京圖書館藏明萬曆四十年張銓刻本影印），卷一三，〈明都察院右僉都御史巡撫順天忠菴耿公行狀〉，頁15下～18下：「甲子，陞蘇松兵備副使，蘇松者倭衝也，而是歲四月內，果有倭奴六船突犯崇明界，公督副總兵郭成、參將田應山兵船圍賊于穿心港，乘風載葦，縱火焚燒，船壞倭死，漂溺無數，斬首一百一十七名……，賊遂無一生還者。」

〔註67〕《南京都察院志》，卷三一，〈江防久廢夥盜公行乞勅當事重臣悉心經理以杜後虞以安地方疏〉，頁28下～45下：「隨據蘇松兵備道副使王叔杲呈稱：本道所轄江防地方止有圌山一關。」蘇松兵備稱其所轄江防地方僅有圌山一關，顯係其餘所轄皆屬海防，由此亦可得知蘇松兵備所轄兼者有江防與海防之地。

〔註68〕明・鄭若曾，《江南經略》（台北，國家圖書館善本書室藏明萬曆三十三年崑山鄭玉清等重校刊本）卷一，〈海防〉，頁1上～下：「蘇松海洋乃倭奴內犯之上游也……，若縱之深入殘害地方首當坐罪，此總兵與參、遊、把總任也。兵備道

時受到應天巡撫以及操江都御史的管轄。〔註69〕

## 圖 4-2：太倉州城位置圖

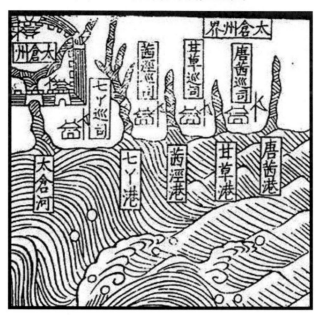

圖意說明：太倉州城位處太倉河口附近，蘇松常鎮兵備道即駐箚於此。
資料出處：明・吳時來，《江防考》，卷一，〈江營新圖〉，頁 45 上。

---

督責之。提督軍門主之。」又《江南經略》，卷一，〈江防〉，頁 1 下：「江防以
拱護留都爲重，長江下流乃留都之門戶也，遏寇於江海之交勿容入江是爲上
策……，此參、遊、把總之任也。兵備道督責之。操江、巡江二院與江南、北
二按院及江南、北二提督軍門主之。」又明・王廷相，《浚川奏議集》（《四庫全
書存目叢書》集部五三冊，台南：莊嚴文化事業有限公司，1997 年 10 月初版一
刷，據中山大學圖書館藏明嘉靖至隆慶刻本影印），卷三，〈請處置江洋捕盜事
宜疏〉，頁 24 下～33 下：「合無行令操江大臣著落兵備官督令沿海各州縣衛所，
但係沙船體制，不論單桅、雙桅，通行曉諭拆毀改作中等單桅別樣民船。」

〔註69〕 《萬曆・大明會典》，卷一二八，〈督撫兵備〉，頁 9 上～下：「總理糧儲提督軍
務兼巡撫應天等府地方一員……。蘇松常鎮兵備道一員，整飭蘇州、松江、常
州、鎮江四府兵備，駐箚太倉州。」又明・萬虞愷，《楓潭集鈔》（台北，國家
圖書館善本書室藏明嘉靖辛酉刊本顧起綸等評選），卷二，〈舉方面疏〉，頁 32
下～34 下：「爲薦揚兵備以肅江政事，臣以菲才奉命不妨院事提督操江兼管巡
江，責任專以防禦倭盜禁戢鹽徒爲重，一切江界地方事務於各兵備關涉居
多……，淮揚海防兵備副使姜廷順……，蘇松兵備副使熊桴……，屢收海上之
戰功。」蘇松常鎮兵備道列於應天巡撫之下，可見該官員編制於應天巡撫之下，
而操江都御史舉薦方面官員又將蘇松兵備列於其中，可知其亦歸操江所轄，因
此蘇松常鎮兵備道同時受到應天巡撫與操江都御史之管轄。

## 二、淮揚海防兵備道

　　淮揚海防兵備道創設於嘉靖三十三年（1554），〔註70〕是南直隸長江北岸與江海聯防有著密切關連的一個職官。由此一職官的設置時間即可知與倭寇入侵江北有關。嘉靖三十三年，當時擔任鳳陽巡撫的鄭曉以倭寇入侵而奏請設置淮揚海防兵備道，以增強江北的海防力量。〔註71〕

　　雖然淮揚海防兵備道的創設是以海防為目標，〔註72〕但是後來的演變卻使得它成為鳳陽巡撫與操江都御史兩轄的單位，不但負擔海防的工作，也要肩負起江防的職責。淮揚海防兵備道編制於鳳陽巡撫之下，理論上應該屬於海防官員，但是萬曆《大明會典》中卻記載：「淮揚海防一員，駐箚泰州，整飭淮揚海防江洋，仍分管揚州、儀眞、高郵等衛；泰州、鹽城、通州等所京操官軍。」〔註73〕可見「江洋」也是其職責所在。而《南京都察院志》也將淮揚海防編列於〈操江職掌〉之中，〔註74〕而《江防考》中更有「淮揚海防

〔註70〕明・楊洵，《揚州府志》（台北：國家圖書館漢學研究中心景照明萬曆二十九年刊本），卷一三，〈營寨〉，頁 12 下～13 上：「泰州營，即海防道中軍營，嘉靖三十三年以倭入寇題設海防兵備道，駐箚泰州，原設官兵一千二百員名。」又清・陳述祖、李北山纂修，《揚州營志》（《北京圖書館古籍珍本叢刊》之一七一冊，北京：書目文獻出版社，不著出版年月，據清道光十一年刻本影印），卷三，〈建置〉，頁 5 下～6 上：「世宗嘉靖三十三年，倭犯日熾，添設整飭淮揚海防兵備道，及移鳳陽巡撫都御史駐揚贊督軍務，始以坐營指揮改建分守揚州等處地方參將，府署參將一人或以遊擊將軍代之，中軍有守備等官，額兵千名，駐箚南直隸揚州府操練水陸軍馬，防禦江北信地，與兵道相兼調度，南接常鎮參將，東接狼山副總兵官，各為聲援，凡衛所官軍皆得以軍法節制之。」又明・孫承宗，《高陽集》（《四庫禁燬書叢刊》集部一八五冊，北京：北京出版社，2001 年 1 月一版一刷，據中國科學院圖書館藏清初刻嘉慶補修本影印），卷一六，〈整飭淮揚海防兵備道浙江布政使司右參政馬從龍〉，頁 47 下～48 下：「制曰：東南□□有海防之設，自嘉靖甲寅（三十三年）。」

〔註71〕《揚州府志》，卷一三，〈營寨〉，頁 13 上：「通州副總兵府，在州城，嘉靖三十三年以倭寇故，巡撫都御史鄭曉奏設按察副使為海防道及參將為分守通泰海防。」

〔註72〕明・高拱，《高文襄公集》（《四庫全書存目叢書》集部一〇八冊，台南：莊嚴文化事業有限公司，1997 年 10 月初版一刷，據北京圖書館藏明萬曆刻本影印），卷一一，〈議加副使傅希摯職銜疏〉，頁 8 上～下：「看得總督漕運兼提督軍務巡撫鳳陽等處地方都察院右副都御史陳炌題稱：淮揚海防兵備副使傅希摯三年任滿，例應給由，本官職司海防，地方倚賴，擅難起送，乞要保留以資幹濟。」

〔註73〕《萬曆・大明會典》，卷一二八，〈督撫兵備〉，頁 9 下～10 下。

〔註74〕《南京都察院志》，卷一二，〈操江職掌・淮揚海防〉，頁 53 下：「淮揚海防，

兵備道分佈防汛信地」，〔註75〕由此可知淮揚海防兵備道確實也有江防的職責。

　　與蘇松常鎮兵備道同樣的，淮揚海防兵備道不但統轄有各衛所的正規軍，轄內各府州縣衙門的民壯、民兵以及巡檢司的弓兵，都是其所管轄的軍事力量。〔註76〕正因爲如此，兵備官員得以整合轄區內所有的軍事資源與力量，也因此他們往往成爲各地督撫所仰賴的重要部屬。

## 三、松江府海防同知

　　同知是一府之中地位僅次於知府的官員，而同知身爲知府的佐貳官，乃以處理軍務爲其專責。〔註77〕松江府海防同知的設置始於嘉靖三十三年（1554），江南總督張經的建議，由於當時江南倭患正熾，各地守禦力量不足，爲強化守備，張經於是題請於蘇、松二府增設海防同知，以統領吳淞江口以及黃浦一帶通海要路所設之兵船。〔註78〕海防同知肩負海防的職責，不但要統領通海要路所設兵船巡捕防禦，同時也與各地守備、把總一樣自有其守禦

駐箚泰州，整飭淮揚海防江洋，仍分管揚州、儀眞、高郵等衛；泰州、鹽城、通州等所京操官軍。」又《南京都察院志》，卷三一，〈江防久廢夥盜公行乞勅當事重臣悉心經理以杜後虞以安地方疏〉，頁28下～45下：「又據淮揚海防道副使程學博呈稱：本道所轄江防地方內瓜洲鎮、三江會口先該本院題增兵船防守無容別議，止有儀眞守備統領水兵二百三十二名，似爲寡少，相應量增。」淮揚海防道副使自稱「本道所轄江防地方」可知其確有江防之職。

〔註75〕《江防考》，卷三，〈淮揚海防兵備道分佈防汛信地〉，頁27上～31上。

〔註76〕《江防考》，卷三，〈淮揚海防兵備道分佈防汛信地〉，頁27上～31上：「三江會口，係江都縣地方……，近該本院題設把總官壹員，統領水兵陸百名……。瓜洲鎮，係江都縣地方……，設有總巡指揮壹員，部下揚州衛巡江官壹員、軍舍壹百名、巡船壹隻、操江民壯陸拾名、巡船貳隻、守城驍勇貳百伍拾名、腳斛行兵肆百肆拾名、機兵伍拾伍名、巡檢司官兵伍拾參員名、巡船壹隻、捕兵拾陸名、叭喇吽船肆隻、捕兵壹百拾肆名、草撇船拾隻，無事防守地方，出江會哨，有警併力勦截。」

〔註77〕明‧郭汝霖，《石泉山房文集》（台北：國家圖書館善本書室藏明萬曆二十五年永豐郭氏家刊本），卷七，〈奏爲倭患既平陳末議以固地方久安事〉，頁1上～10上：「國家設官之意，知府則統一府之事，而錢糧屬之通判，詞訟則有推官，同知者以理軍爲職者也。」

〔註78〕《明世宗實錄》，卷四一七，嘉靖三十三年十二月辛巳條，頁4下～6上：「兵部覆上總督張經條陳……。一、議設海防職守：言吳淞江口及黃浦一帶皆通海要路，兵船既設，統領無人，請於蘇、松各增設海防同知一員，而以水利通判併入巡鹽，其青村所、福山港亦各增設把總一員守之……。詔允行。」

之信地。〔註 79〕如果在信地之內不能奮勇抵禦侵犯，則將遭到處分，而其計算功績的方式則與守備、把總相同，視其所領士卒多寡，配合擒斬賊寇之數目以定其陞賞。〔註 80〕

　　松江府海防同知駐箚金山衛，（見：圖 4-3）其職守除於戰時統領兵船剿捕賊寇，平時巡邏信地之外，還有稽查軍伍、關防出納、修築墩堡以及催徵各州縣兵餉軍儲的任務。〔註 81〕明代的定制之中，原本各府佐貳官員並沒有關防，但是由於海防同知辦理軍務且又掌管兵餉錢糧地位重要，為避免發生弊病，因此特賜給關防以便其管領軍務。〔註 82〕海防同知由於任務較為特殊，且通常不與知府同駐府城，其辦公處所獨立在外，稱之為海防廳。海防廳於是成為一府之中專責管理海防軍務的衙門，凡是海洋賊寇甚至海上漂流夷人案件，基層巡邏軍士皆呈報知府再轉交海防廳，海防同知再會同相關

〔註79〕明・陳薦夫，《水明樓集》（《四庫全書存目叢書》集部一七六冊，台南：莊嚴文化事業有限公司，1997 年 10 月初版一刷，據首都圖書館藏明萬曆刻本影印），卷一三，〈鄭僉憲合葬墓誌銘〉，頁 36 上～38 下：「遂晉松江貳守，會倭夷訌蘇、松，公與蘇人畫界而守，賊不敢犯。」

〔註80〕《明世宗實錄》，卷四三三，嘉靖三十五年三月丙子條，頁 5 下～7 下：「兵部奉旨覆議九卿科道條陳禦倭事宜……。一分信地：凡守備、把總及海防府、州、縣佐各有信地，賊至不能拒守固有常律，若能奮勇擒斬許以贖之。即罪少功多仍以功論，如賊從他路出境，有邀截擒獲者，所得即以與之，仍照例陞賞。一計職任：武將自守備以下：文官自海防同知以下，所將卒五百，擒斬真賊五人陞一級，十人加一級；所將卒一千，每五人陞署一級，十人實授一級。各以例遞陞至三級而止。如先獲功後失事革職者准贖。其餘功罪粂將照所屬分論，兵備隨之，總副合所屬通論，巡撫隨之。詔俱如議行。」

〔註81〕《玉介園存稿》，卷一八，〈詳擬江南海防事宜〉，頁 25 上～44 下：「照得本道職專兵馬錢糧，董理軍務止總大綱，而各府原設海防同知以稽軍伍，以察兵情，以經糧餉，以謹出納，各有司存。今於一切徵給兵餉皆不預聞，殊施設官初意。今後海防官務遵近題事例，蘇州者駐箚吳淞江，松江者駐箚金山，常州者駐箚江陰，鎮江者仍留本城，專一稽查軍伍、關防出納，至於各府州縣兵餉軍儲等項，已經條列，亦責催徵，仍不時親詣各州縣比較，務要全完以足軍餉。」又明・陳繼儒，《白石樵真稿》（《四庫禁燬書叢刊》集部六六冊，北京：北京出版社，2001 年 1 月一版一刷，據北京大學圖書館藏明崇禎刻本影印），卷四，〈松海防燕公去思碑記〉，頁 11 上～12 下：「至於稽軍籍、汰占役、修墩堡以嚴斥堠，選壯勇以扼要塞。」

〔註82〕《南京都察院志》，卷三二，〈敬陳江防末議以圖實效以固根本重地疏〉，頁 17 下～27 下：「一議請給關防，據應天府治中馬永亨揭開，盧、揚等府江防官先年俱照蘇、松、常、鎮海防事例，請給關防稽查錢糧……。看得府佐例無關防，有之自海防、江防始，亦惟是錢糧重大，奸弊易生之故。」

單位共同處理。〔註83〕然而也正因爲海防同知的職掌重大因此也就容易有
奸弊情事發生，例如松江府海防同知李暹，就曾被糾舉於沿海查點各單位士
兵之時，攜帶鄉親同行，並且接受各基層單位的餽贈，發放兵糧之時又縱容
下屬需索常例，幾乎導致兵變。〔註84〕可見海防同知的任用務在得人，其
影響相當重大。

### 圖4-3：松江府海防同知駐地圖

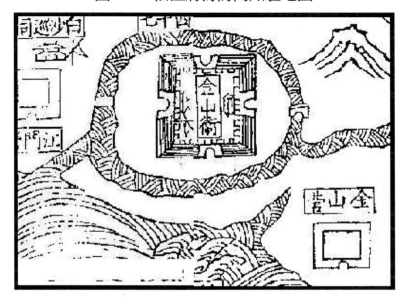

圖意說明：金山衛位於松江府東南海岸，爲海防重要據點，松江府海防
　　　　　同知即駐箚於此。

資料出處：明・吳時來，《江防考》，卷一，〈江營新圖〉，頁46下～47上。

---

〔註83〕明・許維新，《許周翰先生稿鈔》（台北：國家圖書館漢學中心藏明刊本），卷
　　　　五，〈護送琉球夷人歸國申詳〉，頁5上～9下：「松江府爲生擒倭夷事：本年
　　　　七月初一日申時，據南匯所哨官李魁光、總練鎮撫許弘紀呈稱：六月廿九日，
　　　　卑職因見東南風雨大作，督率官兵沿塘巡邏……。據李魁光等呈解夷人男婦
　　　　五十七名口到府，隨該本府會同海防廳調到參府所養日本通事二名方旺、藥
　　　　薩古到府。」

〔註84〕明・周孔教，《周中丞疏稿》（《四庫全日存目叢書》史部六四冊，台南：莊嚴
　　　　文化事業有限公司，1997年10月初版一刷，據吉林大學圖書館北京圖書館藏
　　　　明萬曆刻本影印），卷七，〈爲糾劾不職官員疏〉，頁1上～11下：「訪得松江
　　　　府陞任同知李暹……，沿海點兵攜鄉親關、王二相公同行，各哨練餽遺不下
　　　　二百餘金，全不顧瓜李之嫌，給散兵糧縱容積書蘇瓚需索常例，每名十兩，
　　　　幾成脫巾之變。」

## 四、蘇州府海防同知

　　蘇州府海防同知的設置始於嘉靖三十三年（1554），與松江府海防同知一樣，皆是由當時的總督張經提議設置，其設置的目的同樣是爲使各個通海要路所設的兵船有專責官員統領，以增強沿海地區的守禦。〔註85〕蘇州海防同知駐箚吳淞江，（見：圖 4-4）其所負有的責任是「以稽軍伍，以察兵情，以經糧餉，以謹出納。」〔註86〕可說一府與海防相關的兵馬、錢糧，皆歸其所管。

　　海防同知以理軍爲專職，又與各海防單位之將領、士兵關係最爲密切，因此在官員的選任上特別受到重視，當時便有人要求選任海防同知，兵部必須咨請吏部，精選素有才識者擔任，並要求撫、按、兵備等上級長官不得將詞訟案件委託海防同知處理，使其專心管理兵馬、錢糧等海防事務。〔註87〕

　　在實際的案例中，亦可以看出蘇州府海防同知所擔負的職責以及其表現。例如嘉靖三十三年倭寇犯蘇州，當時的蘇州海防同知任環（1519～1558），率領苗兵鈎刀手與倭寇戰於陸涇壩，倭寇奔潰死傷過半。〔註88〕嘉靖三十四年，有賊寇五十三人流竄於江南一帶，甚至竄至南京焚毀安定門，當時巡撫曹邦輔爲阻截這一股流賊，於是命令蘇松兵備、蘇州海防同知以及知府等官領軍分別扼守要路，以防流賊奔竄。〔註89〕同年，蘇州府海防同知都文奎與

〔註85〕《明世宗實錄》，卷四一七，嘉靖三十三年十二月辛巳條，頁 4 下～6 上。

〔註86〕《玉介園存稿》，卷一八，〈詳擬江南海防事宜〉，頁 25 上～44 下：「照得本道職專兵馬錢糧，董理軍務止總大綱，而各府原設海防同知以稽軍伍，以察兵情，以經糧餉，以謹出納，各有司存。今於一切徵給兵餉皆不預聞，殊施設官初意。今後海防官務遵近題事例，蘇州者駐箚吳淞江，松江者駐箚金山，常州者駐箚江陰，鎮江者仍留本城，專一稽查軍伍、關防出納，至於各府州縣兵餉軍儲等項，已經條列，亦責催徵，仍不時親詣各州縣比較，務要全完以足軍餉。」

〔註87〕明‧陳繼儒，《陳眉公先生集》（台北：國家圖書館善本書室藏明崇禎間華亭陳氏家刊本），卷六〇，〈備倭議〉，頁 3 上～18 上：「至於江防、海防同知，于將領最密而三軍最親，每選此官，須本部移咨吏部，精選素有才識者爲之，撫、按、兵備不得委之詞訟，惟令岑管巡視稽查及一切軍馬錢糧，益信任專則精神出，閱歷多則韜略深。」

〔註88〕明‧鍾薇，《倭奴遺事》（台北：國家圖書館善本書室藏明萬曆間刊本），嘉靖三十三年〉，頁 10 上～23 上：「任公先於蘇海防，時乙卯，賊至維亭陸涇壩，與賊遇，時統苗兵鈎刀手，諸路官軍設奇列陣……兵奮勇，賊皆奔潰，死傷過半，乃收兵。」

〔註89〕明‧黃姬水，《黃淳父先生全集》（《四庫全書存目叢書》集部一八六冊，台南：莊嚴文化事業有限公司，1997 年 10 月初版一刷，據中山圖書館藏明萬曆十三年顧九思刻本影印），卷二一，〈敍橫金之捷〉，頁 4 下～5 下：「嘉靖乙卯八月十有二日，流賊五十三人自餘姚渡錢塘而西，由於潛而徽而寧，出蕪湖，抵

總兵湯克寬（？～1576）等將領守禦葉謝港，以防止潰散奔逃的倭寇侵害地方。〔註 90〕而崇禎年間，蘇州海防同知仍然與吳淞總鎮，共同策劃沿海防禦戰守機宜。〔註 91〕然而由於蘇州府海防同知掌握海防大權，若是有心貪贓枉法，也是極為便利的事，例如萬曆四十三年，就曾有蘇州府海防同知公然批給商船，執照違禁海販之事發生。〔註 92〕

### 圖 4-4：蘇州府海防同知駐地圖

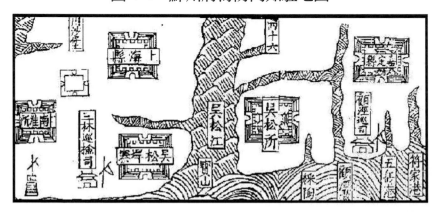

圖意說明：吳淞江守禦千戶所位於吳淞江出海口，是蘇州府重要海防據
　　　　　點，也是蘇州府海防同知駐箚處所。

資料出處：明・吳時來，《江防考》，卷一，〈江營新圖〉，頁 45 下～46 上。

## 五、常州府海防同知

常州府海防同知設置的時間，較蘇州府與松江府來得晚，直到隆慶元年

　　　　留都，焚安定門……，欲北至常熟沿海以趨柘林……。時都御史曹公邦輔方
　　　　乘輜來吳，檄至公臥不安席食不甘味，迺調集王兵備崇古、董海防邦政、林
　　　　知府懋舉諸道軍分布阨塞以逆來者。」
〔註90〕《倭奴遺事》，嘉靖三十四年〉，頁 23 上～32 下：「潰賊三百餘束遁，六月
　　　　初一由葉謝港，時築小城，專委海防同知都文奎、總兵湯克寬、解守備協
　　　　力守禦。」
〔註91〕明・黃希憲，《撫吳檄略》（台北：國家圖書館漢學研究中心景照明刊本），卷
　　　　四，〈為軍務事〉，頁 64 上～65 上：「先移會監軍海防同知并吳淞總鎮商酌，
　　　　畫一密會，沿海各營掎角相望遠探賊船，或在洋中即行合　夾擊，或登陸搶
　　　　劫即先燬其船……，或迺出海洋即扼險固守以絕其食。」
〔註92〕《明神宗實錄》，卷五三八，萬曆四十三年十月癸丑條，頁 6 上：「巡按直隸
　　　　御史張五典疏糾先任蘇州府海防同知許爾忠通同巡江御史汪有功，公然批給
　　　　商船十隻執照，令其違禁海販，乞勒勘處。疏下兵部。」

（1567）才以該府設有重兵卻無人統轄，將原設之清軍同知改註爲海防同知，但仍兼管清軍之事。〔註93〕

常州府清軍同知改註爲海防同知之後，其駐箚地點定爲江陰。除兼管的清軍任務之外，舉凡巡察軍伍、錢糧出納等海防同知的任務皆爲其職掌。〔註94〕有時商販船隻不經正常航道違禁走洋，也要由常州海防同知處理。〔註95〕

而常州府海防廳之所以設於江陰，乃因爲江陰當江海之衝，〔註96〕素爲海盜、鹽徒出沒之地，〔註97〕也因此成爲常州府阻截海寇的險要之地。雖然常州府海防同知駐箚於江陰，是爲就近防禦海盜、鹽徒甚或倭寇的來犯，但是若位於常州府東南的太湖地區有湖盜發生，常州府海防同知同樣必須加以剿捕。〔註98〕這或許可以說，連太湖的守禦，也都已經納入江海聯防之中。

〔註93〕《明穆宗實錄》，卷九，隆慶元年六月壬子條，頁15上～下：「兵部覆巡應天都御史謝登之奏，往者大江南北以倭寇故募兵增餉，萬非得已，今地方稍寧，宜將水陸軍兵量爲汰革，歲省糧費八萬有奇。其常、鎮二府各設重兵，無所統轄，宜令清軍同知改註海防，分地駐守，兼理清軍事。從之。」

〔註94〕《王介園存稿》，卷一八，〈詳擬江南海防事宜〉，頁25上～44下：「照得本道職專兵馬錢糧，董理軍務止總大綱，而各府原設海防同知以稽軍伍，以察兵情，以經糧餉，以謹出納，各有司存。今於一切徵給兵餉皆不預聞，殊施設官初意。今後海防官務遵近題事例，蘇州者駐箚吳淞江，松江者駐箚金山，常州者駐箚江陰，鎮江者仍留本城，專一稽查軍伍、關防出納，至於各府州縣兵餉軍儲等項，已經條列，亦責催徵，仍不時親詣各州縣比較，務要全完以足軍餉。」

〔註95〕明·祁彪佳，《按吳檄稿》（《北京圖書館古籍珍本叢刊》，北京：書目文獻出版社，不著出版年月，據明末抄本影印），〈違禁事〉，頁519～520：「據常鎮道呈：據常州府蔡同知、吳推官會審犯人宋雲等招繇到院，隨經詳閱批開。宋雲等興販米豆，不從京口直下而枉道孟河，明係違禁走洋，懼吳淞一帶把截之嚴，故藉口剝沒，掩飾耳目耳……。右行常海防。」

〔註96〕明·林景暘，《玉恩堂集》（《四庫全書存目叢書》集部一四八冊，台南：莊嚴文化事業有限公司，1997年10月初版一刷，據浙江圖書館藏明萬曆三十五年林有麟刻本影印），卷七，〈送觀察秀南彭公薊門備兵序〉，頁26下～28下：「江陰當江海之衝。」

〔註97〕明·張袞，《張水南文集》（《四庫全書存目叢書》集部七六冊，台南：莊嚴文化事業有限公司，1997年10月初版一刷，據清華大學圖書館藏明隆慶刻本影印），卷五，〈贈邑侯金中石禦寇序〉，頁26上～28上：「江陰百里爾，枕江通海，當賊路之衝，是蘇、松外藩也，常、鎮右臂也。」又明·顧鼎臣，《顧文康公集》（台北：國家圖書館善本書室藏明崇禎十三年至弘光元年崑山顧氏刊本），卷一〇，〈與陳侍御〉，頁2下～4上：「蘇之崑山、嘉定、常熟，松之上海，常之江陰皆傍近海，鹽徒、海盜不時出沒，公私可慮。」

〔註98〕《南京都察院志》，卷三二，〈湖盜出沒議處防守疏〉，頁9上～14上：「萬曆十

## 六、鎮江府海防同知

　　鎮江府海防同知的設置，與常州府海防同知同時始於隆慶元年，同樣是因為鎮江府設有重兵卻無人統轄，故將清軍同知改註為海防同知，但仍舊兼管清軍之事。〔註99〕鎮江府海防同知駐箚在府城，（見：圖 4-5）並未在其他地方獨立設置一個海防廳。〔註100〕這可能是因為鎮江府城濱臨長江，就地理形勢而言本身就是險要所在。〔註101〕由於鎮江是明人所認為的江海分界處所，為何所設同知不稱江防而稱海防，乃是因為鎮江較為靠近留都南京，其防禦概念是控扼由海而來的入侵，因此鎮江府所設者稱為海防同知而非江防同知。〔註102〕

　　當然，與其他各府海防同知一樣，鎮江府海防官也要負責稽查軍伍、視察兵情以及經理糧餉等業務。〔註103〕雖然鎮江府海防同知在名義上是「專管海防」，〔註104〕然而事實上除倭寇大舉入犯時期之外，鎮江海防同知平時所巡

六年五月內，據常州府知府譚桂、宜興知縣陳遴瑋揭報：有兇黨一夥駕船十隻，往來湖中劫掠商民……看得太湖為淵藪……。近據兵備副使李俅、蘇、常二府海防同知沈堯中、祝眉壽揭報：渠魁殷應彩等、點寇高　等業已次第擒獲。」

〔註99〕　《明穆宗實錄》，卷九，隆慶元年六月壬子條，頁 15 上～下：「兵部覆巡應天都御史謝登之奏，往者大江南北以倭寇故募兵增餉，萬非得已，今地方稍寧，宜將水陸軍兵量為汰革，歲省糧費八萬有奇。其常、鎮二府各設重兵，無所統轄，宜令清軍同知改註海防，分地駐守，兼理清軍事。從之。」

〔註100〕　《玉介園存稿》，卷一八，〈詳擬江南海防事宜〉，頁 25 上～44 下：「照得本道職專兵馬錢糧，董理軍務止總大綱，而各府原設海防同知以稽軍伍，以察兵情，以經糧餉，以謹出納，各有司存。今於一切徵給兵餉皆不預聞，殊施設官初意。今後海防官務遵近題事例，蘇州者駐箚吳淞江，松江者駐箚金山，常州者駐箚江陰，鎮江者仍留本城。」

〔註101〕　《讀史方輿紀要》，卷二五，〈江南七〉，頁 47 上～52 下：「丹徒縣，附郭……。金山，府西北七里大江中，風濤環遶，勢欲飛動……。焦山，府東北九里江中，與金山並峙，相去十五里……。圌山，府東北六十里，濱大江……。」

〔註102〕　明・王樵，《方麓居士集》（台北：國家圖書館善本書室藏明萬曆間刊崇禎八年補刊墓志銘本），卷四，〈賀高貳守考滿序〉，頁 19 上～20 上：「鎮江古之京口……，又其地當南北之衝，據江海之交，故典其戎事者不曰江防而曰海防，以海為重也。防至於海，江可知也。備嚴於江，內地可知也。且接壤留都，鎮江固則留都重。京口以西抵于石頭，百里而踰，山皆可踰，踰則可以窺留都。京口以東抵于孟瀆，百里而近，舟皆可入，入則可以窺三吳。故鎮江初設總兵，常鎮繼設兵備，尋以事平見裁，而海防獨重矣。」

〔註103〕　《玉介園存稿》，卷一八，〈詳擬江南海防事宜〉，頁 25 上～44 下：「照得本道職專兵馬錢糧，董理軍務止總大綱，而各府原設海防同知以稽軍伍，以察兵情，以經糧餉，以謹出納，各有司存。今於一切徵給兵餉皆不預聞，殊施設官初意。」

〔註104〕　《南京都察院志》，卷三一，〈江防久廢夥盜公行乞勅當事重臣悉心經理以杜後虞以安地方疏〉，頁 28 下～45 下：「臣等查得先年題將鎮江府同知專管海

捕的對象多半以一般的盜賊、鹽徒爲主，其考核亦以每年轄區內有無失事以及擒捕鹽徒、盜賊數目爲衡量依據。〔註105〕若有失事未能擒捕賊犯，輕則住俸、罰俸處分，〔註106〕重者甚至可能降調邊方雜職任用。〔註107〕

　　另外一點值得注意的是，鎮江府海防同知以海防爲名，但卻每每於操江都御史歲終類報江洋盜賊，或是舉劾江防官員時被提出，〔註108〕顯見其亦屬於操江都御史所管轄。這或許是因爲鎮江位於江海之交，江防與海防無法一分爲二，故名爲海防而實際卻也執行江防任務，這或許也是江海聯防的一種變通形式。

---

防，揚州府同知駐箚瓜洲專管江防，應天府治中、太平、池州、安慶、廬州府同知改註江防，蓋以江洋統領率皆武弁，不容無文職以兼制而直核之議至當也。」又《明神宗實錄》，卷三〇四，萬曆二十四年十一月丁巳條，頁4下：「吏部覆：海防同知專防海事，不許署府、縣印缺。從之。」

〔註105〕明・陳有年，《陳恭介公文集》（台北：國家圖書館善本書室藏明萬曆三十年餘姚陳氏家刊本），卷四，〈操江歲終舉劾文武官員疏〉，頁38下～42上：「提督操江兼管巡江南京都察院右僉都御史臣陳有年謹題爲歲終類報江洋功次敘錄文武職官以飭江防事……，今照萬曆十八年已終，濱江各官功過已經牌行各兵備等官查報去後……蘇松兵備副使江鐸呈報，鎮江府海防同知高世芳督官兵捉獲賊犯戴得等一十起，圖山陞任把總張用賢督哨捉獲賊犯董萱等五起，見任把總李自芳督哨捉獲賊犯王喬等五起，巡江指揮王煒督哨捉獲賊犯袁受等五起，俱無失事。」又《南京都察院志》，卷三一，〈歲終類報江洋盜賊錄文武職官以飭江防疏〉，頁48下～52上：「蘇松兵備參政王叔杲呈：鎮江府海防同知杜其驕捉獲強犯周潤三、馬良才等二十五名。」

〔註106〕《明神宗實錄》，卷一四三，萬曆十一年十一月壬辰條，頁6下：「以鎮江西北洪口鹽徒殺死官兵，奪海防同知邊有猷俸三月，下指揮孫光裕、千戶劉餘慶于巡按御史提問。」

〔註107〕《明神宗實錄》，卷一一二，萬曆九年五月戊辰條，頁2上～下：「兵部題覆科臣撫按等官七疏，皆謂鎮江府丹陽、丹徒二縣自去年十月以來失事六次未獲一人，各官俱務欺蔽，致點恣縱橫，知府鍾庚陽、知縣管應鳳、海防同知張廷榜、楊棟等當照例降調，兵備李頤、巡按田樂等并乞再加罰治。上曰：地方屢次失事，各官通不申報，反威嚇失主不許告認，又不亟行緝捕，以致盜賊公行，良民被害。本當都犂問，姑從輕。鍾庚陽、張廷榜著各降三級調用，管應鳳、楊棟降邊方雜職，徐桓到任未久，與李頤、吳繼臣等俱住俸，戴罪緝捕，田樂再罰俸半年。」

〔註108〕《陳恭介公文集》，卷四，〈操江歲終舉劾文武官員疏〉，頁38下～42上：「提督操江兼管巡江南京都察院右僉都御史臣陳有年謹題爲歲終類報江洋功次敘錄文武職官以飭江防事……，蘇松兵備副使江鐸呈報，鎮江府海防同知高世芳督官兵捉獲賊犯戴得等一十起……，俱無失事。」又《南京都察院志》，卷三一，〈歲終類報江洋盜賊錄文武職官以飭江防疏〉，頁48下～52上：「蘇松兵備參政王叔杲呈：鎮江府海防同知杜其驕捉獲強犯周潤三、馬良才等二十五名。」

## 圖 4-5：鎮江府海防同知駐地圖

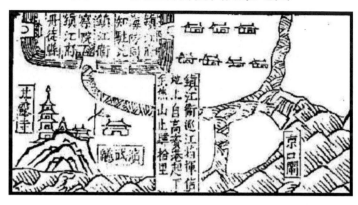

圖意說明：鎮江府城位處江邊，地近京口閘，鎮江府海防同知即駐箚於此。

資料出處：明・吳時來，《江防考》，卷一，〈江營新圖〉，頁 34 下。

## 七、揚州府江防同知

揚州府江防同知的設置始於嘉靖三十三年，〔註109〕起因於倭寇入侵江北地區，爲強化江北守禦力量，當時擔任操江都御史的史褒善於是題請於瓜洲築城，並添設揚州府同知一員，駐箚於瓜洲鎮城，（見：圖 4-6）以便整頓操練當地兵夫壯快，並與衛所巡江官員會合演習水戰。〔註110〕揚州府江防同知之所以駐箚於瓜洲鎮，當是因爲瓜洲爲南北交通要道，〔註111〕且控扼江海，

〔註109〕清・不著撰人，《江防志》（台北：國家圖書館善本書室藏清雍正間清稿本），卷一三，〈秩官〉，頁 1 上：「江防同知設自明嘉靖甲寅年（三十三年），專管揚屬沿江、沿海各汛兵丁防守事宜。」又明・顧爾行，《皇明兩朝疏抄》（《四庫全書存目叢書》史部七四冊，台南：莊嚴文化事業有限公司，1997 年 10 月初版一刷，據故宮博物院圖書館藏明萬曆六年大名府刻本影印），卷一○，〈議處兵餉以肅江防以圖永安事〉，頁兵一上～兵五下：「查得瓜州鎮城始於嘉靖三十二年倭亂，該前任操江都御史史褒善題建，專設同知一員防守。」

〔註110〕《沱村先生集》，卷三，〈添設揚州府同知駐箚瓜洲巡捕疏〉，頁 10 下～12 上：「竊欲比照蘇、松二府，除正員同知專一清軍協理府事外，添設同知一員，遵照原議常川在於瓜洲舊有府館衙門駐箚，著令整□該鎮兵夫，操練壯快，監造巡哨船隻，會合該衛巡江官員演習水戰，兼管所屬一帶江面，上接儀眞下抵狼山，緝捕鹽盜，如有海寇入江，督兵追剿以靖江洋。」

〔註111〕明・王恕，《王端毅公文集》（《四庫全書存目叢書》集部三六冊，台南：莊嚴文化事業有限公司，1997 年 10 月初版一刷，據北京大學圖書館藏明嘉靖三十一年喬世寧刻本影印），卷一，〈重修江海潮神祠記〉，頁 6 下～9 上：「江海潮神祠在瓜洲鎮中馬頭，鎮南臨大江，北距揚州府治四十五里，隸江都縣……，舊有上、中、下三馬頭，皆可濟渡，又有十壩車，往來之舟小者，

素有「留都東北鎖鑰」之稱。〔註 112〕

　　揚州府同知以江防爲名，自然其職守以江防爲重，江盜、鹽徒都是其所巡捕的對象。〔註 113〕此外，揚州江防同知還要接受操江都御史的指揮，點閱沿江各江防軍事單位，並且催督守備等武職官員出江會哨，以達到嚴密江防之目的。〔註 114〕而揚州江防官的考核，亦以擒獲賊犯多寡爲標準。〔註 115〕然而揚州爲鳳陽巡撫轄區，其海防同知在有倭寇、海賊侵犯之時，仍然必須配合執行海防任務，〔註 116〕甚至當有海寇由海入江時還會被要求率兵追剿。〔註 117〕由此亦

　　　　 由京口。大者，由孟瀆而悉達于閩、浙諸處，實乃江淮之要津也。」又明・楊洵，《揚州府志》，卷一，〈總論〉，頁 1 上～14 上：「江都縣……，其境內如瓜洲擁大江引吳會，飛輓萬貨紛集，居民悉爲牙儈，貧者倚負擔剝載索僱直以糊其口，不事農，城西民風淳朴，勤力畊作。」

〔註 112〕 明・胡松，《胡莊肅公文集》（台北：國家圖書館善本書室藏明萬曆十三年胡氏重刊本），卷四，〈揚州府同知唐君去思碑記〉，頁 53 下～56 上：「甲寅秋，天子可巡察諸公之奏。制詔吏部增置揚州府同知一員，令治瓜洲，控賊衝，時難其人。吏部簡於有眾，得唐君。或不習君，謂瓜洲控扼江海，藩翰淮泗，留都東北鎖鑰，漕舟商舸雲合霧會，賊所窺覬最重且要。君故文學士，不閑軍旅，□於難副。」

〔註 113〕 明・孫居相，《兩臺疏草》（台北：國家圖書館善本書室藏明萬曆壬子（四十年）刊本），〈舉劾有司疏〉，頁 91 上～113 上：「揚州府同知毛炯，精明博大之才，端亮真誠之品，防江盜息，儹運軍懽。」

〔註 114〕 明・丁賓，《丁清惠公遺集》（《四庫禁燬書叢刊》集部四四冊，北京：北京出版社，2001 年 1 月一版一刷，據上海圖書館藏明崇禎刻本影印），卷一，〈查參江防溺職疏〉，頁 95 上～97 下：「以故備餉各兵備，船分營、分哨、分信幕布森列，絡繹巡邏，猶恐中無統紀，每營設立守備官一員，令共一營之內周巡會哨，仍立哨單、哨簿，填寫各哨信地，水兵船隻每月每日不缺，並無差遣迎送等因。迨于按月按季送臣查驗，又慮守備官容有虛應故事，設江防同知，奉旨不許別委署印，專于沿江點閱督催守備等官會哨，其愼重江防規條周密如此。蓋載在令甲而向來一體遵行者也。」

〔註 115〕 《陳恭介公文集》，卷四，〈操江歲終舉劾文武官員疏〉，頁 38 下～42 上：「提督操江兼管巡江南京都察院右僉都御史臣陳有年謹題爲歲終類報江洋功次敍錄文武職官以飭江防事……，今照萬曆十八年已終，濱江各官功過已經牌行各兵備等官查報去後，據淮揚海防兵備按察使張允濟呈報，揚州府陞任江防同知張文運督官兵捉獲強竊盜時應龍等一十一起，見任江防同知洪有聲督官兵捉獲強犯蔣虎等八起，儀眞守備樓大有督哨捉獲強竊盜張化等一十一起，三江會口把總魯應麟督哨捉獲賊犯董承恩等二起，瓜洲衛總巡江指揮同知石國柱捉獲強竊盜孫湧等九起，儀眞衛巡江指揮僉事張運復捉獲賊犯洪宗仁等三起俱無失事。」

〔註 116〕 《李襄敏公奏議》，卷九，〈倭奴大舉分道入寇仰仗天威官軍節次勦絕重地寧謐飛報捷音疏〉，頁 1 上～38 下：「瓜洲駐箚同知周良相、徐州知州王霄……，或調兵馬效蒐選之勞，或守城池藉安輯之力。」

可知揚州府江防同知雖以江防爲名，但卻並非僅有江防之責，海防亦其任務之一。加之以操江都御史與鳳陽巡撫對其皆有管轄之權，因此在這種兩屬的情況之下，揚州江防同知可說是一江海兼防的職位。

#### 圖 4-6：揚州府江防同知駐地圖

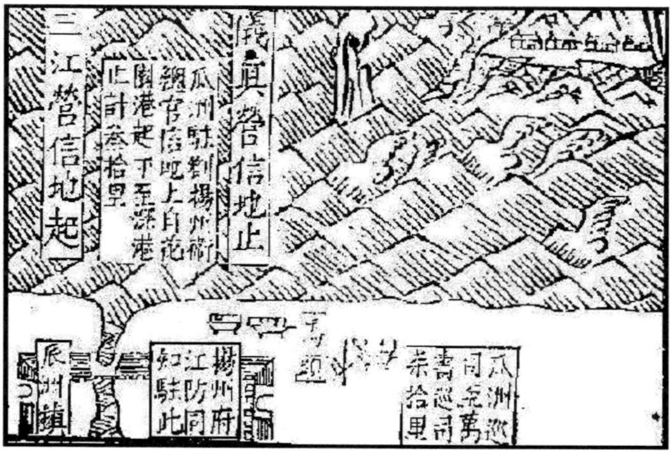

圖意説明：揚州府江防同知駐箚於長江北岸的瓜洲鎮，此處恰爲儀眞營
信地與三江營信地交接之處。
資料出處：明・吳時來，《江防考》，卷一，〈江營新圖〉，頁 34 上。

## 第三節　江海聯防的地方武職官員及其執掌

### 一、金山參將

　　金山衛位處松江府的東南七十二里瀕臨海洋，與金山對峙，西連乍浦，東接青村、南匯觜，東北抵吳淞江，控引幾三百里。明初洪武十九年（1386），即以地勢險要設有金山衛以爲守禦之用。〔註 118〕其後爲加強南直隸地區長江

────────────────────

〔註117〕明・史褒善，《沱村先生集》（台北：國家圖書館善本書室藏明萬曆三十三年澶州史氏家刊本），卷三，〈添設揚州府同知駐箚瓜洲巡捕疏〉，頁 10 下～12 上：「竊欲比照蘇、松二府，除正員同知專一清軍協理府事外，添設同知一員，遵照原議常川在於瓜洲舊有府館衙門駐箚，著令整□該鎮兵夫，操練壯快，監造巡哨船隻，會合該衛巡江官員演習水戰，兼管所屬一帶江面，上接儀眞下抵狼山，緝捕鹽盜，如有海寇入江，督兵追剿以靖江洋。」
〔註118〕明・顧清等修，《松江府志》（台北：國家圖書館善本書室藏明正德七年刊本），卷一四，〈兵防〉，頁 1 上。

南岸的海防力量，乃增設金山備倭官，以分擔原設之揚州備倭官的海防工作。〔註119〕然而隨著明代武職官員地位的逐漸低落，金山備倭官也逐漸無法號令轄區各級軍官，以致於無法有效統籌海防工作。〔註120〕

　　嘉靖三十二年（1553），由於倭寇侵擾日益嚴重，為統籌長江南岸的海防工作，乃於金山設置參將分守蘇、松海防。〔註121〕隨後又以倭情重大，復設江南副總兵，駐箚金山衛。〔註122〕（見：圖 4-7）其後曾一度改設為遊擊職銜，萬曆二年（1574）又改設為參將，以瀏河參將移駐於金山，其守禦的範圍包括柘林、青村、南匯、川沙一帶沿海區域。〔註123〕

〔註119〕明・趙文革，《趙氏家藏集》（台北：國家圖書館善本書室藏清江都秦氏石研齋抄本），卷五，〈咨南京兵部江海事宜〉，頁 1 上～2 下：「今本部考祖宗舊制，自儀眞以下至松江金山，設備倭總督一員，控長江而橫大海，督率衛所官軍輪番出哨。」又《明世宗實錄》，卷二三八，嘉靖十九年六月庚午條，頁 2 下～3 下：「是年京口閘淤阻，漕糧咸撥民船出孟子河，多爲海寇所掠，甚至執戮官吏，南京兵科給事中楊雷以其事聞，請治鎮江知府張瑜、丹陽知縣周寧失時不濬河道之罪，詔下其疏都察院令並案守土、巡江諸臣，於是院案瑜、寧及守備儀眞都指揮解明道、總督金山備倭指揮童揚、蘇松兵備副使王儀及水利巡司等官宜行巡按御史提究，操江都御史王學夔、巡江御史胡實宜罰治。得旨：瑜、明道等俱如擬提問，奪實俸兩月，學夔一月。」此處已有處分總督金山備倭的記載，可見此一官職在此之前已有設置。

〔註120〕《可泉先生文集》，卷七，〈題乞添設將官疏〉，頁 55 上～59 上：「而沿江沿海防禦武臣，其最尊者曰金山備倭而已，備倭之職大約與守備相等，指揮以下等官皆不甚畏憚，如此則何以責威令之行耶。」

〔註121〕《明世宗實錄》，卷三九八，嘉靖三十二年五月甲子條，頁 4 下：「添設金山參將一員，分守直隸蘇、松等處防海備倭。」

〔註122〕《明世宗實錄》，卷三九八，嘉靖三十二年五月庚午條，頁 4 下～5 上：「南京兵科給事中賀涇奏上年海寇突犯浙東未遭挫衄今歲勾煽醜類連艘內訌……。臣考嘉靖八年、十九等年皆因海寇竊發添設總兵官，駐箚鎮江，事平而罷。今請暫設此官，俾整飭上下江洋，總制淮海并轄蘇、松諸郡，庶事權歸一，緩急有賴。南京廣西道御史汪克用亦以爲言。兵部覆：總兵官如議添設，令駐箚金山衛，節制將領，鎮守沿海地方，調募南北徐、邳等處官民兵以克戰守；其操江都御史勑內未載海防并當增易。上命暫設副總兵一員提督海防，應用兵糧巡撫并摻江官協議以聞，操江都御史勑書不必更換，餘如所議。已乃命分守福、興、漳、泉參將湯克寬充海防副總兵，提督金山等處。」又《萬曆・大明會典》，卷一二七，頁 9 下～10 上：「江南副總兵……（嘉靖）三十二年，又設爲副總兵官，駐金山衛。四十三年，改駐吳淞，專管江南水陸兵務。」

〔註123〕《萬曆・大明會典》，卷一二七，頁 10 上～下：「金山參將，舊以蘇松參將，駐金山，防禦沿海柘林、青村、南匯、川沙一帶。後改遊擊，萬曆二年改設，以劉家河參將移駐。」又《明世宗實錄》，卷四七九，嘉靖三十八年十二月庚申條，頁 4 上：「添設金山衛遊擊將軍一員，從巡撫應天都御史翁大立請也。」

　　金山參將守禦的區域主要爲蘇、松沿海地區，乃是以海防爲其主要工作，隸屬於江南副總兵管轄，也接受應天巡撫的節制。然而在操江都御史兼管海防期間，金山參將同時也接受操江都御史的指揮調度，甚至於金山參將的任免調動也需要會同應天巡撫、操江都御史、巡江御史等官共同商議，因此也可說金山參將是同屬於江、海防系統一環。〔註124〕

### 圖4-7：金山參將駐地圖

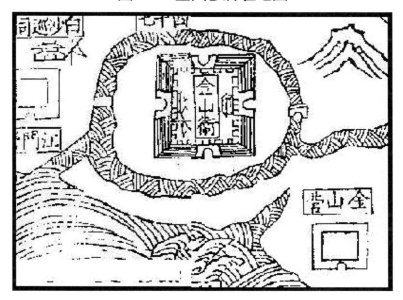

圖意說明：金山衛地處松江府東南海岸，爲該府重要海防據點，金山參
　　　　　將駐箚於此。
資料出處：明·吳時來，《江防考》，卷一，〈江營新圖〉，頁46下～47上。

## 二、揚州參將

　　揚州參將之設置始於嘉靖三十三年，在鳳陽巡撫移駐揚州贊督軍務以及添設整飭淮揚海防兵備道之後，才將原來的坐營指揮改爲分守揚州等處參

〔註124〕《周中丞疏稿》，卷四，〈議留邊海極要將官疏〉，頁29上～32上：「將該參
　　　　將仍舊留任，俟再有成績酌量陞遷，其原調黎平即以新推金山參將改補，庶
　　　　將領不煩更置而邊疆永有干城矣。等因到臣，該臣會同操江都御史耿定力、
　　　　巡按御史楊廷筠、巡江御史李雲鵠看得江南爲根本重地，襟江帶海處處衝險，
　　　　而金山坐枕海口，與倭奴僅隔一水，尤稱門庭之守，將領最難得人，故金山
　　　　安則內地諸郡皆安，所關匪細。」

將，駐箚於揚州府城，原額設兵千名，隸屬於操江都御史管轄。〔註125〕

揚州參將之設置，乃是爲增加南直隸江北地區防禦力量，以作爲抵禦倭寇侵擾之用，而又因爲其隸屬於操江都御史，因此其後遂成爲江防體系中一個相當重要的武職。後來其所管轄的範圍擴大到從儀眞縣的青山嘴到江都縣的三江口，其中管領有儀眞守備、三江口把總等官，以及青山嘴、儀眞城、下江口、舊江口、何家港、都天廟、花園港、瓜洲鎮、沙河港、三江口等險要駐兵所在。〔註126〕

事實上，南直隸江北地方所設參將並不止揚州參將，其中尙有徐州參將乃是隆慶四年（1570）由睢陳參將改設，駐箚徐州，主要任務爲保護運道，與江海防較無直接關係。〔註127〕而鹽城參將與通泰參將，則是設置於嘉靖年間倭寇正熾之時，雖然其設置的目的正是防海備倭，然而倭寇侵擾嚴重的時期之後即

---

〔註125〕清・陳述祖、李北山纂修，《揚州營志》（《北京圖書館古籍珍本叢刊》之四八冊，北京：書目文獻出版社，不著出版年月，據淸道光十一年刻本影印），卷三，〈建置〉，頁 5 下～6 上：「世宗嘉靖三十三年，倭犯日熾，添設整飭淮揚海防兵備道，及移鳳陽巡撫都御史駐揚贊督軍務，始以坐營指揮改建分守揚州等處地方參將，府署參將一人或以遊擊將軍代之，中軍有守備等官，額兵千名，駐箚南直隸揚州府操練水陸軍馬，防禦江北信地，與兵道相兼調度，南接常鎮參將，東接狼山副總兵官，各爲聲援，凡衛所官軍皆得以軍法節制之。時瓜洲亦增舟師，召土著及浙人習水戰者充其伍，外儀眞、三江、瓜洲、江都四營並歸標轄，而統隸於操江都御史，繼因鳳撫、兵道移駐泰州整飭海防，其江防信地悉歸揚營崇鎮焉。」

〔註126〕《江防考》，卷三，〈揚州參將分布防汛信地〉，頁 33 下～36 下：「一青山嘴，係儀眞地方……，原設儀眞衛縣官兵巡船在彼防守，後本院添設重兵備禦……。一儀眞城……，原設守備都指揮一員駐箚在彼，統領儀眞衛縣城操軍舍并民壯鄉兵防守……。一下江口，在儀眞縣南……，原設儀眞衛操江軍舍壹百貳拾名，巡船壹拾柒隻在彼防守，聽守備官調度……。一舊江口，在儀眞縣東……，設有巡檢司官兵巡船把守……。一何家港，在儀眞縣東二十里……。一都天廟，即新城，在儀眞縣稍東偏北十五里……，先年原議漕兵伍百名委官防守……。一花園港，係江都縣地方……，原設揚州衛把截軍舍貳拾名，巡船壹隻在彼防守，上年議將瓜洲鎮操江軍舍內撥肆拾名，共陸拾名，委官百戶壹員管領……。一瓜洲鎮，係江都縣地方……，今添註揚州府同知壹員駐箚，統領原有民壯、驍勇、機兵等項八百餘名，并揚州衛巡江軍舍、巡檢司弓兵及巡哨船壹拾餘隻及草撇船拾隻、捕兵壹百拾肆名　喇　船肆隻、捕兵拾陸名在彼防禦……。一沙河港，係江都縣地方……。一新港即三江口，係江都縣地方……，近設本院題設把總壹員，統領水兵陸百名、沙船貳拾隻把守。」

〔註127〕《萬曆・大明會典》，卷一二七，頁 10 上。

少見其相關記載，或許是因為事平裁革並非常設，因此本文並加以探討。〔註128〕

## 三、常鎮參將

常鎮參將設置的時間晚於金山與揚州參將，萬曆二十六年（1598）倭警重大，操江都御史為確保漕運咽喉京口以及增強留都南京的守禦力量，乃建議增設常鎮參將一員以為備禦。〔註129〕其駐箚地在蘇州府與常州府交界的險要之處楊舍鎮，〔註130〕統有陸兵一千名以及兵船若干，是一個水陸兼備的職官設置。〔註131〕楊舍原本設有守備一員，後遭裁革，萬曆十三年（1585）復

〔註128〕 明・陳完，《皆春園集》（《四庫全書存目叢書》集部一八二冊，台南：莊嚴文化事業有限公司，1997 年 10 月初版一刷，據南京圖書館藏明萬曆刻本影印），卷三，〈賀參戎黑君榮壽序〉，頁 19 下～21 下：「今年春，翠峯黑君分守通泰……，至之日下令曰：寇在淞吳其意叵測，吾用守乃躬擐甲冑循行海上，則其要害之處設兵為衛，嘗以通泰形勢與經畧之方語撫臺王公，公壯之，既而寇至，下令曰：吾籌之矣。吾用戰初督戰于海，寇窮登陸，再督戰于陸，寇遁入海，斬馘計百餘級。」又《李襄敏公奏議》，卷一一，〈論列武職官員疏〉，頁 15 上～17 下：「臣節該欽奉勅諭：其撫屬文武職官并沿海參將、守備、把總等官悉聽節制，敢有貪殘不職，文官五品以下，武官四品以下徑自挐問，各該官員如有廉能公正悉心幹濟者，據實旌獎。欽此，欽遵……。中都留守司署正留守文質、原任蘇松參將婁宇俱才能，已經陞任，及掘港守備楊繼忠勇有謀節次保薦……，訪得鹽城參將楊尚英謀勇不群、韜鈐素習……，周家橋把總呂圻久更戎陣、頗識虜情……，及照狼山副總兵曹克新愛常克威、才不勝守，向分地於揚城，實同體於鏢下，廉慎不苟，本為武胄之良……，惟是狼山要害，水戰非其所更，總領重權望實懼其難副，雖功賞見推，難從黜幽之列，而委寄非任當為先事之防。此一臣者，官守無玷，事任非宜，所當改用以示保全者也。」

〔註129〕 《南京都察院志》，卷三二，〈巡江改移將領疏〉，頁 27 下～32 上：「自惟責在江海一帶，南抵金山北抵狼山，巡覽一周，凡地勢要害、將吏職否、行伍虛實、閭閻甘苦大都得其梗槩……。臣查得常鎮參將之設自萬曆貳拾陸年倭警，左僉都御史陳任操江時所題，以京口為漕運咽喉、留都門戶請設參將特鎮重地，慮誠周、策誠善矣。」

〔註130〕 明・陳仁錫，《全吳籌患預防錄》（台北：國家圖書館善本書室藏清道光間抄本），卷一，〈楊舍〉，頁 24 下～26 上：「楊舍與狼、福二山相為犄角，乃常、鎮之屏藩，留都之門戶也，常鎮參將一員已駐其處，沿江一帶皆其信地。」又卷四，〈江陰縣險要論〉，頁 13 上～14 下：「楊舍，楊舍在蘇、常之交，去常熟、江陰各三十五里，為常、鎮二府沿江險要之最。」

〔註131〕 《全吳籌患預防錄》，卷一，〈楊舍〉，頁 24 下～26 上：「部下兵船應分四枝，內二枝百戶二員領泊楮家沙，更番哨至三丬沙、登舟沙、營前沙……，一枝千戶一員領泊三丈浦……，一枝中哨百戶一員領泊谷瀆港口……。楊舍營原設哨官五員，統領陸兵一千名。」

設爲守備。〔註132〕

　　但後來以永生洲橫亘長江之表，爲海舟入江之咽喉，乃建議將常鎮參將改駐於永生洲，以扼海舟之入江，而常鎮參將也就改稱爲永生洲參將。〔註133〕此後雖然有將永生洲參將移駐於江防起點圖山，並恢復其原有之常鎮參將名號，以避免以僅僅千人之兵力而「奔馳兩屬，應接不暇」〔註134〕的建議，但是直到崇禎末年，永生洲參將仍未恢復舊制成爲常鎮參將。〔註135〕由此可見常鎮參將改設爲永生洲參將之後乃是「兩屬」的狀態，既屬於操江都御史管轄，也歸應天巡撫所節制，可說是一個水陸兼備、江海兼防的單位。

## 四、儀眞守備

　　儀眞縣位於揚州府城西南，濱臨長江，爲重要的水路要衝，也是明代漕船通行的重要地點，因此儀眞縣的守禦特別受到重視。〔註136〕（見：圖 4-8）

---

〔註132〕《萬曆・大明會典》，卷一二七，頁 11 上。

〔註133〕《南京都察院志》，卷三二，〈巡江改移將領疏〉，頁 27 下～32 上：「而永生洲橫亘長江之表，正海舟入江咽喉，又爲京口門戶，南控孟河、北望周家橋，近設把總統兵一千巡徼緝詰，盜賊屏跡，所謂江上函谷塞以丸泥者，但永生去京口纔八十里，京口去留都百八十里……合無即改常鎮參將曰永生洲參將，其南北兼屬如舊，其南之屬隸參府者亦如舊，特於江北附近取周家橋把總信地隸之以便調度。」

〔註134〕明・蔡獻臣，《清白堂稿》（《四庫未收書輯刊》陸輯二二冊，北京：北京出版社，2000 年 1 月一版一刷，據明崇禎刻本影印），卷一〇，〈答陳蠡源操江〉，頁 15 上～16 下：「今六部尚書御史臺大都內外不能相兼，惟南操臺實兼之，故操臺眞國家之重臣……又永生洲參將所統江南兵僅僅千人，幾於贅疣，而奔馳兩屬應接不暇，永生去圖山不遠，此官乃裁常鎮參將而設之者，今有便計，惟裁圖山把總而移參戎於圖山，仍復其銜曰常鎮參將，以兼統二府營衛，仍屬操撫節制，且以江南之兵五百人合圖山額兵八百，庶幾能軍不必添設，至於永生一洲舊雖賊藪，第江南江北各以一哨之兵約百五十人而守之，萬萬無慮矣。江北屬之周家橋，江南屬之圖山，總不過前所謂千人者用其三之一而有餘也，不肖囊在常鎮籌此至熟，念南北分撫合疏落落，若台臺從中有意主持之則易如反掌，故一借箸於知已之前，或可備他日之採擇耳。」

〔註135〕《撫吳檄草》，卷四，〈爲飛報大獲全捷事〉，頁 68 上：「票仰永生洲參將王所將發來盜犯嚴昌、顧銀首級二顆，即備楞桶盛貯，豎立棋杆，并將發來號條用木板刊刻，黑油白地，懸示永生洲江陰地方，號令取具遵□報□毋違。崇禎十四年十一月二十三日。」

〔註136〕明・茅元儀，《武備志》（《四庫禁燬書叢刊》子部二六冊，北京：北京出版社，2001 年 1 月一版一刷，據北京大學圖書館藏明天啓刻本影印），卷二二一，〈揚

成化四年（1468），錦衣衛指揮僉事馮珝就以長江鹽徒出沒無常，官軍疲於奔走不能追捕，而建議於沿江各要害處所各選老成指揮鎮守，以緝捕鹽徒盜賊，而其中所列舉的沿江要害即有儀眞縣一處，此一建議後來獲得採納。〔註137〕

儀眞守備的設置始於永樂初年，原本僅止於備禦儀眞一處地方，兼管揚州高郵地方，嘉靖二十年（1541）將江南備倭事宜專屬金山備倭官，而原先亦屬金山備倭所轄的江北地方之備倭事宜改由儀眞守備所負責，於是儀眞守備的職權與轄區都大幅擴張。〔註138〕至嘉靖三十二年倭寇大舉入侵之後，由於南直隸大江南北增設之將領越來越多，儀眞守備的地位也逐漸下降，終成獨守一城的武職官員，不再管領南直隸江北地區的備倭與緝捕鹽徒工作。〔註139〕

州參將分布防汛信地〉，頁 9 上～12 上：「儀眞城，查得東到瓜洲四十里，東北到揚州府城七十里，西到六合縣瓜埠鎮六十五里，南濱大江，商賈雜集，漕運所關，誠爲要地，原設守備都指揮一員，駐箚在彼，統領儀眞衛縣城操軍舍，并民壯鄉兵防守。」

〔註137〕《明憲宗實錄》，卷五四，成化四年五月己卯條，頁 7 下：「錦衣衛指揮僉事馮珝奏：鹽徒出沒不常，官軍疲於奔走，不能追捕，蓋由長江萬里港汊非一故也……。今宜令操江官軍照舊操守附近巡捕，而於鎮江、儀眞、太平、九江等要害之處各選老成指揮鎮守，兼同巡江御史提督沿江軍衛有司多方緝捕。所捕鹽徒及強盜務須追問賣鹽場分并經歷地方一體治罪，如此則操江官軍庶免跋涉而不離重地，沿江官軍得以坐鎮而兼守地方矣。奏下兵部覆奏。從之。」

〔註138〕《李襄敏公奏議》，卷六，〈明職任分信地以便責成疏〉，頁 1 上～4 上：「據海防兵備副使劉景韶呈抄，奉本院批，據儀眞守備盧相呈前事，該本道議，查得儀眞守備自永樂初年設置以來，只管本處，兼理揚州高郵地方，操練兵馬，護守城池。其沿海一帶自有金山總督備倭都司。至嘉靖十九年，該兵科馮給事中建議將江南備倭專屬金山都司，江北備倭改屬儀眞守備。」又《明世宗實錄》，卷二四九，嘉靖二十年五月庚寅條，頁 7 下。

〔註139〕《南京都察院志》，卷三一，〈江防久廢夥盜公行乞勅當事重臣悉心經理以杜後虞以安地方疏〉，頁 28 下～45 下：「又據淮揚海防道副使程學博呈稱：本道所轄江防地方內瓜洲鎮、三江會口先該各院題增兵船防守無容別議，止有儀眞守備統領水兵二百三十二名，似爲寡少，相應量增。」

## 圖 4-8：儀真縣城池守備衙門位置圖

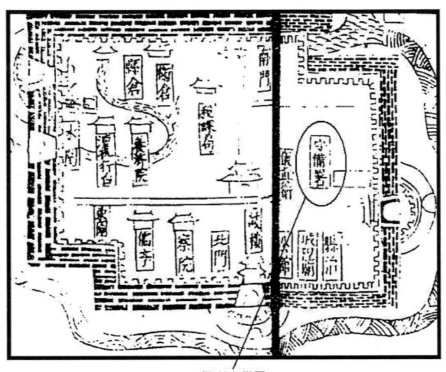

儀真守備署

圖意說明：儀眞守備衙門在儀眞縣城內，位於儀眞縣治南方，儀眞衛西
　　　　　側。

資料出處：明・楊洵等修，《萬曆・揚州府志》（台北：國家圖書館善本
　　　　　書室藏明萬曆辛丑（二十九年）刊本），〈輿地圖〉，頁 7 下
　　　　　～8 上。

## 五、掘港守備

　　掘港位於揚州府如皋縣東，爲揚州府沿海的險要處所之一，〔註 140〕也是
倭寇、海盜犯境的登陸地點之一。〔註 141〕爲此明初即於此設有土堡，委派指

〔註 140〕明・李自滋、劉萬春纂修，《崇禎・泰州志》（《四庫全書存目叢書》史部二一
　　　　　○冊，台南：莊嚴文化事業有限公司，1997 年 10 月初版一刷，據泰州市圖
　　　　　書館藏明崇禎刻本影印），卷二，〈兵戎〉，頁 12 下～15 上：「如皋掘港營，
　　　　　距海大洋五十里。

〔註 141〕明・冒日乾，《存笥小草》（《四庫禁燬書叢刊》集部六○冊，北京：北京出版

揮一員領軍士一千三百名以做為備禦之用，天順年間挑選精壯入衛京師，僅存軍士五百五十名。〔註142〕嘉靖三十三年倭寇大舉入侵江北，總督漕運侍郎鄭曉督修如皋縣、海門縣、泰興縣等處城池堡寨時，以備盜之故，添設掘港把總官一員。〔註143〕嘉靖三十八年（1559）以鳳陽巡撫李燧奏請，乃將掘港把總改為守備。〔註144〕

掘港守備轄有備倭東、西二營，最盛時曾經統領招募民兵三千餘名，配備有戰船一百餘艘，可謂軍容壯盛，然而其後因倭寇平定，局勢漸趨承平，經過累次的裁汰，僅存水陸官兵六百餘名。萬曆十九年（1591）倭犯朝鮮，為增強備禦，掘港營乃增設精兵千餘名、戰船六十艘，並增設馬步軍五百六十餘名。然而這樣的配置在倭寇朝鮮事件平息之後旋即被裁汰，掘港守備所統領的兵力也恢復為水、陸兵五百名、沙船八艘的情況。〔註145〕

## 六、福山港把總

福山港位於蘇州府常熟縣北，瀕臨長江，與江北狼山遙相對峙，具有控扼船隻由海入江的地理位置，因而福山也被視為長江江防門戶。〔註146〕

明初置福山營，以太倉衛或蘇州衛之百戶一員，領軍士巡邏江中緝捕鹽盜。〔註147〕嘉靖中，因福山港成為倭寇入侵蘇州之要道，〔註148〕遂於其地築堡、

---

社，2001 年 1 月一版一刷，據北京大學圖書館藏清康熙六十年冒春溶刻本影印），卷二，〈掘港守備管公德政碑〉，頁 10 上～12 上。

〔註142〕《崇禎・泰州志》，卷二，〈兵戎〉，頁 12 下～15 上。

〔註143〕《明世宗實錄》，卷四一三，嘉靖三十三年八月己巳朔條，頁 1 上：「命總督漕運侍郎鄭曉督修如皋、海門、泰興、海州、塩城等處城池、寨堡，添設掘港把總官一員備盜。」

〔註144〕《崇禎・泰州志》，卷二，〈兵戎〉，頁 12 下～15 上：「如皋掘港營……。（嘉靖）三十八年，巡撫李燧奏改守備。」

〔註145〕《崇禎・泰州志》，卷二，〈兵戎〉，頁 12 下～15 上：「如皋掘港營……，統東、西二營，招募民兵三千餘名，設戰船一百餘隻。後經承平，漸加減汰，尚存水、陸官兵六百餘。萬曆十九年，倭犯朝鮮，沿海增備，復召精勇千餘，設戰船六十隻，增置馬步軍五百六十有奇，事平旋罷。見存水、陸營兵五百名，沙船八隻，戰馬二十二匹。所轄信地南至石港，北接丁美舍，西如皋，東抵大海洋。」

〔註146〕《江南經略》，卷一，〈唐荊川論附錄〉，頁 58 上。

〔註147〕清・沈世奕，《蘇州府志》（台北：國家圖書館漢學研究中心景照清康熙二二年序刊本），卷三五，〈明軍制〉，頁 9 上：「福山營，明初太倉、蘇州二衛分遣百戶一員，領軍巡邏江中盜賊。」又《弘治・常熟縣志》，卷三，〈武備〉，

設水兵把總以作爲抵禦倭寇之用。〔註149〕當時由於福山港「深闊可入」,〔註150〕爲防止賊船由此深入蘇州內地,乃於此處設置水兵把總,佈設兵船,甚至有於此設置二枝兵船的建議,〔註151〕此即所謂「舟師防守不可單弱」〔註152〕之處。而水師將領俞大猷則認爲福山港適於駐泊大型兵船,而要求於此地配置樓船艦隊,以抵禦倭寇之入寇。〔註153〕由此可知福山港確爲一重要的水師駐泊地點。
（見:圖 4-9）

頁 84 下～89 上:「福山巡江,福山與通州南北相對,販賣私鹽往來之地,蘇州衛或太倉衛歲遣百戶一員領兵泛江巡捉。」

〔註148〕 清·顧祖禹,《讀史方輿紀要》(台北:樂天出版社,1973 年 10 月初版),卷二四,〈江南六〉,頁 30 上:「福山港……,嘉靖三十四年,倭賊自福山港突犯郡城婁門,尋自太湖突犯楓橋,又經婁門還福山,是時江潮深闊,今日就淺澀矣。」

〔註149〕 清·顧炎武,《天下郡國利病書》(《四庫叢刊續編》,台北:台灣商務印書館,1976 年 6 月台二版,據上海涵芬樓景印崑山圖書館藏稿本),第四冊,〈蘇州府·兵防〉,頁 52 上～下:「福山,在縣北三十六里,下臨大江,與通州狼山相對,宋置水軍寨,今爲福山鎮。嘉靖中,爲倭寇出入之道,乃築堡設把總水兵于此。」

〔註150〕 《顧文康公集》,卷一〇,〈與胡太守可泉〉,頁 1 上～2 下:「東則孟瀆河、下港、福山港諸河皆深闊可入。」

〔註151〕 《全吳籌患預防錄》,卷一,〈海防條議〉,頁 13 上～28 下:「福山東通大海,北枕楊子江,倭寇流突,水路則入江陰,陸路則繇常熟,與江北通州狼山相望,把總一員督領水陸兵勇住箚其處,自白茆港至三丈浦皆其信地。部下水兵今當汛期仍舊招集分爲二枝,一枝百戶一員領泊登舟沙北面,以防本港,哨至崇明高家沙、三爿沙,一枝百戶一員領泊營前沙,哨至新鎮沙、山前沙、下腳三爿沙,本總仍與各兵船互相策應。」

〔註152〕 明·張燧,《經世挈要》(《四庫禁燬書叢刊》史部七五冊,北京:北京出版社,2001 年 1 月一版一刷,據山東大學圖書館藏明崇禎六年傅昌辰刻本影印),卷八,〈蘇州沿海防禦〉,頁 8 下～9 下:「蘇州沿海一帶,險隘甚多,舉其大者,則常熟有福山港、白茆塘,太倉有劉家河、七丫港,嘉定有吳淞江、黃窰港,皆賊之通衢,而東吳之門戶,此則所謂一府之險要……,故劉家河、吳淞江、福山港舟師防守不可單弱。白泖口、七丫港、黃窰港俱當預設戰艦,庶與各港相爲犄角。

〔註153〕 明·俞大猷,《正氣堂集》(《四庫未收書輯刊》伍輯二〇冊,北京:北京出版社,2000 年 1 月一版一刷,據清道光孫雲鴻味古書室刻本影印),卷一六,〈懇乞天恩亟賜大舉以靖大患以光中興大業疏〉,頁 1 上～8 上:「臣請于堪泊兵船地方,如江北設樓船三十隻於儀眞、瓜州,江南設樓船三十隻於鎮江、孟子河。又江北之狼山,江南之江陰、福山,及江中之塘沙、馬沙、褚家沙共設樓船九十隻。」

## 圖 4-9：福山港把總駐地圖

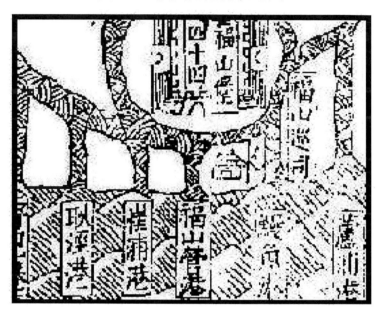

圖意說明：福山堡地處江海之交，該地有福山營港，爲水師駐箚之優良
據點。

資料出處：明‧吳時來，《江防考》（台北：中央研究院傅斯年圖書館藏
明萬曆五年刊本），卷一，〈江營新圖〉，頁 43 下～44 上。

## 七、圖山把總

　　圖山隔長江與江北周家橋相對，爲江防的重要門戶之一。〔註 154〕嘉靖三
十五年（1556）命操江都御史史褒善調九江、安慶官軍防守京口圖山，添設
把總指揮一員領之。〔註 155〕此即爲圖山把總設置之始。（見：圖 4-10）

〔註 154〕明‧茅元儀，《石民四十集》（《四庫禁燬書叢刊》集部六六冊，北京：北京出
　　　　版社，2001 年 1 月一版一刷，據北京圖書館藏明崇禎刻本影印），卷五一，〈留
　　　　都兵制議〉，頁 1 上～7 下：「則以采石、圖山爲江上第二重門戶，而任之專，
　　　　枉操江則樞部設兵。」
〔註 155〕《明世宗實錄》，卷四三二，嘉靖三十五年二月乙巳條，頁 3 下～4 上：「命
　　　　操江都御史史褒善量調九江、安慶官軍防守京口圖山等處，添設把總指揮一
　　　　員領之。」又《江防考》，卷二，〈圖山把總〉，頁 10 下～11 上：「查係嘉靖
　　　　三十五年二月總督浙直福建侍郎楊宜、操江都御史史褒善、巡撫都御史曹邦
　　　　輔會題爲愼防守以安重地事，該兵部覆議得鎮江京口江關實留都門戶、蘇松
　　　　咽喉，添設把總一員，專守京口、圖山等處。」

　　圖山把總統有水師兵船以作爲守禦之用，〔註156〕而其部下所領兵船數目達三十二艘之眾，分爲三哨，前哨由百戶一員統領，轄有福、鐵、槳船七隻，泊守安港口；中哨由千戶一員統領，轄有福、鐵、槳船七隻，泊守圖山洪口；後哨由千戶一員統領，轄有沙船八隻，遊哨於瓜洲、儀眞、江陰、楊舍之間。〔註157〕

<h3 style="text-align:center">圖 4-10：圖山把總駐地圖</h3>

圖山把總公署

圖意説明：圖山把總駐箚於長江南岸靠近圖山的江邊，此處是江防重要
　　　　　的守禦據點。
資料出處：明・吳時來，《江防考》，卷一，〈江營新圖〉，頁 37 下。

---

〔註156〕明・鄭若曾，《鄭開陽雜著》（台北：成文出版社，據清康熙三十一年版本影
　　　　印，1971 年 4 月台一版），卷三，〈常鎮參將分布防汛信地〉，頁 47 上～49
　　　　下：「圖山洪係干要地，設有把總兵船控扼，與周家橋、三江會口各兵船相爲
　　　　犄角，鎮江、京口并瓜洲、儀眞各兵船互相策應。」又《武備志》，卷二二一，
　　　　〈常鎮參將分布防汛信地〉，頁 6 下～9 上：「圖山洪係干要地，乃鎮江之咽
　　　　喉，留都之門戶，今設有把總兵船，可以控扼，與周家橋、三江會口兵船相
　　　　爲犄角，鎮江、京口并瓜、儀兵船互相策應。」
〔註157〕《周中丞疏稿》，卷九，〈舉劾武職官員疏〉，頁 19 上～25 上：「原任圖山把總今
　　　　陞貴州都司僉書程大受，紈袴少年，介胄庸品……設兵船，船與人必其相守也，
　　　　乃所轄三十二船，每船索銀五兩，計每歲各船共銀一百六十兩以爲常例，則各兵
　　　　高枕於家矣。兵以船爲家，而船闆如也，猝有長鱟者之呼，艅艎其我有乎！」又
　　　　《武備志》，卷二二一，〈蘇松常鎮兵備道分布防汛信地〉，頁 1 上～2 下。

## 八、大河口把總

大河口把總爲嘉靖三十七年（1558）添設，以原設鹽城把總移駐，〔註 158〕
駐箚於海門縣之呂四場，此處地勢險要，與掘港、廖角嘴形成控扼之勢，因
此設置把總一員以資鎮守。〔註 159〕其守禦之主要對象爲倭寇等由海而來的入
侵者，統有水、陸軍馬。〔註 160〕同時由於呂四場亦爲江洋水師巡緝的重要地
點之一，因此大河口把總轄下也配置有戰船若干以爲水戰之具。〔註 161〕

## 九、周家橋把總

周家橋位於泰興縣，〔註 162〕嘉靖三十三年（1554），以操江都御史史褒
善所請，增設把總一員於泰興縣周家橋防守。〔註 163〕（見：圖 4-11）雖然周
家橋把總爲操江都御史所奏請設置，理應隸屬於江防體系，然而實際上卻仍
然要受到江北鳳陽巡撫的監督節制，因此周家橋把總同樣是處於「兩屬」的
狀態之中。〔註 164〕

---

〔註 158〕《萬曆·大明會典》，卷一二七，頁 12 上。
〔註 159〕《讀史方輿紀要》，卷二二，〈江南五〉，頁 22 下～23 上下：「海防攷：縣東
　　　　呂四場，又東南料角嘴皆形勢控扼之處。」
〔註 160〕明·林雲程，《萬曆·通州志》，卷三，〈武備〉，頁 21 上～22 下。
〔註 161〕明·鄭慶淳，《鄭端簡公年譜》（《四庫全書存目叢書》史部八三冊，台南，莊
　　　　嚴文化事業有限公司，1997 年 10 月初版一刷，據上海圖書館藏明嘉靖萬曆
　　　　間刻鄭端簡公全集本影印），卷四，嘉靖三十三年六月條，頁 8 上～15 下：「隨
　　　　據衆將梅希孔呈稱：探得狼山、掘港、呂四等處江洋、海洋並無倭寇蹤跡，
　　　　地方寧靖。」又《萬曆·通州志》卷三，〈武備〉，頁 21 上～22 下。
〔註 162〕《可泉先生文集》，卷九，〈題造樓船以固海防疏〉，頁 18 下～130 下。
〔註 163〕《明世宗實錄》，卷四一〇，嘉靖三十三年五月辛酉條，頁 5 上：「增設把總
　　　　官一員于泰興縣周家橋防守，從操江都御史史褒善請也。」
〔註 164〕《李襄敏公奏議》，卷一一，〈論列武職官員疏〉，頁 15 上～17 下：「臣節該
　　　　欽奉勅諭：其撫屬文武職官并沿海參將、守備、把總等官悉聽節制，敢有貪
　　　　殘不職，文官五品以下，武官四品以下徑自挐問，各該官員如有廉能公正悉
　　　　心幹濟者，據實旌獎。欽此，欽遵……。訪得鹽城參將楊尚英謀勇不群、韜
　　　　鈐素習……，周家橋把總呂圻久更戎陣、頗識虜情。」

## 圖 4-11：周家橋把總駐地圖

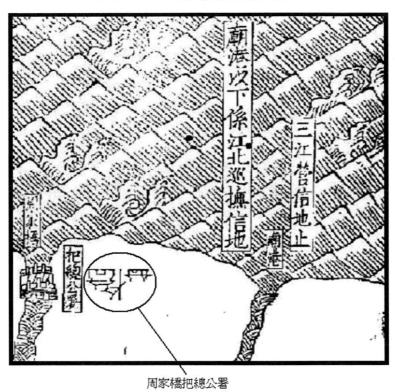

周家橋把總公署

圖意說明：周家橋把總駐箚於廟港下游的周家橋，此處爲交通要道，爲
　　　　　江北守禦據點之一。

資料出處：明・吳時來，《江防考》，卷一，〈江營新圖〉，頁 39 下。

## 十、三江口把總

　　三江口位於揚州府江都縣，隔長江與南岸的圖山相對，是江海備禦的險
要之地。由於地勢險要，經由操江都御史題請，在此設置把總官一員，統有
水兵戰船，以爲守禦江海之用。〔註165〕由於三江口把總是由操江都御史題請
設立，再加上此地與江南圖山相對，爲遏止盜賊由海入江之重要據點，因此

---

〔註165〕《武備志》，卷二二一，〈淮揚海防兵備道分布防汛信地〉，頁 2 下～6 下：「三
　　　　江會口係江都縣地方……。近該操院題設把總官一員，統領水兵六百名，哨
　　　　官二員，哨長一名，大小戰船二十隻，常川防守。」

三江口把總歸屬於操江都御史管轄。〔註166〕而三江口營也成為江防的重要軍事力量之一，與南湖、安慶、荻港、遊兵、儀真、瓜洲、圖山並列江防八營。〔註167〕

## 十一、瀏河把總（劉家河把總）

瀏河港寨位處婁江出海口處，〔註168〕元代曾於此置萬戶府，明初罷萬戶府，改制巡檢司，每司設弓兵百名，正統初年侍郎周忱等以金山有警奏設為寨，委蘇州衛指揮一員領軍士五百名海船八艘巡哨備倭。〔註169〕嘉靖三十二年（1553），添設瀏河把總一員。〔註170〕嘉靖四十五年（1566）又於瀏河建參將府，募水、陸兵，並添設福船、沙船以資防禦，萬曆初年，改設為游擊。〔註171〕然而瀏河把總卻並未因為此處增設參將、遊擊而裁撤，依然設置如故。

## 十二、吳淞江把總

吳淞江口位於蘇州府嘉定縣，〔註172〕為蘇州府重要港口之一，且港闊水深可供大型戰艦靠泊。〔註173〕因此明初即於此地設置守禦千戶所以為備禦。〔註174〕也正因為吳淞江口適於船艦的靠泊登岸，因此嘉靖年間侵擾江南的倭

---

〔註166〕《揚州營志》，卷三，〈建置〉，頁5下～6上：「時瓜洲亦增舟師，召土著及浙人習水戰者充其伍，外儀真、三江、瓜洲、江都四營並歸標轄，而統隸於操江都御史，繼因鳳撫、兵道移駐泰州整飭海防，其江防信地悉歸揚營嵩鎮焉。」

〔註167〕《南京都察院志》，卷三二，〈遵制酌時分別軍兵清支糧餉以便操巡疏〉，頁32上～35下。

〔註168〕《白石樵真稿》，卷四，〈劉河游擊張公去思碑記〉，頁35上～36下。《徐文敏公集》，卷四，〈靖海全功詩序〉，頁28下～31下。

〔註169〕明・王鏊等修，《姑蘇志》（台北：國家圖書館善本書室藏明正德元年刊本），卷二五，〈兵防〉，頁4下～5上又明・劉彥心，《嘉靖・太倉州志》（《天一閣藏明代方志選刊續編》之二〇，上海：上海書店，1990年12月一版一刷，據明崇禎二年重刻本影印），卷三，〈劉家港把守官軍營〉，頁10上～下。

〔註170〕《萬曆・大明會典》，卷一二七，頁11下。

〔註171〕明・張采等修，《太倉州志》（台北：國家圖書館善本書室藏明崇禎十五年刊清康熙十七年修補本），卷一〇，〈瀏河堡〉，頁41上～45上。

〔註172〕《讀史方輿紀要》，卷二四，〈江南六〉，頁32上；《南畿志》，卷一二，〈吳淞江守禦千戶所〉，頁24下。

〔註173〕《全吳籌患預防錄》，卷一，〈海防條議〉，頁13上～28下：「吳淞江口水勢淵深無底，外控大海為蘇松之要衝。」

〔註174〕明・韓浚、張應武等纂修，《嘉定縣志》，卷一六，〈城池〉，頁4上～下。

寇往往由此地入侵，嘉靖三十二年（1553）四月，海寇分別攻陷吳淞以及南匯二千戶所。〔註175〕同年十一月間，倭寇流劫及於吳淞千戶所。〔註176〕嘉靖三十三年（1554）正月，由蕭顯所率領的數千賊眾，由吳淞入犯，侵擾遍及蘇州、松江。〔註177〕

正因為經過幾次的倭寇、海盜侵襲，朝臣有感於吳淞千戶所防禦力量不足，於是乃於吳淞江口增設把總官一員，以作為備禦之用。〔註178〕（見：圖4-12）並在吳淞江口設置水營兵船，使其成為蘇州沿海水師基地之一。〔註179〕爾後為加強吳淞千戶所的守禦力量，操江都御史蔡克廉奏請添設參將一員駐守吳淞江口，以加重事權，並可收江海兼防之效。〔註180〕其後甚至因吳淞千戶所為「海道總轄之要」〔註181〕、「江海第一關鑰」，〔註182〕而令鎮守江南副總兵官駐箚於此，〔註183〕以收居中調度之效。〔註184〕

---

〔註175〕《明世宗實錄》，卷三九七，嘉靖三十二年四月丁酉條，頁 6 下：「海寇攻吳淞江所、南匯所，俱破之，分兵掠江陰。」

〔註176〕《明世宗實錄》，卷四〇四，嘉靖三十二年十一月乙巳條，頁 1 上～下：「乙巳，前犯常熟倭，復由上海七鼉洪登岸，流劫三林莊、南匯所、吳淞江所及嘉定縣地方，至十九日始去。」

〔註177〕明・鍾薇，《耕餘集》（台北：國家圖書館善本書室藏明萬曆間刊本），倭奴遺事卷，〈倭奴遺事〉，頁 10 上～16 下：「（嘉靖）三十三年甲寅正月，賊首蕭顯駕七巨舟擁眾數千由吳淞入……，分據周浦、下沙、新場、川沙……，賊首陳東、蕭顯、徐海、徐明山分據柘林作犄角。」

〔註178〕《萬曆・大明會典》，卷一二七，〈鎮戍二・將領下〉，頁 11 下：「把總十三員……，吳淞江，嘉靖三十二年添設。」

〔註179〕清・蘇淵，《嘉定縣志》（台北：國家圖書館漢學研究中心景照清康熙十二年序刊本），卷二，〈兵伍〉，頁 36 上～37 上：「本年（嘉靖三十二年），題設吳淞江把總一員，統水兵二千九百名。」

〔註180〕《可泉先生文集》，卷七，〈題乞添設將官疏〉，頁 55 上～59 上：「臣請乞比照添設參將一員，駐箚吳淞江所地方，則事權既重，江海兼防，一旦有警，不患無將。」

〔註181〕《全吳籌患預防錄》，卷一，〈海防條議〉，頁 20 上。

〔註182〕明・徐顯卿，《天遠樓集》（台北：國家圖書館善本書室藏明萬曆間刊本），卷一〇，〈賀朱總戎晉秩留鎮吳淞序〉，頁 42 上～44 上。

〔註183〕《萬曆・大明會典》，卷一二七，〈鎮戍二・將領下〉，頁 9 下～10 上：「江南副總兵，舊係總兵官，駐箚福山港……，（嘉靖）三十二年，又設為副總兵官，駐金山衛，四十三年，改駐吳淞，專管江南水陸兵務。」

〔註184〕《全吳籌患預防錄》，卷一，〈海防條議〉，頁 20 上～下。

## 圖 4-12：吳淞水營把總衙門圖

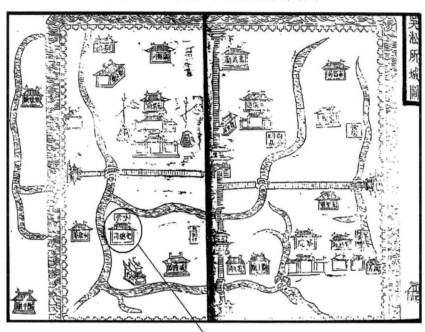

吳淞水營把總司

圖意說明：吳淞水營把總衙門與參將衙門同在吳淞江守禦千戶所城內。
資料出處：明・楊洵等修，《萬曆・揚州府志》，〈輿地圖〉，頁 5 下～6
上。

## 十三、川沙堡把總

　　川沙堡位於松江府上海縣東南，其地產鹽，爲商賈輻輳之地。〔註185〕明
代初期並未設有軍事單位，嘉靖年間以其地適於泊舟登岸，被倭寇據爲巢穴，
〔註186〕爲了加強此處之防禦，巡撫趙忻等於嘉靖三十六年（1557）奏請設置
川沙堡，於此屯駐官兵以備倭寇。〔註187〕（見：圖 4-13）嘉靖三十九年（1560），
應天巡撫翁大立又奏請於川沙堡設把總一員，川沙堡之地位益形重要。〔註188〕

---

〔註185〕《讀史方輿紀要》，卷二四，〈江南六〉，頁 39 上。
〔註186〕《趙氏家藏集》，卷三，〈論張總督疏〉，頁 9 上～11 上。《環溪集》，卷三，〈觀
　　　　風圖咏序〉，頁 8 下～10 下。
〔註187〕《讀史方輿紀要》，卷二四，〈江南六〉，頁 39 上。
〔註188〕《明世宗實錄》，卷四八四，嘉靖三十九年五月丁亥條，頁 4 下。

其後甚至將原設之南匯把總裁革，而將原本配置於南匯之官兵皆歸川沙堡把
總節制。〔註 189〕

圖 4-13：川沙堡把總駐地圖

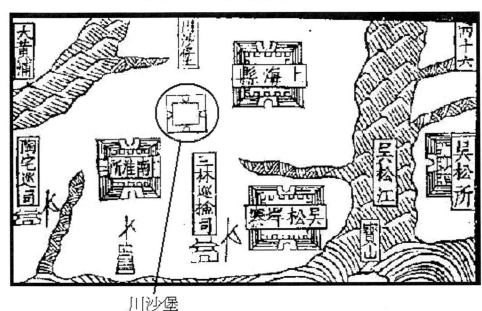

圖意說明：川沙堡位於南匯守禦千戶所與上海縣以及吳淞江之間，此處
　　　　　設有把總一員備禦。

資料出處：明・吳時來，《江防考》，卷一，〈江營新圖〉，頁 46 上。

## 十四、柏林把總

　　柏林位於松江府東南，為一易於泊舟登岸之地形，〔註 190〕明代原先並未
設置軍事單位於此，〔註 191〕嘉靖年間倭寇江南，柏林被大夥倭寇據為巢穴，
〔註 192〕明政府因此正視柏林的重要性，於此設置軍事營堡以為守禦。〔註 193〕

---

〔註 189〕《全吳籌患預防錄》，卷一，〈海防條議〉，頁 13 上～28 下。《崇禎・松江府
　　　　　志》，卷二五，〈南匯堡〉，頁 28 上～29 下。

〔註 190〕《崇禎・松江府志》，卷二五，〈柏林堡〉，頁 22 下～25 上：「是時倭寇據以
　　　　　為巢者，其故有三，一是各處海墻多灘塗閣淺，而柏林獨否，其來易於登岸，
　　　　　其去易於開艘，一也。」

〔註 191〕明・沈愷，《環溪集》（台北：國家圖書館善本書室藏明隆慶間刊本），卷三，
　　　　　〈觀風圖咏序〉，頁 8 下～10 下。

〔註 192〕《趙氏家藏集》，卷三，〈論張總督疏〉，頁 9 上～11 上：「賊知我師之怯，益

嘉靖三十九年（1560），以應天巡撫翁大立所請，與川沙堡同時設置把總一員以資守禦。〔註194〕（見：圖4-14）崇禎時，或許因為局勢動盪不安，柘林堡所設之把總官遂升格改設為守備官。〔註195〕

### 圖4-14：柘林把總駐地圖

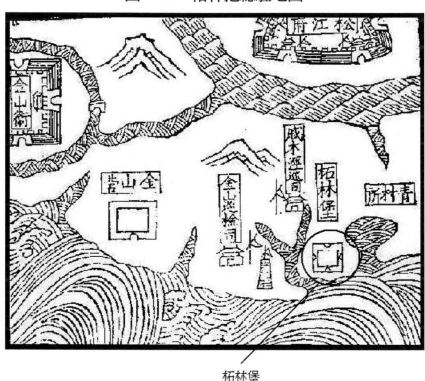

柘林堡

圖意說明：柘林堡位於青村守禦千戶所與金山營、衛之間，可補兩者之
　　　　　間防禦之不足。
資料出處：明·吳時來，《江防考》，卷一，〈江營新圖〉，頁46下。

　　　　完壘治兵，盤據松江柘林及川沙窪地方。」又明·馮時可，《馮文所巖棲稿》
　　　　（台北：國家圖書館善本書室藏明萬曆十三年刊本），卷上，〈日本志〉，頁
　　　　41上～六三上。
〔註193〕　《鄭開陽雜著》，卷一，〈蘇松水陸守禦論〉，頁12上～13上：「自上海之川
　　　　沙、南匯；華亭之青村、柘林凡賊所據以為巢窟者，各設陸兵把總以屯守之。」
〔註194〕　《明世宗實錄》，卷四八四，嘉靖三十九年五月丁亥條，頁4下。
〔註195〕　《撫吳疏草》，〈報海寇疏〉，頁572～574：「崇禎十一年五月十四日，據柘林
　　　　營守備莫士強報稱：本月初六日起至初十日止，哨探得外洋有南寇飄突劫掠
　　　　震鄰。」

## 十五、遊兵把總

　　遊兵把總設置時間較晚，爲萬曆三年（1575）所添設，其駐箚地點在上梁河。〔註 196〕遊兵與一般營寨所駐箚的官兵不同，各營寨駐箚官兵雖各有其信地，然而其守禦重點即在其駐箚之地，而遊兵所著重者在於巡遊探捕，並不固定於一處守禦，是一種強調機動性的單位，其設置的目的在於協助補強固定營寨的守禦。〔註 197〕因此遊兵把總所著重者即在巡遊，其巡遊範圍爲自狼山至圖山，並應與通州、泰州所駐官兵合兵巡哨。〔註 198〕

## 十六、狼山水兵把總

　　狼山水兵把總據萬曆《大明會典》所載，爲嘉靖三十九年所添設。〔註 199〕然而明人王揚德的《狼山志》中則說狼山把總司乃是設於嘉靖壬戌，也就是嘉靖四十一年（1562）。〔註 200〕由於未有其他明確史料，姑且將兩種說法皆列舉出來。

　　由於狼山位處長江出海口北岸，又爲一突出之山頭，因此一向被視爲江海防之重險地點。〔註 201〕明初於此地設有巡檢司，〔註 202〕嘉靖倭亂後乃設置把總一員以資備禦。雖然在嘉靖三十七年（1558）時已經設置有提督狼山等處副總兵官一員，〔註 203〕但是狼山把總卻並未因此而沒有設置，其主要原因即是狼山副總兵所管轄者乃是南直隸長江北岸水陸戰守事宜，〔註 204〕而狼山

---

〔註 196〕《萬曆・大明會典》，卷一二七，頁 12 上。

〔註 197〕關於遊兵與營寨請參考黃中青，《明代海防的水寨與遊兵——浙閩粵沿海島嶼防衛的建置與解體》，第二章，〈寨遊與沿海衛所的防務〉，頁 11～32。

〔註 198〕《萬曆・大明會典》，卷一二七，頁 12 上。

〔註 199〕《萬曆・大明會典》，卷一二七，頁 12 上。

〔註 200〕明・王揚德，《狼山志》（台北：國家圖書館善本書室藏明天啓三年刊本），卷四，〈狼山營陣亡勇士碑記〉，頁 36 上～38 下：「狼山峙通州之南，濱於江，嘉靖壬戌，倭躪其地，沿海列屯戌以制禦之，設把總司，統眾千人駐節於此。」

〔註 201〕《震澤先生集》，卷一七，〈通州重建狼山廟門記〉，頁 2 上～3 下。

〔註 202〕《讀史方輿紀要》，卷二二，〈江南五〉，頁 21 下～22 下：「通州……。狼山，州南十五里……，明正德八年，賊劉七等大掠江淮，官軍敗之，賊走狼山，官軍扼而殲之江，今有官兵戌守，舊設狼山巡司在州南十八里狼山鄉。」

〔註 203〕《明世宗實錄》，卷四六〇，嘉靖三十七年六月乙酉條，頁 4 下：「乙酉，命通泰參將署都指揮僉事鄧城充添設提督狼山等處副總兵官。」又《萬曆・大明會典》，卷一二七，〈鎮戌二・將領下〉，頁 9 下：「南直隸，提督一員，狼山副總兵官，嘉靖三十七年添設，駐箚通州。」

〔註 204〕《萬曆・大明會典》，卷一二七，頁 9 下：「提督一員。狼山副總兵：嘉靖三十七

水兵把總則是專領水兵駐箚狼山以爲守禦之用。〔註205〕（見：圖 4-15）狼山水兵把總所配屬之兵力在嘉靖、隆慶年間最盛時有水兵三千餘名，艚船、福船、沙船、唬船、草撇船、樓船等七十餘艘，〔註206〕其後由於倭寇日漸平息，狼山水兵把總轉而以防禦鹽徒、盜賊爲主要任務，〔註207〕其所配屬官兵裁汰爲九百名，各型戰艦與傳報消息所用之梭船共計五十一艘。〔註208〕可見即使在承平時期，狼山水兵把總所轄之水師仍然有頗爲可觀之兵力。

### 圖 4-15：狼山水兵把總駐地圖

狼山

圖意説明：狼山水兵把總駐箚於狼山，並非如狼山副總兵一般駐箚於通
　　　　　州城。

資料出處：明・吳時來，《江防考》，卷一，〈江營新圖〉，頁 44 上。

---

　　　　年添設，駐箚通州。水路，自瓜、儀、周家橋、掘港，直抵廟溪、雲梯關；陸路，
　　　　自通、太、淮、揚、天長，直抵鳳、泗。各祭將、守備、把總等官，悉聽節制。」
〔註205〕《狼山志》，卷四，〈改建狼山把總公署記〉，頁 26 上～29 上：「自嘉靖甲寅
　　　　中於倭，始設狼山副總兵一、把總一。總兵浮兼督淮南北水陸諸營寨，而把
　　　　總則專統白狼樓舡之眾。」
〔註206〕《狼山志》，卷，〈信地圖説〉，頁 2 上～3 上。
〔註207〕《狼山志》，卷四，〈狼山營陣亡勇士碑記〉，頁 36 上～38 下：「狼山峙通州
　　　　之南，濱於江，嘉靖壬戌，倭�其地，沿海列屯戌以制禦之，設把總司，統
　　　　眾千人駐節於此。此後倭平，以禦鹽盜。」
〔註208〕《狼山志》，卷二，〈建置〉，頁 1 上～3 上：「至於官兵之設，額九百員名，哨
　　　　總官二、哨官四、掌號官二、捕盜四十七，其沙唬戰艦及傳報梭船共五十一隻。」

　　江海聯防的相關職官，中央文武官員的設置有副（僉）都御史一員、巡撫都御史二員、監察御史一員、副總兵官二員；地方文職官員設有按察副使（僉事）二員、府同知五員；地方武職官員設有參將三員、守備二員、把總十員。其設置不可謂不多，且文職與武職官員兼而有之，可見明朝廷對於江海聯防之重視。

　　如此眾多官員的設置，也突顯出南直隸江海交匯地區守禦工作的不易執行，不但需要中央文武職官員的統合指揮，也需要各級文武官員的配合運作。而由這些為數眾多的中央與地方文武官員的設置也可以發現，江海聯防並非如江防體制一般，是一個完整的防禦體系，由一中央級主管官員負責統籌運作，而是在江海交匯之處，因應防禦所需逐步建構而成。也正因為江海聯防跨越了江防與海防兩大防禦體系，其主管單位不只一個，使得其防禦工作的執行更添加複雜性。雖然眾多文武官員的設置初意是在使江海聯防的執行更為順利，但是這種架構也往往使得防禦工作的執行產生各種困難與弊端。（參見：表 4-1、表 4-2）

表 4-1：明代南直隸江海聯防職官表

| 編號 | 職別 | 職官名稱 | 主掌職務 | 職務設置年代 |
|---|---|---|---|---|
| 1 | 中央文職 | 操江都御史 | 長江防衛巡歷信地 | 永樂至正統間（1403～1449） |
| 2 | 中央文職 | 應天巡撫 | 以本職兼理海防事務 | 嘉靖三十二年（1553）七月 |
| 2 | 中央文職 | 鳳陽巡撫 | 以本職兼理海防事務 | 嘉靖三十二年（1553）七月 |
| 3 | 中央文職 | 巡視下江御史 | 巡視南京龍江關下至蘇松等處 | 嘉靖十一年（1532）十月 |
| 4 | 中央武職 | 江南（吳淞）副總兵 | 統籌江南各營軍事指揮調度 | 嘉靖三十二年（1553）置 |
| 4 | 中央武職 | 狼山副總兵 | 統籌江北各營軍事指揮調度 | 嘉靖三十七年（1558） |
| 5 | 地方文職 | 蘇松常鎮兵備道 | 督捕盜賊巡捉鹽徒 | 正德七年（1512）置 |
| 5 | 地方文職 | 淮揚海防兵備道 | 整飭淮揚海防江洋 | 嘉靖三十三年（1554）置 |
| 6 | 地方文職 | 松江府海防同知 | 統領松江府通海要路兵船 | 嘉靖三十三年（1554）十二月 |

| 6 | 地方文職 | 蘇州府海防同知 | 統領蘇州府通海要路兵船 | 嘉靖三十三年（1554）十二月 |
| --- | --- | --- | --- | --- |
| 6 | 地方文職 | 常州府海防同知 | 巡察軍伍、海防兼管清軍 | 隆慶元年（1567）六月 |
| 6 | 地方文職 | 鎮江府海防同知 | 巡察軍伍、海防兼管清軍 | 隆慶元年（1567）六月 |
| 6 | 地方文職 | 揚州府江防同知 | 江海兼防 | 嘉靖三十三年（1554）置 |
| 7 | 地方武職 | 金山參將 | 統籌長江南岸防海備倭 | 嘉靖三十二年（1553）置 |
| 7 | 地方武職 | 揚州參將 | 隸屬於操江都御史 | 嘉靖三十三年（1554）置 |
| 7 | 地方武職 | 常鎮參將 | 隸屬於操江都御史 | 萬曆二十六年（1598）置 |
| 8 | 地方武職 | 儀眞守備 | 江北地方備倭 | 成化四年（1468）五月 |
| 8 | 地方武職 | 掘港守備 | 轄有備倭東西二營 | 嘉靖三十八年（1559）置 |
| 8 | 地方武職 | 福山港把總 | 轄有水師兵船 | 嘉靖中置 |
| 9 | 地方武職 | 圖山把總 | 轄有水師兵船 | 嘉靖三十五年（1556）二月 |
| 9 | 地方武職 | 大河口把總 | 統轄有水、陸軍馬 | 嘉靖三十七年（1558）置 |
| 9 | 地方武職 | 周家橋把總 | 隸屬操江都御史、鳳陽巡撫 | 嘉靖三十三年（1554）五月 |
| 9 | 地方武職 | 三江口把總 | 隸屬操江都御史 | 嘉靖中置 |
| 9 | 地方武職 | 瀏河把總 | 統領海船備倭 | 嘉靖三十二年（1553）置 |
| 9 | 地方武職 | 吳淞江把總 | 統領水營兵船 | 嘉靖三十二年（1553）置 |
| 9 | 地方武職 | 川沙堡把總 | 屯駐官兵備倭 | 嘉靖三十九年（1560）五月 |
| 9 | 地方武職 | 柘林把總 | 屯駐官兵備倭 | 嘉靖三十九年（1560）五月 |
| 9 | 地方武職 | 遊兵把總 | 巡遊探捕、協同守禦 | 萬曆三年（1575）置 |
| 9 | 地方武職 | 狼山水兵把總 | 專領水兵駐箚狼山 | 嘉靖三十九年（1560）或四十一年（1562）置 |

表 4-2：明代南直隸江海聯防職官品級表

| 品　　級 | 職　　稱 | 備　　註 |
|---|---|---|
| 正三品、正四品 | 操江副（僉）都御史 | 明代以南京都察院副都御史（正三品）或僉都御史（正四品）掌管操江事務。 |
| 正三品、正四品 | 應天巡撫 | 明代以都察院副都御史（正三品）、僉都御史（正四品）充任各地巡撫。 |
| 正三品、正四品 | 鳳陽巡撫 | |
| 正七品 | 巡視下江御史 | |
| 無定品 | 江南副總兵 | 明代多以都督（正一品）、都指揮僉事（正二品）、署都指揮僉事充任各處副總兵 |
| 無定品 | 狼山副總兵 | |
| 正四品、正五品 | 蘇松常鎮兵備道 | 明代多以按察司副使（正四品）、僉事（正五品）充任各地兵備道 |
| 正四品、正五品 | 淮揚海防兵備道 | |
| 正五品 | 松江府海防同知 | |
| 正五品 | 蘇州府海防同知 | |
| 正五品 | 常州府海防同知 | |
| 正五品 | 鎮江府海防同知 | |
| 正五品 | 揚州府江防同知 | |
| 無定品 | 金山參將 | 明代多以都督僉事（正二品）、都指揮僉事（正三品）、署都指揮僉事充任各處參將 |
| 無定品 | 揚州參將 | |
| 無定品 | 常鎮參將 | |
| 無定品 | 儀眞守備 | 明代多以指揮使（正三品）、指揮同知（從三品）、指揮僉事（正四品）充任各地守備 |
| 無定品 | 掘港守備 | |
| 無定品 | 福山港把總 | 明代多以指揮使（正三品）充任各地把總 |
| 無定品 | 圌山把總 | |
| 無定品 | 大河口把總 | |
| 無定品 | 周家橋把總 | |

| 無定品 | 三江口把總 | |
|---|---|---|
| 無定品 | 瀏河把總 | |
| 無定品 | 吳淞江把總 | |
| 無定品 | 川沙堡把總 | |
| 無定品 | 柘林把總 | |
| 無定品 | 遊兵把總 | |
| 無定品 | 狼山水兵把總 | |

# 第五章　南直隸江海聯防的佈防

　　明代江海聯防如何佈防？首先，從江海聯防的對象說起。明代江海聯防的主要對象是倭寇、鹽徒、江盜以及海盜，其中江盜是行劫於長江水道之中的盜賊，海盜是指活動於中國沿海的盜賊，倭寇是指來自日本的浪人，鹽徒則是在江海交會地區從事食鹽走私的一群。其中鹽徒正與江盜、海盜有著密切的關係，甚至與倭寇也有所關聯。

　　明朝廷為防範倭寇、鹽徒、江盜、海盜，在江海交會區域設置許多軍事單位，而為使各軍事單位有效發揮其功能，因此劃定各防衛單位的信地。各軍事單位在其信地之內，必須負責防範各種不法份子的作亂與侵擾。以此之故，明瞭各單位信地如何劃分將有助於瞭解江海聯防的佈防與執行。

　　為使倭寇、鹽徒等不法份子的危害降至最低，因而於江海之間設置水寨。水寨中所配置的水兵、戰船於各自的信地之中巡邏哨守，並配合各水寨之間會哨制度的實施，各水寨水兵戰船往來交織於江海之間，使得江海交會地區形成一個綿密的防禦網絡，將不法之徒攔截於江海之中，避免其登陸之後對沿岸居民的傷害。

　　而江海聯防中各水寨所配置的船隻，就是執行此一攔截任務最為不可或缺的利器。由於南直隸江海交會地區兼有江洋與海洋水域，再加上長江出海口南北岸地形有所不同，因此各水寨所配置的船隻都必須依照其所在位置、個別的水域特性而有所不同。除此之外每一個水寨也必須搭配多種船隻，以便執行守禦任務時能夠結合運用各種船隻的特殊性能，以達到最佳的守禦甚或是反擊效果。本章透過對江海聯防的對象、信地、水寨、會哨以及船隻的

探討，以期對明代南直隸江海交會區域的守禦情況能有更進一步的瞭解。

# 第一節　江海聯防的對象

　　南直隸江海交會地區的佈防，其防禦對象以倭寇、海盜、江盜以及鹽徒為主。由於在江海交會地帶必須同時針對這些不同的對象加以防備，因此也使得南直隸的江海聯防益形複雜。以下分別就各個防禦的對象加以說明。

## 一、倭　寇

　　倭寇原先是指至中國沿海進行劫掠的日本浪人，後來也指稱與日本浪人合作的中國海盜。自洪武年間起（1368～1398），南直隸江海交會地區就有倭寇侵擾的紀錄。洪武二年（1369）四月，倭寇出沒海島，屢次侵犯蘇州、崇明等處，殺傷居民、掠奪財貨，當時擔任太倉衛指揮僉事的翁德率領官軍出海追捕，獲倭寇九十二人，並得其兵器與海船。[註1] 洪武五年（1372）六月，太祖朱元璋命羽林衛指揮使毛驤、於顯等人，領兵追捕驅逐蘇州、松江、溫州、台州瀕海諸府的倭寇，[註2] 可見在此之前倭寇曾經侵犯蘇州、松江等府。洪武二十年（1387）二月，朝廷更於松江府增設金山衛以及青村、南匯二守禦千戶所，其用意即在於防禦沿海的倭寇。[註3] 洪武二十三年（1390）正月，鎮海衛軍士陳仁建言：

> 蘇州太倉當大海之口，倭寇必由之地，所造海舟歲月已久，檣櫓摧壞。一有緩急，則假漕運之舟代之，器用不便，何以禦敵？失機誤事，其害非細。宜令軍衛急造海舟，以將統之，無事足以自守，有事足以禦敵，庶武備嚴整，永絕外患。[註4]

鎮海衛旗軍陳仁認為太倉為倭寇侵犯必經之地，而此地原先所配置用以備禦倭寇的海船年久失修，多半已經不堪使用，甚至出現以漕運船隻代替海防船隻的情形。然而漕運船隻並不適於海戰，因此陳仁建議令軍衛緊急建造海船，

---

〔註1〕　《明太祖實錄》（台北，中央研究院歷史語言研究所校勘，據北京圖書館紅格
　　　　　鈔本微卷影印，中央研究院歷史語言研究所出版，1968 年二版），卷四一，洪
　　　　　武二年夏四月戊子條，頁 5 下～6 上。
〔註2〕　《明太祖實錄》，卷四一，洪武五年六月己丑條，頁 3 下。
〔註3〕　《明太祖實錄》，卷一八○，洪武二十年二月壬午條，頁 5 上。
〔註4〕　《明太祖實錄》，卷一九九，洪武二十三年春正月甲申條，頁 3 下～4 上。

並且任命將領統率，以使海防無虞。由洪武年間的記載可以發現，當時侵犯南直隸江海交會地區的倭寇規模並不大，再加上此時對於倭寇的備禦所採取的乃是主動出海巡弋逐捕的策略，因此江海交會地區的防衛著重於沿海軍衛的設置，以及海戰船隻的建造與配置。

　　永樂時期（1403～1424），南直隸江海交會區的備禦基本上仍延續洪武年間的策略，仍是以舟師主動出海巡捕爲主。如永樂六年（1408）十二月，成祖命豐城侯李彬、都督費瓛，統率官軍自淮安沙門島緣海地方勦捕倭寇；又命都指揮羅文、指揮李敬統率官軍自蘇州抵浙江等處緣海地方勦捕倭寇。〔註5〕此外，自永樂三年（1405）起，由蘇州太倉出海下西洋的寶船艦隊，每次下洋都有大批的護衛船艦，這一龐大的出使艦隊巡行海上，不但能夠達到宣揚國威的目的，也對意圖劫掠中國沿海的倭寇有嚇阻的效果。〔註6〕此一時期的倭寇雖然是南直隸江海交會地區的主要備禦對象之一，但由於明朝廷採取主動出海巡捕的策略，因此並未對南直隸造成嚴重的危害。

　　自中止艦隊下洋出使之後，明代在海防方面的政策有所改變，宣德（1426～1435）以後，漸少有以舟師出海巡捕倭寇之舉，同時沿海衛所的防禦也逐漸向岸邊退縮，而形成固守海岸的局面。或許是因爲洪武、永樂時期奠下的基礎，再加上宣德以後對於倭寇仍然持續有所備禦，因此宣德以後雖然海防退守至固守海岸，但是卻並未立即引起倭寇的大規模入侵。例如宣德五年（1430），增加崇明沙的戍兵以備倭寇；〔註7〕正統九年（1444）二月，調撥金山衛屯田官軍六百人，於松江府增置蔡廟港、胡家港二堡以備倭寇。〔註8〕而至遲到弘治十八年（1505），南直隸地區對於倭寇的防禦已經形成一套：二月往、十月還的「貼守制度」，而此一制度的實施也使得倭寇不敢輕言入犯。

〔註5〕　《明太宗實錄》，卷八六，永樂六年十二月戊戌條，頁7下。
〔註6〕　《明太宗實錄》，卷一九〇，永樂十五年六月己亥條，頁2上～下：「遣人齎勅往勞使西洋諸番內官張謙及指揮、千、百戶、旗軍人等。初謙等奉命使西洋諸番，還至浙江金鄉衛海上，猝遇倭寇，時官軍在船者纔百六十餘人，賊可四千，鏖戰二十餘合，大敗賊徒，殺死無筭，餘眾遁去。上聞而嘉之。」
〔註7〕　《明宣宗實錄》，卷七〇，宣德五年九月辛亥條，頁6下：「增崇明沙戍兵。初，行在工科給事中彭璟言：『崇明沙四面皆海，止有一千戶所，先因倭寇爲患，調鎮海、鎮江二衛軍士千餘人助守，民得以安。切見鎮海衛濱海，當自爲守。鎮江衛相離稍遠，往來不便，宜遣歸，別於崇明縣清出軍士，及蘇州等衛鄰近收操軍士選精壯者千人，增官統領，以固守備。』上從之。遂令造崇明沙守禦千戶所印，增置戍兵一千一百二十人，除百戶十人領之。」
〔註8〕　《明英宗實錄》，卷一一三，正統九年二月壬寅條，頁8上。

〔註9〕

　　嘉靖時倭寇大舉侵犯東南沿海地區，南直隸江海交會地區也成爲倭寇侵擾地區。嘉靖三十二年（1553）三月，倭寇大舉入侵南直隸江海交會區域，停留三個月餘，太倉、嘉定、上海、崇明、華亭、青浦等州縣以及金山、南匯、吳淞江等衛所慘遭攻陷焚掠。〔註10〕自此以後，南直隸江海交會地區，開始受到倭寇大規模的侵擾。嘉靖三十三年（1554）正月，倭寇自太倉突圍出海，轉掠蘇州、松江二府各州縣，而在此之前倭寇已經盤據太倉南沙五月餘。〔註11〕嘉靖三十四年（1555）五月，倭寇千餘人自青村守禦千戶所登岸，流竄至吳縣、常熟縣、江陰縣、無錫縣等處，並出入太湖等處。〔註12〕此後，倭寇大規模地侵擾南直隸江海交會地區。〔註13〕

　　此一時期侵擾南直隸江海交會地區的倭寇不但規模較大，停留的時間較長，其組成的份子也與明初的倭寇有所不同。明初的倭寇是指在中國沿海燒

---

〔註9〕　《明孝宗實錄》，卷二二一，弘治十八年二月丙寅條，頁 5 上～下：「巡撫應天等府都御史魏紳等奏上處置海道事宜……，其沿海衛分本爲偵倭捕盜而設，貼守之處歲以二月往十月還，今倭寇不復敢侵，而沿海盜賊多發于冬春之月，正以乘其不備故也。」

〔註10〕　《明世宗實錄》，卷四○○，嘉靖三十二年七月戊申條，頁 2 上～下：「巡撫應天都御史彭黯、巡視浙江都御史王忬，各以倭寇出境浮海東遁來間，倭自閏三月中登岸至六月中始旋，留內地凡三月。若太倉、海塩、嘉定諸州縣，金山、青山、錢倉諸衛所皆被焚掠，上海縣、昌國衛、南匯、吳淞江、乍浦、秦嶼諸所皆爲所攻陷，崇明、華亭、青浦、象山、嘉興、平湖、海塩、臨海、黃巖、慈谿、山陰、會稽、餘姚等縣鄉鎮焚蕩畧盡。向來所稱江南繁盛安樂之區，騷然多故矣。」

〔註11〕　《明世宗實錄》，卷四○六，嘉靖三十三年正月戊辰條，頁 6 上：「倭寇自太倉南沙潰圍出海，轉掠蘇、松各州縣。時賊據南沙五月餘，官軍列艦于海口，圍之數重不能破，軍中多疾疫，乃佯棄敝舟以遺之，開壁西南陬，賊遂得出。」

〔註12〕　《明世宗實錄》，卷四二二，嘉靖三十四年五月乙巳條，頁 6 下～7 上。

〔註13〕　明・蔡克廉，《可泉先生文集》（台北：國家圖書館善本書室藏明萬曆七年晉江蔡氏家刊本），卷七，〈題剿除倭寇第一疏〉，頁 17 下～30 上：「臣（操江都御史蔡克廉）會同巡撫應天等府地方兵部左侍郎兼都察院右僉都御史彭黯、巡按直隸監察御史孫慎、巡視下江監察御史陶承學，議照倭奴叛逆，荼毒生靈，敵殺官軍，攻劫州縣此百十年來所未有之變也。」又明・鍾薇，《耕餘集》（台北：國家圖書館善本書室藏明萬曆間刊本），〈倭奴遺事〉，頁 9 上：「賊舟復約海口、周浦兩道入寇，操江蔡公克廉調至鎮海衛指揮武尚文、建平縣丞宋鰲各統所部巷戰，俱陷賊伏，民兵遇害者過半。」有關南直隸倭寇，可參見：吳大昕，〈猝聞倭至——明朝對江南倭寇的知識（1552-1554）〉（《明史研究》，第七期，2004 年 12 月），頁 29～62。

殺劫掠的日本浪人，而此一時期的倭寇則加入許多中國沿海流民以及海盜等不同份子。〔註14〕正因爲有本地亂民作爲嚮導，倭寇得以深入侵擾，所造成的危害也更爲擴大。而此時各級官員也將倭寇視爲南直隸江海交會地區防禦的最主要對象，一切的措施皆是以防倭爲前提，各江海防單位的增設或是守備軍力的加強也是以備倭爲目的。〔註15〕再加上留都與陵寢與此地區鄰近，朝廷特別著重此一區域的防禦，爲鞏固留都、保衛陵寢，江防與海防也因而逐漸形成一個較爲明確的聯防體系。在江海聯防體系形成之後，增強南直隸江海交會地區的守禦力量，使得倭寇必須考量侵犯的難易程度，因此往往轉掠他處。〔註16〕

---

〔註14〕《明世宗實錄》，卷四二二，嘉靖三十四年五月壬寅條，頁2下～6上：「南京湖廣道御史屠仲律條上禦倭五事。一絕亂源：夫海賊稱亂，起於沿海姦民通番互市，夷人十一，流人十二，寧、紹十五，漳、泉、福人十九，雖槩稱倭夷，其實多編户之齊民也。」

〔註15〕明·王叔杲，《玉介園存稿》（台北：國家圖書館漢學中心藏明萬曆二十九年跋刊本），卷一八，〈詳擬江南海防事宜〉，頁25上～44下：「海防事理不過水陸二端，每歲禦倭之策固當截之於海，尤當備之於陸，自金山迤北以西至圖山，連亘八百餘里，凡要臨處俱各設有陸兵。」又明·周世選，《衛陽先生集》（台北：國家圖書館善本書室藏明崇禎五年故城周氏家刊本），卷八，〈倭警告急摘陳喫緊預防事宜疏〉，頁1上～11下：「嚴責成以守要區：夫留都猶堂奧也，江口門户也，江南、北沿海一帶藩籬也，然必謹藩籬，扃門户而後可以守堂奧。竊料倭奴之來由江南則必自吳淞、劉河、楊舍、圖山以入江，由江北則必自海門、狼山及安東淮揚以入江，此留都緊關門户，而京口閘、天寧洲、瓜洲、儀眞等處尤江防之要害也。」又清·顧炎武，《天下郡國利病書》（《四部叢刊續編》，台北：台灣商務印書館，1976年6月台二版，據上海涵芬樓景印崑山圖書館藏稿本），第四冊，〈蘇州府·兵防〉，頁52上～下：「福山，在縣北三十六里，下臨大江，與通州狼山相對，宋置水軍寨，今爲福山鎮。嘉靖中，爲倭寇出入之道，乃築堡設把總水兵于此。」又明·吳時來，《江防考》（台北：中央研究院傅斯年圖書館藏明萬曆五年刊本），卷二，〈圖山把總〉，頁10下～11上：「查係嘉靖三十五年二月總督浙直福建侍郎楊宜、操江都御史史褒善、巡撫都御史曹邦輔會題爲愼防守以安重地事，該兵部覆議得鎮江京口江關實留都門户、蘇松咽喉，添設把總一員，專守京口、圖山等處。」其餘如周家橋、大河口、川沙堡、柘林等把總，皆設置於此一時期。

〔註16〕明·錢薇，《海石先生文集》（台北：國家圖書館善本書室藏明萬曆四十二年海鹽錢氏家刊本），卷一〇，〈海上事宜議〉，頁22下～29下：「聞之海濱人云：江淮未設總督，海商或由海門入建業，潛相貿易。今江上有操江中丞，巡江有兩御史，海口有總督，太倉有兵憲，彼勢日密故必之寧波。」又明·朱紈，《甓餘雜集》（《四庫全書存目叢書》集部七八冊，台南：莊嚴文化事業有限公司，1997年10月初版一刷，據天津圖書館藏明朱質刻本影

正由於嘉靖年間倭寇的大舉侵擾，使得南直隸江海聯防體系逐漸形成，同時也使得明朝廷對於南直隸江海交會地區的倭寇問題更爲關注，防禦益加嚴密，而這也使得此一區域在往後的時間裡少有大規模的倭寇侵擾。

## 二、鹽　徒

鹽徒是指以販運私鹽爲業的一幫人，通常於產鹽區域購買劫掠私鹽，再將私鹽運銷至需鹽地區以牟取利益。由於明代的鹽屬於國家專賣事業，鹽商必須持有鹽引才能合法販售食鹽；而販運私鹽所得的利潤遠較合法販賣食鹽來得高，因此吸引許多人加入販賣私鹽的行列。

鹽徒對朝廷而言本來就是非法之徒，是破壞國家鹽法的一群不肖之徒。而鹽徒在平時雖然僅是走私販售食鹽，但是在遭遇官軍緝捕之時，卻也往往敢於持械拒捕，公然與官軍對敵，甚至聚眾引發動亂。因此對明朝廷而言，鹽徒儼然就是一批動亂的預備部隊；爲維護國家鹽法的運作，並預防地方動亂發生，鹽徒就成爲必須查緝掃除的對象。

由於南直隸江海交會地區有許多鹽場，再加上長江水運的便利，因此這個區域也就成爲鹽徒聚集的地方，鹽徒經常往來江海之間販運私鹽，同時聚集成群，形成當地治安的隱憂。正統元年（1436）二月，巡按直隸監察御史尹鏜至兩淮巡捕私鹽，就發現揚州府通州、泰州等處的鹽徒多半來自江南的蘇州府常熟、江陰等縣，官兵前往巡捕時，鹽徒往往拒捕甚至殺傷官兵，而當地軍衛、巡檢司等卻往往故意縱放鹽徒，不加以擒捕，使得鹽徒益形猖獗，因而要求下令江南軍衛、有司、巡檢司等單位對於鹽徒嚴加查禁，以維護社會治安。〔註17〕

天順六年（1462）十二月，鹽徒劉清等人聚集無賴橫行江海之中販賣私鹽，甚至召集徒眾二千餘人，置巨艦百餘艘，列兵其上，遇官軍巡捕則與之拒敵，行徑十分囂張。〔註18〕成化三年（1467），鹽徒駕駛千料遮洋大船出沒瓜洲、儀

---

印），卷九，嘉靖二十七年八月十四日條，頁 12 上～14 上：「且賊船流入直隸地方，遠近騷動，見今巡撫、操江、巡江三院會捕緊急，乘此風便，勢必南來。」
〔註17〕　《明英宗實錄》，卷一四，正統元年二月己酉條，頁 6 下。
〔註18〕　《明英宗實錄》，卷三四七，天順六年十二月辛未條，頁 3 上～下。又《明英宗實錄》，卷三五八，天順七年十月乙巳條，頁 4 上～下。

眞等地，盜賣私鹽肆行劫掠。〔註19〕由於鹽徒出沒無常，肆行劫掠，甚至駕駛大型船隻，私造兵器火砲公然與官軍對敵，因此朝廷不得不對鹽徒問題特別加以重視。〔註20〕此後在成化十七年（1481）、弘治十五年（1502），都有操江都御史因爲發生鹽徒作亂事件，而主持剿捕事件的紀錄。〔註21〕弘治十七年（1504）八月，蘇州府崇明縣鹽徒施天泰等人行劫於江海之間，〔註22〕這一夥鹽徒聲勢浩大，應天巡撫與巡江都御史緊急調動官軍合擊，才將此一動亂平定。〔註23〕嘉靖十九年（1540）十一月，太倉鹽徒秦璠、王艮等作亂海沙，也是由當時負責南直隸江海交會地區備禦的操江都御史與應天巡撫共同平定，〔註24〕而江淮

〔註19〕《明憲宗實錄》，卷四〇，成化三年三月癸未條，頁8上～下。

〔註20〕《明英宗實錄》，卷二九二，天順二年六月乙亥條，頁7下：「斬民匠陳傑等三名，以其私鑄銃、砲、短鎗賣與鹽徒也。」

〔註21〕明・吳寬，《匏翁家藏集》（台北：國家圖書館善本書室藏明正德三年長洲吳氏家刊本），卷五九，〈白康敏公家傳〉，頁10上～13上：「公諱昂，字廷儀……，辛丑（成化十七年），進南京都察院左僉都御史，奉敕兼管操江仍巡捕沿江盜賊。時有劉通者與其黨操舟販鹽并行劫奪，出沒江海間，勢熾甚，公調士卒追捕至太倉，分兵截其要路。」又明・孫仁、朱昱纂修，《成化・重修毗陵志》，卷六，〈東湖新建警樓碑〉，頁20上～23上：「宜興之爲縣，西南據萬山，東北距五湖……，最盜賊淵藪。自宋元以來，濱湖各立水寨以固備禦……。弘治十五年，歲饑，浙西鹽徒竊發，聚衆十百成群，駕舟入各府縣鄉村科擾……，而宜興被害尤甚。時知縣王侯鏷，深以爲患，既集衆悉力備禦，自以賊衆我寡，勢不能敵，乃具申本府，轉達巡撫南畿左副都御史彭公禮、提督操江右副都御史林公俊、巡按浙江御史饒公榶、巡按直隸御史王公憲、陳公熙，各下郡縣委官督屬會捕，而吾常推官伍侯文定，先率舟師四路追襲。未幾，獲賊首數十人，按問皆伏法。」

〔註22〕《明孝宗實錄》，卷二一五，弘治十七年八月癸亥條，頁2下～3上：「巡撫蘇松等處都御史魏紳及巡江都御史陳璠奏：海賊施天泰等稔惡不已，請調官軍民壯協謀撫勦，兵部覆奏，命紳、璠等同謀協力，隨機撫勦，務俾盡絕，毋因循縱賊，貽患地方。」又《明孝宗實錄》，卷二二一，弘治十八年二月丙寅條，頁5下～6上：「初，直隸蘇州府崇明縣人施天泰與其兄天佩鬻販賊鹽，往來江海乘机劫掠。」

〔註23〕明・楊循吉，《蘇州府纂修識略》（《四庫全書存目叢書》史部四六冊，台南：莊嚴文化事業有限公司，1997年10月初版一刷，據北京圖書館藏明萬曆三十七年徐景鳳刻合刻楊南峰先生全集十種本影印），卷一，〈收撫海賊施天泰〉，頁18上～24上：「巡撫魏紳調委附近府衛指揮、通判等官，分兵守把各處港口，嚴督太倉、鎮海二衛指揮等官操練人、船，揚威聲討，而巡江御史陳璠亦調操江精銳集海口。」

〔註24〕明・許國，《許文穆公集》（台北：國家圖書館善本書室藏明萬曆三十九年家刊本），卷五，〈吏部尚書夏松泉公墓誌銘〉，頁27上～30上：「任督賦蘇松，親磨勘賦額，悉如周文襄故所參定法。太倉鹽徒秦璠、王艮等嘯聚海上，詔

總兵官的設置也與鹽徒有著密切的關係。〔註25〕由此可見，在這一時期，鹽徒實爲江海聯防的主要對象之一。

　　爲遏止鹽徒的作亂，在成化三年（1467），朝廷屢次命南京操江武臣以及揚州備倭等官員，分別率領所屬官軍，擒捕九江至通州、泰州的鹽徒與盜賊。〔註26〕成化四年（1468），又以鹽徒出沒無常，官軍疲於奔走不能追捕，而於鎮江、儀眞等處設官鎮守，以便於緝捕鹽徒盜賊。〔註27〕成化八年（1472）二月，在頒給操江副都御史羅箎（1417～1474）的敕書之中，明確地記載交付與羅箎的任務：

> 勅南京右副都御史羅箎督操江官軍巡視江道，起九江，迄鎮江、蘇、松等處，凡鹽徒之爲患者，令會操江成山伯王琮等捕之，所司有誤事者，俱聽隨宜處治。〔註28〕

操江都御史督率操江官軍巡視上自九江，下至鎮江、蘇州、松江等處的江道，剿捕鹽徒儼然成爲操江都御史的主要職責項目之一。嘉靖二十年（1541），頒與操江副都御史柴經的勅書中也記載：

> 東南乃財賦所出，而通泰塩利尤爲奸民所趨，鹽徒興販，不時出沒劫掠爲患。今特命爾不妨院事兼管操江官軍，整理戰船器械，振揚威武，及嚴督巡江御史并巡捕官軍、舍餘、火甲人等，時常往來巡視，上至九江下至鎮江直抵蘇、松等處地方，遇有塩徒出沒、盜賊劫掠，公同專管操江武職大臣計議調兵擒捕。〔註29〕

嘉靖三十二年（1553），倭寇大舉侵擾之前，鹽徒顯然正是南直隸江海聯防的首要備禦對象。此後雖然江海聯防轉而以入侵的倭寇爲主要備禦對象，但卻

---

操江都御史王學夔、總兵湯慶□兵勦之，而公足餽餉以佐兵，公則戮力援桴而先將士，遂梟璠、艮，斬獲賊黨，釋其脅從。」

〔註25〕明·沈一貫，《喙鳴文集》（《四庫禁燬書叢刊》集部一七六冊，北京：北京出版社，2001 年 1 月一版一刷，據北京大學圖書館藏明刻本影印），卷一七，〈資德大夫正治上卿太子少保刑部尚書前兵部尚書兼都察院右都御史掌院事贈太子太保諡端肅麟陽趙公神道碑〉，頁 15 下～21 上：「先是，嘉靖初江上下有塩盜往來，設總兵於眞、潤間，後罷。十九年，復設。」

〔註26〕《明憲宗實錄》，卷四○，成化三年三月庚寅條，頁 13 上。又《明憲宗實錄》，卷四八，成化三年十一月癸亥條，頁 1 上。

〔註27〕《明憲宗實錄》，卷五四，成化四年五月己卯條，頁 7 下。

〔註28〕明·祁伯裕等撰，《南京都察院志》（台北：國家圖書館漢學研究中心影印明天啓三年序刊本），卷九，〈勅諭〉，頁 2 下～3 上。

〔註29〕《江防考》，卷一，〈勅書〉，頁 1 上～2 上。

並未完全忽視鹽徒的危害。嘉靖三十三年（1554）十月，浙江都司僉書署都指揮僉事劉恩調任爲金山等處備倭官，除防備倭寇之外，也兼有巡捕鹽徒盜賊的任務。〔註30〕

　　在嘉靖倭寇侵擾漸次平定之後，鹽徒仍然是江海聯防所關注的備禦對象，萬曆三年（1575）與天啓元年（1621）操江都御史的勅書當中，都載明操江都御史有巡捕鹽徒的責任。〔註31〕萬曆三十五年（1607）十月，漕運總督李三才請調揚州參將孫繩祖補狼山副總兵，以防倭並彈壓諸鹽徒。〔註32〕甚至直到崇禎十七年（1644），還有人主張招募鹽徒以爲官兵，一則以之抵禦流寇，一則藉以消弭鹽徒作亂之害。〔註33〕可見直至明末，鹽徒都是江海聯防的主要備禦對象之一。

## 三、江盜與海盜

　　長江水道是明帝國重要的交通動脈，無論是定都於南京的明初，還是遷都北京以後的明代，都對此一交通動脈倚賴甚深。因此確保長江水道的安全無虞一直都是明朝廷所關注的課題，而江盜正是危害長江水道的主要份子之一。由於南直隸江海交會地區江與海之間並無天然分界，而海上若是巡捕嚴密，則海盜往往入江行劫，江上如果緝捕嚴密，江盜也往往下海劫掠，因此往來行劫於江海水面上的盜賊，並不容易區分何者爲江盜，何者爲海盜。〔註34〕再加上江

---

〔註30〕《明世宗實錄》，卷四一五，嘉靖三十三年十月乙未條，頁5下。
〔註31〕《南京都察院志》，卷九，〈勅諭〉，頁4上～5上：「（萬曆三年十二月）皇帝勅諭南京都察院右僉都御史王篆……，上自九江，下至江南圌山、江北三江會口，督同上下巡江御史，緝捕盜賊、鹽徒。」又《南京都察院志》，卷九，〈勅諭〉，頁5上～6上：「（天啓元年十一月）皇帝勅諭南京都察院右僉都御史徐必達……，會同內外守備，嚴督江防備禦把總等官，整理戰船，操練水兵，上自九江，下至江南圌山、江北三江會口，督同上下巡江御史，緝捕盜賊、鹽徒。」
〔註32〕《明神宗實錄》，卷四三九，萬曆三十五年十月癸亥條，頁2上～下。
〔註33〕《明實錄‧痛史本崇禎長編》，卷二，崇禎十七年二月己卯條，頁13上～14上。
〔註34〕明‧柴奇，《黼菴遺稿》（《四庫全書存目叢書》集部六七冊，台南：莊嚴文化事業有限公司，1997年10月初版一刷，據原北平圖書館藏明嘉靖刻崇禎八年柴胤璧修補本影印），卷八，〈江盜平詩序〉，頁22上～24下：「習於水善浮沒，往往以劫掠爲利，截糧運、掠商賈，敢拒官軍格鬥。我小失利其勢遂鴟張不可制，攻之則駕巨舟破洪濤駭浪，出沒如搏鳥驚虓然，飄忽不可近。稍迫之則入大海洋愈不可近，兵既罷則復入江劫掠如故，故自古伐叛未有大得志於江海者。」又明‧徐獻忠，《長谷集》（《四庫全書存目

盜的組成份子往往又與鹽徒有所關聯，〔註35〕因此在史料上明確記載為江盜的
案件並不多見。

　　史例上所見的江盜事件，有弘治元年（1488）七月，南京兵部郎中陳謙
奏稱：「揚子江盜賊多為漁人乘機為之，乞編漁船為甲乙，責令自相捕緝，凡
有盜作，即坐以罪。」〔註36〕正德十三年（1518）十月，江盜四十名，駕船
兩艘，出沒於儀真附近，殺傷官軍十九名。此一江盜事件發生後，使得主管
江防的操江都御史遭到巡按御史的彈劾，要求更換更有才幹的官員擔任此一
江防主管職務。〔註37〕嘉靖八年（1529）八月，以鎮江等處盜賊縱橫，而沿
江兵力單弱之故，於濱江要地之處增設鎮守江淮總兵官一員。〔註38〕嘉靖十
九年（1540）六月，以「今江洋群盜連艘比艦，橫行鎮江、崇明諸域，盛陳
兵甲，兇焰甚熾，不異嘉靖八年時。」復設鎮守江淮總兵官，同時責令應天
巡撫等官協同捕滅江盜。〔註39〕萬曆二年（1574），宋儀望任應天巡撫，也曾
因為京口水災江洋盜起而大力整頓江洋防務。〔註40〕至萬曆七年（1579）以
後，由於兵備道等江海防官員的努力，南直隸江海交會地區的江盜基本上受

　　　叢書》史部八六冊，台南：莊嚴文化事業有限公司，1997 年 10 月初版一
　　　刷，據北京圖書館藏明嘉靖刻本影印），卷一三，〈禮部尚書朱公行狀〉，頁
　　　15 上～20 上：「公諱恩，字汝承……。自是，擢南京都察院副都御史巡視
　　　江道……，大江東連漲海，不設關阨，海寇出沒吳、楚間，聞警而備則揚
　　　帆飛度，瞬息數百里無可踪跡。備禦一懈，則舳艫相啣又復在境內，人甚
　　　苦之。」
〔註35〕明‧夏言，《桂洲先生奏議》（《四庫全書存目叢書》史部六〇冊，台南：莊嚴
　　　文化事業有限公司，1997 年 10 月初版一刷，據重慶圖書館藏明忠禮書院刻本
　　　影印），卷一二，〈請添設浙江巡視都御史江淮鎮守總兵官〉，頁 4 上～10 上：
　　　「再照鎮江等處江洋之賊，本皆鹽徒。」
〔註36〕《明孝宗實錄》，卷一六，弘治元年七月癸酉條，頁 5 上。有關江盜也可參見：
　　　吳智和，〈明代的江湖盜〉（《明史研究專刊》，第一期，1978 年 7 月），頁 107
　　　～137。
〔註37〕《明武宗實錄》，卷一六七，正德十三年十月壬午條，頁 4 上～下。
〔註38〕《明世宗實錄》，卷一〇四，嘉靖八年八月癸酉條，頁 3 下～4 上。
〔註39〕《明世宗實錄》，卷二三八，嘉靖十九年六月庚午條，頁 2 下～3 下。
〔註40〕明‧姜寶，《姜鳳阿文集》（《四庫全書存目叢書》集部一二七冊，台南：莊嚴
　　　文化事業有限公司，1997 年 10 月初版一刷，據北京圖書館藏明萬曆刻本影
　　　印），卷三四，〈明故嘉議大夫大理卿華陽宋公神道碑〉，頁 1 上～6 下：「巡撫
　　　應天，以撫署故在姑蘇，不便四面之策應，乃請移鎮句容……。京口等處水
　　　災，江洋盜起，則為立保甲、理兵儲、修海船、除戎器，凡所當為無不孜孜
　　　汲汲，竭心力而為。」

到控制，因而較少發生。〔註41〕對於江盜的備禦，明朝廷一直都是抱持著相當關注的態度，由江防體制的設置即可得到印證。

至於南直隸江海交會地區的海盜，當然也是江海聯防的一個重要備禦對象。洪武七年（1374）正月，太祖朱元璋就曾下詔命靖海侯吳禎爲總兵官，都督僉事於顯爲副總兵官，領江陰、廣洋、橫海、水軍四衛舟師出海巡捕海寇。〔註42〕其餘規模較大的海盜事件有弘治十七年（1504）八月發生的施天泰事件，此一事件雖經應天巡撫以及操江都御史等江海聯防官員的合力剿捕，至正德元年（1506）方告平息。〔註43〕然而此一動亂的首腦以及主要份子其實原本都是鹽徒。〔註44〕至嘉靖三年（1524），操江都御史伍文定討獲海賊董效等二百餘人，〔註45〕當時海賊作亂的區域包括：京口、江陰、常熟、太倉等地，正是江海聯防的區域。〔註46〕嘉靖七年（1528），甚至發

〔註41〕 《明神宗實錄》，卷八六，萬曆七年四月己卯條，頁1下：「操江都御史胡價，以江海盜謐，實由兵備道馮叔吉等督率江防官二十一員劼勞所致，功倍獲賊，備敍功次以聞。」

〔註42〕 《明太祖實錄》，卷八七，洪武七年春正月甲戌條，頁2下。

〔註43〕 《明孝宗實錄》，卷二一五，弘治十七年八月癸亥條，頁2下～3上：「巡撫蘇松等處都御史魏紳，及巡江都御史陳璠奏：『海賊施天泰等稔惡不已，請調官軍民壯協謀撫勦。』兵部覆奏，命紳、璠等同謀協力，隨機撫勦，務俾盡絕，毋因循縱賊，貽患地方。」又《明武宗實錄》，卷一三，正德元年六月己巳條，頁6下～7上：「蘇州府崇明縣，半洋沙海賊施天傑、鈕西山等來降。」

〔註44〕 《明孝宗實錄》，卷二二一，弘治十八年二月丙寅條，頁5下～6上：「初，直隸蘇州府崇明縣人施天泰，與其兄天佩，鬻販賊鹽，往來江海乘机劫掠。」

〔註45〕 明・張師繹，《月鹿堂文集》（《四庫未收書輯刊》陸輯三〇冊，北京：北京出版社，2000年1月一版一刷，據清道光六年蝶花樓刻本影印），卷五，〈伍司馬文定公傳〉，頁16下～19上：「世廟登極，論功擢副都御史提督操江，平海寇。」又《明世宗實錄》，卷四〇，嘉靖三年六月戊戌條，頁2上～下：「直隸鎮江府生擒海賊董效等一百九十五人，斬馘一十五人。兵部擬上功罪，詔操江都御史伍文定賜勅獎勵，仍與巡撫吳廷舉、巡按王木、王杲，各賚銀幣有差。」

〔註46〕 明・毛憲，《古菴毛先生文集》（台北：國家圖書館善本書室藏明嘉靖四十一年武進毛氏家刊清代修補本），卷三，〈春江凱歌序〉，頁27上～29上：「嘉靖改元，春，詔進江西按察使伍公爲南臺御史中丞督操江事，公至軍政一新，隱然江海之重。再閱歲，江南北大侵，海寇乘間陸梁，遠近戒嚴，公得報即毅然循江而下，趨京口、涉江陰、跨常熟直抵太倉，內運機籌外廣耳目，不踰月而勦獲殆盡，凱還。」

生海賊殺害內使王銘的事件。〔註47〕而嘉靖十九年（1540），發生的鹽徒秦瑤、王艮動亂，也被視爲海盜事件。〔註48〕嘉靖二十七年（1548），福建海盜林成等流劫至南直隸地區，由蘇松兵備道等官領兵平定，擒斬三十餘人。〔註49〕

嘉靖三十二年（1553），倭寇大舉侵擾南直隸江海交會地區之後，海盜開始與倭寇合流，而中國海盜往往成爲引導倭寇入侵的主要份子。例如嘉靖三十三年（1554）閏三月，海盜首領汪直勾結倭寇，率艦百餘艘，侵擾範圍涵蓋浙江、蘇州、松江以至於淮北等地。〔註50〕此一情形正如戶科左給事中楊允繩所言：「海寇則十九皆我中華之人，倭奴特所勾引驅率者耳。」〔註51〕嘉靖倭亂之後，南直隸江海交會地區的海盜雖然仍偶有挾倭而來者，但是其規模已經大不如前。〔註52〕較多的情況是失去倭寇這一助力，而勢力衰微，也往往較易爲官軍所戡定。〔註53〕

明代的海盜自明初就與倭寇有所關聯，〔註54〕海盜與鹽徒之間的關係也相當密切。可以說活動於江海之間的鹽徒是江盜與海盜的預備隊伍，一旦鹽徒演變成爲江盜、海盜，又可能與外來的倭寇有所勾結，因而引發更大規模的動亂。因此，明代南直隸地區的江海聯防，其主要的防禦對象可以說是以倭寇爲最主要的外來入侵勢力，而江盜、海盜則爲境內產生的動亂勢力，

〔註47〕 《明世宗實錄》，卷九三，嘉靖七年十月戊午條，頁 11 下～12 上：「海賊胡天惠、錢滂等聚行劫江洋間，內使王銘入貢回，賊方邀劫商舶，銘引弓射中賊，賊就攻銘，執銘殺之，投其屍于江。」

〔註48〕 《明世宗實錄》，卷二四三，嘉靖十九年十一月丙辰條，頁 6 上～7 上：「先是，崇明盜秦瑤、黃艮等出沒海沙，劫掠爲害，副使王儀大舉舟師與戰，敗績……。上曰：海寇歷年稱亂，官軍不能擒輒行招撫，以滋其禍。」

〔註49〕 《明世宗實錄》，卷三四三，嘉靖二十七年十二月戊辰條，頁 4 下。

〔註50〕 《明世宗實錄》，卷三九六，嘉靖三十三年閏三月甲戌條，頁 7 上：「海賊汪直，糾漳、廣群盜，勾集各梟倭夷，大舉入寇，連艦百餘艘，蔽海而致，南自台、寧、嘉、湖以及蘇、松至于淮北，濱海數千里同時告警。」

〔註51〕 《明世宗實錄》，卷四二六，嘉靖三十四年九月庚子條，頁 2 上～4 下。

〔註52〕 《明神宗實錄》，卷三八三，萬曆三十一年四月乙巳條，頁 8 上：「罰參將萬邦孚、同知朱之楫俸有差，以海寇挾倭爲患，官兵汛後失防，從部參也。」

〔註53〕 《明神宗實錄》，卷五三，萬曆四年八月壬申條，頁 5 下：「蘇松兵備副使王叔杲，擒獻海寇嚴大邦等，命梟之。」

〔註54〕 《明太祖實錄》，卷二一一，洪武二十四年八月癸酉條，頁 3 上～下：「海盜張阿馬，引倭夷入寇，官軍擊斬之。」有關海盜問題，可參見：鄭廣南，《中國海盜史》（上海：華東理工大學出版社，1998 年 12 月第一版），第三章，〈明代海盜亦商亦盜活動高漲〉，頁 163～271。

至於鹽徒則是江盜與海盜的發生根源，更是江海聯防著意防備的主要對象之一。

# 第二節 江海聯防的信地

明代南直隸江海交會處的各備禦單位，各有其負責的守禦範圍，這種守禦範圍在明代則稱其為信地。每一個單位負責其自己信地內的守禦任務，同時也必須與其他單位協同合作防禦。以下就江海聯防之中的各營與衛所管轄信地加以說明：

## 一、金山衛信地

金山衛在江海聯防體系中是一個較大的守禦單位，其守禦信地也較為廣大，其信地範圍：東至寶鎮堡，西至獨山，北至松江，南方則至大海。除本衛駐箚軍士之外，該衛轄境之內的各堡、各城把總、巡捕等官及其所轄官軍，皆聽金山遊擊調度。〔註 55〕由於金山衛地處沿海，因此在其信地範圍內之任務是以防禦由海上而來的倭寇、海盜為主。

## 二、柘林堡把總信地

柘林堡把總所轄信地，自漴缺起至翁家港止。除本堡把總所轄官兵之外，尚可以調度青村守禦千戶所駐防之官軍，此外還有戚木、陶宅二巡檢司弓兵八十名協助信地內之守禦，若有重大警報，則飛報總兵、遊擊等官以作因應。〔註 56〕

## 三、青村守禦千戶所信地

青村守禦千戶所的信地，自胡家港起至翁家港止。由於本所駐箚官軍有一千餘名，除平時的哨探巡邏任務之外，也負有應援截殺的任務，遇有重大

---

〔註 55〕 明・陳仁錫，《全吳籌患預防錄》（台北：國家圖書館善本書室藏清道光間抄本），卷一，〈海防條議〉，頁 15 上～16 上。

〔註 56〕 《全吳籌患預防錄》，卷一，〈海防條議〉，頁 16 上～下。又《鄭開陽雜著》，卷一，〈蘇松水陸守禦論〉，頁 12 上～13 上：「自上海之川沙、南匯，華亭之青村、柘林，凡賊所據以為巢窟者，各設陸兵把總以屯守之。」

事變時，本所歸柘林把總調度。〔註57〕

## 四、南匯守禦千戶所信地

南匯守禦千戶所的信地範圍，自翁家港起至川沙堡止。本所駐箚官軍一千餘名，因此與青村守禦千戶所同樣除哨探之外，負有應援截殺之任務，其調度權則歸川沙把總。〔註58〕

## 五、川沙堡把總信地

川沙堡把總所轄信地，自翁家港起至寶鎮堡止。除川沙把總轄下所領官兵之外，還可調度南匯守禦千戶所駐箚官軍協守，此外南蹌、三林二巡檢司弓兵八十名亦協助信地內之守禦。〔註59〕

## 六、寶山守禦千戶所信地

寶山守禦千戶所信地，北至吳淞江守禦千戶所五十里，南至川沙堡五十里。〔註60〕寶山守禦千戶所在嘉靖倭亂之後，成為蘇州府備禦的重點之一，不但配置有陸兵哨探巡邏，也成為水寨設置的處所。〔註61〕

## 七、吳淞江守禦千戶所信地

吳淞江守禦千戶所信地，起自寶山守禦千戶所至南沙而止。〔註62〕由於吳淞為蘇州府的重要港口，可以駐泊大型戰艦，因此成為水師駐防的重要據點基地。〔註63〕

---

〔註57〕 《全吳籌患預防錄》，卷一，〈海防條議〉，頁 16 下～17 上。

〔註58〕 《全吳籌患預防錄》，卷一，〈海防條議〉，頁 17 上。

〔註59〕 《全吳籌患預防錄》，卷一，〈海防條議〉，頁 17 下～18 上。

〔註60〕 《全吳籌患預防錄》，卷一，〈海防條議〉，頁 18 下～19 上。

〔註61〕 明・顏季亨，《九十九籌》（《四庫禁燬書叢刊》史部五一冊，北京：北京出版社，2001 年 1 月一版一刷，據北京大學圖書館藏民國三十年輯玄覽堂叢書影印明天啓刻本影印），卷五，〈預防海倭〉，頁 23 上～25 上：「崇明、劉河、寶山、青村，各設水寨，相為犄角。」

〔註62〕 《全吳籌患預防錄》，卷一，〈海防條議〉，頁 19 上～20 上。

〔註63〕 明・俞大猷，《正氣堂集》（《四庫未收書輯刊》伍輯二〇冊，北京：北京出版社，2000 年 1 月一版一刷，據清道光孫雲鴻味古書室刻本影印），卷八，〈與方雙江書〉，頁 14 上：「自吳淞以至斜塘橋，港闊水深，大福船皆可用。」

## 圖 5-1：江海聯防信地圖之一

圖意說明：金山衛至吳淞江守禦千戶所各守禦單位信地圖。

資料出處：明・吳時來，《江防考》，卷一，〈江營新圖〉，頁 46 上～下。

## 八、瀏河把總（劉家河）信地

　　瀏河在原設把總移駐崇明，原有把總改設為參將之後，由於單位階層升高，因此所轄信地也大為擴增。不但管領瀏河營附近信地，同時也轄有吳淞江守禦千戶所、福山港以及崇明海內諸沙信地。〔註64〕而瀏河把總轄下水兵巡哨信地，則是中哨專守瀏河海口；左哨派駐川港，巡守南至施翹港北至牛角尖共十六里水域；右哨派駐七丫港，巡守七丫港至瀏河港三十里水域。〔註65〕

## 九、七丫港指揮信地

　　七丫港屬於瀏河參將所轄信地，本港指揮所領兵船巡哨之範圍，是到宋

---

〔註64〕《全吳籌患預防錄》，卷一，〈海防條議〉，頁 22 上～23 上。
〔註65〕明・張采等修，《崇禎・太倉州志》，卷一○，〈劉河堡・信地〉，頁 49 上～下。

信嘴、新灶沙、高家沙、三月沙等處。〔註66〕

## 十、白茆港指揮信地

白茆港屬於福山營信地，本港指揮所領兵船巡哨範圍是到營前沙、山前沙、新灶沙等處。〔註67〕

## 十一、福山把總信地

福山港是長江南岸江海聯防主要的險要據點，設有水兵把總一員統領水師兵船駐防，〔註68〕其信地爲自白茆港起至三丈浦止。〔註69〕

### 圖5-2：江海聯防信地圖之二

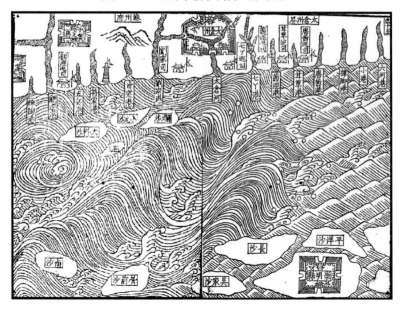

圖意説明：劉河把總、崇明守禦千户所、白茆港、七丫港等信地圖。

資料出處：明·吳時來，《江防考》，卷一，〈江營新圖〉，頁45上～下。

---

〔註66〕《全吳籌患預防錄》，卷一，〈海防條議〉，頁23上。
〔註67〕《全吳籌患預防錄》，卷一，〈海防條議〉，頁23上。
〔註68〕明·鄭若曾，《鄭開陽雜著》（台北：成文出版社，據清康熙三十一年版本影印，1971年4月台一版），卷一，〈蘇松水陸守禦論〉，頁11下～13上：「至於蘇州之沿海而多港口者，則嘉定之吳淞所、太倉之劉家河、常熟之福山港，凡賊舟可入者，各設水兵把總以堵截之。」
〔註69〕《全吳籌患預防錄》，卷一，〈海防條議〉，頁24上。

## 十二、崇明守禦千戶所信地

崇明守禦千戶所位處長江出海口，所配置的軍力以水軍爲主，其信地即爲崇明附近的各個大小沙洲。〔註70〕

## 十三、常鎮參將信地

常鎮參將駐箚於楊舍鎮，此處在嘉靖倭寇侵擾之後其重要性益受重視。〔註71〕由於爲參將駐箚所在，因此其信地範圍較爲廣泛，但主要的巡哨範圍由其部下兵船駐泊據點即可明瞭。其部下兵船二支駐泊楮家沙，巡哨至三爿沙、登舟沙、營前沙以及瀏河、許浦等地；一支駐泊三丈浦，一支駐泊谷瀆港。以上這些港口、沙洲即是常鎮參將的主要信地範圍。〔註72〕

## 十四、圌山把總信地

圌山港是江防與海防的分界處所，也可以說是明代的江防門戶所在，所轄信地上自高資鎮下至安港，共一百五十里江面。〔註73〕由圌山把總部下兵船駐泊巡哨處所，可以得知其巡哨範圍大致如何。圌山把總部下兵船，一支駐泊黃山門，巡哨至江陰、靖江二縣；一支駐泊安港，巡哨至黃山門、團洲以及江北周家橋；一支駐泊圌山，巡哨至安港順江洲等處；另外一支兵船則不拘信地，擔任遊兵遠程哨探。〔註74〕

## 十五、掘港守備信地

掘港在泰州如皋縣，位處揚州府東南，原先設置有把總一員，後改設爲

---

〔註70〕《全吳籌患預防錄》，卷一，〈海防條議〉，頁 20 下～21 下。

〔註71〕明・薛甲，《畏齋薛先生藝文類稿》（《北京圖書館古籍珍本叢刊》之一一○，北京：書目文獻出版社，不著出版年月，據明隆慶刻本影印），卷五，〈江陰縣新築楊舍城記〉，頁 13 上～15 下：「監察御史尚公某，膺命而來按治茲土，既飭憲度，聿宣皇仁，相地所宜，築五城於江海之上……，而吾邑楊舍新城則所築之一也。」

〔註72〕《全吳籌患預防錄》，卷一，〈海防條議〉，頁 24 下～25 下。

〔註73〕《讀史方輿紀要》，卷二五，〈江南七〉，頁 47 上～52 下：「圌山屹立江濱，……，嘉靖三十二年，以倭寇充斥，議設圌山營把總一員，上自府西高資鎮，下至安港百五十里皆其汛地。」

〔註74〕《全吳籌患預防錄》，卷一，〈海防條議〉，頁 27 下～28 上。

守備以增其事權。〔註75〕掘港守備統轄東、西二營，設有水兵戰船。其信地南至石港，北接丁美舍，西至如皋縣城，東抵大海。〔註76〕

### 圖5-3：江海聯防信地圖之三

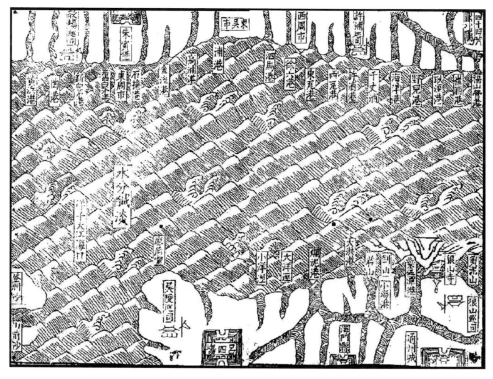

圖意說明：福山把總、大河口把總、狼山把總等信地圖。
資料出處：明·吳時來，《江防考》，卷一，〈江營新圖〉，頁44上～下。

## 十六、大河口把總信地

大河口把總駐箚於通州海門縣呂四場，亦為揚州府海防要害處所，設有

---

〔註75〕明·楊洵，《揚州府志》，卷一三，〈兵防考〉，頁1上～11下：「自是沿海益增置營戍，設將領，通州有副總兵及水營把總，掘港有守備，太河、周橋有把總，揚州有參將。」又明·李自滋、劉萬春纂修，《崇禎·泰州志》，卷二，〈兵戎〉，頁12下～15上：「嘉靖三十三年，倭大舉入寇，再被蹂躪，巡撫鄭曉奏設把總。三十八年，巡撫李燧奏改守備。」
〔註76〕《崇禎·泰州志》，卷二，〈兵戎〉，頁12下～15上：「如皋掘港營……，統東、西二營，招募民兵三千餘名，設戰船一百餘隻。……。所轄信地南至石港，北接丁美舍，西如皋，東抵大海洋。」

水、陸軍馬，並配置水師戰船。〔註77〕其信地西與狼山把總信地相接，〔註78〕東南信地則應與崇明守禦千戶所信地相接。〔註79〕

## 十七、狼山把總信地

狼山設有把總一員，駐箚於通州狼山，其所轄信地東與大河口把總信地相接，西至周家橋營，東西約三百里。除長江北岸信地爲其巡哨守禦範圍之外，亦與江南各營兵船往來會哨。〔註80〕

## 十八、周家橋把總信地

周家橋把總駐箚於周家橋鎮，〔註81〕其信地範圍東至狼山把總信地，與狼山把總部下兵船會哨，西與四十里外之三江口把總信地接鄰。〔註82〕

---

〔註77〕　明・林雲程，《萬曆・通州志》，卷三，〈武備〉，頁21上～22下：「大河口把總一人，住箚海門縣之呂四場，掌凡操演水、陸軍馬，查理戰船，整備器械，防禦倭寇之事。」

〔註78〕　明・王揚德，《狼山志》（台北：國家圖書館善本書室藏明天啓三年刊本），卷一，〈信地圖説〉，頁2上～3上：「狼山把總司，駐箚狼山之陰，東西上下所轄信地約三百里……，東接大河營，與江南崇明、劉河、吳淞等營往來會哨。」

〔註79〕　《江防考》，卷一，〈江營新圖〉，頁44下～45上。

〔註80〕　《狼山志》，卷一，〈信地圖説〉，頁2上～3上：「狼山把總司，駐箚狼山之陰，山之東、西，上下所轄信地約三百里……，東接大河營，與江南崇明、劉河、吳淞等營往來會哨。西接周橋營，與福山、楊舍、永生等營，往來會哨。」

〔註81〕　《可泉先生文集》，卷九，〈題造樓船以固海防疏〉，頁18下～130下：「泰興則周家橋、李家港、過船港、黃家港、新河口、曹莊埠，如皋則天生港，通州則豎河港、狼山等處，俱爲江防要害，似應置設江船。」又明・楊洵，《揚州府志》，卷一三，〈兵防考〉，頁1上～11下：「自是沿海益增置營戍，設將領，通州有副總兵及水營把總，掘港有守備，太河、周橋有把總。」

〔註82〕　明・茅元儀，《武備志》（《四庫禁燬書叢刊》子部二六冊，北京：北京出版社，2001年1月一版一刷，據北京大學圖書館藏明天啓刻本影印），卷二二一，〈淮揚海防兵備道分布防汛信地〉，頁2下～6下：「三江會口係江都縣地方，西到瓜洲鎮一百二十里，東到周家橋四十里，與江南圌山相對。」

圖 5-4：江海聯防信地圖之四

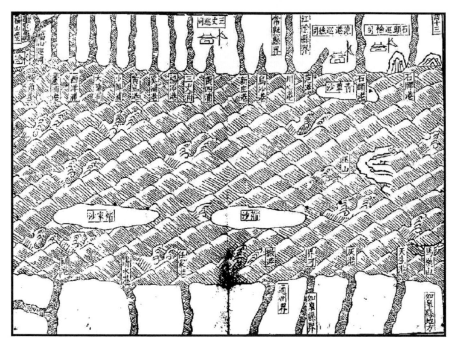

圖意說明：福山把總等信地。

資料出處：明・吳時來，《江防考》，卷一，〈江營新圖〉，頁 43 上～下。

## 十九、三江口把總信地

三江口把總所轄信地西至瓜洲鎮，距離一百二十里，東到周家橋，距離四十里，上下信地達一百六十里。〔註 83〕其信地中有歸仁巡檢司，巡檢領弓兵巡哨三十里之江面。〔註 84〕

## 二十、儀眞守備信地

儀眞守備駐箚儀眞縣城，其所轄信地北岸上自東溝下至何家港，計九十

---

〔註83〕 《江防考》，卷三，〈淮揚海防兵備道分布防汛信地〉，頁 27 上～下：「三江會口係江都縣地方，西到瓜洲鎮一百二十里，東到周家橋四十里。與江南圖山相對，中有順江洲，江面頗窄，水流湍急，最爲險要。」

〔註84〕 《南京都察院志》，卷一一，〈揚州道所屬揚州府軍衛信地〉，頁 12 上：「三江會口……。自穿心港至急水溝止，江面三十里，該歸仁巡檢領弓兵十八名，上與萬壽巡檢司，下與口岸巡司各會哨。」

五里；南岸上自天寧洲下至高資港，計三十五里。〔註85〕

　　除各營與各衛所有其所轄信地之外，各縣設置的巡檢司由於統有弓兵，負責平時巡邏盤詰的任務，因而也各有其巡邏信地。例如歸仁巡檢司，即負責巡邏穿心港至急水溝之間三十里長的江面。〔註86〕位於儀眞縣城東的舊江口也設有一巡檢司，其所管轄之信地東至何家港，西至下江口，東西共三十里。〔註87〕丹徒鎮巡檢司，所轄信地上至焦山十五里，下至孩溪橋十五里與姜家嘴巡檢司接哨。〔註88〕高資鎮巡檢司，所轄信地上至斜溝口三十里，下至鎮江府西碼頭四十里。〔註89〕安港巡檢司所轄信地，上與姜家嘴巡檢司接哨，下與包港巡檢司接哨，上下信地五十里。〔註90〕姜家嘴巡檢司所轄信地，上至孩溪橋與丹徒鎮巡檢司接哨，下至順江洲一號港與安港巡檢司接哨。〔註91〕各巡檢司弓兵在其信地之內巡邏盤詰，並與接鄰的巡檢司或是其他守禦單位接哨，以確保整體備禦的安全無虞。

　　而各府江防同知、海防同知、巡捕通判以及各州縣巡捕官，統有民壯、快手等民兵，因此也各自有其守禦信地。例如揚州府江都縣瓜洲鎮設有江防同知一員，統領瓜洲鎮民壯、機兵等民兵，並兼管揚州衛巡江軍舍、各巡檢司弓及其巡哨船隻負責守禦任務。〔註92〕而揚州府江防同知所轄的信地爲「上接儀眞，下抵狼山」，在此信地範圍之中，不但要負責巡緝鹽徒、盜賊，若有海盜由海入江，該同知亦有追剿之責。〔註93〕又如位處江心的靖江縣，雖然

〔註85〕《南京都察院志》，卷一一，〈儀眞水營〉，頁27下～29下。

〔註86〕《南京都察院志》，卷一一，〈揚州道所屬揚州府軍衛信地〉，頁12上：「自穿心港至急水溝止，江面三十里，該歸仁巡檢領弓兵十八名，上與萬壽巡檢司，下與口岸巡司各會哨。」

〔註87〕《江防考》，卷三，〈揚州參將分布防汛信地〉，頁34下。

〔註88〕《江防考》，卷三，〈鎮江府屬軍衛信地〉，頁21下～22上。

〔註89〕《江防考》，卷三，〈鎮江府屬軍衛信地〉，頁22上。

〔註90〕同前。

〔註91〕《江防考》，卷三，〈鎮江府屬軍衛信地〉，頁22上～下。

〔註92〕《武備志》，卷二二一，〈揚州參將分布防汛信地〉，頁9上～12上：「瓜洲鎮係江都縣地方，南濱大江，東到沙河港二十里，西到花園港七里，北到楊子橋三十里，到府城四十五里，與江心金山寺相對……。今添註揚州府同知一員駐箚，統領原有民壯、驍勇、機兵等項八百餘名，并揚州衛巡江軍舍、巡檢司弓兵及巡哨船一十餘隻，及草撇船十隻，捕兵一百一十四名，　喇　船四隻，捕兵一十六名，在彼防禦，有警調兵策應。」

〔註93〕明·鄭曉，《端簡鄭公文集》（《北京圖書館古籍珍本叢刊》一〇九冊，北京：書目獻出版社，不著出版年月，據明萬曆二十八年鄭心材刻本影印）卷一〇，

此地並未設有把總、守備等官，但卻駐有民壯、水兵以及官民船隻，由該縣官一員統領駐守防禦。其信地由其水兵、民壯駐箚地點與巡哨處所即可得知。其中一枝兵力駐守孤山套口，一枝駐箚蟛蜞港，一枝駐箚爛港口，輪番巡哨至唐沙、蒲沙等處。〔註94〕各府同知、通判，州、縣巡捕官所統領之兵力以民兵為主，在其信地之中所負有的守禦之責以及功罪賞罰標準與衛所、營兵等正規軍單位並無二致。〔註95〕

由以上各守禦單位的信地劃分可以得知，江海聯防之中各守禦單位由基層至高層皆有其各自劃定之信地範圍，各單位除在於各自的信地範圍之中巡邏哨守之外，還必須與接鄰的其他單位接哨、會哨。層級較高駐守兵力較多的單位，其信地也較大；基層單位如巡檢司，所領弓兵僅十數名至數十名，因此其信地範圍也較小。而層級高的守禦單位，其信地範圍之中包含其他較低層級守禦單位的信地，如此層層交錯，彼此相互監控，以確保江海聯防體系能夠確實運作。

江海聯防信地的劃分，是為使各守禦單位在執行任務時有一個明確的責任區域，上級單位也比較容易指揮調度。然而明代江海聯防的信地劃分情況卻是相當地複雜。首先，江海聯防的各守禦單位，除位處松江府與蘇州府，直接面臨海洋的幾個衛所與兵營之外，其餘在長江下游的守禦單位，其信地劃分僅有長江南岸或北岸一岸的信地。如此的劃分造成各單位執行守禦任務時得以有其推諉的空間，因為江洋水面上並無明確的界線區隔，〔註96〕若

---

〈添設揚州同知一員駐箚瓜洲〉，頁1上～3上：「況該府所屬附郭江都縣瓜洲鎮，坐枕大江北岸，正與鎮江府對峙……，竊欲比照蘇、松二府，除正員同知專一清軍協理府事外，添設同知一員，遵照原議常川在於瓜洲舊有府館衛門駐箚，令整飭該鎮兵夫，監造巡哨船隻，會合該衛巡江官員演習水戰，兼管所屬一帶江面，上接儀眞下抵狼山，緝捕鹽盜，如有海寇入江，督兵追剿以靖江洋，此誠分職供事之義，弭盜安民之策，或不可緩也。」

〔註94〕《全吳籌患預防錄》，卷一，〈海防條議〉，頁27上。

〔註95〕《明世宗實錄》，卷四三三，嘉靖三十五年三月丙子條，頁5下～7下：「兵部奉旨覆議九卿科道條陳禦倭事宜……。一分信地：凡守備、把總及海防府、州、縣佐各有信地，賊至不能拒守固有常律，若能奮勇擒斬許以贖之。即罪少功多仍以功論，如賊從他路出境，有邀截擒獲者，所得即以與之，仍照例陞賞。一計職任：武將自守備以下，文官自海防同知以下，所將卒五百，擒斬眞賊五人陞一級，十人加一級；所將卒一千，每五人陞署一級，十人實授一級，各以例遞陞至三級而止。如先獲功後失事革職者准贖，其餘功罪叅將照所屬分論，兵備隨之，總副合所屬通論，巡撫隨之。詔俱如議行。」

〔註96〕明・王士騏，《皇明馭倭錄》（《四庫全書存目叢書》史部五三冊，台南：莊嚴

有江盜、海盜、倭寇、鹽徒出現於江洋水面，其守禦權責究竟應該歸屬於哪一個單位？就是一件難以明確判別的事情。其次，不同性質的守禦單位，其管轄指揮權不一，遇有事變之時往往無法有效發揮協同作戰之力量。江海聯防的守禦單位包括：衛所軍、營兵等正規軍以及民壯、機兵、弓兵等民兵。〔註97〕其中不但正規軍與民兵的指揮體系不同，〔註98〕就是正規軍之中的衛所官軍與營兵，其指揮體系也不盡相同。這種情形雖然在各府江、海防同知設置之後得到一定程度的改善，然而卻無法全面解決指揮體系不一問題。此外，一般州、縣巡捕官，以及各巡檢司之下所配備的巡哨船隻，多半是較為小型的哨船，而正規的衛所軍與營兵則往往有大型的沙船、福船等船隻，並有配備有各型火器。〔註99〕各單位守禦力量落差太大，而民兵與正規軍的信地卻往往相接鄰，如此也易於使得各單位協同作戰的力量無法有效發揮，甚至發生縱放賊寇的情形。

雖然江海聯防信地的劃分有其缺陷存在，但是信地的劃分仍不失為強化備禦功能的有效方式。至少在信地劃分之後，小規模的鹽徒、江、海盜賊作亂能夠責成各信地所在單位加以平息，以避免擴大蔓延成為大規模的動亂。就這一點而言，江海聯防信地的劃分是有其必要性的。

---

文化事業有限公司，1997年10月初版一刷，據清華大學圖書館藏明萬曆刻本影印），卷七，嘉靖三十五年），頁31下～32上：「江海原無限隔，雖經分屯把守，逐節會哨，若使拘泥信地不應援，亦難防賊。」

〔註97〕參見：梁方仲，〈明代之民兵〉（《明史研究論叢》第一輯，台北：大立出版社，1982年6月初版），頁243～276。

〔註98〕民壯、機兵等民兵主要由各府、州、縣巡捕官所率領指揮，弓兵則由各巡檢司巡檢指揮統轄。

〔註99〕明‧熊明遇，《綠雪樓集》（《四庫禁燬書叢刊》集部一八五冊，北京：北京出版社，2001年1月一版一刷，據中國社會科學院文學研究所圖書館；中國科學院圖書館；南京圖書館藏明天啟刻本影印），臺草，〈題為留都地切江海刺姦宜密申嚴盜賊之課以明職守事〉，頁12上～15上：「蓋臣之督屬上結九江之浦，下守丹陽之滸，西接楚鄉東連吳會，延袤千五百里，僅有水師五千，沿江疏密基布，總不成軍……。擬置神飛、虎蹲、大小百子等砲銃若干門，另造闊海鳥船堪發大火器者若干隻，分發各營令其絕江奪標以演水操。」又明‧李遂，《李襄敏公奏議》（《四庫全書存目叢書》史部六一冊，台南：莊嚴文化事業有限公司，1997年10月初版一刷，據山西大學圖書館藏明萬曆二年陳瑞刻本影印），卷四，〈議處運道以裕國計疏〉，頁25上～32下：「其戰沙船隻，查得狼山止有船五十隻，近該本道議請，欲再造戰船七十三隻，通發本官隨宜分布緊要江海處所防禦。」

## 圖 5-5：江海聯防信地圖之五

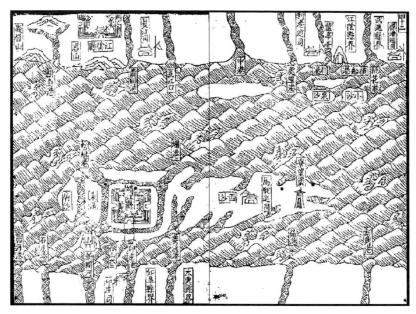

圖意說明：靖江縣信地圖。

## 圖 5-6：江海聯防信地圖之六

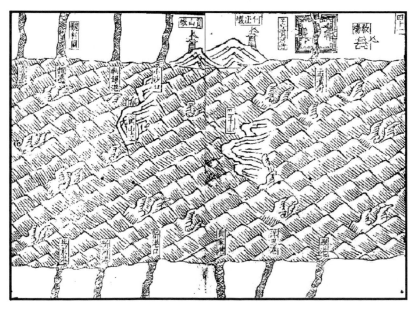

圖意說明：孟河附近信地圖。

## 圖 5-7：江海聯防信地圖之七

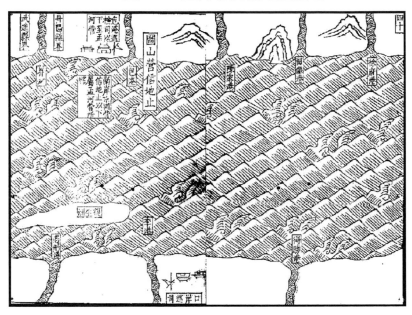

圖意說明：圌山把總信地圖。

## 圖 5-8：江海聯防信地圖之八

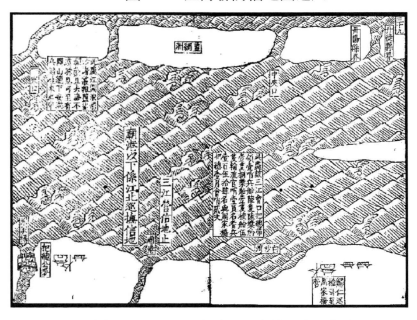

圖意說明：三江口把總、周家橋把總信地圖。

## 圖 5-9：江海聯防信地圖之九

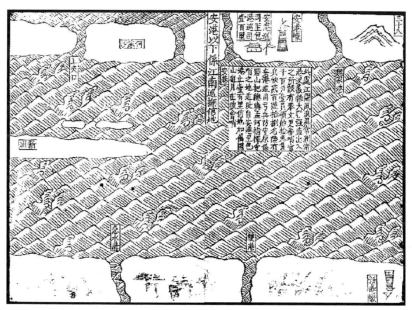

圖意說明：圖山把總會哨信地圖。

## 圖 5-10：江海聯防信地圖之十

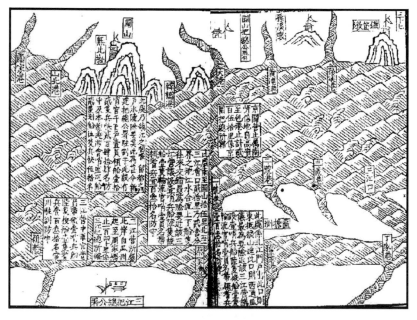

圖意說明：圖山把總、三江口把總信地圖。

### 圖 5-11：江海聯防信地圖之十一

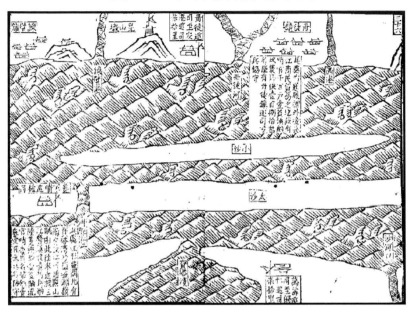

圖意說明：丹徒鎮附近信地圖。

### 圖 5-12：江海聯防信地圖之十二

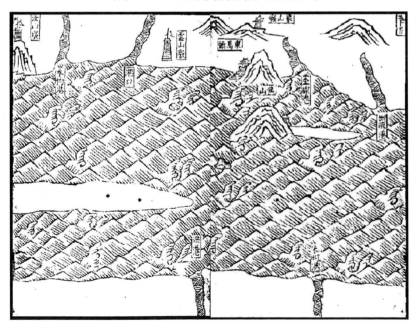

圖意說明：鎮江府東馬頭附近信地圖。

## 圖 5-13：江海聯防信地圖之十三

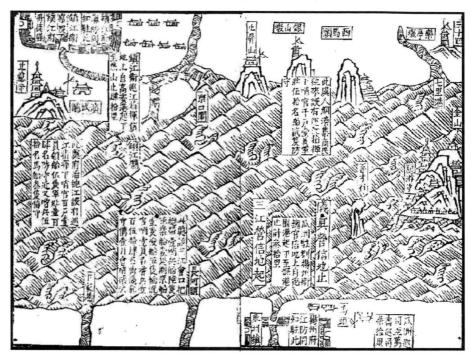

圖意說明：儀眞守備至圌山、周家橋把總等信地圖。

以上圖 5-5 至 5-13 出於：明・吳時來，《江防考》，卷一，〈江營新圖〉，頁 34 上～42 下。

## 表 5-1：明代南直隸江海聯防信地範圍表

| 編號 | 府屬 | 單位或職官 | 信地範圍 | 備註 |
|---|---|---|---|---|
| 1 | 松江府 | 金山衛 | 東至寶鎭堡，西至獨山，北至松江，南至海。 | |
| 2 | 松江府 | 柘林把總 | 起自淰缺，止於翁家港。 | |
| 3 | 松江府 | 青村守禦千戶所 | 起自胡家港，止於翁家港。 | |
| 4 | 松江府 | 南匯守禦千戶所 | 起自翁家港，止於川沙堡。 | |
| 5 | 松江府 | 川沙堡把總 | 起自翁家港，止於寶鎭堡。 | |
| 6 | 蘇州府 | 寶山守禦千戶所 | 北至吳淞江守禦千戶所，南至川沙堡。 | |
| 7 | 蘇州府 | 吳淞江守禦千戶所 | 起自寶山守禦千戶所，止於南沙。 | |

| 8 | 蘇州府 | 瀏河把總 | 中哨專守瀏河海口。左哨駐川港，信地南至施翹港，北至牛角尖。右哨駐七丫港，信地起自七丫港，止於瀏河港。 | 合此三哨信地即為瀏河把總所轄信地。 |
|---|---|---|---|---|
| 9 | 蘇州府 | 七丫港指揮 | 所轄信地為宋信嘴、新灶沙、高家沙、三爿沙等處。 | 七丫港指揮所轄信地並未有明確的起迄點記載。 |
| 10 | 蘇州府 | 白茆港指揮 | 所轄信地為營前沙、山前沙、新灶沙等處。 | 白茆港指揮所轄信地並未有明確的起迄點記載。 |
| 11 | 蘇州府 | 福山把總 | 起自白茆港，止於三丈浦。 | |
| 12 | 蘇州府 | 崇明守禦千戶所 | 崇明附近各大、小沙洲。 | |
| 13 | 常州府 | 常鎮參將 | 部下兵船駐泊巡哨三爿沙、登舟沙、營前沙、瀏河、許浦、三丈浦、谷瀆港等地。 | 常鎮參將所轄信地並未有明確的起迄點記載。 |
| 14 | 鎮江府 | 圌山把總 | 部下兵船駐泊巡哨黃山門、江陰縣、靖江縣、安港、團洲、周家橋、圌山、安港、順江洲等地。 | 圌山把總所轄信地並未有明確的起迄點記載。 |
| 15 | 揚州府 | 掘港守備 | 南至石港，北至丁美舍，西至如皋縣城，東至海。 | |
| 16 | 揚州府 | 大河口把總 | 西與狼山把總信地相接，東南與崇明守禦千戶所信地相接。 | |
| 17 | 揚州府 | 狼山把總 | 東與大河口把總信地相接，西至周家橋營。 | |
| 18 | 揚州府 | 周家橋把總 | 東至狼山把總信地，西至三江口把總信地。 | |
| 19 | 揚州府 | 三江口把總 | 西至瓜洲鎮，東至周家橋。 | |
| 20 | 揚州府 | 儀真守備 | 北岸信地起自東溝，止於何家港。南岸信地起自天寧洲，止於高資港。 | |

## 第三節　江海聯防的水寨與會哨

　　明代南直隸江海聯防的主要防禦對象爲倭寇、鹽徒、江盜、海盜，這些不同對象的共同之處，就是他們都是從江、海水路而來，或是活動於江、海洋面之上。因此，作爲水師基地的水寨，在明代的江海聯防體系中佔有相當重要的地位。太祖朱元璋在正式建國之前（乙巳年，1365），就在長江下游的江陰設置有水寨，以對抗張士誠的舟師部隊。〔註100〕其後更於洪武年間（1368～1398），在南直隸揚州府所屬的通州沿海，設置水寨，配備海船專作備倭之用。〔註101〕此後爲備禦倭寇、鹽徒與江、海盜賊，明朝廷在南直隸江海交會區域陸續建置許多大小水寨，以作爲水師駐泊之地。以下就明代江海聯防設置的幾個重要水寨加以說明：

### 一、吳淞江水寨

　　吳淞江守禦千戶所位於嘉定縣城東南，吳淞江北岸。〔註102〕洪武十九年（1386）即設立千戶所，〔註103〕由於該地港闊水深，適於停泊大型船艦，因此成爲蘇州府重要的水師基地。〔註104〕嘉靖三十二年（1553）設置把總一員，統領水兵二千九百名，但其配置之水師戰船則沒有詳細記載。〔註105〕但若以

---

〔註100〕《明太祖實錄》，卷一八，乙巳年閏十月乙卯條，頁 3 下～4 上：「江陰水寨守將康茂才報：張士誠以舟師四百艘出大江，次范蔡港，別以小舟於江中孤山往來，出沒無常，疑有他謀，請爲之備。」

〔註101〕明·李實，《禮科給事中李實題本》（台北：國家圖書館善本書室藏明抄本），〈題軍守備事〉，頁 19 上～20 下：「據直隸揚州衛通州守禦千戶所申：照得本所地方叁面枕臨江海，緊關衝要，洪武年間，額設拾百戶，旗軍壹千壹百貳拾名，内柒百戶全伍，於大河口、廖角嘴、徐稍港、石港，置立營寨，肆處烽墩叁拾陸座，海船七隻，專壹隄備倭寇。」

〔註102〕清·顧祖禹，《讀史方輿紀要》（台北：樂天出版社，1973 年 10 月初版），卷二四，〈江南六〉，頁 32 上：又《南畿志》，卷一二，〈吳淞江守禦千戶所〉，頁 24 下。

〔註103〕明·韓浚、張應武等纂修，《萬曆·嘉定縣志》（《四庫全書存目叢書》史部二〇八冊，台南：莊嚴文化事業有限公司，1997 年 10 月初版一刷，據上海博物館藏明萬曆刻本影印），卷一六，〈城池〉，頁 4 上～下。

〔註104〕《正氣堂集》，卷八，〈與方雙江書〉，頁 14 上：「自吳淞以至斜塘橋，港闊水深，大福船皆可用。」

〔註105〕清·蘇淵，《康熙·嘉定縣志》（台北：國家圖書館漢學研究中心景照清康熙十二年序刊本），卷二，〈兵伍〉，頁 36 上～37 上：「本年（嘉靖三十二年），題設吳淞江把總一員，統水兵二千九百名。」

當時明軍所使用之大型福船乘員計算，每一艘大福船約可乘載百人，〔註106〕
則當時駐泊吳淞江水寨的戰船當不少於二十九艘。應天巡撫翁大立（1517
～？），也曾於吳淞江水寨設置過兵船以爲防倭之用。〔註107〕此外在趙文華的
〈咨南京兵部江海事宜〉中也提到：「海門、通州守禦所及呂四等場對過蘇州、
劉家河、吳淞江共置海防船若干隻，擇海口要害屯列水寨，共會哨于楊山、
許山而止。」〔註108〕操江都御史史褒善也曾會同應天巡撫屠大山，命令吳淞
江把總率領兵船至寶山按伏以便追剿倭寇。〔註109〕俞大猷更是以其實戰經
驗，建議於吳淞江水寨設置一哨兵船，此一哨兵船有福船、蒼山船、沙船共
四十餘艘。〔註110〕此外俞大猷也建議於江南的吳淞江、瀏河等水寨增置樓船
一百五十艘。〔註111〕萬曆中，吳淞江水寨吳淞江、遊兵、奇兵三營共配置有
蒼山船、福船、沙船、唬船等戰船一百餘艘。〔註112〕可見吳淞江水寨所駐泊
的水師船艦，是江海聯防中一直是相當重要的水師力量。除此之外，駐箚於
竹箔沙的吳淞遊兵把總，統領遊兵船隻巡哨於外洋，更可增加防禦的主動性
與機動性。〔註113〕

---

〔註106〕明・王鳴鶴編輯，《登壇必究》（《中國兵書集成》第二○～二四冊，北京：解
　　　　放軍出版社；瀋陽：遼瀋書社聯合出版，1990年2月一版一刷，據明萬曆刻
　　　　本影印），卷二五，〈水戰〉，頁12下～14上：「福船高大如樓，可容百人。」
〔註107〕明・鄭若曾，《籌海圖編》（台北：國家圖書館善本書室藏明天啓四年新安胡
　　　　氏重刊本），卷六，〈直隸事宜・江南諸郡〉，頁28上～34上：「巡撫都御史
　　　　翁大立題云：今日海防之要惟有三策……。自吳淞江而北爲劉家河，爲七丫
　　　　港，又東爲崇明縣，七丫而西爲白茆港，爲福山，又折而西北爲楊舍，爲江
　　　　陰，爲靖江，又西爲孟河，爲圌山，此皆舟師可居，利於水戰，臣皆設有兵
　　　　船，非統以把總即統以指揮。」
〔註108〕明・趙文華，《趙氏家藏集》（台北：國家圖書館善本書室藏清江都秦氏石研
　　　　齋抄本），卷五，〈咨南京兵部江海事宜〉，頁1上～2下。
〔註109〕明・史褒善，《沱村先生集》（台北：國家圖書館善本書室藏明萬曆三十三年
　　　　澶州史氏家刊本），卷一，〈報江南倭寇疏〉，頁12上～16下：「臣會提督軍
　　　　務巡撫都御史屠大山，催督兵備僉事任環，統發狼兵、旱兵，與總兵解明道、
　　　　備倭盧鏜等，各統部下官兵合勢齊進，仍嚴令吳淞江把總劉堂并遊兵千戶王
　　　　應麟，各將兵船列於寶山附近去處按伏，水陸犄角以圖追剿。」
〔註110〕《正氣堂集》，卷七，〈議水陸戰備事宜〉，頁20下～24下：「吳淞江口兵船一哨、
　　　　劉家河一哨、崇明港一哨，每哨約用福船十三、四隻、蒼山船十隻、沙船二十隻。」
〔註111〕《正氣堂集》，卷一六，〈懇乞天恩亟賜大舉以靖大患以光中興大業疏〉，頁1
　　　　上～8上：「臣請於堪泊兵船地方，如江北設樓船三十隻於儀眞、瓜洲……，江
　　　　南之劉家河、吳淞江，江中之崇明親（新）舊二沙共用樓船一百五十隻。」
〔註112〕清・蘇淵，《康熙・嘉定縣志》，卷二，〈戰艦〉，頁38下。
〔註113〕明・張世臣等修，《萬曆・新修崇明縣志》（台北：國家圖書館善本書室藏明

## 二、瀏河水寨

瀏河早在元代就設有嘉定州水軍萬戶府，置水寨。明初罷水軍萬戶府，改設三巡檢司，配置弓兵百名。鄭和下西洋（1405～1433），其船隊也是從瀏河港下洋出海。〔註114〕正統初年始復設軍寨，以蘇州衛指揮一員領軍備倭；嘉靖四十五年（1566），改設參將，募水陸兵，添置福船、沙船、唬船等船隻駐防；萬曆初年，復改設為遊擊。〔註115〕劉河水寨與崇明、寶山等水寨，都是南直隸江海交會地區重要的水師集結據點。〔註116〕

瀏河水寨駐箚的水師兵力，在正統年間（1436～1449），設有蘇州衛軍士五百名，海船八艘。〔註117〕嘉靖倭亂期間，趙文華曾建議於瀏河設置水寨，配置船隻以為防海之用。〔註118〕俞大猷也曾建議於瀏河水寨駐箚一哨水師，配備福船十三、四艘，蒼山船十艘，沙船二十艘。〔註119〕嘉靖四十五年（1566），瀏河改設參將之後，瀏河水寨曾經一度增加配屬戰船以資防禦。〔註120〕據陳仁錫所記，瀏河把總改設參將之後，瀏河水寨的戰船共有七十二艘，而陳氏仍然認為瀏河水寨之戰船數目不足，應該加以擴充；〔註121〕而這些駐箚瀏河水寨的戰船，

萬曆甲辰（卅二年）刊本），卷三，〈奏定水師汛地南北會哨疏〉（巡撫翁大立著），頁4下～6上：「而又以圖山遊兵把總駐箚營前沙，會哨於江北；吳淞遊兵把總駐箚竹泊沙，會哨於洋山；總兵、參將統水陸兵，據江海之交鎮守於楊舍，所以備水戰者亦既密矣。」

〔註114〕 參見：沈魯民、郭松林、吳紅豔，〈鄭和下西洋與太倉〉，《鄭和下西洋論文集》第二集（南京：南京大學出版社，1985年6月一版一刷），頁15～27。

〔註115〕 《崇禎·太倉州志》，卷一〇，〈劉河堡〉，頁41上～45上。

〔註116〕 《九十九籌》，卷五，〈預防海倭〉，頁23上～25上：「崇明、劉河、寶山、青村各設水寨相為犄角。」

〔註117〕 《崇禎·太倉州志》，卷一〇，〈劉河堡〉，頁41上～45上。

〔註118〕 《趙氏家藏集》，卷五，〈咨南京兵部江海事宜〉，頁1上～2下：「方今防禦之策莫若修明舊制量為分畫，各列兵船屯箚要害。……海門、通州守禦所，及呂四等場對過蘇州劉家河、吳淞江共置海防船若干隻，擇海口要害屯列水寨，共會哨于楊山、許山而止，此為三節。」

〔註119〕 《正氣堂集》，卷七，〈議水陸戰備事宜〉，頁20下～24下。

〔註120〕 明·張采等修，《太倉州志》（台北：國家圖書館善本書室藏明崇禎十五年刊清康熙十七年修補本），卷一〇，〈瀏河堡〉，頁41上～45上。

〔註121〕 《全吳籌患預防錄》，卷一，〈海防條議〉，頁22上～23上：「劉家河乃海運通船之所，去太倉州止七十里，一潮可到，河闊水深，賊舟易於突入。向設把總一員，今議參將一員調至劉河築城把守，以劉河把總移在崇明甚為得計……，今查部下兵船止七十二隻，似為單弱，夫以參將而代把總之任，似宜家兵卒以隆事權，合於把總部下撥發福船五隻、沙船五隻收哨，令當汛期如議招集分為六枝。」

也確實發揮殲敵於海上功能。〔註122〕然而，至崇禎年間（1628～1644），瀏河水寨所駐箚的戰船僅存五十五艘、水兵七百餘名，戰力大不如前。〔註123〕

## 三、崇明水寨

　　崇明位於長江出海口處，大小沙洲錯落，一向為海防險要據點。〔註124〕崇明設置水寨始於永樂十四年（1416），初置百戶十員領戰船習水戰禦倭。〔註125〕其後因為海患平息，水寨之制遂廢；〔註126〕直至嘉靖三十三年（1554）倭寇侵擾，崇明才又恢復水寨之設置，配備戰船以備倭寇。〔註127〕其後崇明水寨的地位益受重視，其單位與長官位階不斷提升，至崇禎十五年（1642）已設為副總兵，統領下江水師。〔註128〕

　　崇明水寨配置的水師戰船，在正德年間（1506～1521）有水軍九百名，可容百人的大型戰船十艘。〔註129〕嘉靖倭亂之後，俞大猷也曾建議崇明水寨與瀏河、吳淞江水寨同樣設置水師一哨，配備福船、蒼山船、沙船共三十餘

〔註122〕明・徐縉，《徐文敏公集》（台北：國家圖書館善本書室藏明隆慶二年吳都徐氏家刊本），卷四，〈靖海全功詩序〉，頁28下～31下：「仲冬辛卯，與寇遇於劉家河之海口，戰艘合圍，帆幟蔽日。」

〔註123〕《崇禎・太倉州志》，卷一〇，〈劉河堡・軍兵〉，頁48上～49上：「水營步者兵五十五名……，舵工五十五名……，船兵七百二十名，聽差划船兵三十三名……。戰船五十五隻。內中哨分管船十九隻，兵三百零六名。左右哨各分管船十八隻，兵二百六十四名。」

〔註124〕《玉介園存稿》，卷一八，〈詳擬江南海防事宜〉，頁25上～44下：「惟崇明當海洋要衝，劉河為蘇州門戶，船兵照舊存留……，崇明兵船分泊三沙洪、三沙下腳。劉河兵船專泊宋信嘴。吳淞兵船專泊竹箔沙。」

〔註125〕清・朱衣點等撰，《康熙・崇明縣志》（台北：國家圖書館漢學研究中心景照清康熙二十年序刊本），卷五，〈水師〉，頁4下～6上：「永樂十四年設水寨，撥舊戍百戶十員領舟習戰，水師始此。」

〔註126〕《康熙・崇明縣志》，卷五，〈水師〉，頁4下～6上：「正統二年，海患平，以船為虛費，題准以船易馬，而哨船之制廢。」

〔註127〕《康熙・崇明縣志》，卷五，〈水師〉，頁4下～6上：「嘉靖三十三年，倭寇陷城，海防熊桴復請置戰船三十號，大練水師，仍名哨船，駐屯三沙洪，屬千戶包守正統轄。」

〔註128〕清・沈世奕，《康熙・蘇州府志》（台北：國家圖書館漢學研究中心景照清康熙二二年序刊本），卷三五，〈明軍制〉，頁8上～下：「崇禎四年，巡撫曹文衡題改把總為守備。十五年，巡撫黃希憲題改守備為副總兵，以下江水師俱屬之。」

〔註129〕明・陳文等修，《正德・崇明縣重修志》（台北：國家圖書館善本書室藏明正德間刊本），卷四，〈南海水寨〉，頁6下～7上。

艘。〔註130〕至萬曆年間（1573～1619），崇明水寨已經設有蒼山船七艘、沙船三十艘、槳船五艘、唬船十六艘、划船五艘，大小戰船六十餘艘，水兵一千餘名。〔註131〕崇禎年間（1628～1644），崇明水寨的水兵、戰船數額有所減少，僅存船兵七百三十人，沙船三十四艘以及其他唬船、槳船等船隻。〔註132〕

## 四、福山水寨

福山港在蘇州府常熟縣，地處江海之交。〔註133〕福山港於明初設置巡江營一處，以百戶一員領水軍巡緝江中鹽徒、盜賊。〔註134〕嘉靖中，以倭寇侵擾，遂於福山築堡設把總，置水兵以備倭寇。〔註135〕俞大猷則認爲福山水寨，應該駐泊樓船等大型兵船以備戰守。〔註136〕然而福山水寨駐泊水兵、戰船之數額並沒有明確的相關記載，若以俞大猷之建議來看，其所配置應當有福船、蒼山船、沙船等類型的戰船三十餘艘。〔註137〕雖然福山水寨的水師兵船數額不明，但是在明人的江、海防議論以及奏疏中，卻屢屢提及福山水寨兵船的

---

〔註130〕《正氣堂集》，卷七，〈議水陸戰備事宜〉，頁 20 下～24 下。

〔註131〕《萬曆・新修崇明縣志》，卷八，〈兵防志〉，頁 2 上～3 上。

〔註132〕明・黃希憲，《撫吳檄略》（台北：國家圖書館漢學研究中心景照明刊本），卷四，〈爲豪惡虛兵冒餉蠹營致寇等事〉，頁 71 上～73 上：「據蘇州府海防同知王璽申稱：『卑職海寇披猖，蒙委赴崇明縣料理防剿……據該營移稱：『揀堅大船二十隻出洋會剿，存營一十四隻，內緣事缺額共二隻。察崇明除唬、槳船外，額有沙船三十四隻，共有船兵七百三十人。』」

〔註133〕明・馮夢龍輯，《甲申紀事》（《四庫禁燬書叢刊》史部三三冊，北京：北京出版社，2001 年 1 月一版一刷，據中國科學院圖書館藏明弘光元年刻本），卷一，〈上史大司馬東南權議四策〉，頁 1 上～8 下：「自京口而下，爲嘗州之孟河、江陰之黃田港，爲蘇州嘗熟縣之福山港，係江海接界。」

〔註134〕明・楊子器、桑瑜纂修，《弘治・常熟縣志》，卷三，〈武備〉，頁 84 下～89 上：「福山巡江，福山與通州南北相對，販賣私鹽往來之地，蘇州衛或太倉衛歲遣百戶一員，領兵泛江巡捉。」

〔註135〕清・顧炎武，《天下郡國利病書》（《四部叢刊續編》，台北：台灣商務印書館，1976 年 6 月台二版，據上海涵芬樓景印崑山圖書館藏稿本），第四冊，〈蘇州府・兵防〉，頁 52 上～下。

〔註136〕《正氣堂集》，卷一六，〈懇乞天恩亟賜大舉以靖大患以光中興大業疏〉，頁 1 上～8 上：「臣請于堪泊兵船地方，如江北設樓船三十隻於儀眞、瓜州，江南設樓船三十隻於鎮江、孟子河。又江北之狼山，江南之江陰、福山，及江中之塘沙、馬沙、諸家沙共設樓船九十隻。」

〔註137〕《正氣堂集》，卷七，〈議水陸戰備事宜〉，頁 20 下～24 下。

佈防，由此可見其重要性。〔註138〕

## 五、圌山水寨

　　圌山在鎮江府丹徒縣江濱，〔註139〕嘉靖三十五年（1556）以操江都御史之請，設把總一員於此。〔註140〕圌山把總轄下設有水兵戰船扼守長江水道，以防倭寇、海盜由海入江。〔註141〕至於圌山水寨配屬的水兵戰船，據萬曆二十五年（1597）《重修鎮江府志》所載，計有大沙船七艘、中沙船二十五艘、小沙船四艘、座營船五艘、划船五艘，官兵八百一十二名。〔註142〕而萬曆三十二年（1604）至萬曆三十六年（1608），擔任應天巡撫的周孔教，則在其奏疏中提到圌山水寨設有兵船三十二艘。〔註143〕天啓三年（1623），圌山水寨所設船隻爲：座船一艘、大沙船六艘、中沙船二十四艘、小沙船三艘、划船五艘，水兵六百九十二名。〔註144〕而茅元儀的《武備志》則記載圌山水寨三哨兵船共有福船、艍船、沙船等二十二艘，捕兵、耆兵共二百八十三名。〔註145〕以此觀之，圌山水寨所設置的水兵戰船，至明末已有相當程度的減少。

〔註138〕《全吳籌患預防錄》，卷一，〈海防條議〉，頁 13 上～28 下。又明・張燮，《經世挈要》（《四庫禁燬書叢刊》史部七五冊，北京：北京出版社，2001 年 1 月一版一刷，據山東大學圖書館明崇禎六年傅昌辰刻本影印），卷八，〈蘇州沿海防禦〉，頁 8 下～9 下。又明・鄭若曾，《江南經略》（台北：國家圖書館善本書室藏明萬曆三十三年崑山鄭玉清等重校刊本），卷一，〈唐荊川論附錄〉，頁 58 上。

〔註139〕《讀史方輿紀要》，卷二五，〈江南七〉，頁 47 上～52 下：「丹徒縣，附郭……。圌山，府東北六十里，濱大江。」

〔註140〕《江防考》，卷二，〈圌山把總〉，頁 10 下～11 上：「查係嘉靖三十五年二月總督浙直福建侍郎楊宜、操江都御史史褒善、巡撫都御史曹邦輔會題爲慎防守以安重地事，該兵部覆議得鎮江京口江關實留都門户、蘇松咽喉，添設把總一員，專守京口、圌山等處。」

〔註141〕《鄭開陽雜著》，卷三，〈常鎮參將分布防汛信地〉，頁 47 上～49 下：「圌山洪係干要地，設有把總兵船控扼，與周家橋、三江會口各兵船相爲犄角，鎮江、京口并瓜洲，儀眞各兵船互相策應。」

〔註142〕明・王樵等纂修，《萬曆・重修鎮江府志》，卷一九，〈圌山營〉，頁 14 上～16 下。

〔註143〕明・周孔教，《周中丞疏稿》（《四庫全書存目叢書》史部六四冊，台南：莊嚴文化事業有限公司，1997 年 10 月初版一刷，據北京圖書館藏明萬曆刻本影印），卷九，〈舉劾武職官員疏〉，頁 19 上～25 上：「原任圌山把總今陞貴州都司僉書程大受，紈袴少年，介胄庸品……，乃所轄三十二船，每船索銀五兩，計每歲各船共銀一百六十兩，以爲常例。」

〔註144〕《南京都察院志》，卷一〇，〈軍實・圌山營〉，頁 18 上～20 上。

〔註145〕《武備志》，卷二二一，〈蘇松常鎮兵備道分布防汛信地〉，頁 1 上～2 下。

## 六、狼山水寨

狼山在通州南方十五里處，〔註146〕明初設有巡檢司，〔註147〕嘉靖年間設置水兵把總一員，統領水師戰船，水寨設置之初有駐有官兵千人，但船隻數目不詳，〔註148〕俞大猷曾建議設置樓船艦隊於此。〔註149〕狼山水寨配屬之水兵戰船最盛時有水兵三千餘名，蒼山船、福船、沙船、唬船、草撇船、樓船等七十餘艘；〔註150〕而至天啓年間（1621～1627）則裁汰為水兵九百名，大小船隻五十一艘。〔註151〕狼山水寨，是明代江海聯防中，江北的重要水軍據點基地之一。

## 七、掘港水寨

掘港位於揚州府如皋縣東，〔註152〕明初設有土堡，駐箚官軍備禦，但並未記載設有水師戰船。〔註153〕嘉靖三十三年（1554），以倭寇侵擾江北，總督漕運侍郎鄭曉遂添設把總官一員，〔註154〕此後始有掘港水師兵船的記載。〔註155〕

---

〔註146〕《讀史方輿紀要》，卷二二，〈江南五〉，頁 21 下～22 下：「通州……，州據江海之會，縣此歷三吳，問兩越，或出東海動燕齊亦南北之喉吭矣……。狼山，州南十五里。」

〔註147〕《讀史方輿紀要》，卷二二，〈江南五〉，頁 21 下～22 下：「通州……。狼山，州南十五里……，明正德八年，賊劉七等大掠江淮，官軍敗之，賊走狼山，官軍扼而殲之江，今有官兵戍守，舊設狼山巡司在州南十八里狼山鄉。」

〔註148〕《狼山志》，卷四，〈狼山營陣亡勇士碑記〉，頁 36 上～38 下。

〔註149〕《正氣堂集》，卷一六，〈懇乞天恩亟賜大舉以靖大患以光中興大業疏〉，頁 1 上～8 上。

〔註150〕《狼山志》，卷，〈信地圖說〉，頁 2 上～3 上。

〔註151〕《狼山志》，卷二，〈建置〉，頁 1 上～3 上：「至於官兵之設，額九百員名，哨總官二、哨官四、掌號官二、捕盜四十七，其沙唬戰艦及傳報梭船共五十一隻。」

〔註152〕明‧李自滋、劉萬春纂修，《崇禎‧泰州志》，卷二，〈兵戎〉，頁 12 下～15 上：「如皋掘港營，距海大洋五十里。」

〔註153〕《崇禎‧泰州志》，卷二，〈兵戎〉，頁 12 下～15 上：「如皋掘港營……，舊設土堡，每歲汛期，委揚州衛指揮一員，領軍一千三百名守堡防禦。天順間，挑選精壯入衛京師，止存軍五百五十名。嘉靖三十三年，倭大舉入寇，再被蹂躪，巡撫鄭曉奏設把總。三十八年，巡撫李燧奏改守備。」

〔註154〕《明世宗實錄》，卷四一三，嘉靖三十三年八月己巳朔條，頁 1 上：「命總督漕運侍郎鄭曉督修如皋、海門、泰興、海州、塩城等處城池、寨堡，添設掘港把總官一員備盜。」

〔註155〕《李襄敏公奏議》，卷一三，〈議覆操江兵費事宜疏〉，頁 22 下～27 下：「看得長江南北自瓜、儀、鎮江之下有山破江而生，名曰圖山，此誠留都之門戶而江海之襟吭也，春汛之際，南北撫院俱各設有兵船會哨防守。自此以下連接海洋，江面闊遠，北有周家橋、大河口、掘港等把總而以狼山副總兵統之。」

在嘉靖、隆慶年間，爲備禦倭寇，掘港水寨曾經配置有戰船百餘艘，其後以倭寇侵擾漸趨平息而裁減水兵戰船。萬曆十九年（1591）又因爲倭寇侵犯朝鮮，增設戰船六十艘、官兵千餘名；〔註156〕至萬曆四十六年（1618），掘港水寨所設戰船僅存沙船八艘，水兵一百八十八名；〔註157〕此後直至崇禎年間，掘港水寨都僅設有沙船八隻。〔註158〕

## 八、儀眞水寨

儀眞縣城濱臨長江，爲漕船過往的水路要衝，〔註159〕同時也是江防重鎮。〔註160〕儀眞在正德七年（1512），便已經設有水兵戰船，劉六、劉七之亂時，就曾有儀眞守備率領官軍一千名，配備沙船協助平定動亂的記載，〔註161〕可見當時儀眞已經是一個水師駐泊的水寨。嘉靖倭亂期間，俞大猷也提到儀眞水寨爲江北堪泊兵船之地，並建議設置樓船三十艘。〔註162〕其後儀眞水寨遂成爲操江都御史所轄江防八營之一，〔註163〕配置有樓船、巡船、草撇船、梭船等戰船三十七艘，官兵四百五十五名。〔註164〕天啓三年（1623）的水兵戰船數額爲水兵

〔註156〕《崇禎・泰州志》，卷二，〈兵戎〉，頁 12 下～15 上：「如皋掘港營……，統東、西二營，招募民兵三千餘名，設戰船一百餘隻。後經承平，漸加減汰，尚存水、陸官兵六百餘。萬曆十九年，倭犯朝鮮，沿海增備，復召精勇千餘，設戰船六十隻，增置馬步軍五百六十有奇，事平旋罷。」

〔註157〕明・呂克孝等修，《萬曆・如皋縣志》（台北：國家圖書館善本書室藏，明萬曆戊午（四十六年）刊本），卷六，〈信守〉，頁 18 下～20 下。

〔註158〕《崇禎・泰州志》，卷二，〈兵戎〉，頁 12 下～15 上：「如皋掘港營……。見存水、陸營兵五百名，沙船八隻，戰馬二十二匹。」

〔註159〕《武備志》，卷二二一，〈揚州參將分布防汛信地〉，頁 9 上～12 上：「儀眞城……，南濱大江，商賈雜集，漕運所關，誠爲要地。」

〔註160〕明・周世選，《衛陽先生集》（台北：國家圖書館善本書室藏明崇禎五年故城周氏家刊本），卷八，〈倭警告急摘陳喫緊預防事宜疏〉，頁 1 上～11 下：「而京口閘、天寧洲、瓜洲、儀眞等處，尤江防之要害也。」

〔註161〕《梧山王先生集》，卷五，〈爲江洋緊急賊情事〉，頁 2 上～4 上：「臣於正德七年閏五月二十二日，據直隸鎮江府申……，及調守備儀眞署都指揮張彪，亦選官軍一千員名，各具沙船往來截殺。」

〔註162〕《正氣堂集》，卷一六，〈懇乞天恩亟賜大舉以靖大患以光中興大業疏〉，頁 1 上～8 上：「臣請於堪泊兵船地方，如江北設樓船三十隻於儀眞、瓜洲。」

〔註163〕《南京都察院志》，卷三二，〈遵制酌時分別軍兵清支糧餉以便操巡疏〉，頁 32 上～35 下：「臣奉勅兼管巡江，長江千五百里，上自南湖、安慶、荻港、遊兵，下至儀眞、瓜洲、圌山、三江會口，列爲八營，畫地分哨，緝捕盜賊、鹽徒。」

〔註164〕《江防考》，卷三，〈信地〉，頁 2 上～下。

五百一十三名，樓船、沙船、唬船等船隻共四十二艘；〔註165〕爾後或許是因爲承平日久，儀眞水寨的水兵數額逐漸減少至僅存二百三十二名。〔註166〕

## 九、周家橋水寨

周家橋鎮位在揚州府泰興縣。〔註167〕嘉靖三十三年（1554），添設把總一員；〔註168〕其後設有兵勇、家丁四百餘名。〔註169〕周家橋水寨駐箚之戰船數目不詳，但確實有水師戰船之設置。〔註170〕由於周家橋水寨被視爲長江第二重關，其重要性與狼山、福山、圖山、三江會口等水寨並列，〔註171〕因此此處配屬之兵船當不在少數。

## 十、三江口水寨

三江口位於揚州府江都縣，爲江北重要的港口之一；〔註172〕設有把總一

〔註165〕《南京都察院志》，卷一〇，〈軍實·儀眞水營〉，頁 27 下～29 下：「守備樓船一隻……、衛總樓船一隻……、哨官沙船三隻……、沙船十一隻……、唬船十二隻……、巡船三隻、梭船七隻……儀眞衛巡江唬船三隻……、陸槳船一隻。」

〔註166〕《南京都察院志》，卷三一，〈江防久廢夥盜公行乞勅當事重臣悉心經理以杜後虞以安地方疏〉，頁 28 下～45 下。

〔註167〕《可泉先生文集》，卷九，〈題造樓船以固海防疏〉，頁 18 下～130 下：「泰興則周家橋、李家港、過船港、黃家港、新河口、曹莊埠，如皐則天生港，通州則豎河港、狼山等處，俱爲江防要害，似應置設江船。」又《經國雄畧》，卷一，〈海防〉，頁 3 上～35 上：「淮揚所在要害之處，宜莫如狼山……，中包泰興之周家橋，鹽城之射陽湖，山陽之雲梯關、廟灣，此皆沿海之要害。」

〔註168〕明·李東陽等撰，申時行等重修，《萬曆·大明會典》（台北：文海出版社景印明萬曆十五年司禮監刊本），卷一二七，〈鎮戍二·將領下〉，頁 11 下：「把總十三員……，福山港、周家橋、東海三員，俱嘉靖三十三年添設，駐箚本處。」

〔註169〕《李襄敏公奏議》，卷四，〈預處兵糧以防倭患疏〉，頁 4 上～11 上：「周家橋把總呂圻，部下兵勇家丁識字四百一十四名。」

〔註170〕《籌海圖編》，卷六，〈直隸事宜·江南諸郡〉，頁 28 上～34 上：「都御史唐順之……又云……，周家橋與圖山相對，周家橋北岸至順江洲與江南分界，江面約闊六七里，順江洲至新洲夾，江面約闊七八里，新洲來（應作新洲夾）至圖山南岸江面約闊十四五里，爲三重門戶。三處領水兵官須整備船艦晝夜緊守三門，勤會哨以防春汛，門戶既固堂奧自安。」

〔註171〕《南京都察院志》，卷三一，〈汰冗兵減冗餉立定制以爲江防經久之計疏〉（隆慶二年九月），頁 13 上～18 下。

〔註172〕《武備志》，卷二二一，〈揚州參將分布防汛信地〉，頁 9 上～12 上：「新港即三江口，係江都縣地方，西到瓜洲鎮一百二十里，東到周家橋四十里。」

員，爲江防重要水師基地。〔註173〕萬曆五年（1577），駐箚有官兵八百餘名，
配屬座船一艘、樓船六艘、福船二艘、沙船二十三艘、槳船二艘、梭船十艘。
〔註174〕天啓三年（1623），三江口水寨的水兵戰船數額爲：巡船、沙船等四十
五艘，水兵四百一十名。〔註175〕其後或許因爲江海盜警平息，三江口水寨駐
箚之水師裁汰爲水兵六百名，戰船二十艘。〔註176〕

　　明代的江海聯防體系中，除以上十個較爲重要的水寨之外，還有許多規
模較小的水寨，例如：白茆港、〔註177〕楊舍鎮、〔註178〕靖江縣、〔註179〕大
河口等，〔註180〕也都設有水兵船隻以備水戰。此外金山衛原先每一千戶所設
有巡哨海船十艘，每艘海船有旗軍一百名負責駕駛，但是在正統七年（1442）
以每船一艘易馬二疋以便往來馳報之後，金山衛就不再配屬巡哨海船。〔註181〕
而瓜洲鎮水寨，則是一處正規軍與民兵水師混和編組的水寨，民兵船隻、巡

〔註173〕《萬曆‧揚州府志》，卷一三，〈兵防考〉，頁1上～11下：「自是沿海益增置
　　　　營戍，設將領，通州有副總兵及水營把總，掘港有守備，太河、周橋有把總，
　　　　揚州有參將，而儀眞守備及三江口把總、瓜洲營衛總隸操江如故。」
〔註174〕《江防考》，卷二，〈見在各營官兵數‧三江會口把總下〉，頁27上～下。
〔註175〕《南京都察院志》，卷一〇，〈軍實‧三江營〉，頁21下～24上。
〔註176〕《武備志》，卷二二一，〈淮揚海防兵備道分布防汛信地〉，頁2下～6下：「三
　　　　江會口係江都縣地方……。近該操院題設把總官一員，統領水兵六百名，哨
　　　　官二員，哨長一名，大小戰船二十隻，常川防守。」
〔註177〕《全吳籌患預防錄》，卷一，〈海防條議〉，頁13上～28下：「白茆港係福山
　　　　汛地，本港之兵，指揮一員分守，仍聽該總調度，部下兵船今當汛期照舊招
　　　　集，但本港淤淺，移泊登舟沙南面以拒寇於上游，哨至營前沙、山前沙、新
　　　　灶沙與各部兵船互相策應。」
〔註178〕明‧鄭大郁編，《經國雄略》（台北：國家圖書館漢學研究中心景照明刊本），
　　　　卷二，〈吳松海防〉，頁15上～16上：「自吳淞而北爲劉家河，爲七丫港……，
　　　　又折西北爲揚舍，爲江陰，爲靖江，又西爲孟河，爲團山（圖山）。此皆舟師
　　　　可居，臣皆設有兵船，非統以把總，即統以指揮。」
〔註179〕《武備志》，卷二二一，〈常鎮參將分布防汛信地〉，頁6下～9上：「江陰縣北枕
　　　　長江……，武生一名，統領兵船一枝，泊守本港可以控扼，與靖江兵船相爲犄角。」
〔註180〕《萬曆‧通州志》，卷三，〈武備〉，頁21上～22下：「大河口把總一人，住箚
　　　　海門縣之呂四場，掌凡操演水、陸軍馬，查理戰船，整備器械，防禦倭寇之事。」
〔註181〕明‧張奎等修，《正德‧金山衛志》（台北：國家圖書館善本書室藏明正德
　　　　十二年刊本），卷二，〈走哨〉，頁36上～下。又《全吳籌患預防錄》，卷四，
　　　　〈松江府險要論〉，頁3上～4上：「金山建衛之初原設有哨船若干隻，倭
　　　　船畏淺，既近岸，則我舟輕捷可以計破。後以馬易船，而奸人出沒海上，
　　　　揚帆過衛，鼓譟聲聞，至有劫掠居民，傍舟海島，我將擒捕，彼即開洋，
　　　　皆爲廢船之故。」

檢司巡哨船隻與衛所兵船，皆歸駐箚於此的揚州府江防同知提調。〔註182〕

　　駐箚於這些大小水寨中的水師兵船，各自在其劃定的信地之中巡邏哨守，並且藉由會哨制度的運作，使得江海聯防得以在平時確保江海洋面過往船隻的安全。在動亂發生之時也可以發揮協同策應的力量，得以迅速地弭平亂事，以避免江海洋面上的倭寇、盜賊登岸劫掠，對沿岸百姓的身家性命造成嚴重的危害。

　　至於明代江海聯防中會哨的運作，記載最為詳盡者當屬《南京都察院志》，其中主要是記載江防體制中的會哨規定。江防會哨之法，設置有長、短兩種哨單，長單是稽查本營哨兵，用於上、下信地的會哨，短單則是稽查相鄰兵營，用於上營與下營的會哨。其使用方式是各哨官逐日會哨，且要求會哨雙方必須親自會面填寫哨單，同時以印記鈐蓋，不許先期鈐蓋印記，或是過期補蓋，而會哨之時如有一方人船不在，則應呈報上級單位懲處。〔註183〕而各個不同單位的會哨日期、地點不盡相同，各有定規，平日會哨的落實與否則由各府江防官查核。〔註184〕海防會哨以崇明島附近各水兵單位的會哨為

〔註182〕《武備志》，卷二二一，〈揚州參將分布防汛信地〉，頁9上～12上：「瓜洲鎮係江都縣地方……。今添註揚州府同知一員駐箚，統領原有民壯、驍勇、機兵等項八百餘名，并揚州衛巡江軍舍、巡檢司弓兵及巡哨船一十餘隻，及草撇船十隻，捕兵一百一十四名，　喇船四隻，捕兵一十六名，在彼防禦，有警調兵策應。」又《武備志》，卷二二一，〈淮揚海防兵備道分布防汛信地〉，頁2下～6下：「瓜洲鎮……，設有總巡指揮一員，部下揚州衛巡江官一員，軍舍一百名，巡船一隻，操江民壯六十名巡船二隻……，各兵船彼此應援，仍聽江防同知官提調。」

〔註183〕《南京都察院志》，卷九，〈嚴會哨〉，頁27下～28下：「會哨之法設為兩單，長單以稽本營之哨兵，上信與下信會；短單以稽鄰營之備總，上營與下營會……。訪有玩愒罔上之徒視為故事，通同互印及差人持單私討印記，或先期而連打四五日，或期過而打補四五次……今後各將官每月會哨四次，各哨官人等逐日會哨，對面填單印記鈐蓋。如上哨來會而下哨人船不在者，許上哨速報拿治。」又《丁清惠公遺集》，卷一，〈查參江防溺職疏〉，頁95上～97下：「每營設立守備官一員，令其一營之內周巡會哨，仍立哨單、哨簿，填寫各哨信地，水兵船隻每月每日不缺，並無差遣迎送等因。迨于按月按季送臣查驗，又慮守備官容有虛應故事，設江防同知，奉旨不許別委署印，專于沿江點閱督催守備等官會哨。」

〔註184〕《南京都察院志》，卷三一，〈江防久廢彩盜公行乞勅當事重臣悉心經理以杜後虞以安地方疏〉，頁28下～45下：「一定哨期。臣等查得操巡衙門置立哨單，分發各該備總、府、衛、州、縣、巡司，各照信地上下會哨，將哨過日期填入單內，取各該印信鈐蓋繳報，查考亦云密矣……。除府、衛、州、縣、巡司及哨官、耆捕等兵照舊會哨，責令江防官查核外，其各備總官相應另置哨單，定立期限約會……。又各備總哨單除各巡司印蓋外，仍將各備總關防互相合同鈐蓋，每月終繳報到臣查考。大率一旬之內必有備總重兵往來一次，

例，水師會哨設置有循環文簿以稽查各兵船是否按時會哨，每十日一次將循環簿送至總兵處查考。〔註185〕

　　至於江海聯防的會哨，雖然未見有詳細執行規則的記載，應該也與江防或海防會哨的規定相類似。而在江海聯防之中，所著重者則在海防體系與江防體系之間的會哨。唐順之、翁大立雖然曾經提出江海之間會哨的重要性，但是對於江海會哨的詳細規定卻並未提及。〔註186〕趙文華則是列出江海之間適合會哨的地點，要求江海防兵船共同哨守，他在〈咨南京兵部江海事宜〉中寫道：

> 方今防禦之策莫若修明舊制量爲分畫，各列兵船屯箚要害。如南京
> 對過浦子口、瓜埠共置操江船若干隻，屯至儀眞而止，哨至瓜洲而
> 止，此爲一節。揚州對過常鎮共置江防船若干隻，屯至狼山、福山
> 而止，哨至海口而止，此爲二節。海門、通州守禦所及呂四等場對
> 過蘇州、劉家河、吳淞江共置海防船若干隻，擇海口要害屯列水寨，
> 共會哨于楊山、許山而止，此爲三節。〔註187〕

將自南京至海口的防禦區劃爲三段，而彼此之間互相會哨，不但在各單位信地之中責有所歸，在信地交接的區域也不至於出現互相推諉的現象，如此江防與海防區域之中就不致出現所謂的三不管地帶而成爲盜賊出沒的淵藪。鄭若曾也認爲應該以遊兵把總兵船往來會哨，以聯絡江海之間的吳淞江、瀏河、福山等水寨。〔註188〕操江都御史高捷則認爲僅是要求各水寨兵船按信地會

---

則盜賊之出沒皆知，兵船之虛實可考。」

〔註185〕《全吳籌患預防錄》，卷一，〈海防條議〉，頁13上～28上：「崇明孤懸海外，僻處洋中，乃倭夷出沒之交，四面受敵之處也……及查崇明縣原設軍民兵勇共七百餘名，委官部領，平居訓練，分班哨守，遇警并力截殺，無得怠忽。仍置循環文簿二扇，稽查各部下會哨兵船，每十日一送總兵處查考。」

〔註186〕《籌海圖編》，卷六，〈直隸事宜・江南諸郡〉，頁28上～34上：「都御史唐順之云：自來禦倭之策無人不言禦之於海則易，禦之於陸則難，是以海上會哨、會剿事例甚嚴，所以圖難於易也。洋山去乍浦、金山、吳淞江三處各是一潮，道里適均，係會哨所在……三處領水兵官須整備船艦晝夜緊守三門，勤會哨以防春汛……。又云：江北江南事例互相應援，況南北共海，賊若搶船上岸，不寇江南則寇江北，是江北之援江南亦自援也。若不會兵殲之於海中，何以獨立禦之於岸上。」又《籌海圖編》，卷六，〈直隸事宜・江南諸郡〉，頁28上～34上：「巡撫都御史翁大立題云：今日海防之要惟有三策……而又以圌山遊兵把總駐箚營前沙，會哨於江北；吳淞遊兵把總駐箚竹箔沙，會哨於洋山；常鎮參將統水陸兵據江海之交鎮守於楊舍，所以備水戰者亦既密矣。」

〔註187〕《趙氏家藏集》，卷五，〈咨南京兵部江海事宜〉，頁1上～2下。

〔註188〕《鄭開陽雜著》，卷一，〈蘇松水陸守禦論〉，頁11下～13上。

哨，並不能有效執行守禦任務，還應該要求各水寨兵船遇有警報時，不拘信地相互應援，才能有效發揮水寨兵船守禦之功能。〔註189〕

　　江海聯防各水寨兵船之間的會哨，以圖山水寨為例，由於該水寨位處江海之交，因此每逢春汛時期，江南、江北兩巡撫皆設有兵船與此江防水寨兵船會哨。〔註190〕而狼山水寨的兵船除與江北的大河口以及周家橋水寨會哨之外，還要與江南的崇明、瀏河、吳淞江、福山、楊舍、永生等水寨往來會哨。〔註191〕三江口水寨兵船則要與儀眞水寨以及周家橋水寨兵船會哨。〔註192〕儀眞水寨兵船，則是上與遊兵把總兵船會哨，下與三江口水寨兵船會哨。〔註193〕

　　水寨兵船會哨的規定，其用意在於使江海聯防中的大小水寨相互連結，同時藉由會哨的執行使各水寨兵船彼此監督，以使各水寨之兵船切實執行守禦任務，並且可以避免各水寨兵船不按時巡邏所屬信地。如此便可形成一個綿密的守禦網絡，以確保南直隸江海交會區域的國防安全。

表 5-2：明代南直隸江海聯防水寨建置表

| 編號 | 府屬 | 水寨名稱 | 配置兵力 | 配置船隻 | 建置年代 |
|---|---|---|---|---|---|
| 1 | 蘇州府 | 吳淞江水寨 | 最多曾配置水兵 2900 名。 | 萬曆中，與遊兵、奇兵二營共配置福船、沙船等 100 餘艘。 | 洪武 19 年 |
| 2 | 蘇州府 | 崇明水寨 | 正德年間有水兵 900 名。萬曆年間設有水兵 1000 餘名。崇禎年間存水兵 730 名。 | 正德年間，有可容百人戰船 10 艘。萬曆年間，配置蒼山船、沙船等船隻 60 餘艘。崇禎年間，有沙船 34 艘及唬船、槳船等船隻。 | 永樂 14 年 |
| 3 | 蘇州府 | 瀏河水寨 | 正統間配置蘇州衛軍士 500 名。崇禎年間有水兵 720 名。 | 正統時，有海船 8 艘。其後一度增置各型戰船至 72 艘。崇禎年間，僅存各式戰船 55 艘。 | 正統初年 |

---

〔註189〕《皇明馭倭錄》，卷七，〈嘉靖三十五年〉，頁 31 下～32 上。
〔註190〕《李襄敏公奏議》，卷一三，〈議覆操江兵費事宜疏〉，頁 22 下～27 下。
〔註191〕《狼山志》，卷一，〈信地圖說〉，頁 2 上～3 上：「狼山把總司，駐箚狼山之陰，東西上下所轄信地約三百里……，東接大河營，與江南崇明、劉河、吳淞等營往來會哨……。又江中一帶劉家沙，西接周橋營與福山、揚舍、永生等營往來會哨。」
〔註192〕《江防考》，卷三，〈信地〉，頁 2 下～3 上。
〔註193〕《江防考》，卷三，〈信地〉，頁 2 上～下。

| 4 | 蘇州府 | 福山水寨 | 水兵員額不詳。 | 福船、蒼山船、沙船等30餘艘。 | 明初 |
|---|---|---|---|---|---|
| 5 | 揚州府 | 儀眞水寨 | 萬曆初年，有官兵455名。天啓3年，有水兵513名。其後水兵裁汰至232名。 | 萬曆初年，有樓船、巡船、草撇船等37艘。天啓3年，有樓船、沙船等42艘。 | 正德7年 |
| 6 | 揚州府 | 掘港水寨 | 嘉靖、隆慶年間，曾設民兵3000餘名。萬曆19年，兵力有1000餘名。萬曆46年，僅存水兵188名。 | 嘉靖、隆慶年間，曾有戰船100餘艘。萬曆19年，有戰船60艘，萬曆46年以後，僅存沙船8艘。 | 嘉靖33年 |
| 7 | 揚州府 | 周家橋水寨 | 初設有兵勇、家丁400餘名。 | 船隻數目不詳。 | 嘉靖33年 |
| 8 | 揚州府 | 三江口水寨 | 萬曆5年，有官兵800餘名。天啓3年，有水兵410名。其後水兵員額爲600名。 | 萬曆5年，有座船、樓船、福船、沙船等44艘。天啓3年，有巡船、沙船等45艘。其後船隻裁減爲20艘。 | 嘉靖42年 |
| 9 | 揚州府 | 狼山水寨 | 原設水兵1000名。最盛時有水兵3000餘名。天啓年間，水兵裁汰至900名。 | 最多時有福船、蒼山船、沙船等70餘艘。天啓年間，存大小船隻51艘。 | 嘉靖年間 |
| 10 | 鎮江府 | 圖山水寨 | 萬曆25年，有水兵812名。天啓3年，水兵692名。 | 萬曆25年，有大、小沙船等船隻46艘。萬曆32至36年間，有兵船32艘。天啓3年，有大、小沙船等船隻39艘。 | 嘉靖35年 |

## 第四節　江海聯防的船隻

　　船隻是各水寨最重要的守禦器具，在明代的江海聯防中，因爲各地水域特性不同，所使用的守禦船隻形式也有所不同，以下就將江海聯防中較常使用的各類船隻加以說明：

## 一、福　船

　　福船是指福建製造使用的船隻形式，福船底尖上闊，高大如樓，可乘載百人，船分四層，最下層填土石以爲壓艙之用，因此不畏風浪，上層甲板設有護板以防敵人之矢石。〔註194〕由於福船高大如樓，故因此也有人視之爲樓船。〔註195〕由於福船船身重大，無法以人力撐駕，僅能賴風力航行，故僅設帆桅而無槳櫓，再加上吃深水達一丈一、二尺，故僅適用於大洋之中，而不適用於淤淺的沿海或是江河之中。〔註196〕而在明代福建船共有六種型號：一號、二號皆稱爲福船，三號稱爲哨船，四號稱爲冬船，五號爲鳥船，六號爲快船，各種福建船或便於衝犁，或便於攻戰追擊，或便於哨探、撈取首級，皆有其所長。〔註197〕雖然大型福船的攻擊防禦力都相當優秀，然而由於南直隸江海交會地區水域多爲淺水區域，因此在江海聯防之中並非每一個水寨皆適於配備大型福船，僅有靠近外洋的水寨較常配備此型船隻。

## 二、草撇船

　　草撇船長六丈六尺，寬一丈四尺三寸，〔註198〕一名哨船，〔註199〕又有稱爲撇船者，〔註200〕即是三號福建船，體積比福船小，機動性較強，便於攻戰追擊，可以彌補福船靈活度不足之缺憾。〔註201〕

## 三、蒼山船

---

〔註194〕《登壇必究》，卷二五，〈水戰〉，頁22下～14上。
〔註195〕《可泉先生文集》，卷九，〈題造樓船以固海防疏〉，頁18下～23下：「看得防倭之策必以防海爲先，俟其登陸而後攻之則已遲矣，而海防之具非樓船不可，江南地方已造福船二百隻，則江北造船亦在所不可緩者。」
〔註196〕明・戚繼光，《紀效新書》（北京：中華書局，1996年一版一刷），卷一八，〈福船說〉，頁253。
〔註197〕《登壇必究》，卷二五，〈水戰〉，頁12下～14上。有關福船可參見：王冠倬，《中國古船圖譜》（北京：三聯書店，2000年4月北京第一版），〈大福船〉，頁216～217。
〔註198〕《南京都察院志》，卷九，〈操江職掌・修造定規〉，頁37上。
〔註199〕《登壇必究》，卷二五，〈水戰〉，頁14下：「草撇船式，今名哨船，草撇船即福船之小者。」
〔註200〕《江防考》，卷二，〈見在各營官兵數・儀眞守備部下〉，頁25上～下：「樓船一隻、撇船四隻、沙船十八隻、槳船四隻、巡船六隻、梭船五隻。」
〔註201〕《登壇必究》，卷二五，〈水戰〉，頁12下～14上。

　　蒼山船原爲浙江台州府太平縣漁民所用以捕魚之船，其後以在海洋中遇賊戰勝而聞名，遂以之爲軍用船隻。〔註202〕蒼山船比福船要小，風帆與櫓兼用，順風時則揚帆而行，風息則用櫓。〔註203〕此種船隻吃水僅六、七尺，可行駛於較淺的水域，適合追擊進入裡海的敵船，但因爲船體較小，故不適於與敵船正面衝擊。〔註204〕而蒼山船吃水淺、機動性高的特性，正好可與吃水深、運動遲重的福船彼此配合。

圖 5-14：福船圖　　　　　　　　　圖 5-15：草撇船圖

圖意說明：福船是江海聯防所使用的大型船隻，戰力強大，但不利行駛於淺水區域。

圖意說明：草撇船體積較小，機動性強，適於攻戰追擊。

資料出處：明・王鳴鶴編輯，《登壇必究》（《中國兵書集成》第二○～二四冊，北京：解放軍出版社；瀋陽：遼瀋書社聯合出版，1990年2月一版一刷，據明萬曆刻本影印），卷二五，〈大福船式〉，頁12下；〈草撇船式〉，頁14下。

---

〔註202〕《紀效新書》，卷一八，〈蒼船說〉，頁253～254。
〔註203〕《登壇必究》，卷二五，〈水戰〉，頁19下。
〔註204〕《紀效新書》，卷一八，〈蒼船說〉，頁253～254。

## 四、沙　船

沙船長五丈七尺一寸，寬一丈三寸。〔註205〕沙船是一種平底船隻，原爲
南直隸太倉州、崇明縣、嘉定縣沿海沙民所慣用的船隻。不適於航行於深水
地區，卻非常適合航行於淺水區域。〔註206〕沙船每艘可乘載約二十五至三十
五人，〔註207〕且由於沙船的特殊設計，使得沙船可以善用風力，無論順風、
逆風皆可行駛，因此沙船的機動性遠較僅能順風行駛之福船爲大。〔註208〕明
代水軍以沙船用於江海交會區域，亦是取其方便行駛於淺水區域。此外，沙
船上雖然可以與敵船接戰，但卻沒有可以遮蔽火器矢石的護板等設備，因此
自身的防禦力有限。〔註209〕正因爲沙船的這些特性，遂成爲明代江海聯防之
中各水寨較爲普遍採用的船隻。

## 五、叭喇唬船

叭喇唬船又稱爲唬船，也有唬船即爲八槳船之說。此一形式之船起於外
夷，其後浙江人仿造之。〔註210〕叭喇唬船底尖面闊，頭尾俱尖，長約四丈，
寬一丈，因爲尖底能破浪，適合航行於大洋，兼有風帆與槳，有風使帆無風
用槳，行駛速度快捷。〔註211〕每艘叭喇唬船至少需要用兵十四人駕駛，〔註212〕
常作爲哨探、追擊之用。江海聯防水寨中也常配置有叭喇唬船，以輔助大型
的福船、蒼山船之巡哨工作。〔註213〕

---

〔註205〕《南京都察院志》，卷九，〈操江職掌・修造定規〉，頁37下。
〔註206〕《登壇必究》，卷二五，〈水戰〉，頁25下。有關沙船，可參見：辛元歐，《上
　　　　海沙船》（上海：上海書店出版社，2004年一版一刷）。
〔註207〕《明神宗實錄》，卷五五七，萬曆四十五年五月己卯條，頁4下～6上：「查
　　　　得海防舊例，每沙船一隻用兵夫二十五名，又有遇汛則選軍貼駕兵十名。」
〔註208〕參見：葉宗翰，《明代的造船事業──造船發展背景的歷史考察》（台北：中
　　　　國文化大學史學研究所碩士論文，2006年6月），第二章，〈軍用船隻建造的
　　　　發展背景〉，頁15～70。
〔註209〕《登壇必究》，卷二五，〈水戰〉，頁21下。
〔註210〕《經國雄略》，卷八，〈武備考〉，頁21下。
〔註211〕同注208。
〔註212〕《明神宗實錄》，卷五五七，萬曆四十五年五月己卯條，頁4下～6上：「見
　　　　在沙船十五隻，每隻捕柁兵夫十八名；唬船十隻，每隻十四名。唬船差小，
　　　　已難撐駕，而沙船尤藉以衝犁賊舟、堵拒倭寇者。」
〔註213〕《玉介園存稿》，卷一八，〈詳擬江南海防事宜〉，頁25上～44下：「遊哨兵
　　　　船專務外洋遠邏，然必須預擇勝地，先據島嶼，安泊母船以固營寨，然後分
　　　　撥沙、唬等船四出游哨，相其賊勢多寡，爲我攻勦之緩急……，母船不便即

圖 5-16：蒼山船圖　　　　　　　　圖 5-17：沙船圖

圖意說明：蒼山船吃水淺，適合追擊進
入裡海之敵船。

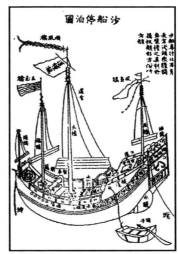

圖意說明：沙船為平底船，適合行駛於
沙洲密佈的江海交會地區。

資料出處：《登壇必究》，卷二五，〈蒼山船式〉，頁 19 上；王冠倬編著，
　　　　　《中國古船圖譜》（北京：三聯書店，2001 年 5 月一版二刷），
　　　　　頁 200。

# 六、梭　船

　　梭船也稱為網船，是一種小型船隻，長二丈五尺五寸，寬僅四尺。〔註214〕
吃水僅深七、八寸，每艘僅可乘坐二、三人，設有竹桅布帆，也有船槳。〔註215〕
梭船主要的功能是作為哨探以及傳報訊息之用，〔註216〕但也可以使乘坐之水兵
持鳥銃，一次動用百數之梭船，以作為攻擊之用。〔註217〕

# 七、樓　船

　　江海防中所使用的樓船可分為座樓船與一般樓船，座樓船長七丈八尺七

　　　　行，必須先據島嶼以便棲泊。」
〔註214〕《南京都察院志》，卷九，〈操江職掌・修造定規〉，頁 38 下。
〔註215〕同註 208。
〔註216〕《狼山志》，卷二，〈建置〉，頁 1 上～3 上：「至於官兵之設，額九百員名，哨總
　　　　官二、哨官四、掌號官二、捕盜四十七，其沙、唬戰艦及傳報梭船共五十一隻。」
〔註217〕《紀效新書》，卷一八，〈三船利鈍說〉，頁 254。

寸，寬一丈四尺；樓船長六丈一尺，寬一丈二尺。〔註218〕是一種攻擊與防禦能力都相當好的大型戰船。樓船並非明代才有的船隻，在此之前已是古代中國水軍所採用的戰艦型式之一。船上建樓三層，上列女墻戰格，船上士兵可以從弩窗向外射擊。船體外圍設有氈革，可以防禦敵人的火攻。且樓船上裝設有砲車、擂石，較長的樓船上面甚至可以奔車馳馬。其缺點是遇到暴風時人力無法控制，因此在使用上有其缺陷。〔註219〕

## 八、艟舲船

艟舲船長六丈五尺，寬一丈四尺三寸，船隻大小與草撇船相當，其作用，其形制則不明。〔註220〕每船設有哨長一名，舵工一名，水兵則可載十至十四名。〔註221〕

圖 5-18：叭喇唬船圖

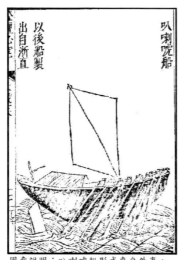

圖意說明：叭喇唬船形式來自外夷，底尖面闊，頭尾俱尖，適合航行於外洋。

圖 5-19：蜈蚣船圖

圖意說明：蜈蚣船之制始於東南夷，船上可架佛郎機銃，有強大的攻擊火力。

〔註218〕《南京都察院志》，卷九，〈操江職掌・修造定規〉，頁 37 上。
〔註219〕《經國雄略》，卷八，〈武備考〉，頁 8 上～9 上。
〔註220〕《南京都察院志》，卷九，〈操江職掌・修造定規〉，頁 37 上。
〔註221〕《南京都察院志》，卷一〇，〈軍實・三江營〉，頁 21 下～24 上：「巡船八隻，沙船十七隻、艟舲船三隻，唬船二隻：以上每船各哨長一名，舵工一名，水兵十名。」又同書卷一〇，〈軍實・瓜洲水營〉，頁 24 上～25 下：「樓船三隻、沙船二十一隻、艟舲船七隻、唬船六隻、巡船二隻：以上共船三十九隻，每船哨長一名、舵工一名、水兵十四名。」

資料出處：《登壇必究》，卷二五，〈叭喇唬船式〉，頁 17 上：〈蜈蚣船式〉，
　　　　　頁 27 上。

## 九、鐵　船

鐵船又稱鐵頭船，式樣與蒼山船相同，但鐵船梁頭較蒼山船狹小數尺。鐵船的特徵是船身輕快、便於追逐。每船用四十人，用作海上遊兵頗有成效。〔註 222〕

## 十、巡　船

巡船可分爲巡樓船與一般巡船，據《南京都察院志》所載，巡船較小，長五丈七尺一寸，寬一丈三寸；巡樓船稍大，長六丈一尺，寬一丈二尺，與一般樓船長寬相同。〔註 223〕巡樓船應是作爲巡船水兵的指揮艦使用。此外，巡船的作用與哨船相近，只是因爲其所使用的單位不同而有不同之名稱。〔註 224〕

## 十一、大槳船

大槳船長三丈七尺，寬七尺一寸。〔註 225〕大槳船以其船名可知是以槳作爲推進動力的船隻，其船體較小而狹窄，因此機動性相對而言應該比較高。在江海聯防之中常見水寨配置有槳船，應該就是此一類型船隻。〔註 226〕

## 十二、座　船

座船有戰座船與巡座船之分，是水軍將領、官員所乘坐的指揮艦，是一種較爲大型的船隻。其中巡座船長八丈六尺九寸，寬一丈七尺，立有二桅而無槳、櫓之設。〔註 227〕座船由於屬於長官座艦，通常並不直接參與作戰，僅

〔註 222〕《經國雄略》，卷八，〈武備考〉，頁 11 下～12 上。
〔註 223〕《南京都察院志》，卷九，〈操江職掌·修造定規〉，頁 37 下～38 上。
〔註 224〕《江南經略》，卷一，〈湖防圖論〉，頁 75 上：「衛所巡司所用者謂之巡船，鄉夫水兵所駕者謂之哨船。」
〔註 225〕《南京都察院志》，卷九，〈操江職掌·修造定規〉，頁 38 上。
〔註 226〕《江防考》，卷二，〈見在各營官兵數·儀眞守備部下〉，頁 25 上～下：「樓船一隻、撇船四隻、沙船十八隻、槳船四隻、巡船六隻、梭船五隻。」又《武備志》，卷二二一，〈蘇松常鎮兵備道分布防汛信地〉，頁 1 上～2 下。又《萬曆·新修崇明縣志》，卷八，〈兵防志〉，頁 2 上～3 上。以上皆有水寨配置槳船的記載。
〔註 227〕參見：《明代的造船事業——造船發展背景的歷史考察》，第二章，〈軍用船隻

用於指揮或是作爲長官威儀之設。此外，也有以樓船作爲將領座艦者。〔註228〕

## 十三、哨 船

哨船是巡哨、探查敵情所用的船隻，可分爲海防所用者與江防所用者。海防所用者設有二桅，也有船槳，可乘坐兵士二十名。江防所用者有九江式哨船與安慶式哨船之別，九江式哨船長四丈二尺，寬七尺九寸，設有一桅四槳；安慶式哨船稍小，長三丈六尺七寸，寬七尺八寸，設有一桅八槳一櫓。〔註229〕哨船航行速度快，可用於平時巡邏哨守以及戰時的偵察軍情。

除以上所列舉的各種船隻外，明代江海聯防之中所使用的船隻還有：快船、蜈蚣船、〔註230〕銃船等船隻，〔註231〕但使用的比率較少。一般而言江海聯防所使用的船隻，按照各水寨所在的水域特徵，而採用適合當地水域的船隻。比較靠近海洋的水寨，其所採用的多半是較爲大型而可以抵抗風浪的福船、沙船、海蒼船、草撇船、叭喇唬船等船隻。例如崇明水寨其所配置的船隻就以福船、蒼山船、沙船、叭喇唬船爲主。〔註232〕俞大猷建議於瀏河水寨所配置的戰船也爲福船、蒼山船、沙船。〔註233〕吳淞江水寨則以福船、蒼山船、沙船以及叭喇唬船爲戰船主力。〔註234〕江北的狼山水寨其戰船則主要爲

---

建造的發展背景〉，頁 15～70。
〔註228〕《南京都察院志》，卷一○，〈軍實・儀眞水營〉，頁 27 下～29 下：「守備樓船一隻：水手八名，主兵二十名，吹手五名。衛總樓船一隻：舵工一名，水兵三十二名。」
〔註229〕同注 227。
〔註230〕同注 227。
〔註231〕明・范景文，《南樞志》（台北：國家圖書館藏明末刊本），卷一五九，〈遵旨酌議製造銃船〉，頁 12 下～15 下：「直隸巡江御史陳學伊題爲敬陳防江要務亟宜製造銃船以資剿禦事……。令工部郎中董鳴瑋所造龍骨砲船，其製則倣之閩海，一船可安紅夷砲八門、百子砲十門，其制更善。造有二隻則臺臣陳學伊疏所稱也，臣曾親往江上試放，堅穩便利果如所云，隨敵所向到處礮擊，岳谷震驚毫無搖動，眞足寒賊膽而壯聲援矣。」
〔註232〕《正氣堂集》，卷七，〈議水陸戰備事宜〉，頁 20 下～24 下。又《萬曆・新修崇明縣志》，卷八，〈兵防志〉，頁 2 上～3 上：「蒼船七隻、沙船三十隻、槳船五隻、唬船十六隻、划船五隻。」又《撫吳檄略》，卷四，〈爲豪惡虛兵冒餉蠹營致寇等事〉，頁 71 上～73 上：「察崇明除唬、槳船外，額有沙船三十四隻，共有船兵七百三十人。」
〔註233〕《正氣堂集》，卷七，〈議水陸戰備事宜〉，頁 20 下～24 下。
〔註234〕《康熙・嘉定縣志》，卷二，〈戰艦〉，頁 38 下。

蒼山船、福船、沙船、唬船、草撇船、樓船。〔註235〕

　　位處江中之水寨，由於江道不若海洋開闊，不利大型船隻之迴轉運作，因此設置福船等大型船隻者就比較少見，多半採用巡船、哨船、槳船等輕捷便利的船隻。例如圖山水寨所設置之戰船，雖然也有福船等大型船隻，但主要爲沙船與巡船。〔註236〕三江口水寨雖也有福船，但其主要船隻則爲沙船與巡船。〔註237〕

　　由於各種船隻各有其不同的功能，每一個水寨所配置的船隻都不會僅有一種，而是同時搭配多種船隻，以發揮各種不同船隻協同作戰的作用。以萬曆年間的崇明水寨爲例，當時水寨設有蒼山船七艘、沙船三十艘、槳船五艘、叭喇唬船（唬船）十六艘、划船五艘。〔註238〕其中蒼山船與沙船可耐風浪又不如福船吃水深，可行駛於崇明附近多沙洲淺灘的地形，故以此二者爲水戰之主力。行動迅捷、機動性高的叭喇唬船與槳船則用於哨探軍情以及追擊敵船，而小型的划船主要用以傳報聲息，以方便水戰的指揮調度。而萬曆五年（1577），江中的三江口水寨設置有座船一艘、樓船六艘、福船二艘、沙船二十三艘、槳船二艘、梭船十艘，〔註239〕可知其以沙船爲作戰主力，福船、樓船等大型船隻並不適用於此一水域。透過這些設置於水寨的各型大小戰船，江海聯防得以實施禦敵於江海之上的策略，如此則可避免敵人登陸劫掠造成地方百姓的重大傷害。

　　至於江海聯防船隻的建造，在明代初期主要是官方建造，沿江、沿海各衛所設有水軍者多有建造船隻的記載。例如洪武六年（1373）正月，命南京

---

〔註235〕《狼山志》，卷，〈信地圖說〉，頁2上～3上。
〔註236〕《萬曆・重修鎮江府志》，卷一九，〈圖山營〉，頁14上～16下。又《江防考》，卷二，〈見在各營官兵數・圖山把總下〉，頁26上～27上：「座船一隻、樓船三隻、福船五隻、鐵船二隻、沙船十二隻、巡船十隻、撇船一隻、槳船二隻、梭船五隻。」又《南京都察院志》，卷一〇，〈軍實・圖山營〉，頁18上～20上：「座船一隻……、樓巡船三隻……、大沙船六隻……、中沙船二十四隻……、小沙船三隻……、划船五隻。」
〔註237〕《江防考》，卷二，〈見在各營官兵數・三江會口把總下〉，頁27上～下：「座船一隻、樓船六隻、福船二隻、沙船二十三隻、槳船二隻、梭船十隻。」又《南京都察院志》，卷一〇，〈軍實・三江營〉，頁21下～24上：「座船一隻……、樓船一隻……、左右哨樓船二隻……、哨船一隻……、巡船八隻、沙船十七隻、艟艞船三隻、唬船二隻……、梭船十隻。」
〔註238〕《萬曆・新修崇明縣志》，卷八，〈兵防志〉，頁2上～3上。
〔註239〕《江防考》，卷二，〈見在各營官兵數・三江會口把總下〉，頁27上～下。

的「廣洋、江陰、橫海、水軍四衛添造多櫓快船，命將領之，無事則沿海巡徼，以備不虞。」〔註240〕洪武二十三年（1390）正月，鎮海衛軍士陳仁以太倉所駐海舟歲久損壞，因而建言造由衛所建造海舟以爲守禦之用。〔註241〕除地方上沿江、沿海各衛所自行建造船隻之外，駐守於南京的新江營水軍，由於屬於中央級軍事單位，其所用的船隻多由工部所轄的龍江船廠所建造。〔註242〕至明代中期以後，由於原先各水寨所配置的船隻多已朽爛，或是不堪作戰之用，因而江海間各水寨乃採用原先屬於民用船隻的福船、沙船、蒼山船等各行船隻。這些船隻有部分是由官方自行建造的，〔註243〕也有雇募民用船隻，〔註244〕或是向民間購買而來者。〔註245〕

　　關於水寨船隻的維修，在《南京都察院志》中有江防船隻的修造規定。各水寨所配置的船隻依其船隻形式的不同，每年都有小修的經費，第一年至第五年逐年遞增，第六年至第九年則與第五年之經費相同，第十年則將舊船拆解折銀，並增添建造新船所需經費，以重新打造船隻。〔註246〕事實上，江海聯防各水寨的船隻同樣都有每十年更新的規定，例如在正德年間（1506～1521），崇明水寨的船隻就有「五年一修，十年重建」〔註247〕的規定。這些船

---

〔註240〕《明太祖實錄》，卷七八，洪武六年正月庚戌條，頁2上～下。

〔註241〕《明太祖實錄》，卷一五九，洪武二十三年正月甲申條，頁3下～4下。

〔註242〕參見：葉宗翰，《明代的造船事業——造船發展背景的歷史考察》，第五章，〈各類船隻建造地點蠡測〉，頁149～198。

〔註243〕《南樞志》，卷一五九，〈遵旨酌議製造銃船〉，頁12下～15下：「令工部郎中董鳴瑋所造龍骨砲船，其製則倣之閩海，一船可安紅夷砲八門、百子砲十門，其制更善。」又《崇禎・太倉州志》，卷一〇，〈劉河堡・軍兵〉，頁48上～四九上：「船兵七百二十名，聽差划船兵三十三名……。戰船五十五隻。內中哨分管船十九隻，兵三百零六名。左右哨各分管船十八隻，兵二百六十四名。內唬船係官造，歲估給修理料價。」

〔註244〕《南京都察院志》，卷三〇，〈東省賊氛甚惡重地周防宜急敬遵勅書募足原兵以固根本疏〉，頁38上～41下：「（操江都御史徐必達）至臣欽奉勅書，內開原募淮揚沿海民灶三千名及下海雙梢沙船六十隻。」又《崇禎・太倉州志》，卷一〇，〈劉河堡・軍兵〉，頁48上～49上：「沙船民造，歲給僱募銀一十六兩。」

〔註245〕《明世宗實錄》，卷四二二，嘉靖三十四年五月壬寅條，頁2下～6上：「南京湖廣道御史屠仲律條上禦倭五事……。在我宜用所長棄所短，則莫若恃海船，請以見在把總船隻通行查齊，不足則令福建如法添造，或即令沿邊地方買補。」

〔註246〕《南京都察院志》，卷九，〈操江職掌・修造定規〉，頁37上～39上。

〔註247〕《正德・崇明縣重修志》，卷四，〈南海水寨〉，頁6下～7上：「船十艘，每艘容百人，隨一小舟，中藏火砲兵械，五年一修，十年重建。」

隻修造的規定，若有切實執行，應該能夠確保各水寨的船隻可以維持一定的作戰能力。然而，這些船隻修造規定卻不一定會被切實遵守，因此遂有水寨船隻朽爛不堪作戰；這也就難免會有遇到緊急狀況，各水寨才臨時雇用民間船隻充當戰船的情況發生。〔註248〕

表5-3：明代南直隸江海聯防船隻一覽表

| 編號 | 船　別 | 船體尺寸（長／寬） | 船　隻　功　能 |
|---|---|---|---|
| 1 | 福船 | 9丈／5丈8尺 | 船身高大，依靠風力行駛，為明代江海聯防外洋作戰之主力船隻。 |
| 2 | 蒼山船 | 7丈／4丈5尺 | 帆櫓兼用，機動性高，可行駛於較淺水域。 |
| 3 | 鐵船 | 7丈／4丈5尺 | 船身輕快，便於追逐，海上遊兵使用。 |
| 4 | 蜈蚣船 | 7丈5尺／1丈6尺 | 以槳推進，底尖面闊，可行於大洋之中，且架有佛郎機銃，火力強大。 |
| 5 | 座樓船 | 7丈8尺7寸／1丈4尺 | 攻擊與防禦性能良好，為主要作戰船隻。 |
| 6 | 座船 | 8丈6尺9寸／1丈7尺 | 官員、將領之座艦。 |
| 7 | 草撇船 | 6丈6尺／1丈4尺3寸 | 機動性高，可補福船行駛遲重之不足。 |
| 8 | 艟𦨣船 | 6丈5尺／1丈4尺3寸 | 大小與草撇船相當，可載水兵攻戰。 |
| 9 | 沙船 | 5丈7尺1寸／1丈3寸 | 平底船，適於航行沙洲廣佈的江海交會水域。 |
| 10 | 巡船 | 5丈7尺1寸／1丈3寸 | 巡哨、探查敵情。 |
| 11 | 巡樓船 | 6丈1尺／1丈2尺 | 巡船水兵的指揮艦。 |
| 12 | 樓船 | 6丈1尺／1丈2尺 | 攻擊與防禦性能良好，為主要作戰船隻。 |
| 13 | 快船 | 7丈／9尺 | 明初採用的江防船隻。 |

〔註248〕《玉介園存稿》，卷一八，〈詳擬江南海防事宜〉，頁25上～44下：「然福、蒼船釘稀板薄，皆潛泊沙岸，卒遇有警不能出洋；沙、槳船自一調遣之後，俱各潛回私家，海沙渺遠無所稽查，悉為虛套。」

| 14 | 叭喇唬船 | 4 丈／1 丈 | 槳帆並用，底尖能破浪，適於外洋哨探、追擊。 |
| 15 | 九江式哨船 | 4 丈 2 尺／7 尺 9 寸 | 巡哨、探查敵情。 |
| 16 | 安慶式哨船 | 3 丈 6 尺 7 寸／7 尺 8 寸 | 巡哨、探查敵情。 |
| 17 | 大槳船 | 3 丈 7 尺／7 尺 1 寸 | 以槳為推進動力，機動靈活。 |
| 18 | 梭船 | 2 丈 5 尺 5 寸／4 尺 | 船體輕小，主要用於哨探與傳報訊息。 |

資料來源：《明代的造船事業——造船發展背景的歷史考察》、《中國古船圖譜》。

# 第六章　南直隸江海聯防的運作

在瞭解明代江海聯防軍事據點的地理形勢以及江海聯防的各個職官設置之後，本章欲從明人相關的各種理論開始探討明代的江海聯防。關於南直隸江海交會地區的防禦問題，在經歷長期的實際經驗，尤其是嘉靖年間的倭寇動亂之後，明人對於江海聯防提出許多防禦理論，透過這些江海聯防的理論，可以瞭解明人對於江海聯防的各種不同觀點以及意見。

而藉由史料之中所見之實際案例，則可以進一步明瞭江海聯防是如何運作；透過相關官員的記載，可以得知在不同階段的江海聯防是如何執行，各個江海聯防單位如何相互配合運作。同時也藉由實際案例的探討，可以對江海聯防執行之中所遭遇的各種困難，以及執行之中所產生的各種弊端加以探究，並藉此對於明代南直隸江海交會地區的江海聯防運作情形有一個更為深入的認識。

## 第一節　江海聯防的理論

倭寇自明初即對中國有所侵擾，因此明人對於海防的關注很早就開始，再加上嘉靖年間倭寇大規模入侵中國東南沿海地區，更加引起明人對於海防的重視。而由於長江下游地區正好是倭寇肆虐嚴重的區域之一，因而對於長江的防禦明人也多所討論，本節將探討明人對於江、海防以及江海聯防的各種理論，以釐清當時對於江海聯防的各種不同的看法。

明初對於海防的理論，最早是洪武六年（1373），德慶侯廖永忠所提出的：「無事則沿海巡徼，以脩不虞。若倭之來，則大船薄之，快船逐之。」〔註1〕

---

〔註1〕　《明太祖實錄》（台北：中央研究院歷史語言研究所校勘，據北京圖書館紅格

建議於沿海衛所添造多櫓快舡，平時巡邏於沿海洋面，若遇有倭寇等海上入侵者，則以大型船艦接戰，敵人如若退卻逃逸，則以航速較快之多櫓快船追逐之，希望能夠達到「彼欲戰不能敵，欲退不可走」〔註2〕的目的。其後經由湯和與方鳴謙所籌畫的海防規制，至洪武末年則形成以陸上的沿海衛所、巡檢司以及沿海島嶼所設置的水寨與遊兵為主的兩道防線。海上防線由水軍駕駛戰艦巡弋海面，而陸上防線則由沿海各衛所與巡檢司的駐守巡邏所構成。〔註3〕

　　明初這種海防理論，是由於當時倭寇並未由沿海登陸並大規模入侵腹裏地方，因此沿海設置衛所以及沿海島嶼設置的水寨與遊兵已經足以應付規模較小的倭寇與海盜。然而隨著明成祖以後倭寇入侵的趨緩，海防防務也逐漸懈怠，洪武年間所建立的海防體系逐漸敗壞，終於導致嘉靖朝的倭寇大舉入侵，而明代的海防問題再度為當代人士所廣泛討論。

　　江防體制的建立則是始於永樂年間，起初設置江防體制的主要目的是在於保衛留都南京的安全，其後為兼顧長江水道的順暢以及漕運的安全，於是乃逐漸形成一個完整的江防體系。

　　關於海防或是江防的理論，雖然早在明代初年即已有人提出各種不同的論點，然而關於江海聯防部分卻並未有所涉及，直到明嘉靖以後由於南直隸地區受到倭寇大規模的侵擾，為保全南直隸地區這個明代的經濟命脈以及防衛明帝國龍興之地南京的安全，明人乃開始探討江防與海防的聯合防禦。〔註4〕由於南京位於長江江邊，順江而下即是蘇州、松江、常州、鎮江、揚州等府，皆是

鈔本微卷影印，中央研究院歷史語言研究所出版，1968年二版），卷七八，洪武六年正月庚戌條，頁2上～下。
〔註2〕《明太祖實錄》，卷七八，洪武六年正月庚戌條，頁2上～下。
〔註3〕黃中青，《明代海防的水寨與遊兵──浙閩粵沿海島嶼防衛的建置與解體》（宜蘭：明史研究小組，2001年8月初版），頁11～32。
〔註4〕明‧王鳴鶴編輯，《登壇必究》（《中國兵書集成》第二○～二四冊，北京：解放軍出版社；瀋陽：遼瀋書社聯合出版，1990年2月一版一刷，據明萬曆刻本影印），卷二五，〈輯江防說〉，頁1上～下：「王鳴鶴曰：我高皇帝定鼎留都，為萬世根本重地，北屆淮揚綰轂運道，燕京之命脈繫焉，小有隔閡為患匪淺，故上下江防非直為萑苻之警，識微慮深所以貽國家磐石之安者至鴻遠矣。沿江要害宿兵控扼，逶迤數千里若繩屬星布，何周也。即有出沒之盜，勢何由逞，乃今所岌岌者不在肘掖之虞而惟門戶之是慮，三江、圌山而東漸入于海，福狼對峙實為外戶，島夷猖獗於東南，萬一乘風鼓浪，瞬息千里窺我邊徼，若甲寅之役，半壁為墟，可謂防禦有策乎？余備戎行適典茲土，朝乾夕惕寢食未遑，乃按圖而興思，欲播聞於同志，遂輯江防考以便檢閱焉。」

與江防或海防相關的區域，因此江海聯防的主要目的之一，也可以說是保衛「祖宗根本之地」南京的安全。〔註5〕

　　明嘉靖以後有關江海聯防的論述不在少數，本文僅就其中較爲著名的幾種史著加以探討。首先是於嘉靖年間，曾任浙直總督胡宗憲幕僚的鄭若曾所編著之《籌海圖編》。〔註6〕鄭若曾於此一著作之中，將當時南直隸地區各官員對於江海防的建議與理論收錄集結成冊，因此從《籌海圖編》之中可以看到許多時人的江海防理論與建議。而其中雖然並未明確指出關於江海聯防者，然而由於當時江防與海防實際上並未明確劃分守禦區域以及責任，因此在海防建議之中也往往提及江防的部分。

　　其中嘉靖八年（1529）舉會試第一，嘉靖倭亂時以郎中視師浙江，親自下海督戰，其後擢爲僉都御史巡撫鳳陽的明代文壇宗師之一的唐順之，對於江海防就有其一番見解。〔註7〕據《籌海圖編》載：

　　　都御史唐順之云：自來禦倭之策無人不言禦之於海則易，禦之於陸則難，是以海上會哨、會剿事例甚嚴，所以圖難於易也。洋山去乍浦、金山、吳淞江三處各是一潮，道里適均，係會哨所在。又云：

---

〔註5〕　錢杭、承載，《十七世紀江南社會生活》（杭州：浙江人民出版社，1996 年 3月一版一刷。），頁 2～12。

〔註6〕　明・呂柟，《涇野先生文集》（《四庫全書存目叢書》集部六一冊，台南：莊嚴文化事業有限公司，1997 年 10 月初版一刷，據湖南圖書館藏明嘉靖三十四年于德昌刻本影印），卷一一，〈崑山鄭氏族譜序〉，頁 21 上～22 上。

〔註7〕　《明世宗實錄》，卷四八三，嘉靖三十九年四月丙申條，頁 1 上～下：「巡撫鳳陽等處右僉都御史唐順之卒，賜祭葬如例。順之直隸常州府武進人，嘉靖己丑舉禮圍第一人，賜進士出身，改庶吉士，授兵部主事，調吏部，改翰林編修，未幾上疏乞養病，詔以吏部主事致仕。居數年，召爲右春坊右司諫兼翰林院編脩。明年與贊善羅拱先、校書郎趙時春上定國本疏，忤旨，黜爲民。順之初欲獵奇致聲譽，不意遂廢屏居十餘年。上方摧抑浮名無實之士，言者屢薦之，終不見用，會東南有倭患，工部侍郎趙文華視師江南，順之以策干文華，因之交驩，嚴嵩子世蕃起爲南京兵部主事，尋陞職方員外郎、郎中，奉命查勘薊鎮邊務，復視師浙直，總督胡宗憲薦其有功，遷太僕寺少卿、通政司右通政，俄代都御史李遂巡撫鳳陽，卒於官。順之博官強記，至六經、諸子以至算、射、兵法、陰陽小技無不研究其說，其文辭足以擅名一家。初罷歸，閉門獨居，力爲矯抗之行，非其人不交，非其道不取，天下士靡然慕之。既久之不獲用，晚乃由趙文華進，得交嚴氏父子，覬因以取功名起家，不二年開府淮楊，然竟靡所建立以卒。順之本文士，使獲用其所長，直石渠金馬之地，其著作潤色必有可觀者，乃以邊才自詭，既假以致身，遂不自量，忘其爲非有欲以武功自見，盡暴其短，爲天下笑云。」

海賊入江，由江兩岸登陸之路，廖角嘴、營前沙南北相對，海面約
闊一百四十五里，爲第二重門戶，周家橋與圖山相對，周家橋北岸
至順江洲與江南分界，江面約闊六七里，順江洲至新洲夾，江面約
闊七八里，新洲來（應作「新洲夾」）至圖山南岸江面約闊十四五里，
爲三重門戶。三處領水兵官須整備船艦晝夜緊守三門，勤會哨以防
春汛，門戶既固堂奧自安，若三門哨有疎虞，至不得已而守金、焦
兩岸，所謂下策與無策矣。又云：江北、江南事例互相應援，況南
北共海，賊若搶船上岸，不寇江南則寇江北，是江北之援江南亦自
援也。若不會兵殲之於海中，何以獨立禦之於岸上。〔註8〕

唐順之首先重視外洋的防禦，認爲這是江海防的第一重門戶，而前人所言防
禦倭寇於海上較爲容易，待倭寇登陸之後再欲加以清剿抵禦，則是較爲困難
的，因此自來關於水師會哨於外洋以及會剿的事例均有嚴密的規定。而唐氏
以爲外海的滸山，距離浙江的乍浦、松江府的金山以及蘇州府的吳淞江，彼
此之間的距離相若，是此三處水師會哨的適當處所。至於由長江海口溯江而
入，位於海門縣的廖角嘴與崇明的營前沙南北相對，是江海防的第二重門戶；
至於江北周家橋與江南的圖山相對這一線則是第三重門戶。唐氏以爲此三處
所在的水師艦隊能夠勤於會哨以固守這三重門戶，則上游內地的安全自然無
所顧慮。然而如果此三重門戶的守禦有所疎虞，而至於僅能守禦鎮江的金山
與焦山防線，那就等於沒有防禦的策略。

由此防禦理論觀之，唐順之所籌畫的「海防」，事實上是把江防也包含於
其中的。唐氏以殲敵於外洋爲主要的理論核心，而對於溯江而上的外寇也希
望將其剿滅於江中，以不使敵人登岸爲上策，其所討論的地區實際上已經橫
跨江防與海防的轄區。以當時而言，雖然江防有操江都御史，海防有南北兩
巡撫，但是彼此的職權與責任皆劃分不明，因此聯合江防與海防共同備禦是
當時親歷其事的唐順之所希望達成的，而其最終目標應該仍是以保障內地尤
其是留都南京的安全爲主。

嘉靖三十八年至三十九年（1559～1560），擔任應天巡撫的翁大立（1517
～？），也曾以其經驗對於江海防備提出建議。據《籌海圖編》載：

---

〔註8〕 明·鄭若曾，《籌海圖編》（台北：國家圖書館善本書室藏明天啓四年新安胡
　　　　氏重刊本），卷六，〈直隸事宜·江南諸郡〉，頁28上～34上。（唐順之個人文
　　　　集中未收錄此篇）

> 巡撫都御史翁大立題云：今日海防之要惟有三策，出海會哨毋使入
> 港者得上策，循塘距守毋使登岸者得中策，出水列陣毋使近城者得
> 下策，不得已而至守城則無策矣。〔註9〕

翁大立與唐順之一樣著重於外洋的防禦，因此以出海會哨使敵人無法靠近岸邊
進入內港爲海防之上策，沿著海岸的護塘防守使得敵人無法登陸爲海防之中
策，而不使敵人接近人口財賦聚集的城市則爲海防之下策，若不得已而至於憑
城固守，則等同於毫無防禦策略。而在實際的海防備禦措施中，翁大立認爲吳
淞守禦千戶所乃是水陸之要衝、蘇松之咽喉，因此應該由江南副總兵坐鎮指揮，
而吳淞守禦千戶所以外之瀏河、七丫港、崇明、白茆港、福山、楊舍鎮、江陰、
靖江、孟河、圖山等處所皆可以駐泊兵船，因此都設有水師艦隊，以把總、指
揮等官統領，而圖山的遊兵把總則是駐泊於營前沙，並且與江北之水師兵船會
哨，而吳淞遊兵把總則是駐泊於竹箔沙，會哨於洋山。〔註10〕至於吳淞守禦千
戶所以南的川沙、南匯、青村、柘林等處由於多爲砂磧海岸，水師兵船難以駐
泊，因此只得訓練編制陸兵以爲海岸之防守。而金山衛由於接近浙江之乍浦地
勢險要，因此設置遊擊將軍一員，統領馬步遊兵往來巡邏防守。〔註11〕

　　由翁大立的這些布置可以得知，雖然當時應天巡撫主要的任務是在海

---

〔註9〕　《籌海圖編》，卷六，〈直隸事宜・江南諸郡〉，頁28上～34上。

〔註10〕　此處所云圖山遊兵把總與吳淞遊兵把總應是嘉靖三十九年翁大立所題請改設
之南洋遊兵都司與北洋遊兵都司。《明世宗實錄》，卷四八四，嘉靖三十九年
五月丁亥條，頁4下：「添設柘林、川沙各把總一員，改吳淞江遊兵把總爲南
洋遊兵都司，駐竹箔沙；圖山（圌山）遊兵把總爲北洋遊兵都司，駐營前沙，
俱於浙江都司列銜支俸，從巡撫應天都御史翁大立請也。」

〔註11〕　《籌海圖編》，卷六，〈直隸事宜・江南諸郡〉，頁28上～34上：「吳淞所乃水
陸之要衝，蘇松之喉咄也。提兵南向可以援金山之急，揚帆北哨可以扼長江
之險，以副總兵統兵鎮之。自吳淞江而北爲劉家河，爲七丫港，又東爲崇明
縣，七丫而西爲白茆港，爲福山，又折而西北爲楊舍，爲江陰，爲靖江，又
西爲孟河，爲圖山，此皆舟師可居，利於水戰，臣皆設有兵船，非統以把總
即統以指揮，而又以圖山遊兵把總駐箚營前沙，會哨於江北；吳淞遊兵把總
駐箚竹箔沙，會哨於洋山；常鎮參將統水陸兵據江海之交鎮守於楊舍，所以
備水戰者亦既密矣。但吳淞而南雖有港汊，每多砂磧，賊可登岸，兵難泊舟，
非選練步兵循塘距守以出中策不可也。今自吳淞所而南爲川沙堡，以把總練
兵一枝守之。川沙而南爲南匯所，以把總練兵一枝守之，南匯而西爲青村所，
以把總練兵一枝守之，青村而西爲柘林堡，以都司練兵一枝守之，此皆不遠
六十里，聲援易及首尾相應，宛然常山之蛇之勢也。柘林而西爲金山衛，西
連乍浦東接柘林，頻年皆賊所巢窟，添設遊擊將軍一員，統領馬步遊兵往來
遊徼，則北可以護松江而西可以援乍浦。」

防，但是對於江防部分卻也必須有所兼顧，以他的海防布置而言，圖山把總是江防職官，卻由應天巡撫所調度指揮，而由其所設置的各個水師艦隊以及要求會哨的情形來看，翁大立的海防策略是不使海寇由海入江，以確保江防之安全無虞。

曾在嘉靖倭亂期間，屢次以水師大破倭寇的明代著名武將俞大猷（1503～1579），〔註12〕也對於這種禦寇於外洋的策略表示贊同。他曾經在與張景賢的書信之中提到：「倭奴長於陸戰，其水戰則我兵之所長，此人人能知，而至於多造樓船，以長制短，從來無有決計者。」〔註13〕他強調中國之長技在於水戰，陸戰則中國遠非倭寇敵手，因此對付倭寇的最佳對策即是建造龐大的樓船艦隊，趁敵人尚未登岸之前，殲滅於海洋之中，以己之長擊彼之短。〔註14〕俞大猷又認為：「防江必先防海，水兵急於陸兵。」〔註15〕除再次強調水師的重要之外，更點出防江之道在於先著重海防，將由海而來的入侵勢力阻截於外海，使其無機會侵入江道，甚或溯江而上侵入內地。關於江海聯防的部分，俞大猷則認為：

> 大洋雖哨而內港必防，內港雖防而陸兵必練，水陸俱備，內外互援而又求得其人以共理之，賊來則擊，賊去則追……，又內江每樓船十隻間以邊江船五隻，外江每樓船十隻間以蒼山、沙船共五隻……，各為小哨共泊原派港分，無事則在港防守，有警則合勢攻捕，竝不

〔註12〕《明神宗實錄》，卷一〇二，萬曆八年七月辛卯條，頁5上～下：「賜原任後軍都督府僉書署都督同知俞大猷祭葬如例。大猷福建晉江人，少補弟子員，治經術，既而襲官百戶，登會舉第五人，以功累遷至今官，請老疏三上乃許，尋卒于家。大猷為人廉而好施，能折節下士，至剔歷東南大小百十餘戰，所向無不剿滅，而況機持重，不期目睫功，有古大將風云。」

〔註13〕明・俞大猷，《正氣堂集》（《四庫未收書輯刊》伍輯二〇冊，北京：北京出版社，2000年1月一版一刷，據清道光孫雲鴻味古書室刻本影印），卷一〇，〈與張明崖書〉，頁3下。又王德毅，《明人別名字號索引》（台北：新文豐出版股份有限公司，2000年3月台一版），頁449：「明崖：周士皋：張景賢。」據此，則張明崖即應為張景賢。

〔註14〕明・張師繹，《月鹿堂文集》（《四庫未收書輯刊》陸輯三〇冊，北京：北京出版社，2000年1月一版一刷，據清道光六年蝶花樓刻本影印），卷五，〈俞總兵大猷公傳〉，頁8上～12上：「大猷言：防江必先防海，水兵急於陸兵。倭長陸戰，令樓船高大，集萬銃其上，倭船遇之輒靡，是我得志時也。善戰者無以短擊長而以長制短，且海戰無他法，在以大勝小，以多勝寡，知風候齊號令耳。」

〔註15〕《正氣堂集》，卷一〇，〈與熊兵備書〉，頁3上～下。

許遠離巡哨，故名之曰正兵。〔註16〕

雖然外洋備禦是海防甚至是江防的首重工作，然而內江與陸兵也必須有一定的守備力量，如此在遇到海寇越過外洋防線入侵內江與內地的時候才能夠發揮「合勢攻捕」的聯防力量。

曾任吏科給事中的郭汝霖，也認同俞大猷建置樓船艦隊以遏阻敵人於外海的論點，〔註17〕他在〈倭患既平陳末議以圖地方久安事〉之中說道：

> 倭賊之來必由於海，而我兵之所以扼之者亦莫便於海。祖宗之時所
> 設海船輒踰數百，蓋倭賊獷猂，使得登陸則其銳不可當，而我兵又
> 圖生之心多，故賊一鼓刀我兵常不戰而潰，惟扼之於海則我兵既無
> 可逃莫不進而死敵，而艨衝火炬又足以逞其焚擊之雄，此中國之長
> 技也。近俞大猷頗知海戰之利害，昨其所議海舟務陸柒百，雖若浩
> 大而難辦，然所以圖一勞永逸者實在於此。〔註18〕

海戰既為中國之長計，當然應該阻截敵人於海上，建置龐大的水師艦隊雖然所費不貲，但是對於海防卻是一勞永逸的策略。

明代中葉，松江名士何良俊由於世居松江柘林，〔註19〕因此也曾提出對於海防的看法。他認為：

> 今當事者日惟請兵聚糧，略不講求備禦之策，蓋不能拒之海上，縱
> 其一入內地，則室廬櫛比、溝港鱗次，彼得藏形匿跡設伏用計，雖
> 有彊兵十萬，竟何所施？〔註20〕

---

〔註16〕 《正氣堂集》，卷一六，〈懇乞天恩亟賜大舉以靖大患以光中興大業疏〉，頁 1
上～8 上

〔註17〕 《明世宗實錄》，卷五○九，嘉靖四十一年五月壬子條，頁 8 下：「吏科左給事
中郭汝霖以福建三軍亂，歸罪巡撫游震得軍令不嚴，乞改別用，吏部復：留
之。」

〔註18〕 明‧郭汝霖，《石泉山房文集》（台北：國家圖書館善本書室藏明萬曆二十五
年永豐郭氏家刊本），卷七，〈倭患既平陳末議以圖地方久安事〉，頁 1 上～10
上。

〔註19〕 明‧張鼐，《寶日堂初集》（《四庫禁燬書叢刊》集部七六冊，北京：北京出版
社，2001 年 1 月一版一刷，據中國科學院圖書館藏明崇禎二年刻本影印），卷
二三，〈先進舊聞〉，頁 27 上～下：「吾松多讀書，善譚論無如何孔目良俊……，
孔目公字元朗，號柘湖。」

〔註20〕 明‧何良俊，《何翰林集》（台北：國家圖書館善本書室藏明嘉靖四十四年華
亭何氏香嚴精舍刊本），卷一一，〈送大司成尹洞山赴召北上序〉，頁 11 上～
13 下

何良俊更加深入地說明若不能將敵人阻截於外海，一旦其登岸深入內地，則由於江南地區溝港鱗次、民居稠密，即使動用強兵十萬，也無法有效殲滅已經散處藏匿於各處港汊、街市之中的敵人。

而嘉靖三十一年（1552），任職操江都御史的蔡克廉，〔註21〕對於江海防備的看法則是：

> 防倭之策必以防海爲先，俟其登陸而後攻之則已遲矣，而海防之具非樓船不可，江南地方已造福船二百隻，則江北造船亦在所不可緩者。〔註22〕

同樣認爲海防所首重者在於禦寇於海，因此建造大量的大型戰艦以對於海防來說是刻不容緩之事。而由此也可得知，當時海防事務是由負責江防的操江都御史所兼管的，事實上操江都御史兼管海防並非始於蔡克廉。在此之前，南京兵科給事中萬虞愷（1505～1588），〔註23〕就在其〈江防疏〉之中提到：

> 何謂專信地？照得江防上至九江下至淮揚蘇松，相沿數千里皆其信地，欲使一一寧謐，非巡歷之勤，節鎮之專不可得也。如大江形勢上則安慶，下則鎮江尤爲要害，二處較之，則下江尤急，蓋鎮江以下即爲海洋，常州之靖江、江陰，蘇州之崇明、太倉，松江之上海，揚州之通、泰咸濱焉，窮沙僻島鹽徒負險窺伺竊發無歲無之，使不備之有素鮮不倡亂，如近年秦璠、王艮之徒是已，使當先有重臣不時出巡，專鎮其地預爲隄防，何至有興兵動眾之費如此哉？臣等以爲操江都御史當於鎮江久住，安慶次之。〔註24〕

據此奏疏所言，鎮江以下即爲海洋，而常州之靖江、江陰，蘇州之崇明、太倉，松江之上海，揚州之通、泰等海防區域皆爲操江所應該負責之轄區，顯然是以操江都御史作爲江防與海防之主要負責官員，而其所籌畫之防禦措施，乃是以整合江防與海防的江海聯防爲最主要的考量。這種看法也與曾任

〔註21〕 明・蔡克廉，《可泉先生文集》（台北：國家圖書館善本書室藏明萬曆七年晉江蔡氏家刊本），卷七，〈操江謝恩疏〉，頁5下～6上：「嘉靖三十一年十一月初七日，准吏部咨爲缺官事，該本部等衙門會題，奉聖旨：蔡克廉陞南京都察院右僉都御史提督操江兼管巡江，寫勅與他，欽此。欽遵。」

〔註22〕 《可泉先生文集》，卷九，〈題造樓船以固海防疏〉，頁18下～23下。

〔註23〕 《明世宗實錄》，卷二九○，嘉靖二十三年九月丁巳條，頁4下～5上：「南京兵科給事中萬虞愷疏陳江防事宜。」

〔註24〕 明・萬虞愷，《楓潭集鈔》（台北：國家圖書館善本書室藏明嘉靖辛酉（四十年）刊本顧起綸等評選），卷二，〈江防疏〉，頁4下～13下。

南京刑科給事中的張永明（1499～1566）所提出的見解幾乎完全一致。〔註25〕

　　繼蔡克廉之後，於嘉靖三十二年（1553）擔任操江都御史的史褒善，則
對於江海聯防的問題更有深入的探討。他認為操江都御史兼管海防事務，並
未明白記載於其所領之敕書之中，因此容易與應天、鳳陽兩巡撫在海防事務
上發生推諉塞責的情形，為避免此種情形的發生，應該明確規範由操江都御
史兼管海防，或是以海防事務歸屬於應天、鳳陽兩巡撫，否則彼此之間不但
無法合作聯防，甚至有可能造成互相牽制、彼此干擾的情形，如此不但無法
達到江海聯防的目的，甚至可能連江防、海防都會出現防禦的疏失與漏洞。
如果要避免這種情形的發生，就應該在操江都御史以及應天、鳳陽兩巡撫的
敕書之中，明白記載各自管領江防與海防事務，且由於江海之間雖然劃分為
不同的守禦區域，但是彼此相通之處實在太多，因而無法斷然一分為二，江
防與海防之間仍應彼此相互應援，以避免海賊、江盜流竄於江海之間。〔註26〕

〔註25〕　《明世宗實錄》，卷三〇五，嘉靖二十四年十一月壬申條，頁 2 上：「陞南京刑
　　　　　科給事中張永明為江西布政使司左參議。」又明・張永明，《張莊僖公文集》（台
　　　　　北：國家圖書館善本書室藏明萬曆三十七年張氏家刊後代修補本清四庫館臣
　　　　　塗改），樂集，〈重操江疏〉，頁 28 上～35 下：「何謂專信地？照得江防上至九
　　　　　江下至淮揚蘇松，相沿數千里皆其信地，欲使一一寧謐，非巡歷之勤，節鎮之
　　　　　專不可得也。如大江形勢上則安慶，下則鎮江尤為要害，二處較之，則下江尤
　　　　　急，蓋鎮江以下即為海洋，常州之靖江、江陰，蘇州之崇明、太倉，松江之上
　　　　　海，揚州之通、泰咸濱焉，窮沙僻島鹽徒負險窺伺竊發無歲無之，使不備之有
　　　　　素鮮不倡亂，如近年秦璠、王艮之徒是已，使當先有重臣不時出巡，專鎮其地
　　　　　預為隄防，何至有興兵動眾之費如此哉？臣等以為操江都御史當於鎮江久住，
　　　　　安慶次之。」
〔註26〕　明・史褒善，《沱村先生集》（台北：國家圖書館善本書室藏明萬曆三十三年
　　　　　澶州史氏家刊本），卷三，〈議處戰船義勇疏〉，頁 1 上～8 上：「臣等查得操江
　　　　　之設係是提督江防專官，保障根本重地至意，特因先年循襲之故，遂兼理海
　　　　　防。其實未奉勒旨不便行事。今既奉有前項明旨，臣等不敢復為操江辯職守
　　　　　而不得不為地方論事體。夫机不並操權無兩在，海防雖稱要害，然以一重臣
　　　　　任此已足集事矣。乃令不奉勒書之操江會同巡撫並驅行事，雖其目前黽勉效
　　　　　勞，竊計事體終有不甚帖然者。異日地方少寧人情漸弛，一應處置事宜巡撫
　　　　　曰：吾不理軍務，自來操江任之，此操江事也。操江曰：吾不奉勒書，但協
　　　　　同巡撫行事，此巡撫事也……。伏乞勒下史部備查初設巡撫操江舊制，前項
　　　　　海防儻係巡撫專責，并乞查照邊方巡撫事例，江蘇淮揚等處各巡撫都御史兼
　　　　　理軍務帶管各處海防，與新設金山副總兵協同行事，而沿江防禦事宜專屬操
　　　　　江衙門管理。如操江舊規所管不止上下江防，亦乞酌定應管地方、應行事務，
　　　　　不致誤相推諉，庶人有專志，功可責成……。再照江海之異而相通之處實多，
　　　　　皆寇盜之所出沒，非判然不相關涉也。今後如有海寇由江而入不能把截，寇

這種關於江海聯防的議論當然是由於當時操江都御史兼管海防事務,而應天、鳳陽二巡撫雖有守備地方之責卻沒有「提督軍務」之權所引起的。此後應天、鳳陽兩巡撫加兼提督軍務職銜管理海防事務,而操江都御史卻仍然兼管海防,這又形成江海防之間無法切割防禦的另一種情形。

而在嘉靖倭亂時期,以工部尚書兼右副都御史總督江南、浙江諸軍事的趙文華,雖然因為依附權相嚴嵩而被列入奸臣之中,但是他也曾經對於江海防的問題提出一套看法。他認為:

> 儀真以下至松江金山設備倭總督一員,控長江而橫大海,督率衛所官軍輪番出哨,與松江兵會哨于海島楊山、許山之間,但有賊船行駛,則哨船各報沿邊水寨盡力夾攻,故海口嚴而江防自密,江防密則楊(揚)、鎮內地恬然安堵矣。[註27]

從江防與海防的關係來說,他也認為海上的備禦愈是嚴密,則江口與內地的安全愈是能夠獲得保障,因此他也強調各單位水師於海上會哨的重要性。至於江海之間實際的備禦策略,他的規劃是:

> 方今防禦之策,莫若修明舊制量為分畫,各列兵船屯箚要害。如南京對過浦子口、瓜埠共置操江船若干隻,屯至儀真而止,哨至瓜洲而止,此為一節。揚州對過常、鎮共置江防船若干隻,屯至狼山、福山而止,哨至海口而止,此為二節。海門、通州守禦所及呂四等場對過蘇州、劉家河、吳淞江共置海防船若干隻,擇海口要害屯列水寨,共會哨于楊山、許山而止,此為三節。則處處有哨,節節皆備,加以操演精熟、賞罰嚴明,萬一有警則前項之兵俱可互相策應,如此不唯江防萬全、南京無恐而為蘇松海防計過以居其半矣。[註28]

把江海之間的備禦從南京、浦子口開始順流而下一路直至江北海門、通州、瀏河、吳淞江,不但江防與海防的要害分三段派駐兵船駐守,同時要求各單位之間彼此會哨以加強巡守的強度,如此可說是江海聯合防禦最明確的規劃。

另外,萬曆元年(1573)起擔任蘇松常鎮兵備道,對於江海防事務相當

---

回由江而出不能追剿,此則操江都御史厥罪惟均。」

〔註27〕 明·趙文華,《趙氏家藏集》(《四庫未收書輯刊》伍輯一〇冊,北京:北京出版社,2000年1月一版一刷,據清鈔本影印),卷五,〈咨南京兵部江海事宜〉,頁1上~2下。

〔註28〕 《趙氏家藏集》,卷五,〈咨南京兵部江海事宜〉,頁1上~2下。

熟悉的王叔杲（1517～1600），〔註29〕在其《玉介園存稿》中也提及備倭首重
於邀擊於海上，以使倭寇無法登岸劫掠爲上策，並強調水師艦隊於海上會哨
對於海防之重要性，甚至認爲外洋遠哨之兵船應該較一般水師提早出發巡
邏。〔註30〕而他尤其特別強調陸兵防守之重要性，認爲沿岸陸地險要關隘地
區，應該配置足夠之陸兵，以作爲水師艦隊之輔助。〔註31〕

　　嘉靖四十二年（1563），江防與海防的轄區明確劃分之後，明人對於江海
聯防的理論多已經把江防與海防分別論述，但仍然強調江海防之間的互相應
援，也就是另一種形式的江海聯防。以南京兵部尚書周世選（1532～1606）
爲例，〔註32〕他就曾提到：

> 夫留都猶堂奧也，江口門戶也，江南、北沿海一帶藩籬也，然必謹
> 藩籬，扃門戶而後可以守堂奧。竊料倭奴之來，由江南則必自吳淞、
> 劉河、楊舍、圌山以入江，由江北則必自海門、狼山及安東淮揚以
> 入江，此留都緊關門戶，而京口閘、天寧洲、瓜洲、儀眞等處尤江

---

〔註29〕《明神宗實錄》，卷一一，萬曆元年三月壬午條，頁 1 上：「陞大名府知府王
　　　　叔杲爲湖廣副使整飭蘇松常鎭兵備。」

〔註30〕明・王叔杲，《玉介園存稿》（台北：國家圖書館漢學中心藏明萬曆二十九年
　　　　跋刊本），卷一八，〈詳擬江南海防事宜〉，頁 25 上～44 下：「備倭之策莫先於
　　　　邀擊海上，自有倭寇以來，各要隘俱設有兵船以防衝突，以後寇勢稍靖，始
　　　　有上班下班之議，每當汛期募集船兵聽總兵官量行調撥外洋巡邏，其餘盡分
　　　　布汛地及往來會哨，然福、蒼船釘稀板薄，皆潛泊沙岸，辛遇有警不能出洋，
　　　　沙、槳船自一調遣之後，俱各潛回私家，海沙渺遠無所稽查，悉爲虛套。議
　　　　將舊時福蒼船盡行刪革，另造堅厚者四十隻，該總兵官建議設立號票，更番
　　　　互換往來汛地，雖宿弊稍釐，然終年泊守亦鮮實用。萬曆二年摘發一枝，選
　　　　委慣海官專在洋山錢許以下，伺寇初至邀擊遂收全功，添設游哨把總專務邀
　　　　擊外洋，自狼、福以上，白茆、福山、楊舍、江陰、孟河等處皆入內港，防
　　　　汛兵船可省，惟留原議常川沙槳船，專一巡緝鹽盜，其餘悉行撤去以充雇募
　　　　游哨船用費，惟崇明當海洋要衝，劉河爲蘇州門戶，船兵照舊存留。吳淞
　　　　係總鎭之所，留把總一枝以聽調遣，其中軍所領船兵亦摯入游哨……。遊哨
　　　　兵船專務外洋遠邏……，故游哨兵船不可與內港者例視，其修艙當預，糧餉
　　　　當先，遣發當早。遲則東南風汛，母船不便即行，必須先據島嶼以便棲泊，
　　　　如全班三月初一日上哨，六月初一日收哨，游哨二月二十五日先發，五月二
　　　　十五日先收。」

〔註31〕《玉介園存稿》，卷一八，〈詳擬江南海防事宜〉，頁 25 上～44 下：「海防事理
　　　　不過水陸二端，每歲禦倭之策固當截之於海，尤當備之於陸，自金山迤北以
　　　　西至圌山，連亘八百餘里，凡要隘處俱各設有陸兵。」

〔註32〕《明神宗實錄》，卷三〇一，萬曆二十四年閏八月辛巳條，頁 8 上～下：「南京
　　　　兵部尚書周世選以病乞休，章下吏部。」

防之要害也。前項地方係屬淮揚、應天督撫及操江衙門，伏乞嚴勅
各該地方守土諸臣作速經理，如遇有警即調所屬各鎮水陸官兵，厚
集前項緊要處所併力堵截，使賊不得破藩籬而窺門戶。若賊由江南
入犯，江南官兵不即截剿，則江南文武封疆之臣任其罪，其在江北、
在江口亦如之。〔註33〕

周世選同樣以保衛留都爲江海聯防的首要目的，他把江海的防禦分爲堂奧、
門戶與藩籬三段，以留都南京爲堂奧，江口爲門戶，而江南、江北沿海則爲
藩籬。由於倭寇自海而來，唯有這三段區域的負責官員通力合作，才能確保
倭寇不致越過藩籬、突破門戶而窺伺堂奧。而此三段區域正是江防與海防的
區域，其相關官員即是操江都御史與應天、鳳陽兩巡撫，此三者若能彼此合
作，共同堵截由海而來的倭寇，則南京自能固若金湯。因此這也可以說是江
防、海防轄區明確劃分之後，江海聯防的一種新的型態。

　　鄭若曾在其《江南經略》之中，也對於江海聯防有其深入的看法。他認爲：

江防以拱護留都爲重，長江下流乃留都之門戶也，遏寇於江海之交，
勿容入江是爲上策……，此參、遊、把總之任也。兵備道督責之，操
江、巡江二院與江南、北二按院及江南、北二提督軍門主之。〔註34〕

江防之首重要務是拱護留都，而江防之上策即是遏寇於江海之交，使其無法
進入內江甚至侵犯留都。而江海之交的防務，則應該由操江都御史、巡江御
史、江南、江北的巡按御史，以及江南、北二提督軍門共同負責，此處的江
南、北二提督軍門即是指負責海防的應天以及鳳陽兩巡撫。由此可見，雖然
江防與海防各有其專屬信地，然而爲共同保障留都的安全，無論是操江都御
史、應天巡撫、鳳陽巡撫抑或是巡江御史等官員，都必須協同合作、互相應
援。這正是所謂：「故聯江海之兵，協力拒守，重根本之上務也。」〔註35〕

　　　然而江防與海防究竟應該如何協同防禦、互相應援？鄭若曾以爲應當將
應天巡撫、鳳陽巡撫、操江都御史以及巡江御史四人相互聯屬，無論江中之
寇或是陸上之寇，操、巡與南、北兩巡撫皆應戮力合作協力剿捕，不可因爲
賊寇發生之地點不在自己的信地之內即不加聞問。鄭若曾雖然是以江寇與陸

〔註33〕明‧周世選，《衛陽先生集》（台北：國家圖書館善本書室藏明崇禎五年故城
　　　　周氏家刊本），卷八，〈倭警告急摘陳喫緊預防事宜疏〉，頁1上～11下。

〔註34〕明‧鄭若曾，《江南經略》（台北：國家圖書館善本書室藏明萬曆三十三年崑
　　　　山鄭玉清等重校刊本），卷一，〈江防〉，頁1下。

〔註35〕《江南經略》，卷一，〈蘇松常鎮總論〉，頁24上～25上。

寇為例加以說明，然而江防與海防同樣也是類似的情形，若以彼此之間信地不同而自掃門前雪，一旦亂事擴大，其所造成的後果將不堪設想。〔註36〕

至於江海聯防如何執行？鄭若曾的看法是：

> 若賊過營前沙，而營前之江南、江北火速出援，左右翼擊，不坐視乎營前之兵之受敵也。過靖江亦如之，過金焦亦如之，賊進不得前，退無所遁，我兵有增而無限，賊舟有限而無增，勝負不亦較然矣乎。
>
> 愚故曰：二提督與操、巡，必四人同心而後可濟也。軍門林云：置將結寨分守江之南北，此俟其深入而擊之也。移舟海口協守崇明，使賊不得入江，計斯得矣。故正官聯而執樞要，是謂善防。〔註37〕

以江南、北兩巡撫與操江、巡江所轄之兵船，對於入犯之賊舟逐層截擊，使得來犯之賊舟有減而無增，而守禦之舟師則是有增無減，如此則敵船勢必無法長久支撐，終至被剿捕平定。而此處鄭若曾又再度提出二提督與操、巡，必須四人同心才能有效發揮江海防禦之力量，可見這正是其江海聯防之重點所在。

其實鄭若曾一再強調南、北二提督軍門與操江都御史、巡江御史必須四人同心，彼此協同合作、互相應援，是有其實際上的客觀因素造成的。其原因即在於江防、海防信地雖然區分，但是事實上江與海之間卻是相連而沒有明確分界點的，尤其在長江下游地區江道廣闊，身處水中往往無法確知是在江中或是海中。也正因為江海之間不易區別，因此遇有盜寇發生，各單位之間往往得以互相推諉。而這也就是操江都御史高捷所說的：

> 江海水面原無限隔，雖經分屯把守逐節會哨，若使拘泥信地不應援亦難防賊，宜將兵分正奇、南北、內外互相援剿，有功失事各規主客通論。〔註38〕

---

〔註36〕《江南經略》，卷一，〈江防論上〉，頁55上～下：「我朝大江南北各設巡撫，留都專設操江、巡江，所敕信地雖殊，而四院事體則相關而不可分也，今操巡專管江中之寇，寇若登陸，則讓曰：此巡撫之事也。巡撫專管岸上之寇，寇若入江，則讓曰：此操巡之事也。一江南北，胡越頓分，同握兵符，爾我相遜，何惑乎江寇之弗除也哉。如愚見莫若先正官聯，官聯者聯屬四人為一，利害休戚異形而同心，戰守賞罰會謀而齊舉，如江寇而登陸也，操巡督發江船進內港以協捕之，陸寇而入江也，巡撫督發哨船出外江以策應之，庶乎寇計窮而無所容，江中其永清矣。」

〔註37〕《江南經略》，卷一，〈江防論中〉，頁55下～五六下。

〔註38〕明・王士騏，《皇明馭倭錄》（《四庫全書存目叢書》史部五三冊，台南：莊嚴文化事業有限公司，1997年10月初版一刷，據清華大學圖書館藏明萬曆刻本影印），卷七，嘉靖三十五年〉，頁31下～32上。

正因爲江海水面原無限隔，所以才必須要求無論是江防或是海防單位，都必須彼此應援、相互合作，如此不但可以避免互相推諉責任的弊端發生，更可以增強區域的守禦力量，以消弭禍患於初起之時。

而在較爲後期的明人論述之中，對於江海聯防的理論，則基本上承襲鄭若曾的論點。例如陳仁錫的《全吳籌患預防錄》〔註39〕、茅元儀的《武備志》〔註40〕、施永圖的《武備地利》〔註41〕等著作之中所提及的江海聯防，其論點皆是認爲江海聯防必須由操江都御史、應天巡撫、鳳陽巡撫以及巡江御史四官員同心協力、互相應援，才能發揮江防與海防各單位最大的力量，以遏止由海上而來的入侵勢力，同時也才能確保江道與留都之安全。

---

〔註39〕 明·陳仁錫，《全吳籌患預防錄》（台北：國家圖書館善本書室藏清道光間抄本），卷一，〈江防論〉，頁 9 下～10 下：「我朝大江南北各設巡撫，留都專設操江、巡江，所管轄信地雖殊，而四院事體則相關而不可分也。今操巡專管江中之寇，寇若登陸，則讓之曰：此巡撫之事也。巡撫專管岸上之寇，寇若入江，則讓之曰：此操巡之事也。一江南北，胡越頓分，同握兵符，爾我相遜，何惑乎江寇之弗除也哉。今莫若先正官聯，官聯者聯屬四人爲一，利害休戚異形而同心，戰守賞罰會謀而齊舉，如江寇而登陸，操巡督發兵船進內港以協捕之，陸寇入江，巡撫督發哨船出外江以策應之，庶乎寇計窮而無所容，江患其永清矣。」

〔註40〕 明·茅元儀，《武備志》（《四庫禁燬書叢刊》子部二六冊，北京：北京出版社，2001 年 1 月一版一刷，據北京大學圖書館藏明天啓刻本影印），卷二一九，〈鄭若曾江防論上〉，頁 25 下～26 下：「我朝大江南北各設巡撫，留都專設操江、巡江，所敕信地雖殊，而四院事體則相關而不可分也。今操巡專管江中之寇，寇若登陸，則讓曰：此巡撫之事也。巡撫專管岸上之寇，寇若入江，則讓曰：此操巡之事也。一江南北，胡越頓分，同握兵符，爾我相遜，何惑乎江寇之弗除也哉。如愚見莫若先正官聯，官聯者，聯屬四人爲一，利害休戚異形而同心，戰守賞罰會謀而齊舉，如江寇而登陸也，操、巡督發江船進內港以協捕之。陸寇而入江也，巡撫督發哨船出外江以策應之，庶乎寇計窮而無所容，江中其永清矣。」

〔註41〕 明·施永圖，《武備地利》（《四庫未收書輯刊》伍輯一〇冊，北京：北京出版社，2000 年 1 月一版一刷，據清雍正刻本影印），卷三，〈江防署〉，頁 21 上～23 上：「謹按長江下流乃海舶入寇之門戶也，大江南北各設巡撫，留都專設操江、巡江，所敕信地雖殊，而四院事體則相關而不可分也。今操巡專管江中之寇，寇若登陸，則讓曰：此巡撫之事也。巡撫專管岸上之寇，寇若入江，則讓曰：此操巡之事也。一江南北，胡越頓分，同握兵符，爾我相遜，何惑乎江寇之弗除也哉。如愚見莫若先正官聯，官聯者，聯屬四人爲一，利害休戚異形而同心，戰守賞罰會謀而齊舉，如江寇而登陸也，操、巡督發江船進內港以協捕之。陸寇而入江也，巡撫督發哨船出外江以策應之，庶乎寇計窮而無所容，江中其永清矣。」

綜觀以上明人對於江海聯防之理論，可以發現有幾項共通之處：首先是認爲欲保障江道留都之安全，應該將由海而至的敵人以水師艦隊阻截於外海，使其沒有機會進入江道溯江而上，更不能容其登岸劫掠。這就是所謂的「防江必先防海，水兵急於陸兵。」〔註 42〕也因爲如此，明代的海防在世宗嘉靖朝以後益形受到重視，正如茅元儀所說：「海之有防，自本朝始也。海之嚴于防，自肅廟時始也。」〔註 43〕其次是江海之間海防與江防官員應該互相應援、協同作戰，以殲敵於初至，不使動亂的規模擴大。而其最終的目的，則都是保障留都、運道以及江南富庶地區的安全。

　　然而，這些關於江海聯防的理論反映出的正是一個現象，那就是江海防的制度愈趨完備，規範愈是明確詳盡，江海聯防所衍生出來的問題與弊端卻是愈多。正所謂徒法不足以自治，制度法令必須由「人」來執行，再嚴密詳盡的法令制度也經不起「人」的破壞。良善的制度也必須由正直能幹的官員來執行，否則再完善的法令制度也不過是貪官污吏、神奸巨蠹所操弄的工具而已，最後仍然會造成國家與人民莫大的損害。正如明人吳惟順、吳鳴球等人在〈江防信地〉中所說：「雖然，重臣要矣，得人尤要焉，苟非文武吉甫，萬邦爲憲，如今之揚州楊府主者，亦何取於重鎮、重兵之設也。」〔註 44〕

## 第二節　江海聯防的執行

　　在江海聯防任務的執行之中，哨探是相當重要的一個環節，本節首先探討哨探與江海聯防的關係。明代對於哨探在軍事上的重要性，早有深刻的瞭解，因此在其軍事制度之中，即有不少關於哨探任務執行的相關規定。

　　以西北沿邊的陸上防禦而言，由於邊界國防線的綿長，明軍的守備力量無法顧及每一個敵人可能入犯的處所，爲使分佈於各鎮兵力可以在敵軍大舉進犯時預先集結，敵軍動向的正確掌握是不可忽視的，而敵軍的動向就要依靠哨探任務的執行來取得，而明代西北沿邊的哨探任務通常是由夜不收軍來

〔註 42〕《正氣堂集》，卷一○，〈與熊兵備書〉，頁 3 上～下。
〔註 43〕《武備志》，卷二○九，〈海防一〉，頁 1 上～下。
〔註 44〕明・吳惟順、吳鳴球、吳君禮編輯，《兵鏡》（《中國兵書集成》第三八、三九冊，北京：解放軍出版社；瀋陽：遼瀋書社聯合出版，1994 年 9 月一版一刷，據北京大學圖書館藏明末問奇齋刻本影印），卷一九，〈江防信地〉，頁 44 上～47 上。

執行。夜不收軍必須晝伏夜行遠離邊境，或是登高遠瞭以偵察敵軍的各項活動，並且在最短的時間內將軍情回報給駐守邊界的各軍事單位，以便其採取相應的對策。〔註45〕也就是說哨探任務的執行，就是爲取得正確詳實的敵人軍事情報，以作爲守備措施的參考依據。

南直隸沿江、沿海地區江、海岸線綿長，江洋、海洋廣闊一望無際，由海上而來的海盜、倭寇倏忽而至，沒有一定的途徑與路線，因而明軍配置於沿海的守備力量必須分散於各地，以避免某一個區域成爲敵人登陸之地點。然而備多勢必力分，每一個軍事據點都不可能屯駐大量的兵力。爲集結足夠的兵力以抵禦突然出現於某一個地點的大批敵人，江海防禦與陸上防禦，同樣都必須先期掌握敵人的動向，因此哨探對於江海防禦同樣非常重要，而江海防禦與陸上防禦不同的是，除海岸、江邊可以設立警報用的墩臺，派駐墩軍、夜不收軍以瞭望傳遞軍情之外，〔註46〕海上的哨探任務則必須要以船隻出洋執行。

至於明代的江海聯防之中，究竟如何執行哨探的任務？又是以何種船隻執行哨探任務？一般而言，明代江海防之中執行哨探任務的船隻稱爲哨船，〔註47〕然而哨船並不是固定使用某一種船隻，俞大猷就認爲沙船雖然不適於接敵作戰，但是用作哨探之船則是合適的。〔註48〕另外他也認爲八槳船可用以哨探，而不可用以攻賊。〔註49〕此處所說的沙船是一種平底船，輕便易於駕駛，即使於淺水區域也可行駛，原先是運輸所用船隻，後被徵集而爲軍事用途，然而船上無遮擋物，因此不適合作接敵作戰之用。〔註50〕而八槳船則是兩側各設有四

---

〔註45〕關於明代哨探與夜不收軍，請參見：林爲楷，〈明代偵防體制中的夜不收軍〉，《明史研究專刊》，第十三期，2003 年 3 月，頁 1～37。

〔註46〕《江南經略》，〈戒諭將吏〉，頁 37 下～54 下：「查得沿海設立墩臺，金山衛夜不收四十名，守墩軍餘一百一十七名。」

〔註47〕明・戚繼光，《紀效新書》（北京：中華書局，2001 年 6 月一版一刷），卷一八，〈發船號令〉，頁 340～341：「凡中軍吹長聲喇叭一通，立起黃旗一面，各哨船出洋哨賊。」

〔註48〕《正氣堂集》，卷一〇，〈與蔡可泉書〉，頁 5 下～6 上：「江北一帶地名載於疏稿者，樓船皆可用，乃猷屢自探試得其眞切，水淺處亦有，但得沙兵引道則不誤也。謂邊江沙船可以禦賊，乃彼方鄉兵自圖便利之言，決不濟事，以作哨探之船則可耳。」

〔註49〕《正氣堂集》，卷一〇，〈與李克齋都憲書・又書〉，頁 15 下～16 下：「八槳船只可用以哨探，不可用以攻賊。」

〔註50〕王冠倬編著，《中國古船圖譜》（北京：生活・讀書・新知三聯書店，2001 年 5 月一版二刷），〈沙船〉，頁 246～250。

槳，行動靈活。〔註51〕王鳴鶴認爲：

> 福建船有六號，一號、二號俱名福船，三號哨船，四號冬船，五號
> 鳥船，六號快船。福船勢力雄大，便於冲犁，哨船、冬船便於攻戰
> 追擊，鳥船、快船能狃風濤，便於哨探或撈首級，大小兼用，俱不
> 可廢。〔註52〕

可見哨探所用之船主要是輕便靈活、易於操駕的船隻，由於哨船的功能原來
就是以偵察敵情爲主，因此並不要求哨探船隻要有作戰的功能。而在江、湖
之中港汊眾多之處，則需要更爲小型的船隻以作爲偵察軍情以及傳報消息之
用，鄭若曾就認爲以三、四人操作的劃船，雖然體積狹小且不耐風濤，但操
作靈活、行動迅捷，若用於江、湖中的探報工作是相當合適的船隻。〔註53〕

至於哨船哨探工作的執行，王叔杲在〈詳擬江南海防事宜〉有此記載：

> 遊哨兵船專務外洋遠邐，然必須預擇勝地，先據島嶼，安泊母船以
> 固營寨，然後分撥沙、唬等船四出游哨，相其賊勢多寡，爲我攻勦
> 之緩急……，故游哨兵船不可與內港者例視，其修艙當預，糧餉當
> 先，遣發當早。遲則東南風汛，母船不便即行，必須先據島嶼以便
> 棲泊，如全班三月初一日上哨，六月初一日收哨，游哨二月二十五
> 日先發，五月二十五日先收。〔註54〕

哨探兵船的最主要任務是至外洋巡邐偵察，而遠洋偵察必須先要選擇海中地理
形勢優越之島嶼，以泊靠體積較爲龐大的主力戰艦，之後再派出沙船、唬船等
行動較爲輕捷的船隻外出哨探，而這是指以一個艦隊執行游哨任務時所應注意
的事項。至於哨探船隻的作業程序，戚繼光於《紀效新書》中有此規定：

> 往來巡哨，遇有警急，各在信地登各相近山上，先行舉放煙火。所
> 在兵船，瞭見火光煙焰，就行開帆，望火前進哨勦。聯近烽堠，即
> 時按放，傳報南北大兵防截。其哨船仍探賊船向往踪跡，親報領哨
> 官，以便進止。〔註55〕

---

〔註51〕《中國古船圖譜》，〈八槳船〉，頁246。

〔註52〕《登壇必究》，卷二五，〈水戰〉，頁13下～14上。

〔註53〕《江南經略》，卷一，〈湖防圖論〉，頁74上～76下：「又其最小者爲劃船，三、
　　　四人盪□□飛，疾於剪網，但不用風帆，不利湖浪，用之以探報諸□□不及
　　　矣。」

〔註54〕《玉介園存稿》，卷一八，〈詳擬江南海防事宜〉，頁25上～44下。

〔註55〕《紀效新書》，卷一八，〈松海島嶼外洋哨船發火號令〉，頁344～345。

出洋哨探的哨船若發現敵船蹤跡，應該就近登上島嶼山頭燃放煙火以傳報訊息，而其他船隻發現煙火訊號應該立即前往煙火燃放處所攻剿敵人，而原先發現敵蹤的哨船則應在查明敵船動向之後，親身回報領哨官員，以作爲指揮官決策之參考。雖然戚繼光此一規定是施行於浙江沿海防區，但南直隸地區沿海哨探工作的執行也可能與此類似。兵船之上專責瞭望之人，唐順之則認爲應該以重金酬賞，使其每夜盡責瞭望，若有誤事者，則以軍法斬首，重賞重罰之下，瞭望工作必能落實，而敵船動向當可確實掌握。〔註56〕

由於江防與海防在不同時期的關係有所不同，在江海聯防的實際執行上也分成各個時期加以說明。洪武、永樂時期的江防與海防並未劃分區隔，在南直隸江海交界地區的實際守禦任務基本上是由各地衛所負責巡警，或是由朝廷直接派遣官員領水師兵船進行守禦巡邏。例如洪武二年（1369）太倉衛指揮僉事翁德，剿捕崇明、蘇州一帶入侵的倭寇，捕獲倭寇九十二人，翁德也因此被陞爲指揮副使，並被要求繼續逐捕未盡之倭寇。〔註57〕又如洪武五年（1372），「命羽林衛指揮使毛驤、於顯、指揮同知袁義等領兵捕逐蘇、松、溫、台瀕海諸郡倭寇。」〔註58〕永樂六年（1408），「命都指揮羅文充總兵官，指揮李敬充副總兵，統率官軍自蘇州抵浙江等處沿海地方剿捕倭寇。」〔註59〕

宣德以後至嘉靖三十二年（1436～1553）的這一段時間，江防與海防有部分轄區重疊，江海之間的防禦理應是由江防官員與海防官員共同負責，但實際的情形卻並非如此。以弘治十八年（1505）蘇州府崇明縣鹽徒施天泰之亂爲例，〔註60〕爲弭平此一動亂，應天巡撫魏紳調派衛所兵船剿捕，而操江

〔註56〕《登壇必究》，卷二五，〈水戰〉，頁13下～14上：「都御史唐公順之云：制賊船冲突，灘淺處多釘暗椿，船遇之必碎，此一說也。先發制人一著，惟有望斗上做工夫。然必須以利使人，每夜編定船十隻，每一隻望斗人給與銀一兩，使一夜常有人坐在斗上看賊動靜，雖黑夜，若撑船未必無一二把火光，我船便可做手腳，不患大船趕賊不上也……。望斗人每夜與銀一兩，毫不可少，就是一月費銀三百兩，支得一月，賊必擒矣。若有誤事，定以軍法斬首，蓋賞重則罰亦重矣。」

〔註57〕《明太祖實錄》，卷四一，洪武二年四月戊子條，頁5下～6上：「陞太倉衛指揮僉事翁德爲指揮副使。先是，倭寇出沒海島中，數侵掠蘇州、崇明，殺傷居民奪財貨，沿海之地皆患之。德時守太倉，率官軍出海捕之，遂敗其眾，獲倭寇九十二人，得其兵器海艘。奏至，詔以德有功，故陞之……。仍命德領兵往捕未盡倭寇。」

〔註58〕《明太祖實錄》，卷七四，洪武五年六月戊子條，頁3下。

〔註59〕《明太宗實錄》，卷八六，永樂六年十二月甲戌條，頁7下。

〔註60〕《明孝宗實錄》，卷二二一，弘治十八年二月丙寅條，頁5下～6上：「初，直

都御史陳璚也調集操江精銳於海口以協同作戰，〔註61〕原本應該可以合力將此一動亂平定，然而其後卻因為不即剿滅賊眾改而誘降賊首，遂導致鹽徒餘黨再度作亂。〔註62〕而正德七年（1512）發生的劉六、劉七之亂，應天巡撫王縝會同操江都御史陳世良共同防禦，並要求操江都御史比照弘治十八年施天泰之亂事例，派遣新江口操江水軍至鎮江防禦。〔註63〕

　　至嘉靖年間海賊、倭寇侵擾日益嚴重，江防與海防之間的關係更形密切，當時有守禦地方責任卻無海防之權責的應天巡撫以及鳳陽巡撫，勢必要與負責江防但轄區直達海口的操江都御史協同合作，才能平定較大規模的動亂。以嘉靖十九年（1540）發生的秦璠、黃艮之亂而言，由於動亂發生之初，操江都御史王學夔與應天巡撫夏邦謨舉措失當導致動亂擴大，操江與巡撫皆受懲處，然而後來在操江、巡撫與復設的江淮總兵官通力合作之下，終於擒斬秦璠等人，平定此一亂事。〔註64〕

---

隸蘇州府崇明縣人施天泰與其兄天佩夥販賊鹽，往來江海乘机劫掠。」

〔註61〕 明・楊循吉，《蘇州府纂修識略》（《四庫全書存目叢書》史部一九〇冊，台南：莊嚴文化事業有限公司，1997年10月初版一刷，據北京圖書館藏明萬曆三十七年徐景鳳刻合刻楊南峰先生全集十種本影印），卷一，〈收撫海賊施天泰〉，頁18上～24上：「巡撫魏紳調委附近府衛指揮通判等官分兵守把各處港口，嚴督太倉、鎮海二衛指揮等官操練人船揚威聲討，而巡江都御史陳璚亦調操江精銳集海口。」

〔註62〕 《明武宗實錄》，卷一七，正德元年九月丙戌條，頁5下～6上：「致仕南京都察院左副都御史陳璚卒，璚字玉汝，蘇州長洲人，成化戊戌進士……，再陞南京都察院左副都御史，兼管操江，劇賊施天泰等擾海上，璚引兵會巡撫魏紳，不即捕滅，第誘降其首，而餘黨復熾。為言者所論，遂致仕。」

〔註63〕 明・王縝，《梧山王先生集》（台北：國家圖書館善本書室藏明刊本），卷五，〈為江洋緊急賊情事〉，頁2上～4上：「臣於正德七年閏五月二十二日據直隸鎮江府申：本月十八日據民快郝鑑等報稱：有流賊一夥在於地名孩兒橋等處放火殺人……，今審據賊人王觀子等各供俱稱的係賊首劉七等先從山東後奔河南……，又恐聲東擊西或有窺伺南京之意尤可深慮，各處沿江陸路口岸俱各嚴謹隄防，臣除會同提督巡江兼管操江南京都察院右僉都御史陳世良、巡按直隸監察御史原軒、巡按直隸監察御史楊鳳議行召募義勇、挑選軍快……，仍照先年勦殺施天泰事例，於南京新江口操江官軍內調五百員名連船駕來，專在鎮江府地方操練防守以振軍威。」

〔註64〕 《明世宗實錄》，卷二四三，嘉靖十九年十一月丙辰條，頁6上～下：「先是崇明盜秦璠、黃艮等出沒海沙刦掠為害，副使王儀大舉舟師與戰，敗績。副都御史王學夔遂稱疾還南京，盜夜榜文於南京城中，自稱靖江王，語多不遜，南京科道官連章劾奏儀等。上曰：海寇歷年稱亂，官軍不能擒，輒行招撫，以滋其禍，王儀輕率寡謀，自取敗侮，夏邦謨、王學夔、周倫皆巡撫重臣，

　　由於此一時期的江防與海防之間轄區有部分重疊，而江海防權責又未明確劃分，因而產生許多江防與海防官員爭功諉過的情形，然而若是遇到重大動亂，基於現實的考量，江海防官員仍是必須互相合作以解決動亂的問題。

　　嘉靖三十二年至嘉靖四十二年（1553～1563）之間，是江海聯防正式形成的階段，但卻是一個江、海防權責不明的時期。此時應天、鳳陽兩巡撫加提督軍務職銜兼理海防，但是操江都御史的江防轄區仍然是上自九江下至蘇州、松江、通州、泰州，轄區仍與海防重疊。而此一時期正是倭寇侵犯南直隸地區最為嚴重的年代，因此江海聯防勢在必行。而此時期的江海聯防，其執行的情形可由抵禦倭寇的實例之中看出。嘉靖三十二年，操江都御史蔡克廉在其〈題飛報海洋倭寇疏〉記載：

> 據直隸太倉衛、吳淞江守禦千戶所并松江府上海縣、蘇州府嘉定縣各飛報海洋內有異樣大船一隻，約有二百餘人……，又據上海縣申報，海洋內另有白旗船一隻，到於楊家洪海口，約有八十餘人登岸放火劫殺。隨行兵備副使吳相前往吳淞江所并上海縣駐箚，督率蘇州府巡捕同知任環、松江府帶管巡捕通判劉本元，各統所屬官兵前去協同備倭官王世科剿捕……，及南匯嘴守禦千戶所并上海縣俱報賊情緊急，請兵應援。隨該總理糧儲巡撫應天等府地方兵部左侍郎兼都察院右僉都御史彭黯、巡視下江監察御史陶承學俱到地方，與臣會同調集精兵船隻，處置糧餉，分撥各處水陸夾攻。〔註65〕

此處可以看出，江防主要負責官員操江都御史所執行的其實是海防事務，太倉衛、吳淞江守禦千戶所、上海縣、嘉定縣其實都在應天巡撫的轄區之中，而操江所指揮的官員如蘇松兵備、蘇州府巡捕同知、松江府巡捕通判等也是

---

玩寇殃民，儀、學燮皆住俸，與邦謨俱戴罪，會同總兵官湯慶協心調度，剋期勦平，失事官俱令錦衣衛逮繫付獄……。於是江淮總兵湯慶條陳防勦事宜六事……。上皆從之。逾月，慶因督率官軍出海口與賊戰，賊擁二十八艘來迎敵，輒敗去，追斬璠等二百餘人，奪獲二十艘，餘黨遠遁，上嘉之，陞慶署都督同知，操江都御史王學燮、巡撫都御史夏邦謨各俸一級，餘賚銀幣有差。」又明・許國，《許文穆公集》（台北：國家圖書館善本書室藏明萬曆三十九年家刊本），卷五，〈吏部尚書夏松泉公墓誌銘〉，頁 27 上～30 上：「任督賦蘇松，親磨勘賦額，悉如周文襄故所參定法。太倉鹽徒秦璠、王艮等嘯聚海上，詔操江都御史王學燮、總兵湯慶□兵勦之，而公足餽餉以佐兵，公則戮力援桴而先將士，遂梟璠、艮，斬獲賊黨釋其脅從。」

〔註65〕　《可泉先生文集》，卷七，〈題飛報海洋倭寇疏〉，頁 6 上～9 下。

應天巡撫所轄官員，可見當時操江都御史所行乃海防之事。而後來蔡克廉又提到當情勢緊急需要調集船隻、兵餉以爲水陸夾攻之勢時，是需要與應天巡撫以及巡江御史共同商議方可決行的。

嘉靖三十三年，操江都御史史褒善在〈報江南倭寇疏〉中也記載道：

> 嘉靖三十三年六月初七日，據督理蘇松常鎮糧儲山東等處承宣布政使
> 司右參政翁大立呈稱：節據各報稱：出海倭船行至大洋被風雨覆沒，
> 有逃命三百餘賊登岸，由松江上海、嘉定、太倉、崑山蕞地前來……。
> 今據前因，比臣駐箚鎮江，急用火牌仰大江南北兩岸參將、守備、把
> 總并府、衛、州、縣各該官兵嚴加把截……。臣會提督軍務巡撫都御
> 史屠大山催督兵備僉事任環統發狼兵、旱兵與總兵解明道、備倭盧鏜
> 等各統部下官兵合勢齊進，仍嚴令吳淞江把總劉堂并遊兵千戶王應麟
> 各將兵船列於寶山附近去處按伏，水陸犄角以圖追剿。〔註66〕

史褒善同樣是以操江都御史身份處置上海、嘉定、太倉等海防區域之倭寇，而其可調動之兵力包含大江南北參將以下軍官所統部隊以及各府、衛、州、縣的官兵。而爲達到水陸夾攻以追擊倭寇的目的，史褒善還會同應天巡撫屠大山，派遣兵備任環去配合總兵、備倭等官之部隊以協同作戰。可見面對大舉進犯的倭寇，江防與海防的主要負責官員操江與巡撫還是必須協同合作，才能達到抵禦倭寇的目的。

嘉靖三十二年至三十四年（1553～1555），擔任鳳陽巡撫的鄭曉在其〈剿逐倭寇查勘功罪疏〉也有記載：

> 本日莫御史牌委張壽松；操江衙門牌委揚州府捕盜同知朱衰，各統
> 領民兵四百餘名并帶揚州衛千戶方矩、馬德良、百戶陳道等前往通
> 州如皋等處追剿。〔註67〕

操江衙門委派揚州府捕盜同知，統領民兵前去江北通州如皋，協助鳳陽巡撫追剿倭寇，這也是江防與海防之間的一種聯防方式。

嘉靖四十二年以迄於明末（1563～1644），江防與海防的關係進入一個新的階段，江防與海防的轄區界線得到明確的劃分，確立以圖山、三江會口一

---

〔註66〕《沱村先生集》，卷一，〈報江南倭寇疏〉，頁12上～16下。
〔註67〕明・鄭曉，《端簡鄭公文集》（《北京圖書館古籍珍本叢刊》一〇九冊，北京：書目文獻出版社，不著出版年月，據明萬曆二十八年鄭心材刻本影印），卷一一，〈剿逐倭寇查勘功罪疏〉，頁43上～67上。

線爲江海防分界的制度。自此以後操江都御史管轄範圍定爲上自九江下至圖山、三江會口，此處以下至於海口分屬江南與江北兩巡撫管轄，是爲海防區域。此一階段江海聯防的模式主要以平時各守信地、有警相互應援爲主。以萬曆四年（1576），操江都御史所巡歷的信地來說，其於南京以下僅至鎮江、圖山、儀眞、瓜洲等處查核兵勇、戰船、器械、糧餉，而下游的常州、蘇州、松江以及江北的通州、泰州等處則並未提及，可見平時操江都御史對於轄區以外的海防地區是無須過問的。〔註68〕而萬曆十八年（1590），操江都御史於年終舉劾所屬文武官員時，也僅提及揚州府江防同知、儀眞守備、三江會口把總、鎮江府海防同知、圖山把總等江防體系屬官，下游海防官員則不在其舉劾之列。〔註69〕

但若江海之間有重大事件發生時，則江防官員與海防官員就必然採取聯防的作爲。例如萬曆三十二年至萬曆三十六年（1604～1608），擔任應天巡撫的周孔教，就因爲金山參將的留任問題，而與操江都御史耿定力、巡江御史李雲鵠等官員共同會商。〔註70〕泰昌元年（1620），浙江道御史傅宗皐也

〔註68〕 明・顧爾行，《皇明兩朝疏抄》（《四庫全書存目叢書》史部七四冊，台南：莊嚴文化事業有限公司，1997年10月初版一刷，據故宮博物院圖書館藏明萬曆六年大名府刻本影印），卷一〇，〈議處兵餉以肅江防以圖永安事〉，頁兵一上～兵五下：「該臣欽奉勅諭每歲巡江二次，臣于萬曆四年六月內巡歷鎮江、圖山、儀眞、瓜州等處沿江信地，凡兵勇、戰船、器具、糧餉之類逐一查覈，俱各整飭頗稱防禦。惟是瓜州一鎮南接蘇常、北抵淮揚以拱衛南都倚爲水口，其長江環繞則下通圖山、三江、崇明海洋諸險……。一處陸兵以實城守，查得瓜州鎮城始於嘉靖三十二年倭亂，該前任操江都御史史褒善題建，專設同知一員防守。」

〔註69〕 明・陳有年，《陳恭介公文集》（台北：國家圖書館善本書室藏明萬曆三十年餘姚陳氏家刊本），卷四，〈操江歲終舉劾文武官員疏〉，頁38下～42上：「提督操江兼管巡江南京都察院右僉都御史臣陳有年謹題爲歲終類報江洋功次敘錄文武職官以飭江防事……，今照萬曆十八年已終，濱江各官功過已經牌行各兵備等官查報去後，據淮揚海防兵備按察使張允濟呈報，揚州府陞任江防同知張文運督官兵捉獲強竊盜時應龍等一十一起，見任江防同知洪有聲督官兵捉獲強犯蔣虎等八起，儀眞守備樓大有督哨捉獲強竊盜張化等一十一起，三江會口把總魯應麟督哨捉獲賊犯董承恩等二起，瓜洲衛總巡指揮同知石國柱捉獲強竊盜孫湧等九起，儀眞衛巡江指揮僉事張運復捉獲賊犯洪宗仁等三起俱無失事……。蘇松兵備副使江鐸呈報，鎮江府海防同知高世芳督官兵捉獲賊犯戴得等一十起，圖山陞任把總張用賢督哨捉獲賊犯董萱等五起，見任把總李自芳督哨捉獲賊犯王喬等五起，巡江指揮王煒督哨捉獲賊犯袁受等五起，俱無失事。」

〔註70〕 明・周孔教，《周中丞疏稿》（《四庫全書存目叢書》史部六四冊，台南：莊嚴

以春、秋汛期長江下游防禦單弱，因而會同應天巡撫胡應臺、操江都御史陳道亨、直隸巡按御史田生金，共同會商預防守禦事宜。〔註71〕而至崇禎年間，由於各地動亂四起，南直隸地區的江海盜賊也趁機四出劫掠，江防與海防之間的聯防勤務也於是大為增加。崇禎十四年（1641），由於綠林嘯聚導致民不聊生，應天巡撫於是會同操江都御史、應天巡按御史商議，派遣各地巡捕官兵對盜賊進行剿捕。〔註72〕而崇禎十五年（1642），鎮江府境內的長江之中出現海賊，聚集百餘艘船於金山、焦山地區，應天巡撫黃希憲親自率兵至鎮江彈壓。〔註73〕鎮江的金山、焦山在圖山上游，乃屬於江防信地之中，操江都御史也不可能不為備禦，然而海賊由海而來溯江而上，應天巡撫責在海防，因此必須負起未能剿平轄內盜賊的責任，故而即使海賊已經進入江防信地之內，應天巡撫仍然必須加以追擊剿滅，當然江防兵力應該也提供協助的

　　　　　文化事業有限公司，1997年10月初版一刷，據吉林大學圖書館北京圖書館藏明萬曆刻本影印），卷四，〈議留邊海極要將官疏〉，頁29上～32上：「將該參將仍舊留任，俟再有成績酌量陞遷，其原調黎平即以新推金山參將改補，庶將領不煩更置而邊疆永有干城矣。等因到臣，該臣會同操江都御史耿定力、巡按御史楊廷筠、巡江御史李雲鵠看得江南為根本重地，襟江帶海處處衝險，而金山坐枕海口，與倭奴僅隔一水，尤稱門庭之守，將領最難得人，故金山安則內地諸郡皆安，所關匪細。」

〔註71〕　明・祁伯裕等撰，《南京都察院志》（台北：國家圖書館漢學研究中心影印明天啟三年序刊本），卷三二，〈長江虛單可慮重地防守宜先會疏〉，頁46下～55下：「（泰昌元年十二月，浙江道傅宗皋）該臣會同巡撫應天右僉都御史胡應臺、提督操江右副都御史陳道亨、巡按直隸監察御史田生金，看得國初奠鼎金陵，倚長江為天塹，東自浙海乍浦遡於瓜儀，當金陵之下流，計程五百餘里，中設五營分佈十哨，營兵約三千有奇，哨兵各統二三百名不等，於以控制下江似乎井井周密，然遇春秋汛期，所在將卒尤尚驚惶靡寧，恩洋寇或乘於外，姦民竊發於中而無以固牖戶之防也。」

〔註72〕　明・黃希憲，《撫吳檄略》（台北：國家圖書館漢學研究中心景照明刊本），卷四，〈為嚴督緝拿土寇以靖地方事〉，頁148上～149上：「准操院會案，內開石埭縣青衿結為巨窩，綠林嘯聚截劫，以致商絕於途，民徙於業，幾不成一世界矣……，據此殊可駭異，合亟督拿，為此會同操江都御史楊、巡按應天等處監察御史徐，牌仰本府道縣官吏炤牌事理即便嚴督所屬該縣巡捕員役，仍密計添差的當官兵……。崇禎十四年十二月初八日。行池太道、池州府、石埭縣，會操院楊、西院徐。」

〔註73〕　明・熊明遇，《文直行書文》（《四庫禁燬書叢刊》集部一〇六冊，北京：北京出版社，2001年1月一版一刷，據北京圖書館藏清順治十七年熊人霖刻本影印），卷九，〈題為恭陳江南省直情形仰慰聖懷事〉，頁82上～84下：「（江南）撫臣黃希憲云，近時海賊一朝聯百餘舟至金焦間，渠親至鎮江彈壓，稍稍得其要領，多吳之姦民與饑民嘯聚沙上也……。崇禎十五年七月十一日具題。」

力量。

除剿捕江、海盜賊以及抵禦入侵敵寇之外，江海聯防區域的平日管理可以從《南京都察院志》所載的〈巡約〉之中大略瞭解其概況。其中有漁戶的管理、船隻牌照管理、渡船的管理、船隻夜間航行的管制、以及禁止多槳船隻的使用等。其中漁戶的管理，要求各漁戶依照保甲組織編排，選出總甲、小甲管理甲內漁戶，若遇有盜賊發生，則要協助該地官兵擒捕。〔註74〕船隻牌照的管理，則是各港口的船隻均需官給稍牌，用天、地、玄、黃等字號編排，並且要求每艘船尾都要刻上「某縣某甲某戶某人某字號」字樣，且要以油粉粉白以便盤查，如果巡兵發現船隻無印信稍牌以及粉白字號者，該船隻將會被沒入，同時船戶也會被重懲。〔註75〕渡船的管理，則是由官方各港口渡船渡錢，以避免船戶浮濫收取渡錢，甚至勒索船客。而瓜洲鎮、京口等重要渡口甚至由官方雇用渡船以及船夫，以避免乘客受到侵害。〔註76〕至於夜間航行則是因為易於招致盜賊，因此官方加以禁止以避免人民受害，若有違禁，則船隻沒入，人員究罪。〔註77〕多槳船隻的禁止使用，是因為此類船隻機動靈活，往往為江海盜賊用以犯罪，故而禁止一般民眾使用。〔註78〕這些對於江海水域平日的管理，雖然不似重大盜賊案件或是倭寇侵入等事件較易記載於史料之中，但是透過這些資料也可以大略瞭解江海聯防在軍事防禦以外的管理是如何執行。

而在平時，江海聯防以巡邏守禦信地為主要任務，鹽徒與盜賊為其主要的巡緝對象。若鹽徒、盜賊等勢力不大，則一般地方的巡邏兵力便足以將其捕獲平定。〔註79〕若鹽徒、盜賊等聲勢浩大，地方巡邏兵力不足以平定，則可就近向駐箚於附近的水寨，請求其出兵協助擒捕賊徒。〔註80〕

〔註74〕《南京都察院志》，卷九，〈稽網戶〉，頁25下～26上。
〔註75〕《南京都察院志》，卷九，〈編船甲〉，頁24下～25下。
〔註76〕《南京都察院志》，卷九，〈諭江渡〉，頁27上～下。
〔註77〕《南京都察院志》，卷九，〈禁夜行〉，頁28下～29下。
〔註78〕《南京都察院志》，卷九，〈禁多槳〉，頁29下～30下。
〔註79〕中國第一歷史檔案館、遼寧省檔案館編，《中國明朝檔案總匯》（桂林：廣西師範大學出版社，2001年6月一版一刷），第八八冊，卷五，〈為捉獲江洋大夥鹽徒拒殺官兵事〉，頁314：「據海門縣申……陸元等，連船五隻，張旗執刃，大肆興販，陸邦孚三名當時捉獲招認，水手陳福係是陸元、陸邦美等戳死，事關鹽法，不宜輕縱，海防道嚴究的確，具招解奪。」
〔註80〕《中國明朝檔案總匯》，第八八冊，卷二，〈議鹽法疏〉，頁45～71：「所領巡鹽兵夫不過數名……，如遇鹽徒橫行，力不能制，水陸則飛報各水寨參、遊

明代的江海聯防在不同時期，雖然其任務執行的型態有所不同，但是其基本目標卻是一貫未曾改變的，那就是聯合江防與海防體系的力量以保衛留都南京以及陵寢的安全，並確保江南富庶地區不致遭到戰禍的蹂躪，同時兼顧長江漕運運道，以避免北京的物資供應匱乏。

## 第三節　江海聯防的困境

江海聯防的困境最容易顯現出來的時候，就是當江海之交有重大事故發生之時；因此本節探討江海聯防的困境，主要也著眼於南直隸地區發生重大事變時期。

江海聯防所顯現出來的困境，主要來自幾個方面：首先當然是制度的不明確，使得相關官員無所適從。而這一點前文已經有所探討，在此不再贅述。此處就針對江海聯防所遭遇的其他各種困境加以探討。

第一項困境是軍事制度複雜，部隊種類與來源眾多，不易有效統馭。明代軍事制度是以洪武年間所訂立的衛所軍制為主，各險要地點依其重要性分別設立衛、所以為防禦。〔註81〕而衛所軍主要是由世襲的軍戶擔任，軍戶屬五軍都督府管理，與屬於戶部管理的民戶不同。衛所制度自洪武年間定立經過百餘年的時間，至嘉靖時已經出現許多問題，其中最為顯著的就是衛所官軍逃亡嚴重，〔註82〕衛所軍士僅存的又多為老弱殘卒不堪作戰。〔註83〕為應付國防的需求，自永樂以來逐漸形成的鎮戍營兵制成為新的作戰主力。

南直隸江海交界地區的主要防禦力量，除原先設置的各衛所之外，就是這

---

等官……。其各處參、遊、守備等官通行巡撫、操江衙門給與批箚，使得兼捕鹽徒。」
〔註81〕《明太祖實錄》，卷九二，洪武七年八月丁酉條，頁4上：「申定兵衛之政。先是上以前代兵多虛數，乃監其失設置內外衛所，凡一衛統十千戶，一千戶統十百戶，百戶領總旗二，總旗領小旗五，小旗領軍十。皆有實數，至是重定其制，大率以五千六百人為一衛，而千百戶總小旗所領之數則同，遇有事征調則分統於諸將，無事則散還各衛，管軍官員不許擅自調用。」
〔註82〕明・孫陞（1474-1544），《峰溪集》（台北：國家圖書館藏，鈔本），〈為緊急軍情事〉，頁16下～20下：「查得儀真縣操備民壯，北有八十一名，快手五十名，儀真衛守城、守門、守把垜口及巡江等項並選點舍餘尚不及八百之數。雖經各官分布防禦，緣前項軍民中間率多老弱不堪，況軍不習戰，民不知兵，有名無實。」
〔註83〕《沱村先生集》，卷三，〈議處戰船義勇疏〉，頁1上～8上：「及照沿江地方雖設有衛所，然行伍單弱，已不堪用。」

種於各險要之地所設置的營兵。然而由於許多營堡的設置是因應戰事需求而增設，因此兵士多爲調派附近衛所軍，〔註84〕或是臨時招募當地土著居民充任，〔註85〕甚至有一營之中衛所抽調官軍與招募民兵共同編組的情形，〔註86〕這種情形也往往造成各營把總、守備在統馭指揮上的困境。

除衛所與鎭戍營兵之外，在嘉靖年間倭寇大舉侵略時期，還有由全國各地徵調而來的土司兵，如湖廣永順、保靖二宣慰司土兵，〔註 87〕廣西的「狼兵」等。〔註 88〕也有特殊職業所組成的部隊，如江北通州各鹽場竈丁所組成的「竈勇」、〔註 89〕處州的礦徒組成的「坑兵」、〔註 90〕沿江沿海沙洲居民所

〔註84〕 明‧張采等修，《太倉州志》（台北：國家圖書館善本書室藏明崇禎十五年刊清康熙十七年修補本），卷一○，〈武備〉，頁 55 下～56 上：「七鴉港把守官軍營，舊蘇州、太倉、塡海三衛，輪委指揮一人、百户一人，領軍百人，春秋分番守，後以太倉衛指揮一人、百户一人，率軍二百人歲更代。」又明‧方岳貢修，《松江府志》（北京：書目文獻出版，1991 年第一版，據日本所藏明崇禎三年刻本影印），卷二五，〈南匯堡〉，頁 28 上～29 下：「事寧，裁革把總，汰存民兵止百名，於該所内挑選軍兵二百名，即委所官操練，聽川沙把總節制，萬曆初亦盡革民兵，增軍兵爲五百。」

〔註85〕 明‧徐獻忠，《長谷集》（《四庫全書存目叢書》史部八六冊，台南：莊嚴文化事業有限公司，1997 年 10 月初版一刷，據北京圖書館藏明嘉靖刻本影印），卷一二，〈與總督梅林胡公〉，頁 31 下～33 上：「計於柘林、九團二處加設兵鎮，就募土著居民，操習丈八竿鎗，五人爲伍，若南匯舊練之法……，蓋倭夷之戰，惟仗兩刀滾舞而來，人懷怯懼，以團陣之法禦之勢必潰散，故惟長鎗制之，別無進步。」；明‧方岳貢等撰，《松江府志》，卷二五，〈南匯堡〉，頁 28 上～29 下：「嘉靖中，倭入寇被陷，乃設欽依把總一員，統民兵一千名守禦。」

〔註86〕 《崇明縣重修志》，卷八，〈兵防志〉，頁 2 上～3 上：「協守地方把總壹員、守禦千户五員、百户二十員、煙墩□座、蒼船七隻、沙船三十隻、槳船五隻、唬船十六隻、划船五隻……。軍選鋒六百名，統領官一員，守城軍四百九十餘名，民兵四百零二名，屬縣捕廳訓練，浙兵四百名，統領官一員，水兵共一千零三名。」

〔註87〕 《趙氏家藏集》，卷四，〈沈家庄平賊疏〉，頁 9 下～11 上：「以保靖宣慰彭藎臣、田九霄等各土兵由金山進，爲左哨，而兵備任環等監督之。以永順宣慰彭翼南等土兵由乍浦進，爲右哨，而郎中陳茂禮等監督之。」

〔註88〕 《沱村先生集》，卷一，〈報江南倭寇疏〉，頁 12 上～16 下：「及委建陽衛百户李彬同常熟縣主簿李宗昭，管領募到廣西狼兵一枝前去蘇州相機策應。」

〔註89〕 《可泉先生文集》，卷一○，〈題仰仗天威擒斬倭寇疏〉，頁 3 下～6 下：「本道即時馬上差人調取揚州參將王介部下山東兵陸百名、通州參將黑孟陽部下兵五百名、通州各鹽場竈勇五百名……，及通行沿江沿海把截、守把等官相機剿捕。」

〔註90〕 《明世宗實錄》，卷三九九，嘉靖三十二年六月壬辰條，頁 5 上～下：「巡撫應天都御史彭黯、巡按御史陶承學等言：倭勢日熾，非江南脆弱之兵、承平

組成的沙兵、〔註91〕少林寺武僧所組成的僧兵等等。〔註92〕

　　由不同來源的士兵所組成的鎮戍營兵，以及各種不同地方調遣而至的特殊兵種，再加上屬於地方治安武力的民壯、弓兵等等，這些軍事力量如何整合才能發揮其最大的戰力以抵禦外敵，如何才能避免各部隊之間的互相掣肘，在在都考驗著指揮作戰官員的領導智慧，當然並不是每一個官員都有足夠的智慧與經驗來處理這樣的情況，也因而作戰執行不力、各部隊未能協同作戰等等現象時有所見。

　　第二項困境是軍事器械的供應不足、品質不良，影響部隊戰力。明代江海防所使用的器械除士兵隨身配備的長短兵器之外，最重要的就是船隻，尤其是大小各型戰船，以及戰船所配置的各型火砲武器。〔註93〕江海防官員對於水師戰船，以及火器的配置也相當重視，〔註94〕然而在各江海防單位之中

---

紈袴之將所可辦者，請得以便宜調山東、福建等處勁兵，及勅巡視浙江都御史王忬督發兵船犄角攻勦。疏下，兵部覆：山東陸兵不嫻水鬥，福建海滄、月港亦在戒嚴，豈能分兵外援。宜令黯等就近調處州坑兵一、二千名，仍隨宜募所屬濱海郡縣義勇鄉夫分布防禦。」

〔註91〕《正氣堂集》，卷一〇，〈與蔡可泉書〉，頁5下～6上：「江北一帶地名載於疏稿者，樓船皆可用，乃猷屢自探試得其真切，水淺處亦有，但得沙兵引道則不誤也。謂邊江沙船可以禦賊，乃彼方鄉兵自圖便利之言，決不繼事，以作哨探之船則可耳。」又《明世宗實錄》，卷四七九，嘉靖三十八年十二月庚子條，頁1上：「操江都御史傅鎮言：留都根本重地，春汛伊邇，倭情叵測，沿江上下不可不嚴為之備，而南兵柔脆不堪攻戰，又官多暫委，無將領以專統攝，且應用錢糧未經預處，請添設遊兵司總，統領沙兵，原任都司王銳、千戶王策、韓天祥可充其任，各該撫臣歲計軍餉之時，各處銀一萬兩以備供餉。兵部議覆，從之。」

〔註92〕《可泉先生文集》，卷七，〈題剿除倭寇第二疏〉，頁30上～37下：「議委原任江西都司都指揮使韓璽統領官兵從陸路分佈攻剿，及雇募少林寺慣熟武藝僧兵月空等為前鋒。」又同書卷七，〈題剿除倭寇第三疏〉，頁37下～41上：「陸路統兵都司韓璽督發勇士、僧兵追趕上船，開洋往東，未知著何地方。」

〔註93〕明‧張燧，《經世挈要》（《四庫禁燬書叢刊》史部七五冊，北京：北京出版社，2001年1月一版一刷，據山東大學圖書館藏明崇禎六年傅昌辰刻本影印），卷一三，〈江海戰艦〉，頁3上～5下：「水軍所鬥者在船力不在人力，故大船勝小船，長器勝短器，順風勝逆風。其制勝有三：一用大船犁小船，而用火藥瓶燒之取勝者；一用大砲擊碎其船而取勝者；一用火箭燒其蓬帆而取勝者。」

〔註94〕明‧熊明遇，《綠雪樓集》（《四庫禁燬書叢刊》集部一八五冊，北京：北京出版社，2001年1月一版一刷，據中國社會科學院文學研究所圖書館；中國科學院圖書館；南京圖書館藏明天啟刻本影印），臺草，〈題為留都地切江海剌姦宜密申嚴盜賊之課以明職守事〉，頁12上～15上：「蓋臣之督屬上結九江之浦，下守丹陽之滸，西接楚鄉東連吳會，延袤千五百里，僅有水師五千，沿

所配置的船隻，經過一段時間的使用之後，往往因爲各種因素而損毀，導致水軍戰力大爲減弱，甚至不足以擔負江海防之任務。

從實際的案例來看，景泰年間，戶部尙書陳循就曾上疏要求改善操江水軍船隻朽爛的狀況。〔註95〕而明人何瑭也在其〈戰船議〉中提到戰船容易損壞的原因：

> 其操江損壞戰巡船一百八十一隻，……各船旗軍因戰船損壞俱本部修造，利害不切於彼，遂將戰船視爲官物，非止不加愛惜，甚或暗行作踐，往往不及年分，先已損壞，捱及年分則又移文本部修造已爲不平，又致生戰船速壞之弊，深爲未便。〔註96〕

駕駛操作戰船的官軍因爲船隻的建造修繕並非由自身所擔負，因此便隨意操作使用，不知加以愛惜維護甚至暗加破壞，以致船隻往往還未達到使用年限就已經損壞不堪使用，嚴重影響防禦任務的執行。嘉靖年間，擔任鳳陽巡撫的李遂，則在其〈議處運道以裕國計疏〉中提到：「其戰沙船隻，查得狼山止有船五十隻，近該本道議請，欲再造戰船七十三隻，通發本官隨宜分布緊要江海處所防禦。」〔註97〕狼山原本配置的戰船僅有五十艘，而守禦官員要求增造的數目竟達到七十三艘，可見戰船缺乏的情形之嚴重。嘉靖抗倭名將俞大猷也曾提到：

> 而我兵船能與賊鬥，在吳淞江者福船七、八隻，在劉家河者二十隻，自餘纔供守禦哨探備取首級之用而已，是令束手待罪則已，何論奏

江疏密慕布，總不成軍……。擬置神飛、虎蹲、大小百子等砲銃若干門，另造闊海鳥船堪發大火器者若干隻，分發各營令其絕江奪標以演水操。」又明・范景文，《南樞志》（台北：國家圖書館藏明末刊本），卷一五九，〈遵旨酌議製造銃船〉，頁12下～15下：「直隸巡江御史陳學伊題爲敬陳防江要務亟宜製造銃船以資剿禦事……。令工部郎中董鳴瑋所造龍骨砲船，其製則倣之闊海，一船可安紅夷砲八門、百子砲十門，其制更善。造有二隻則臺臣陳學伊疏所稱也，臣曾親往江上試放，堅穩便利果如所云，隨敵所向到處礮擊，岳谷震驚毫無搖動，眞足寒賊膽而壯聲援矣。」

〔註95〕《明英宗實錄》，卷二一八，景泰三年七月丙辰條，頁10上～11上：「戶部尙書文淵閣大學士陳循等疏言九事，……南京國家根本，前有長江，古稱天塹，戰守之策，操江爲上。近年船隻朽爛，軍夫逃亡，操江之事有名無實。乞敕南京參贊機務等官，推選有公勤能幹武職，專總操江以振兵威。」

〔註96〕明・何瑭，《何文定公文集》（台北：國家圖書館善本書室藏明萬曆四年賈待問等編刊本），卷一，〈戰船議〉，頁4下～7下。

〔註97〕明・李遂，《李襄敏公奏議》（《四庫全書存目叢書》史部六一冊，台南：莊嚴文化事業有限公司，1997年10月初版一刷，據山西大學圖書館藏明萬曆二年陳瑞刻本影印），卷四，〈議處運道以裕國計疏〉，頁25上～32下。

最乎？妄意得閩、廣大船數百艘，兵數萬，猷親率不時巡哨大洋，

以大船壓之，以火藥攻之，遇賊必戰，戰必有小獲。〔註98〕

吳淞江、瀏河兩大海防備禦重鎮，所存足以作戰之福船僅有七、八與二十艘，根本無法承擔作戰所需。因此俞大猷希望可以獲得福建、廣東大船數百艘，如此則可巡弋於海洋，殲敵於海上。由此可見當時吳淞江、瀏河兩處配置的戰船數目是如何的不足。

明人鄭大郁在其所編著之《經國雄略》中也有江防船隻損毀與修造品質不良的記載：

今長江守險以船為急，察新江口舡，舊額四百有奇，今存者百十隻耳。水營兵舡，原數不滿百，今益寥寥，風雨損壞，日久不修，即聞一修之，板薄釘稀，不堪乘風破浪。〔註99〕

各水師在營船隻數目原已不足，有所損壞者又不及時進行修補，即使偶一為之修補船隻也是敷衍了事，船板薄弱、船釘稀少不堪乘風破浪，如此情形水兵自保尚有疑慮，更遑論守禦江防或是擊沈敵船。熊明遇云：「新江營、操江諸營舟半沈于波底，存者如敝屣腐瓠。」〔註100〕更是道出江海防水師戰船破敗朽蔽之情。

至於江海防各守禦單位所使用的其他器械，一般明軍所配備的武器主要為腰刀、長鎗、弓弩等冷兵器以及鳥銃、佛狼機銃等火器。〔註101〕尤其明軍在嘉靖初年取得西洋的佛狼機銃等火器之後，火器在明軍之中的地位日趨重要。〔註102〕從各項記載之中，可知當時配屬於江海防各單位的火器顯然不敷使用。例如俞大猷就曾於〈請多備兵銃〉中說道：「惟佛郎機宜多豫造。」

---

〔註98〕《正氣堂集》，卷八，〈與金存庵、省庵書〉，頁 11 下～13 下。

〔註99〕明·鄭大郁，《經國雄略》（台北：國家圖書館漢學研究中心景照明刊本），卷三，〈江防急務〉，頁 14 上～下。

〔註100〕明·熊明遇，《文直行書文》（《四庫禁燬書叢刊》集部一〇六冊，北京：北京出版社，2001 年 1 月一版一刷，據北京大學圖書館藏清順治十七年熊人霖刻本影印），卷二，〈南京諸營記〉，頁 3 上～5 下。

〔註101〕《紀效新書》，卷一，〈原束伍·器械〉，頁 52～54；卷一五，〈布城諸器圖說篇〉，頁 239～258。

〔註102〕《明世宗實錄》，卷一五四，嘉靖十二年九月丁卯條，頁 7 下～8 上：「陞廣東右布政使屠僑為福建左布政使，初，廣東巡檢何儒常招降佛郎機國番人，因得其蜈蚣船銃等法，以功陞應天府上元縣主簿，令于操江衙門監造以備江防，至是三年秩滿，吏部併錄其前功，詔陞順天府宛平縣縣丞，中國之有佛郎機諸火器自儒始也。」

〔註103〕當時所配置之佛郎機銃，並不足其使用。俞大猷對於鳥銃的使用也相當熟悉，認爲：「鳥銃爲軍中之雄器」，並且曾派遣數名製造鳥銃的工匠至揚州府，協助操江都御史蔡克廉製造鳥銃，以供江防之用。〔註104〕當時江防部隊所用之鳥銃不足，且亦缺乏製造鳥銃之工匠。

至於其他一般軍士所配備的冷兵器，也常有朽敝不足的情況發生，例如曾任提督漕運鎮守淮安總兵官的武將萬表，〔註105〕就曾在與總督張經的書信之中寫道：

> 近日用兵全無兵器，誠以其卒與之，至于禦守，猶以大銃滅賊于數百步之外者爲先，次弓箭，次鎗刀，次盔甲，皆當急造，然必精而後可，將就苟簡未免僨事。〔註106〕

統兵之將領竟然指稱用兵之時全無兵器，不但火砲不足，連基本的弓箭、刀槍尚且缺乏，此等軍隊如何作戰？天啓二年（1622），巡視南京營務御史譚錯也指出：

> 各軍盔甲、器械朽敝已極，欲一一製造。工部空虛難辦。今兵仗局貯有鐵盔、鐵甲、刀、槍、銃、砲等器，請容領出修理，無創造之費而有堅利之用。〔註107〕

留都南京附近各軍器械朽敝已極，而工部竟然無力置辦新的器械、盔甲，其餘江海防各軍裝備可想而知。

由以上種種記載，江海防各軍事單位所配置的戰船、器械供應之不足以及修造之品質不良。而這種情形當然對於江海聯防的執行有著極爲重大的影響，工欲善其事，必先利其器，器械不利如何可求戰果之豐碩。

第三項困境是戰功議敘規定不適，影響部隊士氣。明代戰功的計算基本上是以斬獲之首級數目爲依據，計算標準則因地區與對象的不同而有所差異，其

---

〔註103〕《正氣堂集》，卷七，〈請多備兵銃〉，頁17上～下。

〔註104〕《正氣堂集》，卷一〇，〈與李克齋都憲書・又書〉，頁11下～15下：「鳥銃爲軍中雄器，前送匠數名與可泉發揚州府造，不知造有若干。乞令各兵多習此器，乃可威敵。」

〔註105〕《明世宗實錄》，卷三一〇，嘉靖二十五年四月庚子條，頁3下：「陞原任廣西鎮守署都指揮僉事萬表爲署都督僉事，掛印充總兵官，提督漕運鎮守淮安。」

〔註106〕明・萬表，《玩鹿亭稿》（《四庫全書存目叢書》集部七六冊，台南：莊嚴文化事業有限公司，1997年10月初版一刷，據浙江圖書館藏明末刻本影印），卷四，〈又荅張半洲總制書〉，頁28上～33上。

〔註107〕《明熹宗實錄》，卷一九，天啓二年二月丁亥條，頁16上～下。

論功以擒斬「北虜」最高，遼東女眞次之，西番及苗蠻又次之，最低者爲內地反賊。〔註108〕關於擒斬倭賊的論功標準，洪武二十九年（1396）規定在船軍士與陸地交戰斬獲者賞格不同，在船斬獲者賞銀五十兩，陸地交戰斬獲者賞銀二十兩。嘉靖、萬曆間，又續有更定賞格，分別以眞倭賊首、眞倭從賊、漢人協從賊之不同論功行賞，但是仍以斬獲首級作爲計功之標準。〔註109〕對於海上擊沈敵船、追逐敵船不使其近港、堵截近港之敵船不使登岸，或敵人已登岸而能衝鋒破陣追逐出境使地方不致被害者均以奇功論賞。〔註110〕

　　這種以斬獲首級計功的制度，實施於陸戰之中並無不妥，然而水戰之中實施此一計功方式，則會影響作戰的進行。陸戰之中首級的取得較爲容易，即使一時無法割取首級，也可待戰事告一段落之後再行割取。而水戰之中割取首級便頗爲不易，敵兵被殺之後屍體往往落水，屍體一旦落水則船上之水兵必須立即撈取，否則等到戰事結束，敵兵屍體往往隨水漂流而去，或是沈入水底，如此則無法割取首級，也就無法憑之以爲報功的依據。或許正是因爲有此情形，明軍水師之中往往配置有輕便小船，除可供哨探之用外，小船的另一個用途就是撈取敵兵首級。〔註111〕

　　爲避免水兵爭相撈取敵人首級而影響戰果，戚繼光在其軍中即定有軍法：

　　　凡已打敗賊舟一隻，而餘舟不行分投追打別賊，共相攢來爭撈首級，
　　　致賊遁走者，各船獲級俱止歸先打一船之功，餘船捕盜細打一百、

---

〔註108〕明・李東陽等撰，申時行等重修，《大明會典》（台北：文海出版社景印明萬
　　　　曆十五年司禮監刊本），卷一二三，〈功次〉，頁 2 上：「凡官及軍有功，查勘
　　　　明白，造冊到部，當陞賞者，各照地方則例，具奏陞賞。其論功，以擒斬北
　　　　虜爲首，遼東女直次之，西番及苗蠻又次之，內地反賊又次之。」

〔註109〕《大明會典》，卷一二三，〈番賊功次〉，頁 8 下～9 上：「獲倭船一艘及賊者，
　　　　陞一級，賞銀五十兩，鈔五十錠。在船軍士，生擒殺獲倭賊一人者，賞銀五
　　　　十兩。陸地交戰，生擒殺獲一人者，賞銀二十兩。嘉靖三十五年議准，凡水
　　　　陸主客官軍民快，臨陣擒斬有名眞倭賊首一名顆者，陞實授三級，不願陞者，
　　　　賞銀一百五十兩。獲眞倭從賊一名顆并陣亡者，陞實授一級，不願者賞銀五
　　　　十兩，獲漢人脇從賊一名顆者，陞署一級，不願者賞銀二十兩。」

〔註110〕《大明會典》，卷一二三，〈番賊功次〉，頁 9 上：「如在海洋遇賊，有能邀擊
　　　　沈溺船隻，或追逐登山，使賊不得近港，如賊已近港，有能奮勇堵截，使賊
　　　　不得登岸，如賊已登岸，有能衝鋒破陣，奪其聲勢或追出境，或逼下船，使
　　　　地方不致被禍，或所部兵少，而擒斬多者，均以奇功論。」

〔註111〕《登壇必究》，卷二五，〈水戰〉，頁 13 下～14 上：「福船勢力雄大，便於沖
　　　　犁，哨船、冬船便於攻戰追擊，鳥船、快船能狎風濤，便於哨探或撈首級，
　　　　大小兼用，俱不可廢。」

割耳。其一船雖已逼到賊舟，而未即打敗，餘舟接應，會同用力者，
不在此例。〔註112〕

戚繼光以其實地戰陣經驗，針對此種以首級計功的制度，定立補救的軍法，
可見此一制度在實戰之中所造成影響之嚴重。

此外對於擊沈敵船，不分來船、去船一體論賞，也造成江海防水師往往
追擊歸去之賊船，而不願迎擊初來之賊船。其原因與影響都御史唐順之有如
下的分析：

自來海中獲功止擊歸賊不擊來賊，歸則賊氣已惰，賊貲又滿，人既
樂擊，擊之又易。來則賊氣方銳，賊船又空，人不樂擊，擊之又難。
擊賊之歸如虎啗人而人殺虎，虎斃而人已殘，擊賊之來如虎未啗人
而人殺虎，人不傷而虎斃。然自有倭患十餘年，其間擊賊之來者僅
往年朱家尖之捷與今日三爿沙之捷而已……。又前此打破賊船不分
賊來賊去同是一樣賞格，人不知勸。伏望勅下兵部會議，擊賊之來
委與擊賊之去難易不同，另立奇功賞格鼓舞士氣，此為伐謀之上策。
〔註113〕

將迎擊初來而尚未侵入內地的敵船之功勞定為奇功，並增加獎賞以鼓勵官兵
擊沈來船，可使敵船沒有侵入內地掠奪燒殺的機會。否則敵人登陸之後，明
軍的陸上戰鬥一旦失利，往往造成人民的生命與財產莫大的損失。如果當敵
人飽掠而去之後，再尾隨追擊歸去之船，雖然作戰易於成功，但國家人民的
傷害已然造成，縱有再大的斬獲，也難以彌補損失。而操江都御史高捷也曾
於奏疏中提出相類的建議，所幸最後朝廷採納此一建議，將迎擊來船增計擊
船之功並定為奇功，以增加水兵的獎賞。〔註114〕

第四項困境是部隊糧餉供應不穩定，影響戰力以及軍心士氣。明代部隊
糧餉拖延不發甚或供應不足的情形各地皆有發生，而江海防各營軍士糧餉缺
乏的情形很早就為相關官員所重視，正德年間擔任蘇松諸府巡撫的王縝在〈為

---

〔註112〕《紀效新書》，卷一八，〈臨敵號令軍法〉，頁342～343。

〔註113〕明・唐順之，《奉使集》（《四庫全書存目叢書》集部九〇冊，台南：莊嚴文化
事業有限公司，1997年10月初版一刷，據北京圖書館藏明唐鶴徵刻本影印），
卷二，〈仰仗天威官軍出海邀賊鏖戰克獲奇功事〉，頁3上～7上。

〔註114〕《明世宗實錄》，卷四四五，嘉靖三十六年三月辛巳條，頁7上：「提督操江
都御史高捷疏陳江防事宜……。一懸異賞：倭寇新來之船，中無所有，及其
滿載而後尾擊，其地方已受害甚矣。請以迎擊來船之賞，列之遮擊去船之上，
去船止論首功，來船兼論船隻。兵部議覆。報允。」

乞救地方連年災苦事〉中記載：

> 臣行間續據直隸建陽衛申前事，爲照本衛原設官軍六千一百五員
> 名，世守斯土，永爲定制，月費俸糧五千餘石。永樂年間，倉廩充
> 實，陳陳相因，支給不乏。逮自天順年間，節將糧米改運，致使軍
> 士缺糧，往往逃竄，原伍旗軍僅存一二。蓋因倉廩空虛，一年不得
> 關支者有之，二年不得關支者有之，妻子在營饑寒切身，呻吟不絕。
> 〔註 115〕

因爲倉廩空虛、糧餉拖欠一、二年無法按時發放，導致建陽衛官軍缺糧逃亡，
其結果是僅存十分之一、二的官軍在衛，其結果當然是嚴重影響該單位的戰力。
唐順之也在其〈條陳海防經略事〉中說道：「照得東南水陸兵糧往往有缺至三、
四月不給者，軍士萬里捐生，日望數升之米而已，而又不時給之。」〔註 116〕兵
糧拖欠至三、四個月不發給，軍士維持生命尚且有困難，更遑論出陣作戰與敵
搏鬥。嘉靖四十三年（1564）操江衙門也題稱：

> 内除今歲閏月該支銀肆千陸百捌拾餘兩，并修造船隻、打造器械、
> 犒賞軍兵動支、議留操江、巡江等衙門紙贖俱不計外，每年仍少銀
> 陸千叁百捌拾餘兩。〔註 117〕

每年經費短少至六千三百餘兩，也無怪乎船隻、器械之維護修繕會出狀況。隆
慶二年（1568），操江都御史吳時來也曾奏稱：「但查巡江二御史項下每歲額定
止解銀叁千，臣操江項下歲不滿百兩，不足以支兵中修船、置械、犒賞萬分之
一。」〔註 118〕修繕船隻與備置器械之款項不足所需的萬分之一，又如何能夠要
求江防單位器械精利。萬曆六年（1578）戶部在回覆南京戶部尚書畢鏘的奏疏
之中提到：「江營選鋒口糧即於簡汰遊兵餉內支給，以後選鋒餉糧不足，仍於瓜
州梁頭稅銀湊用，俱聽操江衙門批行。」〔註 119〕選鋒是明軍中的精銳部隊，尚
且會有口糧發給不足的情形，江海防其他單位糧餉不足的情況也就可想而知。

　　正由於各江海防單位的糧餉供應不穩定，時有拖延不發的情形發生，因
此世襲的衛所官軍在無以維生的情況之下紛紛逃亡，導致衛所卒伍空虛。而

〔註 115〕《梧山王先生集》，卷五，〈爲乞救地方連年災苦事〉，頁 28 上～32 上。
〔註 116〕《奉使集》，卷二，〈條陳海防經略事〉，頁 35 上～50 上。
〔註 117〕《江防考》，卷四，〈兵部爲計處兵糧專官操練以固江防事〉，頁 77 下～87 下。
〔註 118〕《江防考》，卷四，〈兵部爲整理水軍以節兵省餉永固江防事〉，頁 87 下～95
　　　　下。
〔註 119〕《明神宗實錄》，卷七二，萬曆六年二月庚戌條，頁 12 上。

招募的民兵、義勇若是也有欠餉情事發生，就更不必指望他們能夠奮力殲敵、為國盡忠。而這種情形當然會導致原先設置的江海防軍事單位無法發揮其應有的守禦作用。

## 第四節　江海聯防的弊端

江海聯防之中所產生的弊端，最主要的當是因規定不明確，而使得相關官員得以互相推諉規避責任。這種情形主要是發生在江防與海防之間，尚未明確劃定信地範圍之時，本文先前已多有論及故不再贅述。除此之外江海聯防尚有以下弊端：

首先是是江海防官員貪贓枉法的弊端。這種情形早在成化三年（1467），就有相關的記載。據《明憲宗實錄》載：

> 謫遂安伯陳韶，遼東邊衛立功。韶奉命南京操江，兼巡捕鹽徒，至儀真時有發鹽徒事者，韶因而詢訪得其同黨六十人，俱納賂而縱之。後鹽徒有恐事露具首者，巡撫都御史滕昭以聞，械韶至京，命官會鞫得實，故謫之。〔註120〕

遂安伯陳韶身為操江武臣，兼有巡捕鹽徒的責任，而陳韶竟然在捕得鹽徒之後，接受賄賂私自將鹽徒縱歸，高階官員尚且如此貪贓索賄賣放鹽徒，又如何要求江海防基層官員廉潔自守？同年，刑科右給事中左賢也上奏說道：「自儀真抵南京，沿江上下自蕪湖至湖廣、江西等處，俱有鹽徒駕使遮洋大船肆行劫掠，雖有巡江、總兵等官，往往受財故縱。」〔註121〕

在嘉靖三十九年（1560），倭寇侵擾稍緩之後，南京御史、給事中清查倭亂期間官員侵盜軍需情形，結果發現抗倭期間江防、海防官員侵盜大筆軍需款項。《明世宗實錄》載：

> 准南京、浙江等道試監察御史劉行素、趙時濟、林潤、王宗徐，實授查盤給事中羅嘉賓、御史龐尚鵬等言，浙直軍興以來，督撫諸臣侵盜軍需，無慮數十萬。臣等奉詔通查出入之數，其間侵欺有術，文飾多端，冊籍沈埋、條貫淆亂者姑無論。已即其文牘具存，出入可考，事蹟章灼可得而陳其數者，則如督察尚書趙文華所侵盜以十

---

〔註120〕《明憲宗實錄》，卷四四，成化三年七月壬午條，頁9上。
〔註121〕《明憲宗實錄》，卷四四，成化三年七月壬午條，頁9上。

萬四千計，總督都御史周琉以二萬七千計，總督侍郎胡宗憲以三萬
三千計，原任浙江巡撫都御史阮鶚以五萬八千計，操江都御史史褒
善以萬一千計，巡撫應天都御史趙忻以四千七百計，此皆智慮有所
偶遺，彌縫之所未盡，據其敗露十不及其二三，然亦夥矣。至於操
江都御史高楫，則明以江防銀二千兩檄送趙文華，巡撫應天都御史
陳定，則檄取軍餉銀四十兩，錙銖無所支費，此又皆公行賄賂，視
爲當然者也。〔註122〕

在軍情緊急亟需軍事經費之時，前後兩任應天巡撫以及操江都御史侵吞軍需
款項數千兩至萬餘兩，不可不謂駭人聽聞，且這個數額僅是查有實據的部分，
其眞實侵吞的款項恐怕數倍於此，如此也無怪乎江海防各軍事單位軍事糧餉
拖欠、船隻器械朽蔽。而這種江海防官員貪贓受賄的情形，卻並不因爲有大
批高級官員被糾劾而有所改變。萬曆年間，又發生應天巡撫周繼，擅自取用
海防銀三千兩以作爲交際犒賞之費的事件。〔註123〕

　　萬曆四十一年（1613），操江都御史丁賓也彈劾瓜儀守備何繼文，不但
平時以點船、選兵名目勒索轄下官兵，同時收受鹽盜的「常例」而不加以緝
捕，所捕獲之盜賊又收賄縱放。〔註124〕如此官員豈能仰賴以鞏固江海之防？
天啓元年（1621），總理三部侍郎王在晉也指出江北淮營守備王錫斧，雇買
滲漏船隻以圖冒領船價，又私自以丐徒頂替官兵名額以侵吞兵餉。〔註125〕

〔註122〕《明世宗實錄》，卷四八五，嘉靖三十九年六月壬寅條，頁1下～2上。
〔註123〕明・李世達，《少保李公奏議》（台北：國家圖書館善本書室藏明萬曆丁酉（二
　　　　十五年）涇陽李氏原刊本），卷三，〈議處撫臣括取庫藏疏〉，頁35上～37下：
　　　　「況近該蘇松巡按御史甘士价參論應天巡撫周繼票取海防兵餉銀三千餘兩交
　　　　際犒賞，部院覆：奉明旨將周繼革職爲民，原動軍餉照數追陪。」
〔註124〕明・丁賓，《丁清惠公遺集》（《四庫禁燬書叢刊》集部四四冊，北京：北京出
　　　　版社，2001年1月一版一刷，據上海圖書館藏明崇禎刻本影印），卷二，〈循
　　　　例舉劾武職官員疏〉，頁76上～80下：「又訪得瓜儀守備何繼文，罔嫻豹略，
　　　　獨有豕心，苛取禮求，即商貨盜賞者，皆埽囊篋，壞法亂紀。凡積書惡快，
　　　　咸寄腹心，點船本係軍政也，乃因之爲利，而每船哨長索銀三兩，晏廷謝之，
　　　　過付昭然。練兵原未舉行也，乃託言揀選，而每名老弱嚇五錢，曾憲等之科
　　　　索有據，佳辰令節捏造送禮名色，而瓜儀二營送有二百餘金之斂，坐令張大
　　　　學等爲誅求，使客往來假立程儀號數。……最可駭者，職在緝捕而廣收常例
　　　　六十餘金，明縱流徒黃五、兵快徐標等，通江興販，並不巡掌。尤可恨者，
　　　　捉獲鹽盜而掩得贓賄二百餘金，則暗放船戶陳愷、益府、許監等私自脫逃。」
　　　　（萬曆四十一年三月）。
〔註125〕《明熹宗實錄》，卷一七，天啓元年十二月庚午條，頁2上：「總理三部侍郎

而這種江海防官員貪贓枉法的情形，顯然會對江海聯防的執行成效造成嚴重的影響。

其次是江海防官員、官兵勾結盜賊串通為非的弊端。這種情形在弘治十八年（1505）已經為應天巡撫魏紳所注意到，當時由於崇明諸沙一帶江海不靖，沿海沙民多為盜者，魏紳為解決此一問題，於是上奏處置海道事宜，其中便要求各衛所官員「不得縱容子弟家人從賊為非」，可見當時崇明一帶衛所官員之子弟家人多有勾結盜賊為非者，否則何必下令禁約。〔註126〕

嘉靖三十五年，南直隸地區仍在倭寇侵擾之中，水師屯駐重地福山港，竟然發生水兵叛降倭寇事件。巡撫應天都御史張景賢奏：「四月中，福山港水兵叛降倭寇，引入內地劫掠，因劾把總指揮姜旦貪殘激變等罪。詔巡按御史逮旦至京問。」〔註127〕雖說水兵叛變是因為福山把總貪殘所致，然而叛降倭寇畢竟是一項嚴重的罪行，更何況是引寇進入內地劫掠、殘害百姓。

此外，明人鄒維璉在其與操江都御史的書信之中也曾經提及：「江防兵哨往時甚密，客舟無恐，近年聞有哨船反為盜穴者，客商時或言之。」〔註128〕原本應該負責巡邏於江上以保護客舟往來安全的哨船，竟然與盜賊勾結成為盜賊巢穴，江海之間往來航行的船隻不但沒有安全保障，連遇上巡邏哨船都要擔心是否有與盜賊勾結。與這種情形類似的實際案例，則有明人崔桐的記載：

> 河南海寇奪舟泛江，泊狼山，君多為方略，獲賊艦二，男婦三十八名口。中有朱姓者，茶商也，佗貲金裝，同事者謀殺之以冒賞，且利其有，強君，君不可，商竟獲免。且憂官兵不制，有殺無辜以為

王在晉，請申國法以勵人心。言淮營守備王錫斧，雇買漏船以冒船價，私倩丐徒以糜兵餉。又破壞海運新造沙船四十八隻，計價不啻七千金，宜嚴行淮楊撫按提究追陪。」

〔註126〕《明孝宗實錄》，卷二二一，弘治十八年二月丙寅條，頁5上～下：「巡撫應天等府都御史魏紳等奏上處置海道事宜，謂海洋之民習性貪悍，好鬥輕生，中間為盜之徒多起于爭利……仍禁衛所官不得縱容子弟、家人從賊為非，違者將犯人從重問遣，本官改調西北邊衛帶俸差操。上從之。命嚴督備倭、捕盜等官，宜各悉心整理，毋或虛應故事。」
〔註127〕《明世宗實錄》，卷四三七，嘉靖三十五年七月戊午條，頁1上。
〔註128〕明·鄒維璉，《達觀樓集》（《四庫全書存目叢書》集部一八三冊，台南：莊嚴文化事業有限公司，1997年10月初版一刷，據吉林省圖書館藏清乾隆三十一年重刻本影印），卷二〇，〈答操院唐遯菴年兄〉，頁29上～下。

功者，請禁約於江防使，江防使稱仁焉。〔註129〕

此處所載雖然是官兵欲誣指良民爲盜賊，並殺之以吞沒其財物之事，然而與前一則資料合併解讀，則可知江海巡哨官兵誣指良善商民爲盜賊，將其殺害，不但可以奪其財物，並可以向上級報功請賞。而這種殺良冒功情形恐怕並不是偶發的單一個案，否則也不需要特別請江防使明令禁止。明人吳國倫也曾經有一則記載如下：

> 蓋自設江防以來，盜風少息者十餘年，興民粗安矣。近者，江防公經數年不一按視，以致人心玩愒，保障廢弛，僕頃年里居，見群賊分道入市，而有司者未嘗問也。又一日，焚掠近郭三十餘家，而有司者匿不以聞於當道。今弟去家且二年，聞有司益相習以求盜爲諱，而市井之民，夜不解衣臥。又聞，盜俠數輩，盤據公門爲內外應，三農不得秉耒耜矣。〔註130〕

江防守禦官員在操江都御史數年不巡歷信地的情況下，公然怠忽職守，無視於盜賊之搶劫焚掠，甚至有盜賊黨徒盤據公門爲內外應。如此江海防單位不但是形同虛設，毫無防禦作用可言，更可能勾結巨盜爲禍鄉里。

由於江海防官員、官兵與盜賊彼此勾結串通爲非，使得原本是保障地方安全的江海聯防體系不但在其執行成效上大打折扣，更有可能使得地方百姓未蒙其利先受其害，完全無法達到當初設置守禦單位的本意。

其三是政治傾軋使得優秀的官員無法久任的弊端。明代江海防相關官員常因爲激烈的政治的鬥爭而無法長久任職，而官員無法久任將使得江海聯防事務的執行無法有效落實。例如於嘉靖抗倭戰爭中擔任蘇松巡撫的曹邦甫，因爲嚴嵩的義子趙文華欲分邦輔破賊之功而不得，遂以陶宅之敗彈劾邦輔，而實際上陶宅之敗乃趙文華所部之兵先潰導致。〔註131〕另外明人王崇慶也有

---

〔註129〕明·崔桐，《東洲集》（台北：國家圖書館善本書室藏明嘉靖庚戌（二十九年）大梁曹金刊本），卷一六，〈江將軍墓誌銘〉，頁5上～8上。

〔註130〕明·吳國倫，《甔甀洞稿》（台北：國家圖書館善本書室藏明萬曆十二年、三十一年興國吳氏遞刊本），卷四九，〈報麻登之僉憲書〉，頁13上～14上。

〔註131〕《明世宗實錄》，卷四二六，嘉靖三十四年九月乙未條，頁1上～下：「督察軍務侍郎趙文華大集浙直兵夾功倭于陶宅，賊分眾迎敵，我兵大敗，浙江領兵指揮邵昇、姚泓；直隸領兵千戶劉勳俱死。是時文華以蘇寇之捷己不得與爲恨，見調兵四集，謂陶宅寇乃柘林餘孽，可取，浙江巡撫胡宗憲因大言寇不足平，以愜其意，遂悉簡浙兵精銳浔四千人，文華、宗憲親將之，營于松江之磚橋，固約應天巡撫曹邦輔以直隸兵會勦，定期浙兵分三道；直兵分四

以下記載：

> 公諱璿，字仲齊，別號恆山……，乃起爲都察院提督操江。恆山乃
> 振紀綱、勤較閱、嚴訪緝、明賞罰，官吏畏威，樂於因循者若以爲
> 過。……南禮部侍郎黃綰，恃寵貪污，爲御史張寅劾之，黃即奏辨，
> 且自陳議禮功，並示其背刺盡忠報國四字，以希感動上心。寅復劾
> 其罔上，並行都察院勘焉。尚書某，謂黃背實有字，非罔上也。恆
> 山正色曰：「原其刺字之意，始欲求美官，今欲幸免國法，不能抑彼，
> 尚欲誣正人乎。」，尚書默然，……給事中徐俊民，黃侍郎鄉人也，
> 深恨發黃之奸，投隙乃劾恆山不能捕盜，箠撻軍官……，蓋自是恆
> 山歸矣。〔註132〕

操江都御史張璿力圖整飭江防，並且也獲得相當的成效，但是卻因爲個性剛
正不阿，得罪當權派而下台。

　　這種因爲政治鬥爭而導致官員無法久任其職的情形，在嘉靖年間已經顯
現端倪。以應天巡撫爲例，一年之中更換三位以上巡撫的年份就有嘉靖六年
（1527）、十五年（1536）、二十九年（1550）、三十三年（1554）、三十八（1559）
年。〔註133〕每一位巡撫在位僅不過四個月，能有多大的施政成果？而這種情
形在明代後期同樣存在，萬曆八年舉進士的楊于庭，〔註134〕就曾在其〈條陳
時政疏〉中說道：

> 臣從草土來甫逾三歲，而操江都御史五易人矣；鳳陽巡撫三易人矣。

　　道，東西並進，賊悉銳衝，浙江諸營皆潰，我兵擠沈於水及自踐踏死者甚，
　　損失軍士凡一千餘人，直兵亦陷賊伏中，死者二百餘人由是賊勢益熾。」

〔註132〕明・王崇慶，《端溪先生集》（台北：國家圖書館善本書室藏明嘉靖壬子（三
　　　　十一年）建業張蘊校刊本），卷五，〈明故操江都御史恆山張公墓誌銘〉，頁
　　　　59 下～64 下。

〔註133〕吳廷燮，《明督撫年表》（北京：中華書局，1982 年 6 月一版一刷），卷四，〈應
　　　　天〉，頁 356～362。

〔註134〕《明神宗實錄》，卷二五八，萬曆二十一年三月己未條，頁 1 下：「刑科給事
　　　　中劉道隆劾奏吏部稽勳司員外虞淳熙、兵部職方司郎中楊于庭，臺省交章摘
　　　　拾而該部曲爲解說，僅議一袁黃而止，非體上以詰吏部，該部辯之甚力，上
　　　　怒奪堂上官俸二月，貶郎中三官，而罷淳熙。劉道隆以不指名亦奪俸二月，
　　　　于是閣臣上言：今年郎中趙南星專管考察，雖意見可否時與臺省有異，而執
　　　　法公，任事勇，怨仇不避，請託不行，則南星以此自信，臣等亦可以信南星
　　　　者，特其是已非人抑揚太過致招訾議，情或可原，臣等竊謂仍黜虞淳熙、楊
　　　　于庭以從公論，袁黃候征倭事卑議處。不報。」

> 陛下以爲操江及鳳陽巡撫責任重耶？不重耶？奈之何江防根本之重
> 而令之以官爲郵也。〔註135〕

三年之間操江都御史更換五次，鳳陽巡撫更動三次，同樣是任職不久，江海防都難以發生實效。

　　在政治鬥爭的環境之中，有能力、正直的官員往往成爲官場鬥爭的犧牲者，無法久任於江海防單位之中，因而其改革措施無法持續施行，江海聯防也就無法長期間確保能夠有效的執行。

表 6-1：明代南直隸江海聯防文職運作統轄表

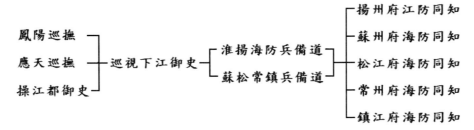

表 6-2：明代南直隸江海聯防武職運作統轄表

鳳陽巡撫 ┐
應天巡撫 ├─ 副總兵（狼山、江南）→ 參將（揚州、常鎮、金山）→
操江都御史 ┘

守備（儀真、掘港）→ 把總（福山港、圌山、大河口、周家橋、三江口、
　　　　　　　　　　　　劉河、吳淞江、川沙堡、柘林、遊兵、狼山水兵）

---

〔註135〕明・楊于庭，《楊道行集》（《四庫全書存目叢書》集部一六八冊，台南：莊嚴
　　　　文化事業有限公司，1997 年 10 月初版一刷，據原北平圖書館藏明萬曆刻本
　　　　影印），卷一八，〈條陳時政疏〉，頁 4 上～7 上。

# 第七章　結　論

　　南直隸地區由於地理形勢的關係，成為有明一代南北輸運的樞紐地帶，永樂遷都北京之後，江南的糧食與物產藉由水陸運輸運往京師所在的北京，並且供應北方龐大的軍需糧餉。因此，此一區域的防禦一直受到明朝廷的關注，不但在長江沿岸地區設置江防體制以增強留都南京的守禦，同時在長江下游江海交會地區，也以江南、江北兩巡撫配合操江都御史構成一個江海聯防的機制，以確保此一區域的安全無虞。然而由於江海聯防始終不曾像江防體制或是海防體制一樣，成為的一個正式的防禦體制，僅是因應現實的需要，連結南直隸地區的江防與海防兩大體制，因此使得明代江海聯防的真實樣貌不易清晰，也是本文主題探討以及學術貢獻之所在。關於明代的江海聯防，茲綜述如次：

　　一、南直隸江海防的聯防。明代將沿海地區劃分為七大海防區，由南至北分別為廣東、福建、浙江、南直、淮海、山東、遼東等七大海防地區。〔註 1〕其中僅有南直隸海防區有江海聯防體系的形成，其原因在於南直隸是留都南京所在之地，也是陵寢所在之地，在政治上有相當的重要性，所謂「陪京根本之地」。〔註 2〕就政治層面而言，此一區域的安危與明代整體國家的安危息息相關，為確保此一區域的安全無虞，故自明初即建立江防體制，以保障長江航道

〔註 1〕　參見：黃中青，《明代海防的水寨與遊兵──浙閩粵沿海島嶼防衛的建置與解
　　　　　體》（宜蘭：明史研究小組，2001 年 8 月初版）。
〔註 2〕　明・王家屏，《王文端公集》（《四庫全書存目叢書》集部一四九冊，台南：莊
　　　　　嚴文化事業有限公司，1997 年 10 月初版一刷，據北京圖書館藏明萬曆四十年
　　　　　至四十五年刻本），卷六，〈答李及泉年丈〉，頁 28 上～29 上。

以及周邊區域的安全，而其根本目的還是在於確保留都南京的安全。正如明人鄭若曾所云：「按長江下流，乃海舶入寇之門戶也。溯江深入，則留都、孝陵爲之震動，所係豈小小哉！故備禦江之下流，乃所以保留都、護陵寢，至要至切之務也。」〔註3〕

而南直隸的沿海地區，由於自明初以來即受到倭寇的侵擾，因此很早就注意到海防的問題，早在洪武年間就開始籌畫沿海防禦。洪武三年（1370），建置水軍等二十四衛，每衛配置五十艘船以作爲防禦之用。〔註4〕南直隸沿海的防禦體制，在嘉靖三十二年（1553），應天巡撫與鳳陽巡撫加提督軍務職銜兼管海防之後，基本上已經演變爲以江北的鳳陽巡撫，以及江南的應天巡撫，分管長江出海口南北兩岸海防事務。〔註5〕而守護留都南京的安全，同樣是南直隸海防的重要任務，正所謂：「留都、海防相爲表裏」。〔註6〕

明代的南直隸江海交會地區，兼臨長江與大海，而江洋與海洋並沒有明確的界線可加以區隔，故負責此一區域備禦任務的江防與海防體系往往有著一片模糊的空間，造成江海交會地區的守禦工作往往有其死角與漏洞。爲確保守禦工作不致有所疏漏，因此結合江防、海防兩大防禦體系進行聯防是有其必要的。而江海聯防的根本目的，仍是在守護留都南京的安全，所謂：「聯江海之兵協力拒守，重根本之上務也」，正是對於江海聯防目的之最佳佐證。〔註7〕其餘六大海防區之中，因爲沒有與江防體系性質相近的防禦體系，再加上該地區也沒有如留都南京這樣在政治上有重要地位的守護目標，儘管區域內有重要的江河水系，也不存在所謂的江海聯防問題。

二、江南經濟重心的護衛。明代爲何如此重視南直隸江海交會地區的防禦？這是有其經濟上的考量。南直隸長江下游是明代經濟重心所在的江南地區，也是國家經濟命脈大運河行經的地域。南直隸地區是明代糧食生產的重

〔註3〕　明‧鄭若曾，《海防論江防論湖防論》（台北：台灣學生書局，1987年3月初版，據國家圖書館藏清雍正間清稿本舊鈔本影印），〈江防論上〉，頁27～28。

〔註4〕　《明太祖實錄》（台北：中央研究院歷史語言研究所校勘，據北京圖書館紅格鈔本微卷影印，中央研究院歷史語言研究所出版，1968年二版），卷五四，洪武三年七月壬辰條，頁2上：「置水軍等二十四衛，每衛船五十艘，軍士三百五十人繕理，遇征調則益兵操之。」

〔註5〕　參見：第二章，第三節，〈南直隸海防制度的形成與演變〉。

〔註6〕　明‧鄭若曾，《江南經略》（台北：國家圖書館善本書室藏明萬曆三十三年崑山鄭玉清等重校刊本），卷一，〈海防論三〉，頁37下～39上。

〔註7〕　《江南經略》，卷一，〈蘇松常鎮總論〉，頁24上～25上。

要地區之一，豐富的糧食產量不但供應鄰近地區所需，也是供給北京以及北方邊境大軍的重要來源。每年透過長江運道以及運河漕運輸往北方的糧食，是維繫明代國家運作的重要資源。若是南直隸地區發生動亂，則可能導致糧食生產歉收，影響國家財政的收入。即使僅是小規模的動亂，也有可能造成長江與運河的運道阻滯，使得江南所生產的糧食無法順利北運，因此明代對於南直隸地區的安全格外注意。

基於守護國家命脈，南直隸地區設置有江防與海防兩大防禦體制，其目的皆在於確保此一區域的安全，當有內賊如鹽徒、江盜、海盜及外敵倭寇等重大動亂發生之時，江防體制與海防體制都必須設法將動亂所造成的傷害減至最低，因此乃有結合江、海兩大防禦體制的江海聯防的出現。江海聯防即是藉由有效整合此一區域內的守禦力量，以達到減少動亂所造成的傷害的策略。而這種江海聯防的策略主要是以負責海防的鳳陽巡撫、應天巡撫，以及主管江防的操江都御史三者之間的協同備禦爲原則，使三者打破原有防區的界線，不分彼此相互應援，以達到迅速弭平動亂的目的。

三、江防、海防的防區分合。明代的江海聯防，即是結合江防與海防兩大體系所構成的一個聯防系統。嚴格來說，明代的江海聯防始終沒有形成一套制度，而是結合江防與海防兩大防禦體系的一種權變防禦機制。由負責江防的操江都御史與負責海防的鳳陽、應天兩巡撫，以協同備禦的方式執行聯防任務，而江防與海防之間的防區分合可分成幾個時期來加以說明。但是在說明江防與海防的關係之前，有一個情況必須先加以瞭解，那就是明人對於江海界線並沒有明確的界定。明代南直隸的蘇州、松江、常州、鎮江、揚州五府地區，位處長江下游與出海口之間，正是所謂的江海交會地帶。由明代的方志與文集之中可以發現，明人對於蘇州、松江、常州、鎮江、揚州的認識如下：蘇州府：「直隸蘇州府所屬一州七縣……，但地方東臨大海，西濱震澤，北並大江，南通湖泖。」〔註8〕松江府：「東南瀕海而郡，西襟湖泖，北枕大江者，吾松境也。」〔註9〕常州府：「府北控長江，東連海道。」〔註10〕

---

〔註8〕　明・顧鼎臣，《顧文康公集》（台北：國家圖書館善本書室藏明崇禎十三年至弘光元年崑山顧氏刊本），卷二，〈築造城垣保安地方疏〉，頁56上～57下。

〔註9〕　明・張鼐，《寶日堂初集》（《四庫禁燬書叢刊》集部七六冊，北京：北京出版社，2001年1月一版一刷，據中國科學院圖書館藏明崇禎二年刻本影印），卷二四，〈紀周防〉，頁26上～29下。

〔註10〕　清・顧祖禹，《讀史方輿紀要》（台北：樂天出版社，1973年10月初版），卷

鎮江府：「鎮江古之京口……，又其地當南北之衝，據江海之交。」〔註11〕而江北的揚州府則被認爲是：「南接大江，東臨巨海，陵寢門戶，漕運咽喉。」〔註12〕蘇州、松江、常州、鎮江、揚州五府，每一府都被認爲濱江臨海，然而究竟何處濱江？何處臨海？卻沒有明確的定論，江防與海防的區域往往就在此一區域相互重疊，江海分界的不明，使得江防與海防不易釐清彼此之間的信地與權責。

江防與海防的關係在明初至永樂年間（1368～1424）這一時期之中，由於江防體制初創，而南直隸地區的海防也還沒有明確的專門管理機構，因此彼此之間關係不明，也沒有所謂的江海聯防的問題。自宣德年間至嘉靖三十二年（1426～1553）以前這一時期，由於南直隸海防漸次成形，而江防也確立以操江都御史爲主的體制，江海交會的蘇州、松江、通州、泰州等地的防禦事宜，基本上是由操江都御史以及應天、鳳陽兩巡撫共同會商辦理。〔註13〕此時雖無江海聯防之名，卻有江海聯防之實。然而由於江防信地卻及於蘇州、松江、通州、泰州等長江出海口處，〔註14〕江防與海防的防區重疊，再加上

---

二五，〈江南七〉，頁 40 下～41 上。

〔註11〕明・王樵，《方麓居士集》（台北：國家圖書館善本書室藏明萬曆間刊崇禎八年補刊墓志銘本），卷四，〈賀高貳守考滿序〉，頁 19 上～20 上。

〔註12〕明・陳仁錫，《陳太史無夢園初集》（《四庫禁燬書叢刊》集部五九冊，北京：北京出版社，2001 年 1 月一版一刷，據山東圖書館藏明崇禎六年張一鳴刻本影印），卷一，〈紀揚州屯〉，頁 11 上～13 下。

〔註13〕明・許國，《許文穆公集》（台北：國家圖書館善本書室藏明萬曆三十九年家刊本），卷五，〈吏部尚書夏松泉公墓誌銘〉，頁 27 上～30 上：「任督賦蘇松，親磨勘賦額，悉如周文襄故所參定法。太倉鹽徒秦璠、王艮等嘯聚海上，詔操江都御史王學夔、總兵湯慶□兵勦之，而公足饋餉以佐兵，公則戮力援桴而先將士，遂梟璠、艮，斬獲賊黨釋其脅從。」又明・龔用卿，《雲岡公文集》（台北：國家圖書館善本書室藏藍格舊鈔本），卷九，〈平寇懋庸序〉，頁 18 上～19 下：「往歲崇明之逋寇恃海道險阻，肆其憑陵嘯聚草野，久乃招納亡命流劫鄉社，出入江洋公行剽掠……，朝廷憂之，輔臣建議特設摠兵之官，開府于鎮江以爲進勦之計，維時兩洲王公爲都御史，寔任操江之責，慮其猖獗或至侵軼旁州郡轉生他變，乃與巡撫都御史松泉夏公矢心協力相機合謀，而巡江御史胡君賓、周君倫先後經理其事……，分督諸君守劉家河口以備江南，扼通州、海門以備江北。」

〔註14〕明・周思兼，《周叔夜先生集》（《四庫全書存目叢書》集部一一四冊，台南：莊嚴文化事業有限公司，1997 年 10 月初版一刷，據華東師範大學圖書館藏明萬曆十年刻本影印），卷六，〈贈楊方伯裁菴攉操江御史中丞序〉，頁 16 下～18 下：「嘉靖二十九年冬十二月，天子使使錫裁菴楊公御史中丞之命，俾往視江防，曰：盜賊奸宄汝實司之，賜之履東至於海，西至於九江，南至於震澤，

操江都御史所領敕書之內沒有兼管海防字樣，〔註15〕而與海防相關的應天、鳳陽巡撫敕書之中卻又沒有管理海防之權，〔註16〕使得兩大防禦體系的官員得以互相推諉塞責，影響江海聯防的執行成效。

嘉靖三十二年至嘉靖四十二年（1553～1563）是江海聯防機制正式形成的時期，也是江海防關係最為複雜的時期。此時由於操江都御史敕書中的信地規定仍然及於蘇、松、通、泰長江出海口一帶，因此江、海防轄區仍然有重疊部分。〔註17〕加上應天、鳳陽兩巡撫已有海防職權，江海交會處的防禦形成同一區域由兩大防禦體系共同聯合執行的情況。雖然說此時無論是操江都御史或是南、北兩巡撫都有聯防之責，但所謂：「機不並操，權無兩在。」〔註18〕這種情況往往使得江海聯防在執行時，產生相當多的困境與弊端。

嘉靖四十二年以後至明末（1563～1644），由於江防與海防信地範圍的確立，使得江海聯防進入一個新的階段。此一時期江防與海防確立以三江口、圖山一線為信地範圍的界線。此處以下屬於海防轄區，以上至九江屬於江防

---

北至於大儀。」此時江防轄區仍是「東至於海」，而在《皇明馭倭錄》，卷五，〈嘉靖三十二年〉，頁16下～17下，記載：「臣考嘉靖八年、十九等年皆因海寇竊發，添設總兵官駐箚鎮江，事平而罷。今宜查遵其例，仍設此官，俾整飭上下江洋，總制淮海，并轄蘇松諸郡，庶事權歸一，軍威嚴重而緩急有攸賴矣。南京廣西道御史亦以為言。部覆總兵官如議添設，令駐箚金山衛，節制將領鎮守沿海地方，調募江南北徐邳等處官民兵以充戰守，其操江都御史勅內未載海防，并當增易。上命暫設副總兵一員提督海防，應用兵糧巡撫并操江官協議以聞，操江都御史勅書不必更換，於如所議。」可知此時操江都御史之敕書內容仍未改變。

〔註15〕《明世宗實錄》，卷三九八，嘉靖三十二年五月庚午條，頁4下～5上：「其操江都御史勅內未載海防并當增易，上命暫設副總兵一員提督海防，應用兵糧巡撫并操江官協議以聞，操江都御史勅書不必更換，餘如所議。已，乃命分守福興漳泉参將湯克寬充海防副總兵，提督金山等處。」

〔註16〕《明世宗實錄》，卷四○○，嘉靖三十二年七月甲子條，頁4上～5下：「應天、鳳陽、山東、遼東巡撫都御史以本職兼理海防，各別給勅書行事。」應天、鳳陽二巡撫此時方以本職兼理海防，可見在此之前兩巡撫並沒有海防職權。

〔註17〕明·史褒善，《沱村先生集》（台北：國家圖書館善本書室藏明萬曆三十三年澶州史氏家刊本），卷三，〈議處戰船義勇疏〉，頁1上～8上：「臣於嘉靖三十二年十月初三日欽奉勅諭：朕惟南京係國家根本重地，江淮乃東南財賦所出，而通泰塩利尤為奸民所趨，塩徒興販不時出沒劫掠為患，今特命爾不妨院事兼管操江官軍，整理戰船器械、振揚威武及嚴督巡江御史并巡捕官軍、舍餘、火甲人等，時常往來巡視，上至九江下至鎮江，直抵蘇、松等處地方，遇有塩徒出沒，盜賊劫掠，公同專管操江武臣計議調兵擒捕。」

〔註18〕《明世宗實錄》，卷四○○，嘉靖三十二年七月甲子條，頁4下～5下。

轄區，基本上江海防不再有重疊的轄區。〔註19〕嘉靖四十二年（1563）以後，江防與海防的轄區雖然已有明確劃分，但並不表示江海防之間全無關係，由於江防職官中的巡視下江御史，其巡歷信地仍舊維持於揚州、常州、狼山、吳淞、孟河、泰興等地，仍然是在圖山、三江口以下的海防轄區之內。〔註20〕江防與海防之間透過巡視下江御史，仍然保持著某種微妙的關係。再者，由於江防與海防都是以守護留都以及江南富庶之區爲最重要的任務，因此在遇有大規模動亂時，江防與海防之間仍然必須聯合執行防禦任務。

四、國家安全的防與不防。就明代南直隸的江海聯防而言，其本身就是屬於國防體系中的一環，明代的江海聯防可以消極佈防與積極備禦來加以說明。以消極佈防而言，在江海平靖之時，藉由在江海之間的各個軍事據點設置兵力，以達到備而不防的目的。江海之間各據點所設置之兵力，平時各自在其劃定的信地之內巡邏盤詰，對於有心爲亂的鹽徒、江盜、海盜等不法份子自然產生嚇阻的效果，再加上對於信地內漁戶、渡船等的有效管理，可以使得動亂在發生初期即獲得控制，以避免釀成重大動亂事件，雖然消極佈防主要在於維護社會治安，但也是避免影響國防之重大動亂發生的一種必要措施。

在積極備禦方面，主要是在重大動亂發生之後的平定工作，此時的動亂規模已非單一軍事據點所設兵力所足以戡定，因此必須結合江防與海防各個軍事單位的力量，協同作戰以迅速平定動亂。而在這種情況之下往往更加凸顯江海聯防的重要性，江海聯防所設置的各個職官，在鳳陽、應天兩巡撫以

---

〔註19〕 《明世宗實錄》，卷五二四，嘉靖四十二年八月丙辰條，頁 2 上：「初南京兵科給事中范宗吳言：故事，操江都御史職在江防，應天、鳳陽二巡撫軍門職在海防，各有信地，後因倭患，遂以鎮江而下，通、常、狼、福等處原屬二巡撫者，亦隸之操江。以故二巡撫得以諉其責於他人，而操江都御史又以原非本屬，兵難遙制，亦泛然以緩圖視之，非委重責之初意矣。自今宜定信地，以圖山、三江會口爲界，其上屬之操江，其下屬之南、北二巡撫。萬一留都有急，則二巡撫與操江仍併力應援，不得自分彼此，庶責任有歸而事體亦易於聯絡。章上。上命南京兵部會官雜議以聞，至是議定。兵部覆請行之。詔可。今後不係操江所轄地方一切事務，都御史不得復有所與。」

〔註20〕 明‧熊明遇，《綠雪樓集》（《四庫禁燬書叢刊》集部一八五冊，北京：北京出版社，2001 年 1 月一版一刷，據中國社會科學院文學研究所圖書館；中國科學院圖書館；南京圖書館藏明天啓刻本影印），臺草，〈題爲申飭臺綱以重官守以安民生事〉，頁 108 上～114 下：「在下江巡歷揚州、常州、狼山、吳淞、孟河而歸重於泰興，其非濱江郡縣日有暇給酌量巡歷，專查兵壯、樓櫓、器械，其營務有屬操院者，有屬江南、江北、江西巡撫者竝得商量縱覈。」

及操江都御史的協同籌畫之下，由江南副總兵與狼山副總兵，指揮所屬的各地參將、守備、把總等武職官員進行聯合防禦，而文職的各地兵備道以及各府江、海防同知則負責調度兵餉、錢糧，同時整合正規軍與民兵，共同執行守禦工作，並且對於各級軍事單位進行監督工作。在聯合作戰的前提之下，打破平時各守信地的規定，相互支援，以使動亂對於南直隸地區的傷害降至最低。明代南直隸的江海聯防即是在這種平時消極佈防，動亂時積極備禦的架構之下，守護南直隸地區的安全。

　　五、江海聯防的實際備禦。明代的江海聯防在不同時期的實際備禦情形略有不同，但聯防的史例主要出現於嘉靖倭亂以後，嘉靖三十二年（1553）以前，南直隸地區較為重大的動亂事件，有弘治十八年（1505）蘇州府崇明縣鹽徒施天泰之亂。〔註21〕此時雖然應天巡撫並未加銜提督軍務，也未正式掌管海防事務，然而為平定此一亂事，應天巡撫魏紳仍調派衛所兵船對施天泰等鹽徒加以剿捕，而操江都御史由於其防區此時仍至於海口，因此同樣必須派兵協助平亂。〔註22〕正德七年（1512）的劉六、劉七之亂，應天巡撫王縝也會同操江都御史陳世良共同防禦。〔註23〕嘉靖十九年（1540）發生的秦璠、黃艮之亂則是在操江都御史、應天巡撫以及江淮總兵官的合作之下得以平定。〔註24〕

---

〔註21〕《明孝宗實錄》，卷二二一，弘治十八年二月丙寅條，頁5下～6上：「初，直隸蘇州府崇明縣人施天泰與其兄天佩駕販賊鹽，往來江海乘机劫掠。」

〔註22〕明・楊循吉，《蘇州府纂修識略》（《四庫全書存目叢書》史部四六冊，台南：莊嚴文化事業有限公司，1997年10月初版一刷，據北京圖書館藏明萬曆三十七年徐景鳳刻合刻楊南峰先生全集十種本影印），卷一，〈收撫海賊施天泰〉，頁18上～24上：「巡撫魏紳調委附近府衛指揮通判等官分兵守把各處港口，嚴督太倉、鎮海二衛指揮等官操練人船揚威聲討，而巡江都御史陳璚亦調操江精銳集海口。」

〔註23〕明・王縝，《梧山王先生集》（台北：國家圖書館善本書室藏明刊本），卷五，〈為江洋緊急賊情事〉，頁2上～4上：「臣於正德七年閏五月二十二日據直隸鎮江府申：本月十八日據民快郝鑑等報稱：有流賊一夥在於地名孩兒橋等處放火殺人……，今審據賊人王觀子等各供俱稱的係賊首劉七等先從山東後奔河南……，臣除會同提督巡江兼管操江南京都察院右僉都御史陳世良、巡按直隸監察御史原軒、巡按直隸監察御史楊鳳議行召募義勇、挑選軍快……，仍照先年勦殺施天泰事例，於南京新江口操江官軍內調五百員名連船駕來，專在鎮江府地方操練防守以振軍威。」

〔註24〕《明世宗實錄》，卷二四三，嘉靖十九年十一月丙辰條，頁6上～下：「先是崇明盜秦璠、黃艮等出沒海沙刼掠為害，副使王儀大舉舟師與戰，敗績。副都御史王學夔遂稱疾還南京，盜夜榜文於南京城中，自稱靖江王，語多不遜，

　　嘉靖三十二年（1553）以後，江海聯防的史例，因為倭寇的大規模侵擾而大量出現。從嘉靖三十三年（1554），操江都御史史褒善的記載中可知，當時操江都御史守禦的對象是侵擾上海、嘉定、太倉、崑山等海防區域之倭寇。同時為剿滅這些倭寇，史褒善要求應天巡撫屠大山，派遣兵備僉事任環，率領民兵與總兵、備倭等官之部隊以協同作戰。〔註25〕江北鳳陽巡撫防區內也有操江都御史派遣揚州府捕盜同知，率領民兵與正規軍至如皋縣境協助追剿倭寇的史例。〔註26〕而在江海聯防的運作之下，南直隸江海交會地區的守禦力量得以強化，使得後來倭寇必須考量侵犯的難易程度，因此往往轉掠他處。如明人朱紈所記：「賊船流入直隸地方，遠近騷動，見今巡撫、操江、巡江三院會捕緊急，乘此風便，勢必南來。」〔註27〕明人錢薇也有相似記載：「今江上有操江中丞，巡江有兩御史，海口有總督，太倉有兵憲，彼勢日密故必之寧波。」〔註28〕這或許正可以說明江海聯防所達成的效果。

　　嘉靖四十二年（1563）以後，一方面由於南直隸地區的倭寇侵擾大致平息，另一方面由於江防與海防轄區已經明確劃分，因此江海聯防的史例較為少見。直至崇禎年間（1628～1644），各地動亂四起，南直隸地區的江海盜賊也趁機蠢動。崇禎十五年（1642），海賊聚集百餘艘船於江防信地內的鎮江府金山、焦山一帶，應天巡撫黃希憲親自率兵至鎮江平亂，而此時江防體系應

南京科道官連章劾奏儀等。上曰：『海寇歷年稱亂，官軍不能擒，輒行招撫，以滋其禍，王儀輕率寡謀，自取敗侮，夏邦謨、王學夔、周倫皆巡撫重臣，玩寇殃民，儀、學夔皆住俸，與邦謨俱戴罪，會同總兵官湯慶協心調度，剋期勦平，失事官俱令錦衣衛逮繫付獄。』……。於是江淮總兵湯慶條陳防勦事宜六事……。上皆從之。逾月，慶因督率官軍出海口與賊戰，賊擁二十八艘來迎敵，輒敗去，追斬璠等二百餘人，奪獲二十艘，餘黨遠遁，上嘉之，陞慶署都督同知，操江都御史王學夔、巡撫都御史夏邦謨各陞一級，餘賚銀幣有差。」

〔註25〕《沱村先生集》，卷一，〈報江南倭寇疏〉，頁12上～16下。

〔註26〕明・鄭曉，《端簡鄭公文集》（《北京圖書館古籍珍本叢刊》一○九冊，北京：書目獻出版社，不著出版年月，據明萬曆二十八年鄭心材刻本影印），卷一一，〈剿逐倭寇查勘功罪疏〉，頁43上～67上：「操江衙門牌委揚州府捕盜同知朱袞，各統領民兵四百餘名并帶揚州衛千戶方矩、馬德良、百戶陳道等前往通州如皋等處追剿。」

〔註27〕明・朱紈，《甓餘雜集》（《四庫全書存目叢書》集部七八冊，台南：莊嚴文化事業有限公司，1997年10月初版一刷，據天津圖書館藏明朱質刻本影印），卷九，嘉靖二十七年八月十四日條，頁12上～14上。

〔註28〕明・錢薇，《海石先生文集》（台北：國家圖書館善本書室藏明萬曆四十二年海鹽錢氏家刊本），卷一○，〈海上事宜議〉，頁22下～29下。

該也是與巡撫所率兵力協同作戰的。

　　由史料的記載來看，自從江海聯防形成之後，南直隸江海交會地區的守
禦力量得到相當的強化，而這也使得侵擾南直隸的倭寇、海盜等不得其欲轉
而侵擾其他地區，而在嘉靖倭亂平息之後，南直隸江海交會地區也鮮有重大
的動亂事件發生。這種現象證明南直隸江海聯防機制的運作確實有其成效，
對於明代的國家經濟命脈以及政治上的根本之地，達到保障的作用。

# 附　錄

## 附錄一：明代南直隸江海交會地區盜寇侵擾表

| 時　間 | 地　點 | 盜寇 | 資料出處 |
|---|---|---|---|
| 洪武 2 年 4 月戊子 | 蘇州府崇明縣 | 倭寇 | 清‧談遷，《國榷》，卷 3，頁 390。 |
| 洪武 5 年 6 月己丑 | 蘇州府、松江府 | 倭寇 | 《明太祖實錄》，卷 74，頁 3 下。 |
| 洪武 17 年 10 月癸巳 | 鎮海衛 | 倭寇 | 《明太祖實錄》，卷 166，頁 4 上。 |
| 永樂 2 年 4 月 | 蘇州府、松江府 | 倭寇 | 柳曾符、柳定生選編，《柳詒徵史學論文集‧續集》，〈江蘇明代倭寇事輯〉，頁 272。 |
| 永樂 14 年 5 月 | 蘇州府崇明縣 | 倭寇 | 《柳詒徵史學論文集‧續集》，頁 273。 |
| 正統元年 2 月己酉 | 揚州府、通州、泰州、如皋縣 | 鹽徒 | 《明英宗實錄》，卷 14，頁 6 下。 |
| 天順 2 年 4 月壬戌 | 鎮江府 | 鹽徒 | 《明英宗實錄》，卷 290，頁 2 上。 |
| 成化 3 年 3 月癸未 | 揚州府儀眞縣、江都縣 | 鹽徒 | 《明憲宗實錄》，卷 40，頁 8 上～下。 |
| 弘治 12 年 8 月戊申 | 常州府江陰縣 | 鹽徒 | 《明孝宗實錄》，卷 153，頁 9 上～下。 |
| 弘治 17 年 8 月癸亥 | 蘇州府、松江府 | 海盜 | 《明孝宗實錄》，卷 215，頁 1 上。 |
| 弘治 18 年 2 月丙寅 | 蘇州府崇明縣 | 鹽徒 | 《明孝宗實錄》，卷 221，頁 5 下～6 上。 |
| 正德元年 6 月己巳 | 蘇州府崇明縣 | 海盜 | 《明武宗實錄》，卷 14，頁 1 上～7 上。 |

| 正德元年 9 月壬辰 | 蘇州府崇明縣 | 海盜 | 《明武宗實錄》，卷 17，頁 8 上。 |
| 正德 2 年正月乙亥 | 蘇州府、松江府 | 海盜 | 《明武宗實錄》，卷 21，頁 1 上。 |
| 正德 13 年 10 月壬午 | 揚州府儀眞縣 | 江盜 | 《明武宗實錄》，卷 167，頁 4 上。 |
| 嘉靖 3 年 6 月戊戌 | 鎮江府 | 海盜 | 《明世宗實錄》，卷 40，頁 1 上～2 下。 |
| 嘉靖 7 年 10 月戊午 | 蘇州府常熟縣 | 海盜 | 《明世宗實錄》，卷 93，頁 11 下～12 上。 |
| 嘉靖 8 年 3 月乙丑 | 蘇州府常熟縣 | 海盜 | 《明世宗實錄》，卷 99，頁 1 上～14 下。 |
| 嘉靖 11 年 6 月甲申 | 不詳 | 海盜 | 《明世宗實錄》，卷 139，頁 1 下。 |
| 嘉靖 19 年 6 月庚午 | 蘇州府崇明縣 | 鹽徒 | 《國榷》，卷 57，頁 3593。 |
| 嘉靖 25 年 3 月乙丑 | 蘇州府太倉州 | 海盜 | 《國榷》，卷 58，頁 3687。 |
| 嘉靖 31 年 1 月辛丑 | 松江府上海縣 | 海盜 | 《國榷》，卷 60，頁 3788。 |
| 嘉靖 31 年 1 月己酉 | 松江府 | 倭寇 | 《國榷》，卷 60，頁 3792。 |
| 嘉靖 31 年 4 月丁巳 | 松江府 | 倭寇 | 《國榷》，卷 60，頁 3792。 |
| 嘉靖 31 年 5 月辛未 | 松江府 | 倭寇 | 《國榷》，卷 60，頁 3794。 |
| 嘉靖 31 年 10 月丁巳 | 松江府青村千戶所 | 倭寇 | 《國榷》，卷 60，頁 3801。 |
| 嘉靖 31 年 12 月癸丑 | 松江府青村千戶所 | 倭寇 | 《國榷》，卷 60，頁 3805。 |
| 嘉靖 32 年 2 月甲戌 | 松江府 | 倭寇 | 《國榷》，卷 60，頁 3811。 |
| 嘉靖 32 年 3 月戊寅 | 松江府青村千戶所 | 倭寇 | 《國榷》，卷 60，頁 3812。 |
| 嘉靖 32 年閏 3 月甲戌 | 松江府 | 海盜 | 《國榷》，卷 60，頁 3814。 |
| 嘉靖 32 年 4 月戊子 | 太倉州 | 倭寇 | 《國榷》，卷 60，頁 3814。 |
| 嘉靖 32 年 4 月癸巳 | 上海縣 | 倭寇 | 《國榷》，卷 60，頁 3814。 |
| 嘉靖 32 年 4 月丁酉 | 松江府南匯千戶所、江陰縣 | 倭寇 | 《國榷》，卷 60，頁 3814。 |
| 嘉靖 32 年 5 月癸丑 | 上海縣 | 倭寇 | 《國榷》，卷 60，頁 3816。 |
| 嘉靖 32 年 5 月丁巳 | 松江府 | 倭寇 | 《國榷》，卷 60，頁 3816。 |
| 嘉靖 32 年 5 月壬申 | 上海縣 | 倭寇 | 《國榷》，卷 60，頁 3816。 |
| 嘉靖 32 年 6 月庚寅 | 蘇州府、崑山縣、太倉州、崇明縣 | 倭寇 | 《國榷》，卷 60，頁 3817。 |

| | | | |
|---|---|---|---|
| 嘉靖 32 年 6 月壬寅 | 上海縣、嘉定縣、吳淞千戶所、南匯千戶所、青村千戶所、金山衛 | 倭寇 | 《國榷》，卷 60，頁 3817。 |
| 嘉靖 32 年 9 月辛未 | 金山衛 | 倭寇 | 《國榷》，卷 60，頁 3822。 |
| 嘉靖 32 年 10 月壬辰 | 上海縣、太倉州、常熟縣 | 倭寇 | 《國榷》，卷 60，頁 3822。 |
| 嘉靖 32 年 11 月乙巳 | 上海縣、嘉定縣 | 倭寇 | 《國榷》，卷 60，頁 3823。 |
| 嘉靖 33 年 1 月己未 | 吳淞千戶所 | 海盜 | 《國榷》，卷 61，頁 3827。 |
| 嘉靖 33 年 1 月戊辰 | 太倉州、蘇州府、松江府。 | 倭寇 | 《國榷》，卷 61，頁 3827。 |
| 嘉靖 33 年 3 月辛酉 | 崇明縣、崑山縣、蘇州府、松江府 | 倭寇 | 《國榷》，卷 61，頁 3829。 |
| 嘉靖 33 年 3 月乙丑 | 上海縣、通州、泰州、如皋縣 | 倭寇 | 《國榷》，卷 61，頁 3830。 |
| 嘉靖 33 年 4 月戊戌 | 松江府、太倉州、崑山縣 | 海盜 | 《國榷》，卷 61，頁 3832。 |
| 嘉靖 33 年 4 月壬午 | 通州 | 倭寇 | 《國榷》，卷 61，頁 3831。 |
| 嘉靖 33 年 4 月乙酉 | 崇明縣 | 倭寇 | 《國榷》，卷 61，頁 3831。 |
| 嘉靖 33 年 5 月壬寅 | 崇明縣、蘇州府 | 倭寇 | 《國榷》，卷 61，頁 3832。 |
| 嘉靖 33 年 5 月庚申 | 如皋縣 | 倭寇 | 《國榷》，卷 61，頁 3832。 |
| 嘉靖 33 年 6 月甲申 | 吳江縣 | 倭寇 | 《國榷》，卷 61，頁 3835。 |
| 嘉靖 33 年 7 月丙午 | 吳淞千戶所 | 倭寇 | 《國榷》，卷 61，頁 3836。 |
| 嘉靖 33 年 8 月癸未 | 嘉定縣 | 倭寇 | 《國榷》，卷 61，頁 3837。 |
| 嘉靖 33 年 11 月甲寅 | 青村千戶所 | 倭寇 | 《國榷》，卷 61，頁 3841。 |
| 嘉靖 33 年 12 月庚寅 | 青村千戶所 | 倭寇 | 《國榷》，卷 61，頁 3840。 |
| 嘉靖 34 年 2 月癸未 | 青村千戶所、南匯千戶所 | 倭寇 | 《國榷》，卷 61，頁 3846。 |
| 嘉靖 34 年 3 月壬寅 | 上海縣 | 倭寇 | 《國榷》，卷 61，頁 3847。 |
| 嘉靖 34 年 3 月甲寅 | 崇明縣 | 不詳 | 《國榷》，卷 61，頁 3848。 |
| 嘉靖 34 年 3 月乙亥 | 通州、海門縣 | 倭寇 | 《國榷》，卷 61，頁 3848。 |
| 嘉靖 34 年 4 月丙子 | 通州 | 倭寇 | 《國榷》，卷 61，頁 3849。 |
| 嘉靖 34 年 4 月癸未 | 金山衛 | 倭寇 | 《國榷》，卷 61，頁 3849。 |

| 嘉靖 34 年 4 月丁亥 | 常熟縣、江陰縣 | 倭寇 | 《國榷》，卷 61，頁 3850。 |
|---|---|---|---|
| 嘉靖 34 年 4 月乙丑 | 松江府 | 倭寇 | 《國榷》，卷 61，頁 3850。 |
| 嘉靖 34 年 4 月癸巳 | 通州、金山衛 | 倭寇 | 《國榷》，卷 61，頁 3850。 |
| 嘉靖 34 年 5 月甲午 | 蘇州府 | 倭寇 | 《國榷》，卷 61，頁 3850。 |
| 嘉靖 34 年 5 月乙巳 | 常熟縣、江陰縣、無錫縣、青村千戶所 | 倭寇 | 《國榷》，卷 61，頁 3851。 |
| 嘉靖 34 年 5 月己酉 | 松江府 | 倭寇 | 《國榷》，卷 61，頁 3852。 |
| 嘉靖 34 年 5 月乙卯 | 蘇州府 | 倭寇 | 《國榷》，卷 61，頁 3852。 |
| 嘉靖 34 年 5 月丁巳 | 常熟縣 | 倭寇 | 《國榷》，卷 61，頁 3853。 |
| 嘉靖 34 年 5 月癸亥 | 蘇州府 | 倭寇 | 《國榷》，卷 61，頁 3853。 |
| 嘉靖 34 年 6 月甲戌 | 蘇州府 | 倭寇 | 《國榷》，卷 61，頁 3853。 |
| 嘉靖 34 年 6 月丙子 | 江陰縣 | 倭寇 | 《國榷》，卷 61，頁 3853。 |
| 嘉靖 34 年 6 月戊寅 | 吳江縣 | 倭寇 | 《國榷》，卷 61，頁 3854。 |
| 嘉靖 34 年 6 月庚辰 | 嘉定縣 | 倭寇 | 《國榷》，卷 61，頁 3854。 |
| 嘉靖 34 年 6 月辛卯 | 松江府 | 倭寇 | 《國榷》，卷 61，頁 3855。 |
| 嘉靖 34 年 7 月癸丑 | 江陰縣 | 倭寇 | 《國榷》，卷 61，頁 3856。 |
| 嘉靖 34 年 8 月辛未 | 松江府 | 倭寇 | 《國榷》，卷 61，頁 3857。 |
| 嘉靖 34 年 8 月甲戌 | 吳江縣 | 倭寇 | 《國榷》，卷 61，頁 3857。 |
| 嘉靖 34 年 8 月壬辰 | 吳江縣 | 倭寇 | 《國榷》，卷 61，頁 3858。 |
| 嘉靖 34 年 9 月乙未 | 華亭縣 | 倭寇 | 《國榷》，卷 61，頁 3858。 |
| 嘉靖 34 年 10 月癸亥 | 松江府 | 倭寇 | 《國榷》，卷 61，頁 3860。 |
| 嘉靖 34 年 10 月丙子 | 松江府 | 倭寇 | 《國榷》，卷 61，頁 3860。 |
| 嘉靖 34 年 10 月丁丑 | 松江府 | 倭寇 | 《國榷》，卷 61，頁 3861。 |
| 嘉靖 34 年 10 月辛卯 | 松江府 | 倭寇 | 《國榷》，卷 61，頁 3863。 |
| 嘉靖 34 年閏 11 月癸亥 | 松江府 | 倭寇 | 《國榷》，卷 61，頁 3864。 |
| 嘉靖 34 年閏 11 月癸酉 | 嘉定縣 | 倭寇 | 《國榷》，卷 61，頁 3864。 |
| 嘉靖 35 年 3 月丙戌 | 松江府、南匯千戶所 | 倭寇 | 《國榷》，卷 61，頁 3873。 |
| 嘉靖 35 年 3 月丙戌 | 吳淞江千戶所。 | 倭寇 | 《國榷》，卷 61，頁 3873。 |
| 嘉靖 35 年 4 月癸卯 | 江陰縣 | 倭寇 | 《國榷》，卷 61，頁 3874。 |
| 嘉靖 35 年 4 月甲辰 | 鎮江府 | 倭寇 | 《國榷》，卷 61，頁 3874。 |

| 嘉靖 35 年 5 月戊午 | 上海縣、江都縣、揚州府。 | 倭寇 | 《國榷》，卷 61，頁 3876。 |
|---|---|---|---|
| 嘉靖 35 年 5 月丁丑 | 蘇州府 | 倭寇 | 《國榷》，卷 61，頁 3877。 |
| 嘉靖 35 年 6 月丙申 | 青村千戶所 | 倭寇 | 《國榷》，卷 61，頁 3879。 |
| 嘉靖 35 年 6 月癸卯 | 江陰縣 | 倭寇 | 《國榷》，卷 61，頁 3879。 |
| 嘉靖 35 年 6 月辛亥 | 吳淞江千戶所 | 倭寇 | 《國榷》，卷 61，頁 3879。 |
| 嘉靖 36 年 4 月庚子 | 通州、海門縣 | 倭寇 | 《國榷》，卷 62，頁 3892。 |
| 嘉靖 36 年 4 月壬寅 | 通州、如皋縣、泰興縣 | 倭寇 | 《國榷》，卷 62，頁 3892。 |
| 嘉靖 36 年 4 月己酉 | 揚州府 | 倭寇 | 《國榷》，卷 62，頁 3893。 |
| 嘉靖 36 年 5 月壬申 | 揚州府 | 倭寇 | 《國榷》，卷 62，頁 3893。 |
| 嘉靖 38 年 3 月辛丑 | 崇明縣 | 倭寇 | 《國榷》，卷 62，頁 3922。 |
| 嘉靖 38 年 4 月壬寅 | 揚州府 | 倭寇 | 《國榷》，卷 62，頁 3922。 |
| 嘉靖 38 年 4 月丙午 | 通州 | 倭寇 | 《國榷》，卷 62，頁 3922。 |
| 嘉靖 38 年 4 月丁巳 | 揚州府、如皋縣 | 倭寇 | 《國榷》，卷 62，頁 3923。 |
| 嘉靖 38 年 4 月丙寅 | 揚州府 | 倭寇 | 《國榷》，卷 62，頁 3924。 |
| 嘉靖 38 年 5 月己丑 | 崇明縣 | 倭寇 | 《國榷》，卷 62，頁 3925。 |
| 嘉靖 38 年 7 月丙戌 | 海門縣 | 倭寇 | 《國榷》，卷 62，頁 3927。 |
| 嘉靖 38 年 8 月己未 | 揚州府 | 倭寇 | 《國榷》，卷 62，頁 3928。 |
| 嘉靖 43 年 10 月癸酉 | 揚州府 | 海盜 | 《明世宗實錄》，卷 539，頁 1 上。 |
| 嘉靖 44 年 4 月甲申 | 通州 | 倭寇 | 《明世宗實錄》，卷 545，頁 5 上。 |
| 萬曆 4 年 8 月壬申 | 蘇州府、松江府 | 海盜 | 《明神宗實錄》，卷 53，頁 5 下。 |
| 萬曆 11 年 11 月壬辰 | 鎮江府 | 鹽徒 | 《明神宗實錄》，卷 143，頁 6 下。 |
| 萬曆 22 年 6 月辛未 | 崇明縣 | 倭寇 | 《國榷》，卷 76，頁 4732。 |
| 萬曆 35 年 10 月癸亥 | 揚州府 | 鹽徒 | 《明神宗實錄》，卷 439，頁 2 上～下。 |

## 附錄二：明代南直隸江海交會地區盜寇分類統計表

| 類別 | 倭寇 | 鹽徒 | 海盜 | 江盜 | 不詳 | 總計 |
|---|---|---|---|---|---|---|
| 次　數 | 88 | 8 | 15 | 1 | 1 | 113 |
| 百分比 | 77.9 | 7.1 | 13.3 | 0.9 | 0.9 | 100% |

## 附錄三：明代南直隸江海交會地區盜寇各朝統計表

| 時代 | 洪武 | 永樂 | 正統 | 天順 | 成化 | 弘治 | 正德 | 嘉靖 | 萬曆 | 總計 |
|------|------|------|------|------|------|------|------|------|------|------|
| 次數 | 3 | 2 | 1 | 1 | 1 | 3 | 4 | 94 | 4 | 113 |
| 百分比 | 2.7 | 1.8 | 0.9 | 0.9 | 0.9 | 2.7 | 3.5 | 83.2 | 3.5 | 100% |

## 附錄四：明代南直隸江海交會地區盜寇各府統計表

| 府　別 | 蘇州府 | 松江府 | 常州府 | 鎮江府 | 揚州府 | 不詳 | 總計 |
|------|------|------|------|------|------|------|------|
| 次　數 | 48 | 47 | 7 | 4 | 23 | 1 | 130 |
| 百分比 | 36.9 | 36.2 | 5.4 | 3.1 | 17.7 | 0.8 | 100% |

## 附錄五：明代南直隸江海交會地區盜寇侵擾統計表

| 盜寇類別 | 倭寇 | 海盜 | 江盜 | 鹽徒 | 不詳 | 總計 |
|------|------|------|------|------|------|------|
| 侵擾次數 | 88 | 15 | 1 | 8 | 1 | 113 |
| 百分比% | 78% | 13% | 1% | 7% | 1% | 100% |

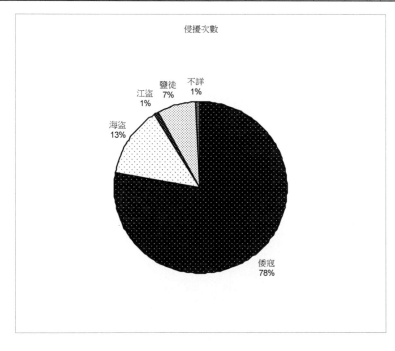

## 附錄六：明代南直隸江海交會地區盜寇侵擾統計表

| 侵擾地區 | 蘇州府 | 松江府 | 常州府 | 鎮江府 | 揚州府 | 不詳 | 總計 |
|---|---|---|---|---|---|---|---|
| 侵擾次數 | 48 | 47 | 7 | 4 | 23 | 1 | 130 |
| 百分比% | 37 | 36 | 5 | 3 | 18 | 1 | 100 |

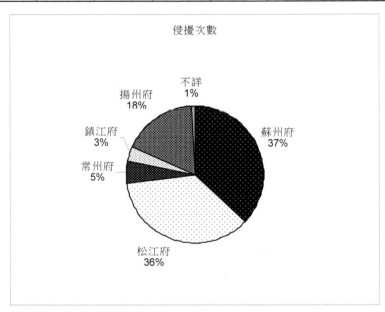

| 年號 | 洪武 | 建文 | 永樂 | 洪熙 | 宣德 | 正統 | 景泰 | 天順 | 成化 | 弘治 | 正德 | 嘉靖 | 隆慶 | 萬曆 | 天啟 | 崇禎 | 總計 |
|---|---|---|---|---|---|---|---|---|---|---|---|---|---|---|---|---|---|
| 侵擾次數 | 3 | 0 | 2 | 0 | 0 | 1 | 0 | 1 | 1 | 3 | 4 | 94 | 0 | 4 | 0 | 0 | 113 |
| 百分比 | 2.7 | 0.0 | 1.8 | 0.0 | 0.0 | 0.9 | 0.0 | 0.9 | 0.9 | 2.7 | 3.5 | 83.2 | 0.0 | 3.5 | 0.0 | 0.0 | 100.0 |

| 年　號 | 洪武 | 永樂 | 正統 | 天順 | 成化 | 弘治 | 正德 | 嘉靖 | 萬曆 | 總計 |
|---|---|---|---|---|---|---|---|---|---|---|
| 侵擾次數 | 3 | 2 | 1 | 1 | 1 | 3 | 4 | 94 | 4 | 113 |
| 百分比 | 2.7 | 1.8 | 0.9 | 0.9 | 0.9 | 2.7 | 3.5 | 83.2 | 3.5 | 100.0 |

| 盜寇類別 | 倭寇 | 海盜 | 江盜 | 鹽徒 | 不詳 | 總計 |
|---|---|---|---|---|---|---|
| 侵擾次數 | 88 | 15 | 1 | 8 | 1 | 113 |
| 百分比% | 78% | 13% | 1% | 7% | 1% | 100% |

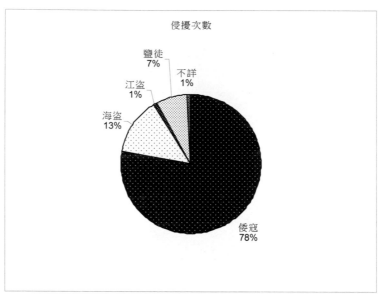

| 侵擾地區 | 蘇州府 | 松江府 | 常州府 | 鎮江府 | 揚州府 | 不詳 | 總計 |
|---|---|---|---|---|---|---|---|
| 侵擾次數 | 48 | 47 | 7 | 4 | 23 | 1 | 130 |
| 百分比% | 37 | 36 | 5 | 3 | 18 | 1 | 100 |

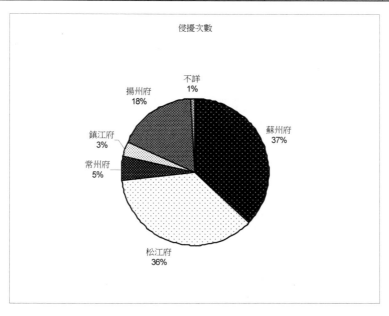

# 參考書目

## 一、史　料

### （一）一　般

1. 周・孫武，《孫子兵法》，台北：里仁書局，1982 年 10 月出版，曹操等注，郭化若譯，頁 269。

2. 明・王錡，《寓圃雜記》，北京：中華書局，1984 年 6 月第一版。

3. 明・王瓊，《晉溪本兵敷奏》，《四庫全書存目叢書》史部五九冊，台南：莊嚴文化事業有限公司，1997 年 10 月初版一刷，據甘肅省圖書館藏明嘉靖二十三年廖希顏等刻本影印，一四卷。

4. 明・王士騏，《皇明馭倭錄》，《四庫全書存目叢書》史部五三冊，台南：莊嚴文化事業有限公司，1997 年 10 月初版一刷，據清華大學圖書館藏明萬曆刻本影印，九卷、附略二卷、寄語略一卷。

5. 明・王廷相，《王氏家藏集》，《四庫全書存目叢書》史部六〇冊，台南：莊嚴文化事業有限公司，1997 年 10 月初版一刷，王氏家藏集、喪禮備纂，天津圖書館藏明嘉靖刻清順治十二年修補本；公移集、駁稿集、奏議集，中山大學圖書館藏明嘉靖至隆慶刻本，四一卷，喪禮備纂二卷，浚川公移集三卷，駁稿集二卷，奏議集一〇卷。

6. 明・王鳴鶴編輯，《登壇必究》，《中國兵書集成》第二〇～二四冊，北京：解放軍出版社；瀋陽：遼瀋書社聯合出版，1990 年 2 月一版一刷，據明萬曆刻本影印，四〇卷。

7. 明・史繼偕，《皇明兵制考》，台北：國家圖書館漢學研究中心影印明刊本，三卷。

8. 明・何良俊，《四友齋叢說》，北京：中華書局，1959 年 4 月第一版。

9. 明・吳時來，《江防考》，台北：中央研究院傅斯年圖書館藏明萬曆五年刊本，六卷。

10. 明・吳惟順、吳鳴球、吳若禮編輯，《兵鏡》，《中國兵書集成》第三八、三九冊，北京：解放軍出版社；瀋陽：遼瀋書社聯合出版，1994 年 9 月一版一刷，據北京大學圖書館藏明末問奇齋刻本影印，二〇卷。

11. 明・李遂，《李襄敏公奏議》，《四庫全書存目叢書》史部六一冊，台南：莊嚴文化事業有限公司，1997 年 10 月初版一刷，據山西大學圖書館藏明萬曆二年陳瑞刻本影印，一三卷，首一卷。

12. 明・李實，《禮科給事中李實題本》，台北：國家圖書館善本書室藏明抄本，不分卷。

13. 明・李世達，《少保李公奏議》，台北：國家圖書館善本書室藏明萬曆丁酉，二十五年，涇陽李氏原刊本，四卷。

14. 明・李東陽等撰，申時行等重修，《萬曆・大明會典》，台北：文海出版社景印明萬曆十五年司禮監刊本，二二八卷。

15. 明・李昭祥，《龍江船廠志》，台北：正中書局，1985 年 12 月台初版，據國家圖書館藏明嘉靖癸丑（三十二年）刊本。八卷。

16. 明・來知德，《來註易經圖解》，台北：武陵出版有限公司，1997 年二版三刷。

17. 明・周孔教，《周中丞疏稿》，《四庫全書存目叢書》史部六四冊，台南：莊嚴文化事業有限公司，1997 年 10 月初版一刷，據吉林大學圖書館北京圖書館藏明萬曆刻本影印。

18. 明・周孔教，《周中丞疏稿》，《續修四庫全書》史部・詔令奏議類四八一冊，上海：上海古籍出版社，1997 年版，據吉林大學圖書館藏明萬曆刻本影印，一六卷。

19. 明・房可壯，《房海客侍御疏》，《四庫禁燬書叢刊》史部三八冊，北京：北京出版社，2001 年 1 月一版一刷，據北京圖書館藏明天啓二年刻本影印，共九卷附錄一卷。

20. 明・祁伯裕等撰，《南京都察院志》，台北：國家圖書館漢學研究中心影印明天啓三年序刊本，共四〇卷。

21. 明・祁彪佳，《宜焚全稿》，《續修四庫全書》史部・詔令奏議類？冊，上海：上海古籍出版社，1997 年版，據北京圖書館藏明末抄本影印。

22. 明・祁彪佳，《按吳檄稿》，《北京圖書館古籍珍本叢刊》，北京：書目文獻出版社，不著出版年月，據明末抄本影印，不分卷。

23. 明・施永圖，《武備地利》，《四庫未收書輯刊》伍輯一〇冊，北京：北京出版社，2000 年 1 月一版一刷，據清雍正刻本影印，四卷。

24. 明・胡宗憲，《籌海圖編》，台北：國家圖書館善本書室藏明天啓四年新

安胡氏重刊本，一三卷。

25. 明・范景文，《南樞志》，台北：國家圖書館藏明末刊本，存九三卷。

26. 明・茅元儀，《武備志》，《四庫禁燬書叢刊》子部二六冊，北京：北京出版社，2001 年 1 月一版一刷，據北京大學圖書館藏明天啓刻本影印，二四〇卷。

27. 明・唐順之，《荊川武編》，台北：國家圖書館善本書室藏明萬曆間錢塘徐象橒曼山館刊本，一二卷。

28. 明・夏言，《桂洲先生奏議》，《四庫全書存目叢書》史部六〇冊，台南：莊嚴文化事業有限公司，1997 年 10 月初版一刷，據重慶圖書館藏明忠禮書院刻本影印，二一卷。

29. 明・夏原吉等，《明實錄》，三〇四五卷，台北：中央研究院歷史語言研究所校勘，據北京圖書館紅格鈔本微卷影印，中央研究院歷史語言研究所出版，1968 年二版。

30. 明・孫居相，《兩臺疏草》，台北：國家圖書館善本書室藏明萬曆壬子（四十年）刊本，不分卷。

31. 明・張萱，《西園聞見錄》，台北：明文出版社，1991 年初版。

32. 明・張燧，《經世挈要》，《四庫禁燬書叢刊》史部七五冊，北京：北京出版社，2001 年 1 月一版一刷，據山東大學圖書館藏明崇禎六年傅昌辰刻本影印，共二二卷存二〇卷。

33. 明・張燮，《東西洋考》，台北：台灣商務印書館，1971 年 10 月台一版，一二卷。

34. 明・張瀚，《松窗夢語》，北京：中華書局，1985 年 5 月第一版。

35. 明・張國維，《撫吳疏草》，《四庫禁燬書叢刊》史部三九冊，北京：北京出版社，2001 年 1 月一版一刷，據北京圖書館藏明崇禎刻本影印。

36. 明・戚繼光，《紀效新書》，北京：中華書局，2001 年 6 月一版一刷，一八卷，頁 370。

37. 明・陳仁錫，《全吳籌患預防錄》，台北：國家圖書館善本書室藏清道光間抄本，四卷。

38. 明・陸化熙，《目營小輯》，《四庫全書存目叢書》史部一六七冊，台南：莊嚴文化事業有限公司，1997 年 10 月初版一刷，據南京圖書館藏明刻本影印，共四卷。

39. 明・馮夢龍輯，《甲申紀事》，《四庫禁燬書叢刊》史部三三冊，北京：北京出版社，2001 年 1 月一版一刷，據中國科學院圖書館藏明弘光元年刻本，共一三卷。

40. 明・黃希憲，《撫吳檄略》，台北：國家圖書館漢學研究中心景照明刊本。

41. 明・蔡昇，《震澤編》，台北：國家圖書館善本書室藏明刊本，八卷。

42. 明‧鄭曉，《今言》，北京：中華書局，1984 年 5 月第一版。

43. 明‧鄭大郁編，《經國雄略》，台北：國家圖書館漢學研究中心景照明刊本，四八卷。

44. 明‧鄭若曾，《江南經略》，台北：國家圖書館善本書室藏明萬曆三十三年崑山鄭玉清等重校刊本，八卷。

45. 明‧鄭若曾，《海防論江防論湖防論》，台北：台灣學生書局，1987 年 3 月初版，據國家圖書館藏，清雍正間清稿本舊鈔本影印。

46. 明‧鄭若曾，《籌海圖編》，台北：國家圖書館善本書室藏明天啓四年新安胡氏重刊本。

47. 明‧鄭屢淳，《鄭端簡公年譜》，《四庫全書存目叢書》史部八三冊，台南：莊嚴文化事業有限公司，1997 年 10 月初版一刷，據上海圖書館藏明嘉靖萬曆間刻鄭端簡公全集本影印。

48. 明‧鍾薇，《倭奴遺事》，台北：國家圖書館善本書室藏明萬曆間刊本，一卷。

49. 明‧瞿九思，《萬曆武功錄》，《四庫禁燬書叢刊》史部三五冊，北京：北京出版社，2001 年 1 月一版一刷，據北京大學圖書館藏明萬曆刻本影印，共一四卷。

50. 明‧顏季亨，《九十九籌》，《四庫禁燬書叢刊》史部五一冊，北京：北京出版社，2001 年 1 月一版一刷，據北京大學圖書館藏民國三十年輯玄覽堂叢書影印明天啓刻本影印，共一○卷。

51. 明‧顧爾行，《皇明兩朝疏抄》，《四庫全書存目叢書》史部七四冊，台南：莊嚴文化事業有限公司，1997 年 10 月初版一刷，據故宮博物院圖書館藏明萬曆六年大名府刻本影印，一二卷。

52. 明‧桂萼，《文襄公奏議》，《四庫全書存目叢書》史部六○冊，台南：莊嚴文化事業有限公司，1997 年 10 月初版一刷，據重慶圖書館藏明嘉靖二十三年桂載刻本影印。

53. 明‧張鼐，《吳淞甲乙倭變志》，台南：莊嚴文化事業有限公司，1996 年初版，據北京炎學圖書館藏民國 25 年上海通社排印上海掌故叢書第一集本影印。

54. 明‧張燧，《經世挈要》，《四庫禁燬書叢刊》史部七五冊，北京：北京出版社，2001 年 1 月一版一刷，據山東大學圖書館明崇禎六年傅昌辰刻本影印。

55. 明‧張燮，《東西洋考》，台北：台灣商務印書館，1971 年 10 月台一版。

56. 明‧萬表輯，《皇明經濟文錄》，《四庫禁燬書叢刊》集部一九冊，北京：北京出版社，2001 年 1 月一版一刷，據蘇州市圖書館藏明嘉靖刻本影印。

57. 明‧鄭若曾，《鄭開陽雜著》，台北：成文出版社，據清康熙三十一年版

本影印，1971 年 4 月台一版。

58. 明‧瞿汝説，《皇明臣略纂聞》，《北京圖書館古籍珍本叢刊》之一○，北京：書目文獻出版社，不著出版年月，據明崇禎八年瞿式耜刻本影印。

59. 清‧不著撰人，《江防志》，台北：國家圖書館善本書室藏清雍正間清稿本，二二卷。

60. 清‧張廷玉，《明史》，台北：鼎文書局，1978 年 10 月再版。

61. 清‧談遷，《國榷》，臺北：鼎文書局，1976 年 7 月出版，一○四卷。

62. 清‧顧炎武，《天下郡國利病書》，《四部叢刊續編》，台北：台灣商務印書館，1976 年 6 月台二版，據上海涵芬樓景印崑山圖書館藏稿本，共三四冊。

63. 清‧顧祖禹，《讀史方輿紀要》，台北：樂天出版社，1973 年 10 月初版。

## （二）文　集

1. 明‧丁賓，《丁清惠公遺集》，《四庫禁燬書叢刊》集部四四冊，北京：北京出版社，2001 年 1 月一版一刷，據上海圖書館藏明崇禎刻本影印，八卷。

2. 明‧于若瀛，《弗告堂集》，《四庫禁燬書叢刊》集部四六冊，北京：北京出版社，2001 年 1 月一版一刷，據天津圖書館藏明萬曆刻本影印，二六卷。

3. 明‧支大綸，《支華平先生集》，《四庫全書存目叢書》集部一六二冊，台南：莊嚴文化事業有限公司，1997 年 10 月初版一刷，據北京大學圖書館藏明萬曆清旦閣刻本影印，四○卷。

4. 明‧文徵明，《甫田集》，台北：國家圖書館善本書室藏明嘉靖間刊本，三六卷。

5. 明‧方揚，《方初菴先生集》，《四庫全書存目叢書》集部一五六冊，台南：莊嚴文化事業有限公司，1997 年 10 月初版一刷，據山東省圖書館藏明萬曆四十年方時化刻本影印，一六卷。

6. 明‧方豪，《棠陵文集》，《四庫全書存目叢書》集部六四冊，台南：莊嚴文化事業有限公司，1997 年 10 月初版一刷，據天津圖書館藏清康熙十二年方元啓刻本影印，八卷。

7. 明‧毛憲，《古菴毛先生文集》，台北：國家圖書館善本書室藏明嘉靖四十一年武進毛氏家刊清代修補本附毘陵正學編一卷，一○卷。

8. 明‧王圻，《王侍御類稿》，《四庫全書存目叢書》集部一四○冊，台南：莊嚴文化事業有限公司，1997 年 10 月初版一刷，據原北平圖書館藏明萬曆四十八年王思義刻本影印，一六卷。

9. 明‧王恕，《王端毅公文集》，《四庫全書存目叢書》集部三六冊，台南：

莊嚴文化事業有限公司，1997 年 10 月初版一刷，據北京大學圖書館藏明
嘉靖三十一年喬世寧刻本影印，九卷。

10. 明・王樵，《方麓居士集》，台北：國家圖書館善本書室藏明萬曆間刊崇
禎八年補刊墓志銘本，一六卷。

11. 明・王縝，《梧山王先生集》，台北：國家圖書館善本書室藏明刊本，二
○卷。

12. 明・王鏊，《震澤先生集》，台北：國家圖書館善本書室藏明嘉靖間王永
熙刊本，三六卷。

13. 明・王士騏，《中弇山人稿》，《四庫禁燬書叢刊》集部三二冊，北京：北
京出版社，2001 年 1 月一版一刷，據北京大學圖書館藏明萬曆刻本，五
卷。

14. 明・王心一，《蘭雪堂集》，《四庫禁燬書叢刊》集部一○五冊，北京：北
京出版社，2001 年 1 月一版一刷，據中國科學院圖書館藏清乾隆刻本影
印，六卷。

15. 明・王廷相，《浚川奏議集》，《四庫全書存目叢書》集部五三冊，台南：
莊嚴文化事業有限公司，1997 年 10 月初版一刷，據中山大學圖書館藏
明嘉靖至隆慶刻本影印，一○卷。

16. 明・王叔杲，《玉介園存稿》，台北：國家圖書館漢學中心藏明萬曆二十
九年跋刊本，一八卷。

17. 明・王宗沐，《敬所王先生文集》，台北：國家圖書館善本書室藏明萬曆
二年福建巡按劉良弼刊本，三○卷。

18. 明・王家屏，《王文端公集》，《四庫全書存目叢書》集部一四九冊，台南：
莊嚴文化事業有限公司，1997 年 10 月初版一刷，據北京大學圖書館藏
明萬曆四十年至四十五年刻本影印，一四卷、詩集二卷、奏疏四卷、尺
牘八卷。

19. 明・王崇慶，《端溪先生集》，，台北：國家圖書館善本書室藏明嘉靖壬
子，三十一年，建業張蘊校刊本。

20. 明・王維楨，《王槐野先生存笥稿續集》，《四庫禁燬書叢刊》集部七五冊，
北京：北京出版社，2001 年 1 月一版一刷，據北京大學圖書館藏明嘉靖
徐學禮刻本影印，九卷。

21. 明・王錫爵，《王文肅公文草》，台北：國家圖書館善本書室藏明萬曆四
十三年太倉王氏家刊本，一四卷。

22. 明・丘濬，《瓊臺會稿》，台北：國家圖書館善本書室藏明嘉靖三十二年
瓊山鄭廷鵠編刊本，一二卷。

23. 明・史褒善，《沱村先生集》，台北：國家圖書館善本書室藏明萬曆乙巳
（三十三年）澶州史氏家刊本，六卷。

24. 明‧朱紈，《甓餘雜集》，《四庫全書存目叢書》集部七八冊，台南：莊嚴文化事業有限公司，1997 年 10 月初版一刷，據天津圖書館藏明朱質刻本影印。

25. 明‧何瑭，《何文定公文集》，台北：國家圖書館善本書室藏明萬曆四年賈待問等編刊本。

26. 明‧何良俊，《何翰林集》，台北：國家圖書館善本書室藏明嘉靖四十四年華亭何氏香巖精舍刊本，二八卷。

27. 明‧余寅，《農丈人文集》，《四庫全書存目叢書》集部一六八冊，台南：莊嚴文化事業有限公司，1997 年 10 月初版一刷，據首都圖書館藏明萬曆刻本影印，二〇卷。

28. 明‧吳寬，《匏翁家藏集》，台北：國家圖書館善本書室藏明正德三年長洲吳氏家刊本，七八卷。

29. 明‧吳鵬，《飛鴻亭集》，《四庫全書存目叢書》集部八三冊，台南：莊嚴文化事業有限公司，1997 年 10 月初版一刷，據北京圖書館藏明萬曆吳惟貞刻本影印，二〇卷。

30. 明‧吳國倫，《甔甀洞稿》，台北：國家圖書館善本書室藏明萬曆十二年、三十一年興國吳氏遞刊本。

31. 明‧呂柟，《涇野先生文集》，《四庫全書存目叢書》集部六一冊，台南：莊嚴文化事業有限公司，1997 年 10 月初版一刷，據湖南圖書館藏明嘉靖三十四年于德昌刻本影印，三六卷。

32. 明‧宋儀望，《華陽館文集》，《四庫全書存目叢書》集部一一六冊，台南：莊嚴文化事業有限公司，1997 年 10 月初版一刷，據北京大學圖書館藏清道光二十二年宋氏中和堂刻本影印，一八卷續集二卷。

33. 明‧李邦華，《文水李忠肅先生集》，《四庫禁燬書叢刊》集部八一冊，北京：北京出版社，2001 年 1 月一版一刷，據北京大學圖書館藏清乾隆七年徐大坤刻本影印，六卷，附錄一卷。

34. 明‧李開先，《李中麓閒居集》，《四庫全書存目叢書》集部九三冊，台南：莊嚴文化事業有限公司，1997 年 10 月初版一刷，據南京圖書館藏明嘉靖至隆慶刻本影印，一二卷。

35. 明‧李維楨，《大泌山房集》，《四庫全書存目叢書》集部一五一冊，台南：莊嚴文化事業有限公司，1997 年 10 月初版一刷，據北京師範大學圖書館藏明萬曆三十九年刻本，卷八〇卷八一卷九一至卷九三配鈔本影印，一三四卷、目錄二卷。

36. 明‧李騰芳，《李宮保湘洲先生集》，《四庫全書存目叢書》集部一七三冊，台南：莊嚴文化事業有限公司，1997 年 10 月初版一刷，據南京圖書館藏清刻本影印，一二卷。

37. 明・沈愷，《環溪集》，台北：國家圖書館善本書室藏明隆慶間刊本，二六卷。

38. 明・沈一貫，《喙鳴文集》，《四庫禁燬書叢刊》集部一七六冊，北京：北京出版社，2001 年 1 月一版一刷，據北京大學圖書館藏明刻本影印。

39. 明・沈良才，《大司馬鳳岡沈先生文集》，《四庫全書存目叢書》集部一〇三冊，台南：莊嚴文化事業有限公司，1997 年 10 月初版一刷，據中國社會科學院文學研究所藏清鈔本影印，四卷。

40. 明・卓發之，《漉籬集》，《四庫禁燬書叢刊》集部一〇七冊，北京：北京出版社，2001 年 1 月一版一刷，據北京圖書館藏明崇禎傳經堂刻本影印，二五卷遺集一卷。

41. 明・周用，《周恭肅公集》，台北：國家圖書館善本書室藏明嘉靖二十八年吳江周氏川上草堂刊本，一七卷。

42. 明・周之夔，《棄草二集》，《四庫禁燬書叢刊》集部一一二冊，北京：北京出版社，2001 年 1 月一版一刷，據北京大學圖書館藏明崇禎木犀館刻本影印，二卷。

43. 明・周世選，《衛陽先生集》，台北：國家圖書館善本書室藏明崇禎五年故城周氏家刊本，一四卷。

44. 明・周思兼，《周叔夜先生集》，《四庫全書存目叢書》集部一一四冊，台南：莊嚴文化事業有限公司，1997 年 10 月初版一刷，據華東師範大學圖書館藏明萬曆十年刻本影印，一一卷。

45. 明・林文俊，《方齋存稿》，台北：國家圖書館善本書室藏明萬曆三年吳郡皇甫氏原刊本，一〇卷。

46. 明・林景暘，《玉恩堂集》，《四庫全書存目叢書》集部一四八冊，台南：莊嚴文化事業有限公司，1997 年 10 月初版一刷，據浙江圖書館藏明萬曆三十五年林有麟刻本影印，九卷，

47. 明・邵圭潔，《北虞先生遺文》，台北：國家圖書館善本書室藏明萬曆三十二年吳郡邵氏家刊本，六卷。

48. 明・俞大猷，《正氣堂集》，《四庫未收書輯刊》伍輯二〇冊，北京：北京出版社，2000 年 1 月一版一刷，據清道光孫雲鴻味古書室刻本影印。

49. 明・俞允文，《仲蔚先生集》，台北：國家圖書館善本書室藏明萬曆壬午（十年）休寧程普定刊本，二五卷。

50. 明・冒日乾，《存笥小草》，《四庫禁燬書叢刊》集部六〇冊，北京：北京出版社，2001 年 1 月一版一刷，據北京大學圖書館藏清康熙六十年冒春溶刻本影印，六卷附遺稿雜集一卷。

51. 明・姜寶，《姜鳳阿文集》，《四庫全書存目叢書》集部一二七冊，台南：莊嚴文化事業有限公司，1997 年 10 月初版一刷，據北京大學圖書館藏

明萬曆刻本影印，三八卷。

52. 明・洪朝選，《洪芳洲公文集》，洪福增重印，台北：1989 年出版。

53. 明・皇甫汸，《皇甫司勳集》，台北：國家圖書館善本書室藏明萬曆三年吳郡皇甫氏原刊本，六〇卷。

54. 明・胡松，《胡莊肅公文集》，台北：國家圖書館善本書室藏明萬曆十三年胡氏重刊本，八卷。

55. 明・范鳳翼，《范勛卿集》，《四庫禁燬書叢刊》集部一一二冊，北京：北京出版社，2001 年 1 月一版一刷，據北京大學圖書館藏明崇禎刻本影印，詩集二一卷、文集六卷。

56. 明・茅元儀，《石民四十集》，《四庫禁燬書叢刊》集部六六冊，北京：北京出版社，2001 年 1 月一版一刷，據北京圖書館藏明崇禎刻本影印，九八卷。

57. 明・凌儒，《舊業堂集》，台北：國家圖書館善本書室藏明末葉刊本，一〇卷。

58. 明・唐錦，《龍江集》，台北：國家圖書館善本書室藏明隆慶三年唐氏聽雨山房刊本，一四卷。

59. 明・唐文獻，《唐文恪公文集》，《四庫全書存目叢書》集部一七〇冊，台南：莊嚴文化事業有限公司，1997 年 10 月初版一刷，據北京大學圖書館藏明楊鶴、崔爾進刻本影印，一六卷。

60. 明・唐順之，《奉使集》，《四庫全書存目叢書》集部九〇冊，台南：莊嚴文化事業有限公司，1997 年 10 月初版一刷，據北京圖書館藏明唐鶴徵刻本影印，二卷。

61. 明・孫璽，《峰溪集》，台北：國家圖書館藏，鈔本。

62. 明・孫承宗，《高陽集》，《四庫禁燬書叢刊》集部一八五冊，北京：北京出版社，2001 年 1 月一版一刷，據中國科學院圖書館藏清初刻嘉慶補修本影印，二〇卷。

63. 明・徐縉，《徐文敏公集》，台北：國家圖書館善本書室藏明隆慶二年吳都徐氏家刊本，五卷。

64. 明・徐中行，《天目先生集》，台北：國家圖書館善本書室藏明萬曆十二年張佳胤浙江刊本，二一卷。

65. 明・徐允祿，《思勉齋集》，《四庫禁燬書叢刊》集部一六三冊，北京：北京出版社，2001 年 1 月一版一刷，據上海圖書館藏清順治刻本影印，一四卷。

66. 明・徐石麒，《可經堂集》，《四庫禁燬書叢刊》集部七二冊，北京：北京出版社，2001 年 1 月一版一刷，據北京大學圖書館藏清順治可經堂刻本影印，一二卷。

67. 明·徐獻忠，《長谷集》，《四庫全書存目叢書》史部八六冊，台南：莊嚴文化事業有限公司，1997 年 10 月初版一刷，據北京圖書館藏明嘉靖刻本影印，一五卷。

68. 明·徐顯卿，《天遠樓集》，台北：國家圖書館善本書室藏明萬曆間刊本，二七卷。

69. 明·桑悅，《思玄集》，台北：國家圖書館善本書室藏明弘治十八年原刊本，一六卷。

70. 明·柴奇，《黼菴遺稿》，《四庫全書存目叢書》集部六七冊，台南：莊嚴文化事業有限公司，1997 年 10 月初版一刷，據原北平圖書館藏明嘉靖刻崇禎八年柴胤璧修補本影印，一〇卷。

71. 明·殷雲霄，《石川文稿》，《四庫全書存目叢書》集部五八冊，台南：莊嚴文化事業有限公司，1997 年 10 月初版一刷，據上海圖書館藏明嘉靖十年胡用信刻本影印，一卷。

72. 明·殷雲霄，《石川集》，台北：國家圖書館善本書室藏明嘉靖二十八年關中張光孝編刊本，一〇卷。

73. 明·袁袠，《袁永之集》，台北：國家圖書館善本書室藏明嘉靖丁未，二十六年，姑蘇袁氏家刊本，二一卷。

74. 明·袁袠，《衡藩重刻胥臺先生集》，《四庫全書存目叢書》集部八六冊，台南：莊嚴文化事業有限公司，1997 年 10 月初版一刷，據北京大學圖書館藏明萬曆十二年衡藩刻本，二〇卷。

75. 明·馬世奇，《澹寧居文集》，《四庫禁燬書叢刊》集部一一三冊，北京：北京出版社，2001 年 1 月一版一刷，據北京大學圖書館、北京圖書館藏清乾隆二十一年刻本影印，一〇卷。

76. 明·高拱，《高文襄公集》，《四庫全書存目叢書》集部一〇八冊，台南：莊嚴文化事業有限公司，1997 年 10 月初版一刷，據北京圖書館藏明萬曆刻本影印，四四卷。

77. 明·屠隆，《白榆集》，《四庫全書存目叢書》集部一八〇冊，台南：莊嚴文化事業有限公司，1997 年 10 月初版一刷，據浙江圖書館藏明萬曆龔堯惠刻本影印，二八卷。

78. 明·屠應埈，《太史屠漸山文集》，台北：國家圖書館善本書室藏明萬曆四十二年刊屠氏家藏二集本，五卷。

79. 明·崔桐，《東洲集》，台北：國家圖書館善本書室藏明嘉靖庚戌（二十九年）大梁曹金刊本，三一卷。

80. 明·崔桐，《東洲集》，台北：國家圖書館善本書室藏明嘉靖庚戌，二十九年，大梁曹金刊本。

81. 明·張昇，《張文僖公文集》，《四庫全書存目叢書》集部三九冊，台南：

莊嚴文化事業有限公司，1997 年 10 月初版一刷，據北京大學圖書館藏明嘉靖元年刻本影印，一四卷詩集二二卷，詩集存卷一至卷五。

82. 明・張采，《知畏堂文存》，《四庫禁燬書叢刊》集部八一冊，北京：北京出版社，2001 年 1 月一版一刷，據北京圖書館藏清康熙刻本影印，文存一二卷；詩存四卷，一六卷。

83. 明・張袞，《張水南文集》，《四庫全書存目叢書》集部七六冊，台南：莊嚴文化事業有限公司，1997 年 10 月初版一刷，據清華大學圖書館藏明隆慶刻本影印，一一卷。

84. 明・張琦，《白齋先生文略》，《四庫全書存目叢書》集部五二冊，台南：莊嚴文化事業有限公司，1997 年 10 月初版一刷，據北京圖書館藏明正德八年自刻嘉靖二年續刻本影印，一卷。

85. 明・張鼐，《寶日堂初集》，《四庫禁燬書叢刊》集部七六冊，北京：北京出版社，2001 年 1 月一版一刷，據中國科學院圖書館藏明崇禎二年刻本影印。

86. 明・張瀚，《奚囊蠹餘》，台北：國家圖書館善本書室藏明萬曆元年盧州知府吳道明刊本，二○卷。

87. 明・張四維，《條麓堂集》，台北：國家圖書館善本書室藏明萬曆二十三年張泰徵懷慶刊本，三四卷。

88. 明・張永明，《張莊僖公文集》，台北：國家圖書館善本書室藏明萬曆三十七年張氏家刊後代修補本清四庫館臣塗改，六卷。

89. 明・張師繹，《月鹿堂文集》，《四庫未收書輯刊》陸輯三○冊，北京：北京出版社，2000 年 1 月一版一刷，據清道光六年蝶花樓刻本影印，八卷。

90. 明・張國維，《張忠敏公遺集》，《四庫未收書輯刊》陸輯二九冊，北京：北京出版社，2000 年 1 月一版一刷，據清咸豐刻本影印，一○卷，首一卷，附錄六卷。

91. 明・張祥鳶，《華陽洞稿》，台北：國家圖書館善本書室藏明萬曆十七年金壇張氏家刊本，二三卷。

92. 明・梅守箕，《梅季豹居諸二集》，《四庫未收書輯刊》，陸輯二四冊，北京：北京出版社，2000 年 1 月一版一刷，據明崇禎十五年楊昌祚等刻本影印，一四卷。

93. 明・許國，《許文穆公集》，台北：國家圖書館善本書室藏明萬曆三十九年家刊本，六卷。

94. 明・許宗魯，《少華山人文集》，台北：國家圖書館善本書室藏明嘉靖丁未（二十六年）關中刊本，一五卷。

95. 明・許維新，《許周翰先生稿鈔》，台北：國家圖書館漢學中心藏明刊本，一六卷。

96. 明‧郭汝霖，《石泉山房文集》，台北：國家圖書館善本書室藏明萬曆二十五年永豐郭氏家刊本，一三卷。

97. 明‧陳完，《皆春園集》，《四庫全書存目叢書》集部一八二冊，台南：莊嚴文化事業有限公司，1997 年 10 月初版一刷，據南京圖書館藏明萬曆刻本影印，四卷。

98. 明‧陳迨，《省菴漫稿》，台北：國家圖書館善本書室藏明萬曆間海虞陳氏家刊本，四卷。

99. 明‧陳仁錫，《陳太史無夢園初集》，《四庫禁燬書叢刊》集部五九冊，北京：北京出版社，2001 年 1 月一版一刷，據山東圖書館藏明崇禎六年張一鳴刻本影印，三四卷。

100. 明‧陳如綸，《冰玉堂綴逸稿》，《四庫全書存目叢書》集部九六冊，台南：莊嚴文化事業有限公司，1997 年 10 月初版一刷，據北京圖書館藏明萬曆刻本影印，二卷。

101. 明‧陳有年，《陳恭介公文集》，台北：國家圖書館善本書室藏明萬曆三十年餘姚陳氏家刊本，一二卷。

102. 明‧陳所蘊，《竹素堂藏稿》，《四庫全書存目叢書》集部一七二冊，台南：莊嚴文化事業有限公司，1997 年 10 月初版一刷，據上海圖書館藏明萬曆刻本影印，一四卷存一一卷。

103. 明‧陳薦夫，《水明樓集》，《四庫全書存目叢書》集部一七六冊，台南：莊嚴文化事業有限公司，1997 年 10 月初版一刷，據首都圖書館藏明萬曆刻本影印，一四卷。

104. 明‧陳繼儒，《白石樵眞稿》，《四庫禁燬書叢刊》集部六六冊，北京：北京出版社，2001 年 1 月一版一刷，據北京大學圖書館藏明崇禎刻本影印，二八卷。

105. 明‧陳繼儒，《陳眉公先生集》，台北：國家圖書館善本書室藏明崇禎間華亭陳氏家刊本，六○卷。

106. 明‧陸深，《儼山文集》，台北：國家圖書館善本書室藏明嘉靖雲間陸氏家刊本，一五○卷。

107. 明‧陸深撰、陸起龍編，《陸文裕公集》，《四庫全書存目叢書》集部五九冊，台南：莊嚴文化事業有限公司，1997 年 10 月初版一刷，據復旦大學圖書館藏明陸起龍刻清康熙六十一年陸瀛齡補修本影印，二四卷。

108. 明‧陸簡，《龍皐文稿》，《四庫全書存目叢書》集部三九冊，台南：莊嚴文化事業有限公司，1997 年 10 月初版一刷，據南京圖書館藏明嘉靖元年楊鑪刻本影印，一九卷。

109. 明‧陸樹聲，《陸文定公集》，台北：國家圖書館善本書室藏明萬曆四十四年華亭陸氏家刊本，共二六卷。

110. 明·湯賓尹,《睡庵稿》,《四庫禁燬書叢刊》集部六三冊,北京:北京出版社,2001 年 1 月一版一刷,據中國社會科學院文學研究所圖書館藏明萬曆刻本影印,三六卷。

111. 明·程可中,《程仲權先生集》,《四庫全書存目叢書》集部一九○冊,台南:莊嚴文化事業有限公司,1997 年 10 月初版一刷,據浙江圖書館藏明程胤萬程胤兆刻本影印,詩集一○卷文集一六卷。

112. 明·費宏,《太保費文憲公摘稿》,台北:國家圖書館善本書室藏明嘉靖三十四年江西巡按吳遵之刊本,二○卷。

113. 明·閔如霖,《午塘先生集》,《四庫全書存目叢書》集部九六冊,台南:莊嚴文化事業有限公司,1997 年 10 月初版一刷,據中共中央黨校圖書館藏明萬曆二年閔道孚等刻本影印,一六卷。

114. 明·馮時可,《馮文所嚴棲稿》,台北:國家圖書館善本書室藏明萬曆十三年刊本,三卷

115. 明·黃瓚,《雪洲集》,《四庫全書存目叢書》集部四三冊,台南:莊嚴文化事業有限公司,1997 年 10 月初版一刷,據北京大學圖書館藏明嘉靖黃長壽刻本,一二卷、續集二卷。

116. 明·黃姬水,《白下集》,《四庫全書存目叢書》集部一八六冊,台南:莊嚴文化事業有限公司,1997 年 10 月初版一刷,據原北平圖書館藏明萬曆刻本影印,一一卷。

117. 明·黃姬水,《黃淳父先生全集》,《四庫全書存目叢書》集部一八六冊,台南:莊嚴文化事業有限公司,1997 年 10 月初版一刷,據中山圖書館藏明萬曆十三年顧九思刻本影印,二四卷。

118. 明·黃鳳翔,《田亭草》,台北:國家圖書館善本書室藏明萬曆壬子刊本,二○卷。

119. 明·黃體仁,《四然齋藏稿》,《四庫全書存目叢書》集部一八二冊,台南:莊嚴文化事業有限公司,1997 年 10 月初版一刷,據湖北省圖書館藏明萬曆刻本影印,一○卷。

120. 明·惲紹芳,《林居集》,《四庫未收書輯刊》,伍輯二○冊,北京:北京出版社,2000 年 1 月一版一刷,據清鈔本影印,不分卷。

121. 明·楊于庭,《楊道行集》,《四庫全書存目叢書》集部一六八冊,台南:莊嚴文化事業有限公司,1997 年 10 月初版一刷,據原北平圖書館藏明萬曆刻本影印,三三卷。

122. 明·楊守勤,《寧澹齋全集》,《四庫禁燬書叢刊》集部六五冊,北京:北京出版社,2001 年 1 月一版一刷,據南京圖書館中國科學院圖書館藏明末刻本影印,一二卷。

123. 明·萬表,《玩鹿亭稿》,《四庫全書存目叢書》集部七六冊,台南:莊嚴

文化事業有限公司，1997 年 10 月初版一刷，據浙江圖書館藏明萬曆萬邦孚刻本影印，八卷，附錄一卷，

124. 明‧萬虞愷，《楓潭集鈔》，台北：國家圖書館善本書室藏明嘉靖辛酉（四十年）刊本顧起綸等評選，四卷。

125. 明‧董汾，《董學士泌園集》，台北：國家圖書館善本書室藏明萬曆董氏家刊本，三七卷。

126. 明‧董復亨，《繁露園集》，《四庫全書存目叢書》集部一七四冊，台南：莊嚴文化事業有限公司，1997 年 10 月初版一刷，據北京圖書館藏明萬曆四十年張銓刻本影印，二二卷。

127. 明‧鄒維璉，《達觀樓集》，《四庫全書存目叢書》集部一八三冊，台南：莊嚴文化事業有限公司，1997 年 10 月初版一刷，據吉林省圖書館藏清乾隆三十一年重刻本影印，二四卷。

128. 明‧熊明遇，《文直行書文》，《四庫禁燬書叢刊》集部一〇六冊，北京：北京出版社，2001 年 1 月一版一刷，據北京圖書館藏清順治十七年熊人霖刻本影印，一七卷。

129. 明‧熊明遇，《綠雪樓集》，《四庫禁燬書叢刊》集部一八五冊，北京：北京出版社，2001 年 1 月一版一刷，據中國社會科學院文學研究所圖書館；中國科學院圖書館；南京圖書館藏明天啓刻本影印，存二〇卷。

130. 明‧趙文華，《趙氏家藏集》，《四庫未收書輯刊》伍輯一〇冊，北京：北京出版社，2000 年 1 月一版一刷，據清鈔本影印，八卷。

131. 明‧趙文華，《趙氏家藏集》，台北：國家圖書館善本書室藏清江都秦氏石研齋抄本，八卷。

132. 明‧趙時春，《趙浚谷文集》，《四庫全書存目叢書》集部八七冊，台南：莊嚴文化事業有限公司，1997 年 10 月初版一刷，據首都圖書館藏明萬曆八年周鑑刻本影印，一〇卷。

133. 明‧趙時春，《趙浚谷文集》，《四庫全書存目叢書》集部八七冊，台南：莊嚴文化事業有限公司，1997 年 10 月初版一刷，據首都圖書館藏明萬曆八年周鑑刻本影印，一〇卷。

134. 明‧劉節，《梅國前集》，《四庫全書存目叢書》集部五七冊，台南：莊嚴文化事業有限公司，1997 年 10 月初版一刷，據北京圖書館藏明刻本影印，四一卷，存二四卷。

135. 明‧蔡克廉，《可泉先生文集》，台北：國家圖書館善本書室藏明萬曆七年晉江蔡氏家刊本，一五卷。

136. 明‧蔡獻臣，《清白堂稿》，《四庫未收書輯刊》陸輯二二冊，北京：北京出版社，2000 年 1 月一版一刷，據明崇禎刻本影印，一七卷。

137. 明‧鄭曉，《端簡鄭公文集》，《北京圖書館古籍珍本叢刊》一〇九冊，北

京：書目文獻出版社，不著出版年月，據明萬曆二十八年鄭心材刻本影印，一二卷。

138. 明・鄭若曾，《鄭開陽雜著》，台北：成文出版社，據清康熙三十一年版本影印，1971 年 4 月台一版，一一卷。

139. 明・錢福，《錢太史鶴灘稿》，《四庫全書存目叢書》集部四六冊，台南：莊嚴文化事業有限公司，1997 年 10 月初版一刷，據北京圖書館藏明萬曆三十六年沈思梅居刻本，九卷。

140. 明・錢薇，《海石先生文集》，台北：國家圖書館善本書室藏明萬曆甲寅（四十二年）海鹽錢氏家刊本。

141. 明・駱問禮，《萬一樓集》，台北：國家圖書館善本書室藏明萬曆間原刊本，三九卷。

142. 明・薛甲，《畏齋薛先生藝文類稿》，《北京圖書館古籍珍本叢刊》之一一〇，北京：書目文獻出版社，不著出版年月，據明隆慶刻本影印。

143. 明・薛應旂，《方山先生文錄》，《四庫全書存目叢書》集部一〇二冊，台南：莊嚴文化事業有限公司，1997 年 10 月初版一刷，據蘇州市圖書館藏明嘉靖三十三年東吳書林刻本影印，二二卷。

144. 明・鍾薇，《耕餘集》，台北：國家圖書館善本書室藏明萬曆間刊本，二卷，附：隨游漫筆三卷；倭奴遺事一卷。

145. 明・瞿景淳，《瞿文懿公集》，《四庫全書存目叢書》集部一〇九冊，台南：莊嚴文化事業有限公司，1997 年 10 月初版一刷，據北京圖書館藏明萬曆瞿汝稷刻本影印，二一卷。

146. 明・嚴訥，《嚴文靖公集》，台北：國家圖書館善本書室藏明萬曆十五年原刊本，一二卷。

147. 明・顧大韶，《炳燭齋稿》，《四庫禁燬書叢刊》集部一〇四冊，北京：北京出版社，2001 年 1 月一版一刷，據中國社會科學院文學研究所圖書館藏清道光二十年鈔本影印，一卷。

148. 明・顧鼎臣，《顧文康公集》，台北：國家圖書館善本書室藏明崇禎十三年至弘光元年崑山顧氏刊本，二七卷。

149. 明・龔用卿，《雲岡公文集》，台北：國家圖書館善本書室藏藍格舊鈔本，一七卷。

150. 明・卜大同，《備倭記》，《四庫全書存目叢書》子部三一冊，台南：莊嚴文化事業有限公司，1997 年 10 月初版一刷，據中國科學院圖書館藏清道光十一年六安晁氏木活字學海類編本影印。

151. 明・李世達，《少保李公奏議》，台北：國家圖書館善本書室藏明萬曆丁酉（二十五年）涇陽李氏原刊本。

152. 明・李實，《禮科給事中李實題本》，台北：國家圖書館善本書室藏明抄

本。

153. 明‧曹大章，《曹太史含齋先生文集》，台北：國家圖書館善本書室藏明
萬曆庚子金壇曹氏家刊本。

154. 明‧董應舉，《崇相集》，《四庫禁燬書叢刊》集部一〇二冊，北京：北京
出版社，2001 年 1 月一版一刷，據北京大學圖書館藏明崇禎刻本影印。

155. 明‧鄭慶淳，《鄭端簡公年譜》，《四庫全書存目叢書》史部八三冊，台南，
莊嚴文化事業有限公司，1997 年 10 月初版一刷，據上海圖書館藏明嘉
靖萬曆間刻鄭端簡公全集本影印。

## （三）方　志

1. 明‧牛若麟等修，《崇禎‧吳縣志》，台北：國家圖書館善本書室藏明崇
禎壬午（十五年）刊本，存五二卷。

2. 明‧王樵等纂修，《萬曆‧重修鎮江府志》，台北：國家圖書館善本書室
藏，明萬曆丁酉（二十五年）刊本，三六卷。

3. 明‧王鏊等修，《正德‧姑蘇志》，台北：國家圖書館善本書室藏明正德
元年刊本，六〇卷。

4. 明‧王揚德，《天啓‧狼山志》，台北：國家圖書館善本書室藏明天啓三
年刊本，四卷。

5. 明‧朱懷幹、盛儀纂修，《嘉靖‧惟揚志》，《四庫全書存目叢書》史部一
八四冊，台南：莊嚴文化事業有限公司，1997 年 10 月初版一刷，據天一
閣藏明代方志選刊影印明嘉靖刻本影印，三八卷，存一八卷。

6. 明‧呂克孝等修，《萬曆‧如皋縣志》，台北：國家圖書館善本書室藏，
明萬曆戊午（四十六年）刊本，存七卷。

7. 明‧李賢等撰，《大明一統志》，西安：三秦出版社，1990 年 3 月一版一
刷，九〇卷。

8. 明‧李自滋、劉萬春纂修，《崇禎‧泰州志》，《四庫全書存目叢書》史部
二一〇冊，台南：莊嚴文化事業有限公司，1997 年 10 月初版一刷，據泰
州市圖書館藏明崇禎刻本影印，一〇卷。

9. 明‧林雲程，《萬曆‧通州志》，《四庫全書存目叢書》史部二〇三冊，台
南：莊嚴文化事業有限公司，1997 年 10 月初版一刷，據天一閣藏明代方
志選刊影印明萬曆刻本影印，共八卷。

10. 明‧范惟恭等修，《隆慶‧高郵州志》，台北：國家圖書館藏明隆慶六年
刊本，一二卷。

11. 明‧孫仁、朱昱纂修，《成化‧重修毗陵志》，《天一閣藏明代方志選刊續
編》之二一，上海：上海書店，1990 年 12 月一版一刷，據成化十九年
刻本影印。

12. 明‧崔桐，《嘉靖‧海門縣志集》，台北：國家圖書館善本書室藏明嘉靖十六年刊本，六卷。

13. 明‧張采等修，《崇禎‧太倉州志》，台北：國家圖書館善本書室藏明崇禎十五年刊清康熙十七年修補本，一五卷。

14. 明‧張奎等修，《正德‧金山衛志》，台北：國家圖書館善本書室藏明正德十二年刊本，二卷。

15. 明‧張愷纂修，《正德‧常州府志續集》，《四庫全書存目叢書》史部一八一冊，台南：莊嚴文化事業有限公司，1997 年 10 月初版一刷，據上海圖書館藏明正德刻本影印，八卷。

16. 明‧張寧、陸君弼纂修，《萬曆‧江都縣志》，《四庫全書存目叢書》史部二○二冊，台南：莊嚴文化事業有限公司，1997 年 10 月初版一刷，據北京圖書館藏明萬曆刻本影印，共二三卷。

17. 明‧張世臣等修，《萬曆‧新修崇明縣志》，台北：國家圖書館善本書室藏明萬曆甲辰（卅二年）刊本。

18. 明‧陳文等修，《正德‧崇明縣重修志》，台北：國家圖書館善本書室藏明正德間刊本，一○卷。

19. 明‧楊洵等修，《萬曆‧揚州府志》，台北：國家圖書館善本書室藏明萬曆辛丑（二十九年）刊本，二七卷。

20. 明‧楊子器、桑瑜纂修，《弘治‧常熟縣志》，《四庫全書存目叢書》史部一八五冊，台南：莊嚴文化事業有限公司，1997 年 10 月初版一刷，據上海圖書館藏清鈔本，共四卷。

21. 明‧楊循吉，《萬曆‧蘇州府纂修識略》，《四庫全書存目叢書》史部四六冊，台南：莊嚴文化事業有限公司，1997 年 10 月初版一刷，據北京圖書館藏明萬曆三十七年徐景鳳刻合刻楊南峰先生全集十種本影印，共六卷。

22. 明‧聞人銓、陳沂修纂，《嘉靖‧南畿志》，《四庫全書存目叢書》史部一九○冊，台南：莊嚴文化事業有限公司，1997 年 10 月初版一刷，據天津圖書館藏明嘉靖刻本影印，六四卷。

23. 明‧劉彥心，《嘉靖‧太倉州志》，《天一閣藏明代方志選刊續編》之二○，上海：上海書店，1990 年 12 月一版一刷，據明崇禎二年重刻本影印，一○卷。

24. 明‧韓浚、張應武等纂修，《萬曆‧嘉定縣志》，《四庫全書存目叢書》史部二○八冊，台南：莊嚴文化事業有限公司，1997 年 10 月初版一刷，據上海博物館藏明萬曆刻本影印，二二卷。

25. 明‧顧清等修，《正德‧松江府志》，台北：國家圖書館善本書室藏明正德七年刊本，存一五卷。

26. 明·方岳貢修，《松江府志》，北京：書目文獻出版，1991年第一版，據日本所藏明崇禎三年刻本影印。

27. 明·謝紹祖，《嘉靖·重修如皋縣志》，《天一閣藏明代方志選刊續編》之一〇，上海：上海書店，1990年12月一版一刷，據明嘉靖刻本影印。

28. 清·朱衣點等撰，《康熙·崇明縣志》，台北：國家圖書館漢學研究中心景照清康熙二十年序刊本。

29. 清·沈世奕，《康熙·蘇州府志》，台北：國家圖書館漢學研究中心景照清康熙二十二年刊本，卷三五。

30. 清·常琬修、焦以敬纂，《道光·金山縣志》，《中國方志叢書》華中地方第四〇五號，台北：成文出版社，1983年3月台一版，據清乾隆十六年刊本，民國十八年重印本影印，一〇卷。

31. 清·陳述祖、李北山纂修，《乾隆·揚州營志》，《北京圖書館古籍珍本叢刊》四八冊，北京：書目文獻出版社，不著出版年月，據清道光十一年刻本影印，一六卷。

32. 清·蘇淵，《康熙·嘉定縣志》，台北：國家圖書館漢學研究中心景照清康熙十二年序刊本，二四卷。

33. 清·王新命、張九徵等撰，《康熙·江南通志》，台北：國家圖書館漢學研究中心景照清康熙二三年序刊本。

34. 清·錢見龍等撰，《泰興縣志》，台北：國家圖書館漢學研究中心景照清康熙二七年序刊本。

## 二、論 著

### （一）專 書

1. 王宏斌，《清代前期海防：思想與制度》，北京：社會科學文獻出版社，2002年6月一版一刷，頁283。

2. 王冠倬編著，《中國古船圖譜》，北京：生活·讀書·新知三聯書店，2001年5月一版二刷，頁365。

3. 吳智和，《明代的儒學教官》，台北：臺灣學生書局，1991年3月初版，頁360。

4. 吳緝華，《明代社會經濟史論叢》，台北：作者自印，1970年9月初版，頁452。

5. 呂進貴，《明代的巡檢制度——地方治安基層組織及其運作》，宜蘭：明史研究小組，2002年8月初版，頁260。

6. 辛元歐，《上海沙船》，上海：上海書店出版社，2004年一版一刷，頁167。

7. 林爲楷，《明代的江防體制——長江水域防衛的建構與備禦》，宜蘭：明

史研究小組，2003 年 8 月初版，頁 259。

8. 柳曾符、柳定生選編，《柳詒徵史學論文集》，上海：上海古籍出版社，1991 年 12 月一版一刷，頁 592。

9. 紀念偉大航海家鄭和下西洋五百八十周年籌備委員會，《鄭和下西洋論文集》，南京：南京大學出版社，1985 年 6 月一版一刷。

10. 范中義，《籌海圖編淺說》，北京：解放軍出版社，1987 年 12 月一版一刷，頁 293。

11. 孫金銘編著，《中國兵制史》，台北：國防研究院，1960 年臺初版，頁 216。

12. 張煒、方堃主編，《中國海疆通史》，鄭州：中州古籍出版社，2003 年 6 月第一版，頁 458。

13. 張哲郎，《明代巡撫研究》，台北：文史哲出版社，1995 年 9 月初版，頁 332。

14. 陳文石，《明洪武嘉靖間的海禁政策》，台北：國立台灣大學文史叢刊，1966 年 8 月初版，頁 176。

15. 陳信雄、陳玉女主編，《鄭和下西洋國際學術研討會論文集》，台北：稻香出版社，2003 年 3 月初版，頁 425。

16. 陳高華、錢海皓主編，《中國軍事制度史——軍事組織體制編制卷》，鄭州：大象出版社，1997 年一版一刷，頁 600。

17. 黃中青，《明代海防的水寨與遊兵——浙閩粵沿海島嶼防衛的建置與解體》，宜蘭：明史研究小組，2001 年 8 月初版，頁 245。

18. 黃開華，《明史論集》，香港：誠明出版社，1972 年 2 月初版，六八一頁。

19. 葉宗翰，《明代的造船事業——造船發展背景的歷史考察》，台北：中國文化大學史學研究所碩士論文，2006 年 6 月，頁 241。

20. 靳潤成，《明朝總督巡撫轄區研究》，天津：天津古籍出版社，1996 年 8 月一版一刷，頁 188。

21. 蔡嘉麟，《明代的衛學教育》，宜蘭：明史研究小組，2002 年 2 月初版，頁 244。

22. 鄭永常，《來自海洋的挑戰——明代海貿政策的演變研究》，台北：稻香出版社，2004 年 7 月初版。

23. 鄭廣南，《中國海盜史》，上海：華東理工大學出版社，1998 年 12 月第一版，頁 437。

24. 鄭樑生，《明代中日關係研究——以明史日本傳所見幾個問題為中心》，台北：文史哲出版社，1985 年 3 月初版，頁 786。

25. 錢杭、承載，《十七世紀江南社會生活》，杭州：浙江人民出版社，1996 年 3 月一版一刷，頁 319。

26. 謝忠志，《明代兵備道制度——以文馭武的國策與文人知兵的實練》，宜蘭：明史研究小組，2002 年 8 月初版，頁 247。

27. 不著撰者，《崇禎長編》，《台灣文獻叢刊》第 270 種，台北：台灣銀行，1969 年出版。

28. 中國第一歷史檔案館、遼寧省檔案館編，《中國明朝檔案總匯》，桂林：廣西師範大學出版社，2001 年 6 月一版一刷。

29. 王德毅，《明人別名字號索引》，台北：新文豐出版股份有限公司，2000 年 3 月台一版。

30. 吳廷燮，《明督撫年表》，北京：中華書局，1982 年 6 月一版一刷。

31. 國家圖書館善本金石組編，《歷代石刻史料彙編》，北京：北京圖書館出版社，2000 年第一版。

## （二）論　文

1. 于志嘉，〈明代軍制史研究的回顧與展望〉，《民國以來國史研究的回顧與展望研討會論文集》，1992 年 6 月，頁 515～540。

2. 尹章義，〈湯和與明初東南海防〉，《國立編譯館館刊》，六卷一期，1977 年 6 月，頁 79～85。

3. 王波，〈明朝江防制度試探〉，《第五屆中國明史國際學術討論會論文》。

4. 吳大昕，〈猝聞倭至——明朝對江南倭寇的知識（1552～1554）〉，《明史研究》，七期，2004 年 12 月，頁 29～62。

5. 吳智和，〈明代的江湖盜〉，《明史研究專刊》，一期，1978 年 7 月，頁 107～137。

6. 李金明，〈試論嘉靖倭患的起因及性質〉，《廈門大學學報》，1989 年第一期，頁 79～85。

7. 沈魯民、郭松林、吳紅豔，〈鄭和下西洋與太倉〉，《鄭和下西洋論文集》第二集，南京：南京大學出版社，1985 年 6 月一版一刷，頁 15～27。

8. 林爲楷，〈明代偵防體制中的夜不收軍〉，《明史研究專刊》，十三期，2002 年 3 月出版，頁 1～38。

9. 胡晏，〈明代「禁海」與「寬海」淺析〉，《明史研究專刊》，十一期，1994 年 12 月出版，頁 41～53。

10. 張彬村，〈十六～十八世紀中國海貿思想的演進〉，《中國海洋發展史論文集》第二輯，台北：中研院中山人文社會科學所，1986 年 12 月出版，1990 年 6 月再版，頁 39～57。

11. 張彬村，〈十六世紀舟山群島的走私貿易〉，《中國海洋發展史論文集》第一輯，台北：中研院中山人文社會科學所，1984 年 12 月出版，頁 72～95。

12. 張彬村，〈十六至十八世紀華人在東亞水域的貿易優勢〉，《中國海洋發展史論文集》第三輯，台北：中研院中山人文社會科學所，1988 年 12 月出版，1990 年 6 月再版，頁 345～368。

13. 張彬村，〈明清兩朝的海外貿易政策：閉關自守？〉，《中國海洋發展史論文集》第四輯，台北：中研院中山人文社會科學所，1991 年 3 月初版，1993 年 4 月再版，頁 45～59。

14. 張增信，〈明季東南海寇與巢外風氣（1567～1664）〉，《中國海洋發展史論文集》第三輯，台北：中研院中山人文社會科學所，1988 年 12 月出版，1990 年 6 月再版，頁 313～344。

15. 曹永和，〈試論明太祖的海洋交通政策〉，《中國海洋發展史論文集》第一輯，台北：中研院中山人文社會科學所，1984 年 12 月出版，頁 41～70。

16. 梁方仲，〈明代之民兵〉，《明史研究論叢》第一輯，台北：大立出版社，1982 年 6 月初版，頁 243～276。

17. 陳文石，〈明嘉靖年間浙福沿海寇亂與私販貿易的關係〉，《明清政治社會史論》，台北：台灣學生書局，1991 年 11 月初版，頁 117～175。

18. 陳抗生，〈嘉靖“倭患”探實〉，《江漢論壇》，1980 年二期，頁 51～56。

19. 陳學文，〈明代的海禁與倭寇〉，《中國社會經濟史研究》，1983 年一期，頁 30～38。

20. 陳學文，〈論嘉靖時的倭寇問題〉，《文史哲》，1983 年五期，頁 78～83。

21. 樊樹志，〈「倭寇」新論——以「嘉靖大倭寇」為中心〉，《復旦學報（社會科學版）》，2000 年一期，頁 37～46。

22. 鄭永常，〈鄭和東航日本初探〉，《鄭和下西洋國際學術研討會論文集》，台北：稻香出版社，2003 年 3 月初版，頁 61～89。

23. 鄭樑生，〈方志之倭寇史料〉，《漢學研究》，第三卷，第二期，1985 年 12 月，頁 895～914。

24. 鄭樑生，〈明朝海禁與日本的關係〉，《漢學研究》，第一卷，第一期，1983 年 6 月，頁 133～160。

25. 鄭樑生，〈明嘉靖間靖倭督撫之更迭與趙文華之督察軍情（547～556）〉，《漢學研究》，一二卷二期，1994 年 12 月，頁 195～220 等。

26. 鄭樑生，〈胡宗憲靖倭始末（555～559）〉，《漢學研究》，一二卷一期，1994 年 6 月，頁 179～202。

27. 鄭樑生，〈張經與王江涇之役——明嘉靖間之剿倭戰事研究〉，《漢學研究》，一○卷二期，1992 年 12 月，頁 333～354。

28. 盧建一，〈明代海禁政策與福建海防〉，《福建師範大學學報》（哲學社會科學版），1992 年二期，頁 118～121、138。

29. 羅宗真，〈鄭和寶船廠和龍江船廠遺址考〉，《鄭和下西洋論文集》第二集，

南京：南京大學出版社，1985 年 6 月一版一刷，頁 28～36。

30. 蘆葦，〈明代海南的「海盜」、兵備和海防〉，《明清史月刊》，1990 年一一期，頁 19～28。

31. 川越泰博，〈明代海防体制の運營構造——創成期を中心に——〉，《史學雜誌》，八一編六號，1972 年 6 月，頁 28～53。

32. 太田弘毅，〈倭寇防禦のための江防論について〉，《海事史研究》，一九號，1972 年。詳見于志嘉，〈明代軍制史研究的回顧與展望〉（台北：民國以來國史研究的回顧與展望研討會論文集，1992 年 6 月），頁 528。

33. 木岡さやか編，《元明海禁関係論著目錄（稿）》（檀上寬，《元明時代の海禁と沿海地域社會に関する總合的研究》，日本：京都女子大學文學部，2006 年 5 月），頁 111～158。

34. 後藤肅堂，〈姑蘇城外に於ける倭寇〉，《史學雜誌》，二七編二號，1916年 2 月，頁 218～230。

35. 陳尚勝，〈明初海防與鄭和下西洋〉，《南開學報》，五期，1985 年 9 月，頁 1～8。

36. 鈕先鍾，〈從明朝初期戰略思想的演變論鄭和出使西洋〉，《中華戰略學刊，九○期，2001 年 12 月，頁 61～69。